부정한 동맹

Science in the Private Interest
by Sheldon Krimsky

부정한 동맹

대학 과학의 상업화는 과학의 공익성을
어떻게 파괴하는가

셸던 크림스키 지음 | 김동광 옮김

궁리
KungRee

들어가는 말

홍수처럼 밀려드는 상업적 가치로 대학의 독립성에 내재했던 시민적 가치가 침식된 지 아주 오래다. 1963년에 캘리포니아 대학 총장 클라크 커는 자신의 저서 『대학의 이용*The Uses of the University*』에서 "대학은 이제 값싼 노동력이나 낮은 세금보다 더 큰 유인력으로 기업들 앞에 매달린 '미끼'가 되었다"라고 말했다. 커가 이러한 상황을 지식인들의 순응이라는 문제로 보았던 데 비해, 토스테인 베블렌은 기업인들의 대학 지배를 학자들의 자유롭고 개방된 연구를 질식시키는 관료주의로 보았다. 시간이 흐르면서 기업의 학계에 대한 자금 지원이 늘어나고 산학 협력university-industry partnerships에 대한 정부의 장려가 강화되면서, 그에 뒤따르는 이익과 위험과 함께, 과거에는 이따금씩 이루어지던 학문적 규범과 상업 간의 연계가 점차 빈번해지다가 이제는 일상사가 되었다.

산학 협력과 지식 상업화의 불가피한 조류라 불리던 것은 몇 가지 예외를 제외하면 대학의 "이론 계층theory class"[1]의 한가로움을 거의 훼방하지도 않았다. 기업-대학 사이의 계약, 또는 심지어 직접적인 연결을 폭로하라고 요구하지도 않는다. 반대를 잠재우는 달콤한 유인책 때문에, 협소해지는 전문 분야 안에서의 판에 박힌 수업과 출간의 관행은 그대로 유지된다. 최근 들어 교수들의 연구 결과를 위협하는 통신 연수 교육distant learning이라는 망령이 나타나면서 비로소 교수 집단이 데이비드 노블과 같은 동료의 목소리에 귀를 기울이게 되었다.[2] 그는 기업들의 이익을 위해 지식이 상업화되면서 나타나는 결과를 지적하고 있다.

공공 과학public science이 사적 이해관계에 휩쓸리면서 발생하는 갈등을 비판적으로 연구하고 인상적으로 종합한 이 책의 저자 크림스키 교수는 분명 한가로운 "이론 계층"에 속하지 않는다. 그는 자신의 책에 포함된 주제들을 서문에 요약해 놓았다. 그가 결론으로 내린 판정은 매우 중요하므로 여기에서 다시 언급할 만하다. "대학들이 학교의 과학 실험실을 상업적 사업 영역으로 전환시키고, 그들의 목적을 달성하기 위해 교수진을 선발하게 되면 학계에 공익 과학public interest science[3]의 가능성은 점차 줄어들 것이다. 그것은 이루 말할 수 없이 큰 사회적 손실이다." 11장에서 크림스키는 대학에 기반을 둔 공익 과학자 세 사람의 용감한 경력을 소개하고, 그렇지 않았으면 무방비 상태로 방치되었을, 그들의 연구 대상인 집단들에게 그들의 활동이 어떻게 기여했는지 서술하고 있다. 그들 중 두 사람은 상업적 이해관계의 무자비한 압력을 받았지만, 다행히

1 —— leisurely "theory class", 이것은 베블렌의 '유한계급(leisure class)'을 빗댄 표현이다.

2 —— 데이비드 노블, 『디지털 졸업장 공장』(김명진 옮김, 그린비, 2006).

3 —— public science와 public interest science는 각기 private science, private interest science에 대한 대(對)개념이다. 여기에서는 공공 과학과 공익 과학으로 구분해서 번역했지만, 두 개념은 거의 비슷한 맥락으로 사용된다. 보다 자세한 내용은 8장과 11장을 참조하라.

도 연구를 지속할 수 있었다. 오늘날 우리는 그들의 연구가 사회를 개선하는 데 얼마나 크게 기여했는지 분명하게 알고 있다. 우리는 이런 일화적인 서술을 통해서, 공익 과학자들 중에서 얼마나 많은 숫자가 대학에 팽배한 상업적 패권주의의 검열 풍토 때문에 좌절했는지를 알 수 있을 것이다.

기업 과학corporate science의 적극적인 공세는 점점 더 학문적 과학[4]을 제로섬zero-sum 상태로 몰아넣는다. 기업 과학은 돈으로 대학에 접근하고 교수들에게 사적 이익이라는 미끼를 던진다. 학문적 관계의 직물織物 속으로 파고드는 영향력과 유혹의 그물망은 숱한 가닥들로 이루어지며, 그와 함께 무수한 합리화가 진행된다. 그리고 그 효과는 지대하다. 학문적 과학에는 공개적인 교류, 선물 교환, 권력에 맞서 기꺼이 진리를 이야기하는 전문가의 자발적 증언, 우연적인 호기심, 다음 세대의 학생-과학자들에게 유산을 넘겨주는 비영리성 등의 전통이 있다. 그에 비해 기업 과학은 비밀 거래, 이익을 기반으로 한 연구 주제 선택, 자금 지원자에 대한 예속을 강요해서 자신이 원하는 것을 얻어내는 가공할 정치 권력 등의 특징을 가진다. 이 둘은 이처럼 중대한 차이가 있다.

자유 정신의 소유자인 극소수의 과학자들이 열거하는, 그동안 간과되었던, 인간적 요구와 부정의 목록은 한없이 길다. 나는 지난 40여 년 동안 담배, 생산물 안전성, 환경 오염, 작업장의 유독물질, 그리고 성인과 어린이에 대한 약물 부작용과 같은 분야에서 학문적 과학자들을 참여시

4 —— academic science를 옮긴 말이다. 주로 대학에서 이루어지는 연구를 뜻하지만, 대학이라는 기관에 국한되지 않고, 공공 연구소나 그 밖의 유무형 기관들에서 이루어지는 이윤 추구나 그 용도에 제약되는 과학이 아닌 연구를 포괄하기 위해서 '학문적 연구'라는 역어를 사용했다.

키는 것이 얼마나 어려운지 직접 관찰했다. 개인을 압도하는 기업주의가 용인되는 풍토에서 대학 캠퍼스에는 점차 이런 부류의 사람들을 찾기 힘들어지고 있다. 그들의 연구 결과는 피할 수 있는 죽음, 부상 그리고 질병에 대한 것이다. 이런 과학자들이 줄어든다는 것은 위험한 상품과 기술을 예견하고 예방할 수 있는 능력이 위축되고 있음을 뜻한다.

역사적으로 안전, 연료 효율성, 그리고 배출가스 분야의 기술이 침체하는 이유도 적절한 사례이다. 오랫동안 사망과 질병의 통계치는 증가했고, 학계의 침묵, 자기 검열, 그리고 왜곡된 연구 우선순위라는 부정적인 결과가 나타났다. 그래야만 기업계의 심기를 건드리지 않을 것이고 영향력 있는 동창의 압력을 받지 않을 것이기 때문이다.

정부가 대규모 군사무기 계약을 체결하자, 대학에는 심각한 "두뇌 유출" 현상이 일어났다. 그에 반해서 민간의 요구는 연구자들의 관심을 거의 끌지 못했다. 학문적 전통, 독립성 그리고 공공 서비스 등 대학의 여러 가지 역할에 거는 기대도 무너져 갔다. 신입생들은 별 기대감 없이 대학에 진학하고, 자신들의 대학 생활을 인문학적 교육보다 직업 훈련의 기회로 간주한다. 그들이 문제 해결을 위한 중심적인 과정으로서 협상 능력을 키우고 민주주의 정신을 도야하는 시민적 능력보다 상업적으로 가능성 있는 기술 습득에 주력하는 것도 그리 놀랄 일은 아니다. 주목할 가치보다 더 많은 문제를 안고 있고, 실제로 적용되는 것보다 많은 해결책들이 난무하는 복잡한 사회에서 살아간다는 사실은 크림스키가 이 솔직하고 신랄한 책에서 분석하고 서술한 이해상충[5]과 부패와 무관

5 —— conflict of interest. 이 용어는 이해갈등, 이해충돌 등 여러 가지 용어로 번역되고 있다. 이 책에서는 이해관계가 서로 충돌한다는 포괄적인 의미로 이해상충으로 번역했다.

치 않다.

최근 몇 해 동안 나는 여러 대학 총장들에게 기업의 상업주의가 넘을 수 없는 경계선을 설정하기 위한 포괄적인 성문(成文) 정책을 수립하기 위해 어떤 노력을 기울였는지 물었다. 그들은 자신들의 정책이 임시 방편에 불과하다고 대답했다. 그리고 이 임시 정책들은 대학의 자유, 공공 서비스 그리고 지적 독립성 등의 내용에 대해 잘 고안된 공공 철학이 뒷받침하지 않기 때문에 그저 쉽게 흔들릴 수 있고 편의주의적인 정책들을 모아놓은 것이었다.

『대학의 전통*In the University Tradition*』이라는 작지만 통찰력 있는 책에서 예일대학교 총장을 지낸 휘트니 그리스월드는 "미국 사회에서 인문학의 포괄력 부재"를 공공연하게 비난했고, 그 원인을 "그 자체의 독자적인 정치 사회 철학에 대한 관심의 부재와 모호한 견해 때문"으로 돌렸다. 이는 우리 대학들이 "자신들의 의미를 새롭고 중요하게" 유지시키지 않는다는 것을 보여주는 표본이다.

대학과 학문적 자유 그리고 그 시민적 가치를 날로 격화되는 기업적 상황에서 지켜내기 위해서는 교직원과 학생들의 지속적인 운동이 필요하다. 코넬대학교 전 총장인 프랭크 로드스의 말을 빌리자면, 그 적절한 틀은 최소한의 수업료로 최대한의 접근 가능성을 확보하고, 미래의 시민 지도자를 양성하고, 인간의 향상을 위해 지식을 적용시키고, 캠퍼스에서 이루어지는 지적 활동을 좁은 전문성을 넘어 서로 결합시키고, 학생들을 "삶의 중요한 문제들을 반영하고, 사회에 대한 매우 중요한 도전들과 직면하게 하는 중진 학자들의 공동체"와 결합시킨다는 이상 그 자체이다.

그렇다! 대학 자체가 커리큘럼의 일부로 학생들의 적절한 연구 주제가 되어야 한다. 추상이라는 사다리의 모든 가로대를 결합시키는 지적 주제로서의 직접성, 그리고 형성 중인 정신에 도발적이고 타당한 영향을 준다는 점에서 대학에 비견할 만한 것은 없다. 크림스키의 책은 대학 안팎에 있는 사람들에게 대학이 직면한 상황의 심각함, 그리고 대학이 줄 수 있는 혜택이 얼마나 큰지 이해할 수 있게 해줄 것이다.

랠프 네이더[6]

6 —— Ralph Nader(1934~). 미국의 대표적인 사회비평가, 정치 행동주의자. 네 차례나 미국 대통령 후보로 출마하기도 했다. 그의 주된 관심사는 소비자 보호, 환경 문제, 민주주의 보호 등 다양하다.

감사의 글

나는 이 책을 집필할 수 있도록 재정 지원을 해준 록펠러 재단에게 감사를 드리고자 한다. 그리고 이 연구를 시작할 수 있도록 안식년을 허락해서 연구에 집중할 수 있게 해준 터프츠 대학 측에도 감사한다.

다음에 열거한 사람들은 이 연구의 초고(또는 그 일부)를 읽고 평해 주고, 자료를 제공해 주고, 인터뷰에 응해 준 고마운 분들이다. 캐럴 아헨, 제럴드 클라크, 루즈 클라우디오, 배리 카머너, 존 디비아지오, 랠프 놀즈, 클레어 네이더, 허버트 니들먼, 스튜어트 나이팅게일, L. S. 로텐버그. 그 밖에 나는 수많은 연구 기자들과 과학 기자들에게 큰 빚을 졌다. 그들은 이 책에서 다루어진 주제에 대해 여러 편의 기사를 작성한 분들이다. 그들의 기사는 연구 윤리와 과학의 진정성과 연관된 문제들에 대한 대중의 감수성을 높이는 데 크게 기여했다. 다음에 열거한 사람들은 기사를 통해 많은 도움을 받았던 기자들이다.(일부는 그들의 소속 언론사도 밝혔다. 그러나 내가 그 기사를 읽은 지 20년이 지난 것도 있기 때문에 소속이 바뀌었을 수 있음을 미리 밝혀둔다). 크리스 애덤스(월스트리트 저널), 골디 블루멘스틱(고등교육 연보), 조지트 브라운(록포드 레지스터 스타), 매트 캐롤(보스턴 글로브), 데니스 커숑(USA 투데이), 앨리스 뎀너(보스턴 글로브), 커트 에이션월드(뉴욕 타임스), 피터 고너(시카고 트리뷴), 피터 G. 고슬린(보스턴 글로브, 로스앤젤레스 타임스), 제프 고트리브(로스앤젤레스 타임스), 릴라 구터먼(고등교육 연보), 데이비드 히스(시애틀 타임스), 앤드루 줄리안(하트포드 커런트), 댄 케인(뉴스 & 옵서버), 매튜 카우프먼(하트포드 커런트), 랠프 T. 킹(월스트리트 저널), 윌 렙코우스키(케미컬 & 엔지니어링 뉴스), 모라 러너(스타 트리뷴), 키타 맥퍼슨(스타-레저), 테렌스 몬매니(로스앤젤레스 타임스), 팅커 레디(프리랜서), 조 리거트(스타 트리뷴), 스티브 릴리(뉴스 & 옵서버), 에드워드 R. 실버먼(스타-레저), 셰릴 스톨버그(뉴욕 타임스), 엘제 타노예(월스트리트 저널), 제니퍼 워시번(워싱턴 포스트), 릭 바이스(워싱턴 포스트), 데이비드 위커트(뉴스 트리뷴), 데이비드 월먼(로스앤젤레스 타임스), 더프 윌슨(시애틀 타임스), 트리시 윌슨(뉴스 & 옵서버), 미첼 추코프(보스턴 글로브).

차례

• **일러두기**

본문에서 [1], [2], [3]……은 저자 주를, 1, 2, 3……은 역자 주를 표기한 것이다.

1

서문

오늘날 정부는 의사결정의 상당 부분을 전문 지식에 과도하게 의존하기 때문에 과연 그 전문 지식이 신뢰할 만한지 묻는 것은 무척 사치스러운 일이다. 탐사 기사는 연구 배후의 과학에 주기적으로 의문을 제기하거나, 그 산물이 가져올 잠재적 위해를 둘러싸고 과학자들 사이에서 벌어지는 의견 불일치를 강조할 수도 있다. 그러나 과학적 전문성과 연관된 대다수의 사례들은 결코 공개 재판으로 방송되지 않는다. 그 이유는 소송이 진행되는 동안 발언 금지 명령이 내려지거나 언론 매체의 탐지망에 포착되지 않기 때문이다. 나는 수십 년 동안 과학 전문 지식이 어떻게 사용되는지 추적해 왔고, 이 기간 동안 학문적 과학의 문화, 규범 그리고 가치에서 상당한 변화가 일어났다고 확신한다. 주로 생의학biomedical science에 초점을 맞추었지만, 이 분야에서 일어난 변화가 다른 분야에서도 마찬가지로 발견될 수 있다고 충분히 믿을 만하다. 신문이나 잡지에 곧잘 나타나는 다음과 같은 머리기사는 이러한 변화를 말해 준다. "새로운 기업들이 대학을 타이쿤大君, 실업계의 거물으로 만들 수 있다." "공기업들이 제약업자와 과학자들의 배를 불려주다." "생의학 연구 결과 발표가 빈번히 보류되다." "밀려드는 기업의 돈이 학문적 과학의 진정성을 오염시킨다."

이런 기사들은 미국 고등 교육기관의 꼴사나운 풍경을 그려낸다. 이 그림에서, 대학 과학은 기업가주의entrepreneurship에 얽매이게 된다. 지식은 기업의 금전적 가치를 위해 추구되며, 돈으로 특정한 관점을 가진 전문가를 살 수 있게 되었다. 성공한 과학자나 유명 과학자의 새로운 이미지는 더 이상, 순수과학을 위해 헌신했고 사회의 개선을 위한 과학의 역할에 의문을 제기했던, 라이너스 폴링[7]이나 조지 왈드[8]와 같은 공공 과학자public scientist를 본보기로 삼지 않는다. 오히려 오늘날 성공하는 과학자는 지식의 진보에 기여하면서 동시에 새로운 지식을 잘 팔리는 상품으로 변형시키는 데 참여할 수 있는 사람이다. 오늘날 "사회 개선"이라는 말은 아이디어를 이익으로 전환할 수 있는 과학자가 보다 나은 세상을 위해 기여한다는 의미로 바뀌었다. 반면 기초 지식을 생산하는 데 그치는 과학자들은 자신들의 발견을 시장을 위한 가능성으로 실현시키지

7 —— Linus Pauling. 세계적인 화학자이자 평화운동가. 폴링은 1954년 화학 결합의 이론을 정립하고 이를 성공적으로 응용한 공로로 노벨 화학상을 받았고, 1950년대를 통해 반전 반핵 평화운동에 적극 참여해 왔다. 특히 전 세계 과학자들을 대상으로 핵실험을 제한하자는 청원운동을 벌인 공로를 인정받아서 1962년 노벨 평화상을 받았다. 단독으로 노벨상을 두 차례 받은 유일한 인물이다.

8 —— George Wald. 왈드는 1967년에 노벨 생리의학상을 받았고, 정치 사회적인 문제를 적극적으로 발언한 인물로 잘 알려져 있다. 특히 베트남전과 핵무기 경쟁에 반대했다. 또한 아내 루스 허버드와 함께 1970년대 케임브리지 시에서 있었던 재조합 DNA 논쟁에서 재조합 DNA의 위험성을 제기하는 데 중요한 역할을 했다.

못하는 사람들로 간주된다.

그렇다면 이러한 패러다임이 왜 문제가 되는가? 이 시나리오는 그것을 통해서 기술 사회가 새로운 부를 창출하고 시민들의 삶의 질을 향상시키는 수단이 아닌가? 과학과 기술이 국가의 부강에 기여해 왔다는 데 의문을 품을 사람은 아무도 없을 것이다. 그러나 여기에서 제기되는 의문은 과연 대학의 일차적인 역할이 계몽의 원천으로 보호받기보다 부의 생산을 위한 도구로 전환되어야 하는가 여부이다. 이 두 가지 목표 사이에 어떤 모순이 있는가?

지식 추구가 상업화의 방향으로 전환할 때, 다음과 같은 의문이 어쩔 수 없이 뒤따른다. 경제적 성공을 갈망하는 것이 과학적 진리를 객관적으로 평가하는 데 편향을 주지 않을까? 과학자에 대한 대중적 인식에 회의나 불신이 스며들지 않겠는가? 학계와 산업계 사이의 구분이 점차 흐려진다면 학문적 과학과 기업 과학 사이에 어떤 차이가 있는가?

20세기의 마지막 25년은 많은 나라의 명문 대학들이 스스로의 임무를 새롭게 규정하기 시작한 시기였다. 대학 총장과 이사들은 이렇게 자문하기 시작했다. 과학과 응용의학 연구 분야에 대한 연방 정부의 재정이 확보되지 않는다면 오늘날 연구대학들이 경쟁력을 유지할 수 있을 것인가? 대학이 기부금, 정부 지원 연구, 그리고 후원금의 빠른 변동 또는 감소 추세에 대응해서 자금 조달원을 다변화할 수 있겠는가? 수업료에서 얻는 수입에 한계가 있다면 대학이 과학과 공학의 미개척 영역들에서 첨단 연구 설비를 갖춘 현대적인 광섬유 캠퍼스를 지을 만한 새로운 부를 창출할 수 있겠는가? 교수들이 더 높은 연봉을 찾아 사적 부문private sector의 다른 직장이나 경쟁 대학으로 자리를 옮기는 사태를 막기 위해서 대학은 어떤 조치를 취할 수 있는가?

이러한 논의가 이루어지던 비슷한 시기에 연방 정부의 예산도 개혁의 대상이 되었다. 한 가지 발상이 의회의 관심을 사로잡았다. 그것은 대학이 사적 부문과 협력 관계를 맺고 자신들의 지식과 특허출원 가능한 발견들을 팔아서 부를 창출하는 능력을 배워야 한다는 것이었다. 이 관점에 따르면, 대학은 소속 교수들의 지적 노동 속에 들어 있는 실현되지 않은 부富를 깔고 앉아 있는 셈이다. 따라서 성공을 위해 새롭게 효력을 갖게 된 용어들로는 대학-기업 동맹, 지식 이전 그리고 지적 재산권 등이 있다. 일단 동기가 주어지자, 이 새로운 관계는 삼중 승리triple-win, 윈-윈-윈 전략으로 각광을 받았다.

이 이론은 대학과 기업가 교수들이 대학에서 이루어진 발견에 특허를 출원하고, 교수들이 세운 기업에 지분을 받아 새로운 부의 원천을 끌어내서 성공을 거둔다는 것이었다. 사적 부문은 대학들과 연구 계약을 맺고 특허 계약에 합의함으로써 이익을 얻게 될 것이다. 공공 부문 역시, 이런 방식의 협동이 없었더라면 결코 개발되지 않았을, 새로운 산물과 요법을 얻는다는 점에서 결국 승리하는 셈이다. 얼핏 보면 이런 시나리오가 모두에게 승리를 안겨주는 것처럼 생각되기 때문에 사람들은 그것이 어떤 경향을 가져올지 생각하기 어렵다. 거기에는 대학과 비영리 연구 센터들의 공격적 상업화라는 새로운 경향성이 내재한다. 이러한 경향은 매우 미묘하고 그것이 실제 가져다주는 이익에 비해 훨씬 더 잘 확산된다. 반면 그로 인해 발생하는 해로운 결과들은 오랜 기간에 걸쳐 천천히 나타나고, 극적인 변화를 일으키는 경우가 드물다. 그럼에도 불구하고, 상업화라는 새로운 에토스가 확산되면서 미국 대학들에서 나타난 변화는 매우 치명적인 결과를 가져올 것이다.

대학의 새로운 상업적 관계 설정을 칭송하는 글들이 너무 많이 쏟아지는 바람에 이러한 관계가 학문기관의 진정성에 어떤 영향을 미칠지에 대한 물음은 거의 제기되지 않았다. 설령 그런 문제가 드물게 표면화되어도 대학들이 어떻게 학문적 과학의 새로운 규범에 적응할 수 있는가에만 초점을 맞추는 식이었다. 다시 말해서, 대학이 공익 활동에 기여하는 사회적 가치라는 측면에서 이러한 변화를 논하고, 교수들이 사회적 목적을 지향하는 학문적 자유를 지켜나갈 자신들의 권리를 적극적으로 행사하는 경우는 극히 드물다.

이 책의 가장 핵심적인 내용은 오늘날 모든 수준의 연구기관들에서 실제로 작동하는 학문 상업화의 새로운 에토스가 적절하고 바람직한 가치의 전환으로 인식되고 있으며, 이해상충은 처리 가능하고 줄일 수 있으며, 대학의 기본적인 진정성[9]도 보호될 수 있다는 식의 인식이 팽배하고 있다는 것이다. 내가 하려는 주장은 대학의 과학자들에게 기술 이전을 추구하고, 대학과 제휴하는 기업들이 설립되고, 나아가 과학 지식의 지적 재산권을 착취하도록 허용할 때 나타날 수 있는 가장 심각한 손실은 대학 자체를 전혀 다른 종류의 제도로 변질시킨다는 것이다. 무엇보다 큰 피해는 학문적 직업이나 학자들의 연구 결과 발표가 아니라 미국인들의 생활 속에서 대학이 수행하는 사회적 역할에 미치는 영향이다. 미국 대학의 고유한 진정성을 보호하는 것은 귀금속처럼 아직 실현되지 않은 부를 캐낸다는 명목으로 그랜드캐니언과 같은 소중한 자연 자원을 마구 파헤치지 못하게 하는 것과 마찬가지이다. 대학은 지식을 퍼내는

9 —— integrity. 이 말은 윤리, 철학 등의 영역에서 정직성, 진실성, 온전성, 충전성, 순일성, 통전성 등 여러 가지 말로 옮겨진다. 여기에서는 주로 학문적 연구가 가지는 일차적인 목적이라는 측면에서 진정성으로 번역했다.

우물 이상의 무엇이다. 대학은 헌신적인 사람들이 권력에 대항하여 보다 나은 사회를 위해 진실을 토로할 수 있는 터전이다. 학문적 과학의 가치를 사기업의 가치들과 화해시키려는 미봉적 시도는 이러한 잡종 제도가 사회에 미치는 보이지 않는 손해를 간과하고 있다. 대학과 연방의 지원을 받는 비영리 연구기관들이 사기업의 영역으로 전환되면, 그들은 이해관계에 얽매이지 않는 학문의 전당으로서 독립적인 지위를 상실하게 된다. 게다가 그들은 더 이상 공익 과학을 위해 영양분을 제공할 수 있는 바람직한 환경을 제공하지 못하게 될 것이다. 거기에는 각급 정부와 사회 · 환경 문제를 제기하는 취약한 공동체들 전체에 대해 학문적 과학자들이 제공할 수 있는 폭넓은 기여들이 포함된다.

이 책을 쓰면서 나는 과학 관련 연구기관과 대학에 대한 수많은 근거 없는 주장들과 맞서야 했다. 이 문제들은 이 책에서 줄곧 다루어질 것이다. 그중에서 다음과 같은 주장들이 내가 비판하려는 주요 내용이다.

- 이익을 둘러싼 경제적 갈등이 대학의 과학자들에게서 나타나는 유일한 갈등은 아니다. 더구나 가장 중요한 갈등도 아니다.
- 과학은 진리 추구에 기반한 고유한 윤리 체계를 가지고 있으며, 대학 자체와 동료평가peer review 체계 이외의 부분에 대해서는 책무를 지지 않는다.
- 산학 협력과 이해상충은 과학의 질에 영향을 주지 않을 것이다. 왜냐하면 이해상충이 있는 것과 연구 편향 사이에 직접적인 연관성이 없기 때문이다.
- 산학 협력은 결코 새로운 현상이 아니다. 학계와 산업계의 협동은 역사적으로 항상 이루어져 왔다.
- 대학에서 나타나는 이해상충을 예방하면서 동시에 학문의 자유를 뒷받침

하기란 불가능하다.

- 이해상충의 증가는 대학과 그에 속한 여러 학과들이 자진해서 연구의 진정성과 관련된 기준들을 경제적 이득을 위해 맞바꾸는 선택을 하기 때문이다.
- 이해상충을 신속하게 종식시키려는 정책들이 과학에 대한 공중의 신뢰 문제를 해결할 것이다.

이 책에서 나는 학문적 과학과 생의학 연구 분야에서 점차 증가하고 있는 상업화와 연관해서 개인적으로 수행했던 탐구와 조사 결과 그리고 발견을 독자들과 공유하고자 한다. 과학과 상업주의의 혼합은 끊임없이 연구 윤리 기준을 침식하고, 그 결과에 대한 대중의 신뢰를 약화시킨다. 나는 뛰어난 탐사보도 기자[10]들의 기사, 개인 면담 그리고 과학-기업주의scientific entrepreneurship의 증가 추세를 파악하려고 시도한 많은 책과 연구 논문들로부터 큰 도움을 받았다. 이 책은 대학이 기업을 위해 지식을 생산하도록 유도하는 새로운 유인 구조incentive structure의 요인들을 분석하려고 시도한다. 연방 정부의 연구비 지원이 줄어들 것을 우려한 대학 행정 부서들은 새로운 재정적 원천을 찾아야 했다. 경영대의 책임자들은 대학의 기능을 좀 더 효율적으로 만드는 과제를 떠맡았다. 전국의 대학들은 자신들이 제공하는 서비스의 많은 부분을 사영화privatization하기 시작했다. 그런데 그 시기는 수업료가 전체 생계비보다 빠른 속도로 인상된

10 —— investigative journalist. 일반 기자와 달리 한 주제를 집중적으로 탐구하고 전문가와 관계자들을 인터뷰해서 연재 기사를 싣거나 그 결과를 책으로 발간하는 기자를 지칭한다. 미국은 이러한 탐사보도 기자의 전통이 매우 강하다.

시기와 일치한다. 한편, 연방 정책은 산학 연계를 강화하기 위해서 세금 감면이나 재정적 지원과 같은 유인 동기를 새롭게 제공했다. 2차 세계 대전 이후 처음으로, 연방 연구 정책은 미국 경제를 산업화하기 위한 새로운 의제의 일부가 되었다. 이 책의 각 장들은 과학의 상업화와 지식 상업화가 우리의 고등 학문기관들에 도입시킨 변화가 어떤 딜레마를 가져왔는지 들여다볼 수 있는 창문을 제공해 준다.

2장은 사적 이익이 과학의 의제에 미치는 영향이 무엇인지 탐구하는 일련의 사례들을 제시한다. 이 사례들은 과학 문화 속에 새롭게 뿌리내리고 있는 변화하는 관행들을 상징하지만, 다른 한편으로 연구 활동의 진정성을 지키려고 애쓰는 대학들이 어떤 도전에 직면하고 있는지 보여준다.

3장에서는 대학과 영리 추구 부문 사이에 새로운 관계를 가져온 조건들을 살펴본다. 과학자들의 한 세대가 의도적으로 스승들의 전통에서 이탈해 "대학 내 기업촉진지구academic enterprise zone"[11]를 만들었다. 그들이 그런 행동을 한 데에는 나름대로 이유가 있었다. "과학자들이 발견을 했고, 부자가 될 수 있는 기회를 보았으며, 그래서 자신들의 이력서에 벤처 자본을 덧붙이는 합리적이고 경제적인 선택을 했다"고 이야기하면 지나친 단순화일 것이다. 정부 부문에 의해 보다 긴밀한 산학 연계를 위해 많은 유인 동기가 도입되었다. 이러한 유인 동기에 대한 대응으로 많은 대학들이 벤처 기업에 투자하기 시작했고, 얼마 지나지 않아 벤처 기

11 —— enterprise zone은 특정 낙후 지역을 선정하여 정부가 개별 기업에게 세금 혜택을 줌으로써 지역 활성화를 도모하는 정책으로 미국에서 시작되었다. 이 제도를 대학에 확장한 것이 대학내 기업촉진지구이다.

업의 임원들과 동반자가 되고 있다. 이러한 상황은 새로운 윤리적 질곡, 즉 이익을 둘러싼 제도 내의 갈등을 어떻게 해결할 것인가라는 곤혹스러운 문제들이 생겨나고 있다. 예를 들어, 한 교수가 그 대학이 투자하고 있는 기업의 상품 생산에 결정적으로 중요한 연구 결과를 발표했다고 하자. 그 연구 결과가 재정적으로 심각한 피해를 입힌다는 사실 때문에 소속 교원을 처벌할 것인가? 자신의 연구 결과를 발표하고 연구에서 얻은 발견을 신속하게 유포할 권리가 소속 기관의 이익을 위해 조율될 수 있는가?

4장에서 나는 생물 특허에 대한 법적 · 경제적 근거를 논하고, 그것이 과학의 상업화에 어떤 영향을 주는지 탐구할 것이다. 예를 들어, 우리는 어떻게 유전 부호[genetic code]에서 특허를 도출하는 행위를 허용하는 지경에 이르게 되었는가? 나는 1980년에 생명체에 대해 최초의 특허를 인정했던 연방 대법원의 논리를 추적할 것이다. 이 결정을 토대로 뒤이어 미국 특허청은 동물, 유전자 그리고 심지어는 DNA의 일부 염기서열에까지도 특허를 인정하는 결정을 내렸다. 또한 나는 유전자 특허가 생의학 연구에서 혁신을 위한 유인 동기로(또는 반대로 저해 요인으로) 어떤 함의를 가지는지 살펴볼 것이다.

5장에서 나는 다시 20세기 초반으로 돌아갈 것이다. 이 시기에 과학의 이미지가 계몽주의 시대에 뿌리내린 오래된 이상들을 토대로 다시 만들어졌다. 이 무렵에 과학자들은 명예 규약[code of honor]을 신봉하고, 특별한 지적 호기심을 가진 사람으로 묘사되었다. 그 규약은 겉으로 표현되지는 않았지만 보편적으로 공유된 무엇으로 간주되었다. 이러한 규약에 따르면, 과학이라는 활동은 특정한 윤리 기준을 보편적으로 수용할 것을 요구한다. 따라서 과학자들을 지속적으로 감시할 필요가 없다는 것이다. 과학이라는 집단 선collective good은, 과학사회학자 로버트 머튼이 그 틀을 마련한, 특정한 행동 규범의 채택과 연결된다. 이 장에서는 오늘날의 과학 활동이라는 조건에서 머튼이 제시한 규범들을 재검토한다.

6장은 과학자들이 연방 자문위원회에서 수행하는 역할을 검토하고, 그 과정에서 이해상충이 불신을 낳지 않게 하려는 보호 장치들이 실제로 효력이 있는지 살펴볼 것이다. 자문위원회를 규율하는 연방 법률은 이해상충을 분명히 명시하지만, 대중은 정부가 채택한 과학 자문 과정이 정작 우리를 기득권으로부터 얼마나 효율적으로(또는 비효율적으로) 지켜주는지에 대해 여전히 잘 알지 못하고 있다.

7장은 전업 교수직을 유지하면서 컨설팅 회사를 차리고 벤처 자본 기업을 창업하는 대학 과학자들의 이중 소속dual affiliation 경향에 대해 검토할 것이다. 이 장에서는 제약회사와 의료기기 기업들로부터 많은 보수를 받으면서 유령 논문으로 해당 상품을 선전하고, 의식적이든 무의식적이든 간에 후원 회사의 이해관계로 편향된 연구를 수행하는 보건 과학자들의 윤리 문제를 다룰 것이다.

8장에서는 수많은 학문적 과학자들이 이익 단체뿐 아니라 비영리 기구들과 관련을 맺고 있는 상황에서 이해상충이 어떤 의미를 가지는지 탐구할 것이다. 다중 소속 과학multivested science의 등장은 이해상충의 전통적인 정의와 그 정의가 과학의 윤리적 기준 설정에 기여하는 역할에 의문을 제기해 왔다. 나는 이 용어의 사용을 일상적으로 예증하는 활동들이 만연하면서 그 속에 담겨 있던 경멸적인 의미가 퇴색했는데도 불구하고, 전통적인 의미의 '이해상충'이라는 말을 계속 사용해야 하는지 의문이다. 나는 과학에서 일어나는 이해상충이 예외적인 현상이 아니라 일반적인 행동 규범이 되었음을 보여줄 것이다.

9장은 다음과 같은 물음을 제기한다. 과학의 이해상충이 연구 결과에 영향을 미치는가? 만약 그렇지 않다면, 그렇게 호들갑을 떠는 까닭은 무엇인가? 그것은 단지 어느 쪽으로 편향되지 않은 것처럼 '보이는' 문제인가? 그렇지만 "경제적 이해관계"가 과학적 편향의 원인이 된다는 증거가 있다면? 나는 쏟아져 나오는 과학 연구서에 과연 얼마나 많은 경제적 이해관계가 포함되는지 조사한 연구들을 서술할 것이다. 그리고 사기업의 지원을 받은 연구와 그 연구 결과 사이의 연관관계를 발견한 다른 연구들도 언급할 것이다.

10장은 과학 연구서 출간에서 나타나는 이해상충에 대해 우리가 알고 있는 내용들을 요약한다. 거기에는 이러한 갈등을 관리하는 학술지 편집자들의 방침과 실제 처리 과정도 포함된다. 얼마나 많은 과학 저널들이 이해상충에 대한 방침을 가지고 있는가? 그 방침들은 과연 효력이 있는가? 학술지 편집자들은 저자의 경제적 이해관계를 밝히는가, 아니면 그러한 정보를 사적인 자산으로 간주해서 보호하는가?

11장은 대학의 두드러진 특성에 대해 논한다. 그리고 공익 중심public-centered 과학과 사익 중심private-centered 과학의 개념을 검토할 것이다. 자신들의 전문성을 공공의 문제에 사용하는 사람들은 "공익 중심" 과학자로 정의되고, 자신들의 전문성을 상업적 이익을 위해 전용하는 사람들은 사익 중심 과학자로 정의된다. 이 장에서는 대학 과학에서 출현하는 새로운 상업화 양상이 궁극적으로 사회에 많은 기여를 해온 공익 중심 과학자들의 역할을 빼앗아갈 것이라는 주장이 제기된다.

12장은 학문적 과학의 새로운 상업화에 대한 대학, 언론, 정부 그리고 전문가 집단들의 다양한 윤리 · 제도적 대응을 다룬다. 사영화를 향한 돌진은 정부와 대학의 여러 기관들이 새로운 균형점을 찾도록 촉구해 왔다. 그들의 임무는 대학 과학자들의 이해관계 사이에서 줄타기를 하면서 이익을 높일 수 있는 혁신적 연구를 유도하고, 다른 한편으로는 확실하고 신뢰할 수 있는 지식의 원천이자 학문 자유의 보루인 미국 대학의 고유한 가치를 보존하는 것이다. 이 장은 이해상충과 대학의 기업주의에 대한 문제제기가 과학에 새로운 도덕적 감수성을 불러일으키기에 충분한지 고찰한다.

마지막으로 13장은 새롭게 대두한 기업주의 대학에서 학문의 자유가 어떤 가치를 가지는지 의문을 제기한다. 그것은 과학자와 의학 연구자들의 도덕적 경계를 보정하기 위한 일련의 원칙들의 틀을 마련하고, 동시에 이러한 원리들이 이해상충을 예방하는 데 어떻게 적용할 수 있는지 보여줄 것이다.

모든 장을 아우르는 이 책의 핵심적 주장은 다음과 같이 요약할 수 있다. 공공 정책과 법률적 결정은 대학, 교직원 그리고 공적으로 지원받는 비영리 연구가 과학과 의학 연구를 상업화하고 이윤 추구 기업들과 동업 관계를 발전시키게 하는 새로운 동기를 창출했다.

새로운 대학-기업academic-industry 동맹과 비영리-영리nonprofit-for-profit 야합은 과학과 의학 연구의 윤리적 규범에 변화를 불러일으켰다. 그 결과 비밀주의가 공개주의를 대체했고, 공유주의적 가치를 밀어내고 그 자리에 지식의 사유화가 들어앉았고, 발견의 상업화는 대학에서 생성된 지식이 공공재, 즉 사회적 공유재산의 일부라는 개념을 폐기시켰다. 대학에서 빠른 속도로 성장하는 기업주의는, 특히 공공의 관심이 집중되는 민감한 영역들에서 전례를 찾을 수 없을 정도로 이해상충을 증대시켰다. 과학자들 사이의 이해상충은 학문적 연구자들 사이에서 작용하던 사회적으로 가치 있는 윤리적 규범—이해 무관심disinterestedness—이 상실되면서 연구 편향으로 귀결했다. 대학이 과학 실험실을 상업적 기업촉진지구로 전환하고, 이러한 목표를 실현할 수 있는 교수들을 선발하는 과정에서 학계가 공익 과학을 위해 존립할 수 있는 기회는 점차 줄어들 것이다. 그리고 이것은 사회 전체에 헤아릴 수 없는 손실을 불러온다.

2

부정한 동맹 이야기

대학 과학자들의 상충하는 역할은 여러 가지 관점에서 볼 수 있다. 첫째, 드러나는 것보다 월등히 많은 이해상충이 존재한다. 우리가 아는 것은 그야말로 빙산의 일각에 지나지 않는다. 대부분의 사례들은 밝혀지지 않은 채 묻힌다. 둘째, 대중은 임상 실험 도중에 약의 부작용이 발생하거나 과학자가 대중 논쟁에 연관될 때처럼 문제가 발생한 후에야 비로소 연구자들의 이해상충에 대해 알고 관심을 갖는 경향이 있다. 이해상충이 있는 과학자들에 대한 대응은 동성연애 사병에 대한 군 당국의 정책과 비슷한 것으로 알려졌다. "묻지 말고, 말하지도 말라"가 그것이다. 셋째, 어떤 과학자가 이해상충에 연루되었다는 사실이 공개되는 공통적인 경로는 탐사보도 기자들을 통해서이다. 언론의 압력이 없는 한 정부기관이나 대학은 대중들에게 소속 연구자들의 이해상충을 결코 밝히려 하지 않는다. 넷째, 편향을 일으키는 기득권을 가진다고 해서 자신의 지위가 위협받는 사람은 거의 없다. 과학 분야에서 일어나는 이해상충은 과학 사기나 부정행위보다 훨씬 덜 심각하게 받아들여지며, 많은 대학에서는 연구자들에게 늘상 있는 일 정도로 여겨진다. 따라서 대학에서 사용하는 용어도 이해상충의 "방지"나 "예방"이 아니라 "관리"이다.

이러한 요인들 때문에 활자 매체들은 점점 더 많은 이해상충 사례들을 보도해서 대중과 정책 입안자들의 관심을 끄는 비판적 역할을 수행한다. 탁월한 탐사보도 기사들이 경계 신호를 보낼 수는 있지만, 그런 기사들이 정책에 중대한 변화를 일으킬 만한 자극이 되는 경우는 극히 드물다. 그러나 탐사보도 언론은 누적 효과를 가진다. 이해상충이 매우 심각하게 간주되는 독특한 문화 때문에 인쇄 매체들은 과학 연구자들 사이에서 이해상충이 일상화되는 것을 용인하지 않아 왔다. 보도된 모든 사례들은 다른 기자들에게 자신들이 과학 연구의 특정 분야들에 스며든 은폐된 편향들을 투명하게 밝히는 집단 사명을 공유한다는 인식을 주었다.

다음 사례들은 학계와 정부 연구기관들에서 점차 빈발하는 이해상충 사례들 중에서 기준이 될 만한 잘 알려진 것들이다. 그러나 과학자들 사이에서 나타나는 이해상충이 미국에 국한되지 않는다는 점을 반드시 염두에 두어야 한다. 산학 협력은 유럽과 아시아 국가들에 수출되어 왔고, 이 나라들도 과학과 연관된 제도들에서 이와 비슷한 신뢰의 문제에 직면하기 시작했다. 예를 들어, 스웨덴 주립 대학들에서 교수직에 대한 사기업들의 재정 지원이 점차 늘어가고 있다. 명망 높은 카롤린스카 연구소[12]의 경우, 교수들의 3분의 1이 사기업에서 재정을 조달하며, 거대 제약회사인 아스트라 제네카[13]는 한 신경학 분야 교수의 모든 연구 결과에 대해 배타적인 소유권을 가지고 있다. 그중에는 스웨덴 국립의학연

구회의의 재정 지원으로 이루어진 연구 결과도 포함된다. 문제의 교수는 그 회사에서 월급을 받고 있다.[1]

폴란드의 한 의과학자는 이러한 상황을 다음과 같이 요약했다. "사영화와 상업화가 임상 연구의 객관성과 건강 관리의 가용성을 위협하고 있습니다. 그 원인은 이익에만 초점을 맞추는 고삐 풀린 시장 메커니즘이 이해상충을 부추기고 그로 인해서 연구와 의약 개발을 편향시키고 신뢰를 무너뜨리기 때문입니다."[2] 특별한 이해관계 집단에 휘둘리는 기업 구성원들은 그들의 경제력과 그 그룹의 다른 구성원과의 밀접한 결합 덕분에 종종 의학 저널의 편집인이나 비영리 연구조직의 자문역으로 중요한 역할을 맡는다. 그들은 심사위원이나 자문위원으로 활동하면서 자신들의 특별한 이해관계와 충돌할 수 있는 데이터의 공개를 조직적으로 방해하기도 한다.[3]

사례 1

하버드 안과학 교수, 아직 실험을 거치지 않은 소속 기업 약품으로 돈을 벌다

《보스턴 글로브》는 하버드 대학의 한 의사 사진이 실린 "결함 있는 연구, 박사들이 약으로 이익을 챙기도록 돕다"라는 글을 1면 머리기사로

12 —— Karolinska Institute. 정식 명칭은 왕립 카롤린스카 의학연구소이며 스웨덴 스톡홀름에 있다. 1810년에 러시아-핀란드 전쟁이 끝난 후 부상 군인 치료를 목적으로 설립되었고, 1895년에 알프레드 노벨이 노벨 생리학상 수상자 결정을 이 연구소에 맡기면서 세계적인 연구소로 발돋움했다.

13 —— Astra-Zeneca. 1913년에 설립된 스웨덴의 제약회사 아스트라와 1993년에 설립된 영국의 제네카가 1999년에 합병해서 탄생한 세계적인 초국적 제약회사이다.

내보냈다. 피터 고슬린 기자의 이 탐사기사는 1988년 10월 19일자에 실렸다. 고슬린은 펜실베이니아 주 드레셔 출신의 한 여성을 추적했다. 그녀는 '안구건조증'으로 1985년 늦가을부터 매사추세츠 안이과眼耳科 병원에서 처방을 받아왔다.

그녀를 진료했던 의사는 국립 대만 대학에서 학부를 졸업하고 샌프란시스코 캘리포니아 대학에서 의학박사 학위를 받은 안과 의사 셰퍼 쳉이었다. 쳉은 당시 하버드 대학에서 2년 동안 연구원으로 재직하고 있었다. 그리고 메사추세츠 안이과 병원에서 연구를 하고 있었다.

드레셔 출신의 이 여성이 보스턴에 왔을 당시, 쳉은 약 300명의 지원자들로 구성된 임상 실험 그룹을 모집하고 있었다. 그는 이 젊은 여성을 받아들여 약품 연구에 포함시켰다. 그 여성이 포함된 실험 집단의 환자들은 안구 건조 질환을 치료하기 위한 비타민 A 연고를 받았다. 임상 실험에 참여한 환자들 중에서 그들이 받은 약이 스펙트라 서비스 사Spectra Pharmaceutical Service에서 만든 신약이라는 사실은 아무도 몰랐다. 《보스턴 글로브》는 하버드 대학의 수련 병원인 매사추세츠 안이과 병원에 재직하는 쳉의 지도교수 역시 스펙트라 사에 지분을 가지고 있어서 이해관계가 있음을 밝혀냈다. 한때 쳉을 지도했던 존스 홉킨스 의대 안과의 명예교수 에드워드 모메니도 마찬가지였다. 그는 스펙트라 사의 이사장을 맡고 있기도 했다.

1980년대에는 대학에 적을 둔 의사들이 기업에 참여하거나 스스로 회사를 차리는 일은 점차 다반사가 되어갔다. 제약회사들은 식품의약품국Food and Drug Administration, FDA에 자신들이 개발한 신약의 안전성과 약효에 대한 자료를 제출한다. 그런데 식품의약품국은 대학 소속 의사들이 출원된 약품을 대상으로 시행하는 임상 실험 자료에 의존한다. 정부 기관이 직접 연구를 하는 경우는 극히 드물다. 연구의들은 벤처 자본으로 출발하는 신생 기업의 경제적 가능성을 보기 시작했다. 이 회사들은 전문 약품을 연구 개발하다가 공모주를 발행하거나 대규모 제약회사에 매입된다.

1980년에 당시 《뉴잉글랜드 의학 저널New England Journal of Medicine》의 편집인이었던 아놀드 렐먼은 영리 벤처 기업에 관여하고 있는 임상의들에게 경고하는 논설을 썼다. 그는 의사들이 제약회사나 보건 관련 기업에 연루되는 현상이 환자에 대한 전문가의 책무와 직접 이해상충을 빚는 대표적 예라고 지적했다. 렐먼은 임상 실행이 상업성과 뒤섞이는 양상은 도덕적으로 지지받을 수 없다고 말했다. "내 주장은 만약 개업의들이 자신의 고유한 직업 활동 이외에 건강 관리 시장으로부터 어떤 경제적 이익도 취해서는 안 된다는 원칙을 채택한다면, 의사라는 직업의 지위가 높아질 수 있으며, 그 목소리는 공중과 정부에 대해 도덕적 권위를 가질 수 있다는 점이다."[4] 20년 후에 의학 잡지 《랜싯The Lancet》에 실린 한 논설은 생의학 분야의 급변하는 문화를 이렇게 진단했다. "오늘날 대학들은 과학자와 의사들을 기업가로 만들고 그들이 자신들의 지적 자산을 상업화하도록 부추기고 있다. 그러나 산학 협동, 또는 사익과 공익의 결합은 너무도 쉽게 깨질 수 있다."[5]

첼 사건에는 세 가지 주목할 만한 측면이 있다. 첫째, 당시에는 환자들에게 임상 실험에서 사용되는 실험 약품이 해당 병원 의사들이 설립한 회사 제품이라는 사실을 알리는 관행이 없었다. 렐먼의 시나리오는 이 경우에 분명 사실이었다. 만약 그들이 이 정보에 대해 이해관계가 있다는 사실을 밝혔다면 과연 얼마나 많은 사람들이 이 실험을 거부했겠는가? 일부 환자는 그 약과 직접 이해관계가 있는 의사들이 약효를 객관적으로 평가할 수 없다고 생각했을지 모른다. 의사들이 그 약이 줄 수 있는 이익을 원하기 때문에 그 위험을 알아차릴 수 없지 않을까? 의사들이 환자들의 이익보다는 투자자로서의 이익에 손을 들어주지 않겠는가?

둘째, 임상 실험의 프로토콜이 변화했다. 가령 다른 환자에게 약을 사용하거나 그 용량을 바꾸어도 병원 내의 기관윤리위원회*Institutional Review Board, IRB*에 허락을 받지 않는 것이 그런 예에 해당한다. 과학자들이 임상 실험 결과에 경제적 이해관계가 걸려 있을 경우 IRB 규정을 위반할 가능성이 더 높아진다는 결론을 내릴 수는 없지만 이해상충으로 인해 임상 연구자들이 IRB 규정을 더 느슨하게 완화시켰다는 의구심이 든다.

매사추세츠 안이과 병원과 하버드 의대는 쳉의 활동에 대해 각기 독자적인 조사를 벌였고, 《보스턴 글로브》에 따르면 "환자 실험, 이해 갈등, 연구의 질과 감독 등의 항목에서 규정 위반"[6]이 발견되었다고 한다.

셋째, 스펙트라 사의 의사들은 과거 연구에서 이루어진 발견의 근거에 대한 투자자들의 신뢰도를 높이기 위해서 전략적으로 언론 매체를 이용했고, 다른 한편으로는 회사에 불리한 새로운 결과들을 추려내서 은폐한 것으로 보였다. 식품의약품국은 자사 제품과 관련된 자료 중에서 유리한 것만 발표하거나, 효능과 위험을 포함해서 그 약품의 특성에 대해 의사와 일반 대중들을 현혹시킨 제약회사를 처벌할 권한이 있다. 스펙트라 소속 과학자들은 어떤 결과를 언론과 투자처에 공개할 것인지 먼저 생각한 다음 그 결과를 공표해서 공모주의 가치를 극대화할 수 있었다. 《보스턴 글로브》는 쳉과 그의 가족들이 1988년에 스펙트라 주식 매매를 통해서 최소한 백만 달러를 벌어들였다고 보도했다.

식품의약품국 관계자들은 쳉이 병원 내 윤리위원회에 알리지 않고 임상 실험에 새로운 환자들을 포함했고, 약품명을 밝히지 않고 실험 약품을 관리해서 병원과 대학측의 윤리 지침을 위반한 사례를 열거했다. 1988년 가을까지 쳉과 그의 동업자들은 비타민 A 크림의 결과를 발표했다. 그들은 일부 희귀 질환 치료에 도움이 될 수는 있지만, '안구 건조증'의 경우 위약僞藥[14]이 더 효과적일 수 있다는 주장을 제기했다.

어떻게 매사추세츠 안이과 의사들이 자신들의 지분이 있는 회사의 약을 사용하도록 허락받았을까? 어떻게 연구자들이 환자들에게 약의 성격과 그 약과 자신들과의 관계에 대해 충분히 설명하지 않고 임상 실험에서 약을 투여할 수 있었는가? 어떻게 동료평가peer review를 거친 논문이 발간되기 이전에 실험 결과를 선택적으로 언론에 발표할 수 있었는가?

쳉 사건으로 하버드를 비롯한 여러 대학의 의대는 연구 윤리 기준을 재검토하게 되었다. 노골적인 이해상충이 명백한 상황에서, 어떻게 대학측은 연구의 객관성을 추구한다고 주장할 수 있는가? 지금까지 공표된 증거 중에서 쳉과 그의 동료들이 이 사례에서 데이터를 변조하거나 특정 결과에 대해 편향된 해석을 제공했다는 주장은 없다. 그러나 그들은 사람을 대상으로 한 실험의 윤리 지침을 위반했고, 임상 실험 결과에 대한 정보를 선별적으로 발표해서 스펙트라 제약회사의 주가를 끌어올렸다. 흥미로운 사실은 주가 상승에 대해서 미국 증권감독위원회가 이 사례가 증권법 위반인지에 대해 아무런 조사도 하지 않았다는 점이다.

정작 쳉과 그의 사업 동료 케네스 켄옌을 고소한 것은 매사추세츠 주 의무국State Medical Board of Massachusetts[15]이었다. 청문회 관계자는 쳉이 병원

14 —— 약효가 없지만 생체에 유용한 약제의 효용 실험을 위해 대조약으로 투여하는 약.

정책과 임상 연구 규약(이 사건을 맡은 치안판사가 발견했다)을 위반한 사례를 발견했다. 그러나 주 의학위원회의 고소는 치안판사에 의해 기각되었다. 고소가 기각된 이유는, 설령 쳉이 사람을 대상으로 한 실험에 관해 윤리위원회가 승인하지 않은 행위를 했더라도, 구체적으로 기만 행위나 비윤리적 행동에 관여한 증거가 부족했기 때문으로 추측된다.

권위 있는 대학의 의학자들은 기업을 설립하고, 주요 지분 소유자들의 부를 급속히 늘리기 위해, 동료평가를 거치기 전에 과학적 발견에 대한 데이터를 선택하여 발표할 수 있는 특권적 지위를 누린다. 《보스턴 글로브》의 고슬린은 이렇게 보도했다. "그들의 계획은 중개 산업에서 '수익 높은' 거래로 꼽혔다. 모메니, 쳉 그리고 켄엔과 같은 내부자들은 전체 주식의 4분의 3 이상을 보유했지만, 주식 판매를 통해 벌어들인 돈의 3퍼센트도 안 되는 금액만을 투자했다. 나머지 주식을 사려고 97퍼센트에 해당하는 자금이 공모주 청약을 통해서 유입되었다."[7]

공모주 청약자들은 생의학 과학자들의 신뢰성에 의존한다. 유명 과학자들의 이름이 새로 설립된 기업의 이사진 명단에 없다면 누가 그 기업에 돈을 투자하겠는가? 과학자들은 소속 대학의 명성을 이용해서 일반 투자자들을 유인한다. 그러나 대학 관계자들은, 본인이 벤처 기업의 동업자가 아닌 한, 이러한 사실을 전혀 알지 못한다. 과학자-기업가들은 과학계와 기업 양쪽에서 내부자이며 발표되거나 보고되는 모든 결과를

15 —— 의무국(State Medical Board, SMB)은 의료 소비자를 보호하기 위한 미국의 제도로, 주지사가 위촉한 12~24명으로 구성된다. 25% 이상은 공익 위원(public member)으로 이루어진다. 또한 의사들은 면허 갱신 과정에서 윤리와 의학 의식에서 합당한 수준을 유지하고 부당한 행위가 없었다는 점을 주 의무국에 제시해야 한다.

얻을 수 있는 위치에 있다. 또한 그들은 자신들이 언론이나 투자 회사에 제공하는 정보에 기반해서 주식을 사고팔 수 있다. 1986년에서 1988년까지 스펙트라 주식은 최고점과 최저점을 오가며 등락을 거듭했다. 그러나 이 회사의 과학자 지분 소유자들은 초과 이윤을 얻을 수 있었다. 그들이 일반인들이 갖지 못한 정보를 통제할 수 있기 때문이었다. 그렇지만 과학자들이 내부자 거래 혐의를 받는 경우는, 설령 있다고 해도, 매우 드물다. 과학자들의 역할에 지식 추구, 정보 전달의 관리 그리고 주식 자산의 극대화 등이 포함되기 때문에 이런 관행을 피하기는 힘들다.

이런 유의 정보에 대해 중앙집중화된 데이터뱅크가 없기 때문에 대학으로 매년 쏟아져 들어가는 기업 자금의 총량이 어느 정도인지 가늠하기 힘들다. 대학측에 등록된 보조금과 계약금 이외에도, 연구자들은 자문비, 사례금, 출장비, 증인 출석 수당 그리고 비공식적인 선물까지 받는다. 실제로 추적된 정식 보조금과 계약 금액만 해도, 지난 20년간 기업이 대학에 투자한 연구비 총액은 1980년의 2억 6,400만 달러에서 (불변가격으로) 2000년에는 무려 23억 달러로 증가했다.[8] 지난 10년 동안 연방 정부의 대학 연구 지원금이 약 175억 달러인 데 비해, 기업의 기부금은 정부의 전체 연구비 지원금의 13퍼센트를 차지한 것으로 추정된다. 일부 기업 부문은 대학 과학자들에 대한 의존도가 훨씬 높다. 제약산업이 바로 그런 경우이다. 제약회사들은 식품의약품국FDA에서 약품 승인을 얻기 위해서는 신뢰성 있는 연구 결과를 얻어야 한다. 또한 약품이 승인을 얻은 후에도 기업은 그 약의 상대적인 안전성과 효력에 대해서 경쟁사들로부터 도전을 받게 된다. 약품 특허가 만기에 가까워지면, 기업들은 약효를 손상시키지 않으면서 새로운 특허를 얻을 정도로만 조성을 바꾸기 위해 생화학자들에게 의존하게 된다.

다음 사례는 과학자가 제약회사와 연구 계약을 맺을 때 깨알 같은 글씨로 된 계약서를 꼼꼼히 읽지 않았을 때 어떤 문제가 발생할 수 있는지 잘 보여준다.

사례 2

과학자, 제약회사와 연구 협정에 서명을 하고 과학에 대한 통제력을 상실하다

1986년, 과학자들이 쓴 편지가 임상 약리학clinical pharmacology 분야의 한 전문 저널에 실렸다. 그 내용은 시장에 출시된 모든 약제가 갑상선 기능 부전증에 동일한 효능을 갖지 않는다는 것이었다. 편지의 저자들은 해당 약품에 대해 두 개의 상표명을 인용했다. 그중 하나가 신드로이드Synthroid였다.[9] 샌프란시스코 캘리포니아대학UCSF의 약리학 박사 베티 동이 편지를 쓴 사람 중 하나였다. 동은 1973년에 조교수로 이 대학에 임용되었고, 그 후 그곳에서 임상 약학으로 전문의 실습 기간레지던트을 마쳤다. 당연한 일이지만, 신드로이드를 생산한 플린트 래보러터리스Flint Laboratories 사는 그런 편지가 자신들이 믿고 있는 내용을 확인해 주었다는 사실, 즉 그 상품이 종합 갑상선 기능 이상 치료제 분야를 대표하며 복제약[16]보다 약효가 뛰어나다는 사실을 확인해 주었다는 정도로 만족할 수 없었다.

16 —— generics, 특허 기간이 지난 후에 다른 제약회사에서 동일 약품을 다른 명칭으로 모방 제조한 약품을 뜻한다. 후발 약제라고도 한다.

미국에서만 약 800만 명의 사람들이 갑상선 기능부전으로 고통을 받고 있다. 이것은 갑상선 호르몬 결핍과 연관된 질병이다. 종합 갑상선 치료제의 1세대인 신드로이드는 연간 6억 달러 상당의 시장을 지배했다. 신드로이드가 처음 FDA의 승인을 받았을 때, 이 기관은 약품의 생물학적 등가성[17]에 대한 기준을 가지고 있지 않았다. 좀 더 최근에야 FDA는 두 약품의 생물학적 등가성을 검증하는 기준을 마련했다. 생물학적 등가성 실험 결과는 FDA가 의사들에게 약품 선택에 대한 지침을 제시하고, 제약회사의 광고가 신빙성이 있는지 결정한다.

1987년에 신드로이드는 값이 싼 복제약과 경쟁을 벌이게 되었다. 그로 인한 시장 점유율 손실은 무려 85퍼센트에 달했다. 플린트 래보러터리스 사는 자사 제품이 복제약보다 우수하다는 것을 입증할 기회라고 생각했다. 1988년 5월에 이 회사는 베티 동과 샌프란시스코 캘리포니아 대학 관계자들과 맺은 21쪽의 계약서에서 갑상선 기능부전의 주요 치료제들(다른 하나의 상표명인 레복실Levoxyl과 두 개의 복제약)에 대한 생물학적 등가성을 평가하기 위해 6개월 동안 임상 실험을 지원한다는 내용을 명시했다. 25만 6,000달러를 지원하는 이 계약 내용에는 실험 설계와 데이터 분석에 대한 세부 항목들이 포함되어 있었다. 그러나 그 밖에도 '제한 조항'이 하나 덧붙었다. 그 내용은 다음과 같다. "이 계약에 포함된 모든 정보는 비밀에 부치며, 오직 이 연구를 수행하는 데에만 사용한다. 조사자가 연구 과정에서 얻은 데이터 역시 비밀로 분류되며, 플린트 래보러터리스 사와의 서면 동의가 없는 한 논문이나 기타 방식으로 발표할 수 없다."[10]

17 —— bioequivalency, 같은 약제를 다른 처방으로 투여해도 동일하게 흡수 배설되는 특성.

이 대목에서 두 가지 물음이 제기된다. 왜 샌프란시스코 캘리포니아 대학은 동이 그녀의 연구를 제약할 수 있는 제한 조항에 합의하도록 허가했을까? 과연 동은 문제의 조항이 자신의 연구를 제약한다는 사실을 알고 있었을까? 동이 플린트 래보러터리스 사와의 계약에 서명할 당시, 대학측에는 제한 조항에 대한 방침이 없었다. 1년 후인 1989년에 개정된 샌프란시스코 캘리포니아 대학의 방침은 다음과 같다. "대학은 과학적 결과가 발표될 수 있거나 즉각 유포될 수 있는 연구만을 수행한다."[11] 그런데 대학측은 계약을 체결할 때 "즉각 유포promptly disseminated" 되는 연구가 무슨 뜻인지 해석하는 문제를 연구자들에게 떠넘겼다. 그 후 동은 플린트 사에서 받은 계약서에 들어 있는 제한 조항에 약간의 우려를 표명했다. 그러나 당시에 그녀는 그런 표현들이 통상적인 것이고 자신의 연구 결과를 출간하는 데 하등 방해가 되지 않을 것이라고 확신했다. "계약서에 서명을 하면서 그리 내키지 않았습니다. 회사측은 연구 결과의 출간을 다룬 계약서 내용에 대해 우려할 필요가 없다고 나를 설득시켰습니다. 자문을 구한 동료들도 이런 계약은 늘상 그런 식이므로 걱정하지 않아도 된다고 안심시켰습니다. 그것은 권력 관계가 바뀌기 이전이었으니까요."[12]

동은 플린트 래보러터리스 사가 부츠 제약Boots Pharmaceuticals으로 팔린 사실을 언급하고 있었다. 1995년 4월 부츠 제약은 다시 14억 달러에 크놀 제약Knoll Pharmaceuticals, BASF AG(독일 종합화학회사)의 자회사에 합병되었다. 이 기간 동안 기업들의 매점買占 행위가 일어났고, 신드로이드의 시장 점유율이 구매 가격에 지대한 영향을 미쳤다. 이런 일련의 사태는 신드로이드의 가치를 하락시킬 수 있는 데이터의 발표에 회사가 왜 그처럼 강경한 자세를 취했는지 설명해 준다.

부츠 제약이 신드로이드에 대한 권리를 양도받자 회사측은 그녀의 실험실을 정기적으로 현장 방문하는 방식으로 생물학적 등가성 연구에 지대한 관심을 나타냈다. 1989년 1월에 찾아왔던 부츠 제약 대표는 종합 갑상선 치료제의 (사람을 대상으로 한 실험을 제외한) 병행 연구parallel study에 대한 예비 결과를 요구했다. 그러나 이 정보가 유출될 경우 이중맹검二重盲檢 연구 규약을 어기게 된다. (이중맹검double-blind 연구란 피실험자와 연구자 모두 어떤 피실험자가 실제 약이나 위약 중 어느 쪽을 투여받았는지 모른 채 진행하는 실험을 말한다.) 이중맹검 연구는 연구자와 환자 모두의 편향을 극소화할 수 있다는 점에서 연구의 기본 규칙에 해당한다.

이 특수한 이중맹검 연구의 핵심은 22명의 피실험자가 처방된 약의 투여 순서를 알지 못한다는 점이다. 그렇지만 그들은 자신들이 4가지 약품을 일정 용량 투여받는다는 사실은 알고 있다. 그뿐 아니라 그들의 갑상선 이상 수준과 생물학적 수치를 측정했던 연구자들도 사전에 어떤 약이 투여되었는지 알지 못한다. 동과 그녀의 동료 연구자들은 부츠의 요구를 거절했다. 정보 유출이 연구 방법론을 약화시키고, 연구 규칙을 위배하기 때문이었다.

1990년대 말엽에 동은 연구를 마치고 결과를 부츠 제약에 보냈다. 예비 결과는 실험에 사용된 4가지 약제가 생물학적으로 같다는 것을 보여주었다. 이 정보에 기초해서 부츠 제약은 총장과 여러 학과장을 포함해서 샌프란시스코 캘리포니아 대학 관리자들에게 동의 연구에 결함이 있다는 사실을 알렸다. 샌프란시스코 캘리포니아 대학은 동의 연구에 대해 두 차례 자체 조사를 벌였다. 약사들에 의해 1992년에 종료된 첫 번째 조사는 그녀의 연구에서 발견되는 유일한 결함이란 "사소하고 조기에 수정 가능한 것"이라고 결론지었다. 샌프란시스코 캘리포니아 대학의 약학과장에 의한 두 번째 조사는 동의 연구 결과가 엄밀한 것이었고, 그에 대한 부츠 제약의 비난은 "기만적이며 자기 잇속을 차리려는 의도에서 나온 것"이라는 결론을 내렸다.[13]

1994년 4월 동은 연구 결과를 포함한 논문을 《미국 의학협회 저널 Journal of the American Medical Association, JAMA》에 투고했다. 그 논문은 5명의 개인들에 의해 동료평가를 거쳤고, 저자들은 논문을 수정한 후 다시 제출했다. 결국 논문은 1994년 11월에 게재가 허락되었다. 동의 연구가 시사하는 것 중 하나는 의사들이 상대적으로 값싼 갑상선 치료제를 처방해도 무방하며 그 결과 소비자들은 매년 어림잡아 3억 6500만 달러를 절약할 수 있다는 것이었다. 이 수치는 보건 소비자 단체와 보험회사들의 관심을 끌었다. 그중에는 새로운 세대의 건강 관리 기구,[18] 건강 관리 비용을 관리해야 하는 구조적 동기를 가지고 있는 선불 의료보험업자들도 포함되어 있었다. FDA도 이 연구 결과에 포함된 절약 금액과 생물학적 등가성에 관심을 나타냈다. FDA의 업무에는 거짓 내용을 유포하거나 현혹적인 주장을 하는 약품 광고를 감시하는 일도 포함되기 때문이다.

크놀 제약은 동과 그의 동료들이 한 데이터 분석에 압력을 행사하기

18 —— health maintenance organizations, HMOs. 자발적 가입자들에게 미리 약정된 바에 따라 의료 서비스를 제공하는 공공 또는 민간 조직으로 폭넓은 의료 서비스를 단일 기구 안에 통합해 약정된 금액으로 서비스를 제공한다. HMO의 유형은 크게 두 가지로 나뉘어, 선지불 집단치료(prepaid group practice) 모형과 개인치료협회 혹은 의료기금(Medical care foundation/MCF)의 형태가 있다. 1970년대에 건강 관리 기구라는 개념을 확산시키기 시작한 미국 정부는 HMO가 의료비용을 조정해 의사들이 치료비가 비싸고 불필요한 치료를 하지 않게 하고 대중의 늘어나는 의료 수요를 충족시키며 의료 공급이 부족하거나 전무한 지역에 의료 서비스를 제공하는 등 여러 가지 역할을 할 것으로 보았다.

시작했다. 논문의 공동 저자 중 한 사람인 그린스펀은 "크놀 제약은 우리가 연구 결과를 발표하면 그로 인해 큰 손해를 입게 된다고 말했습니다. …… 그리고 샌프란시스코 캘리포니아 대학과 연구자들이 이 결과에 대해 책임을 져야 할 것이라고 하더군요."[14] 회사측은 자사의 합성 갑상선 호르몬이 경쟁 회사들의 제품에 비해 우수하고, 동의 연구는 갑상선 자극 호르몬thyroid-stimulating hormone, TSH에 대한 약품의 영향을 분석하지 않았기 때문에 생물학적 등가성을 보여주는 데 실패했다고 주장했다. 회사는 이렇게 말했다. "동의 연구는 충분하지 않으며 제대로 통제된 연구가 아닐뿐더러 갑상선 호르몬제levothyroxine로서의 완전한 호환성을 확실하게 입증하지도 못했다."[15] 동 개인을 대상으로 한 소송 위협은 그녀의 마음을 무겁게 짓눌렀다. 그녀는 샌프란시스코 캘리포니아 대학의 변호사들에게 자문을 구했다. 대학측 변호사들은 동과 6명의 공동 연구자들에게(그들이 서명했고 대학측도 인정한 계약을 기반으로) 앞으로 대학측의 도움을 기대하지 말고 스스로 변호해야 할 것이라고 말했다. 갑작스러운 상황에 직면한 동은 《미국 의학협회 저널》이 출간되기 2주일 전에 논문을 철회했다.

한편, 동과 그녀의 공동 연구자들의 연구 내용을 조사해 온 부츠/크놀 제약의 과학자들은 16쪽의 논문으로 그녀의 연구팀이 수집한 데이터에 대한 독자적인 해석 결과를 발표했다. 그런데 그 논문은 샌프란시스코 캘리포니아 대학 과학자들의 연구에 대해서는 일언반구도 언급하지 않았다. 동의 논문과 정반대 결론에 도달한 이 논문은 부츠/크놀 제약의 한 과학자가 부편집인으로 있는 신생 저널에 발표되었다.[16] JAMA의 편집인들은 부츠/크놀 제약 소속 과학자로부터 동의 연구에 대한 자신들의 비판을 개괄하고 동의 논문이 발간되는 사태에 우려를 표명하는 내용의 편지를 받았다. 또한 회사측이 샌프란시스코 캘리포니아 대학 과학자들의 이해상충 가능성을 조사할 전문가들을 고용했다는 소식도 들려왔다.

동 사건이 대중에게 알려진 것은《월스트리트 저널》이 심층 보도 기사를 발표한 1996년 4월 25일이었다. 이 보도가 나온 후 수개월 만에 FDA는 크놀 제약이 신드로이드라는 가짜 상표를 부착해서 연방 의약 및 화장품 법률의 규정을 위배했다고 통지했다. 크놀, 캘리포니아 대학 그리고 동은 출간 문제를 해결하려고 논쟁을 계속했다. 이 사실이 공개되고 FDA 개입이라는 새로운 변수가 등장하면서 크놀 제약이 논문 출간 문제를 해결하도록 재촉했을 수도 있다. 결국 1996년 11월, 크놀 제약은 동과 그녀의 공동 연구자들의 생물학적 등가성 연구의 발표를 막지 않기로 합의했다. 그리고 이 논문은 1997년 4월에 JAMA에 발표되었다.

37개 주의 검찰총장들은 이 회사가 FDA에 정보를 제공하지 않고, 자사의 제품에 대해 잘못된 정보를 유포시켰다는 주장을 근거로 크놀 제약을 상대로 소송을 제기했다. 크놀 제약은 자사의 레보티록신(갑상선 호르몬제)이 우수하다는 주장을 계속하는 한편, 소송에 대한 화해 조건으로 주 정부들에 4,180만 달러를 지불하는 데 합의했다. 또한 의사들이 다른 처방보다 신드로이드를 많이 처방하게 만들어서 소비자들에게 부당한 치료비를 부과한 데 대한 집단 소송이 크놀 제약을 대상으로 이루어졌다. 그 결과 회사측은 신드로이드 이용자들에게 1억 3,500만 달러를 지급하는 데 동의했다. 최종적으로 보상금은 9,800만 달러로 줄어들었다. 그 이유는 500만 명 이하의 약품 사용자들만이 (전체 800만 명 중에서) 집단 소송에 서명했기 때문이다. 높은 변호사 비용 때문에 연방

판사가 신드로이드 복용자들과 제조사 사이의 합의를 승인하지 않자 다른 문제가 발생했다.[17]

이 사례는 대학이 연구 계약서의 제한 조항 포함에 반대하는 정책을 채택하는 것이 얼마나 중요한지 잘 보여준다. 대학측 변호사들은 기업이 대학의 피고용자들과 맺는 연구 계약서 내용을 글자 하나하나까지 철저하게 조사해야 한다. 후원자가 연구 결과나 데이터 발표 여부를 좌지우지할 수 있게 하는 계약서 조항은 데이터와 결과 해석을 둘러싼 출간의 자유와 후원자의 법률적 권리 사이에 화해할 수 없는 분열을 일으킨다.

다음 사례는 연방 기준들이 공중 보건 정책 결정에 영향력을 발휘할 수 있는 위치에 있는 정부 과학자들의 이해상충을 방지하기에 부적절하다는 것을 보여준다.

사례 3

정부 과학자들, 제약회사에 자문역을 맡으면서 동시에 약품 연구를 감독하다.

과학자들은 흔히 두 가지 역할을 겸한다. 그들은 지식 자체를 추구하며 이해관계에 무관심한 연구자disinterested researcher이면서, 연구 결과를 통해 이윤을 추구하는 과학자-기업가라는 상반된 두 가지 역할을 맡는다. 반면 정부 과학자들이 상충된 역할을 하는 경우, 즉 한편으로는 연방 기관의 공공기금으로 지원되는 연구를 하면서 다른 한편으로 기업에 자문을 해주는 사례는 그리 많이 알려져 있지 않다. 우리가 정부 과학자들의 이해상충 사례가 많지 않을 것으로 생각하는 이유는 정부의 이해상충 관련 규정들이 대학이나 연방 규정에 비해 오래전에 갖춰졌고, 훨씬 강력한 처벌이 가능하기 때문이다.

비정상적이리만큼 빨리 소비 시장에 진입했다가 자취를 감춘 당뇨병약 레줄린Rezulin의 사례는 연방 정부 내에 비늘처럼 겹쳐 있는 이해상충에 대한 날림 정책들의 문제점을 몇 가지 드러낸다. 이 사례를 조사한 후, 나는 이해상충이 정부 정책에 위배되는가라는 물음을 제기하기 위해서 이해상충에 대한 현행 정부 정책의 합리적 해석을 적용했다. 또한 나는 이 사례가 합법적인 틀 안에서 진행되었다는 측면에서 도대체 법률 위반이 인정되려면 얼마나 심각한 위반이 일어나야 하는가에 대한 답을 구하기 위해 노력했다.

워너 램버트 사Warner-Lambert Company가 FDA에 신약 승인 신청서(내부자들은 "NDAnew drug application"라고 부른다)를 제출한 1996년 7월 31일부터 이야기를 시작하기로 하자. 그 당시 레줄린이라는 약은 성인발병형(또는 유형-2) 당뇨병의 유망한 치료제가 될 것이라는 예측이 나돌고 있었다. 당뇨병은 인체가 충분한 양의 인슐린을 생산하지 못하면서 나타나는 질병이다. 인슐린은 당을 분해하는 데 필수적이다. 인슐린이 부족하면 혈당 수치가 높아지며, 이 증상을 치료하지 않고 방치하면 심장병으로 이어지거나 눈이 멀 수도 있다. 1990년대 중엽, 유형-2 당뇨병에 사용할 수 있는 여러 가지 치료법이 나왔다.

그러나 레줄린은 유형-1 당뇨병에는 효과가 없었다. 유형-1은 유전적인 이유로 신체가 충분한 양의 인슐린을 생산하지 못하는 경우이다. 레줄린은 몸의 지방과 근육 세포가 당을 많이 흡수하도록 자극해서 인체가 인슐린을 좀 더 효율적으로 사용하도록 돕는 것으로 알려져 있었다.

워너 램버트 사가 레줄린을 신약 신청했을 때, FDA는 의회로부터 특정 약품에 대한 평가 과정을 단기에 종료할 수 있는 권한을 부여받았다. 이 정책은 "신약의 신속 평가 트랙fast track for drug review"이라 불렸는데, 얼마쯤은 AIDS 행동주의자들도 여기에 기여했다. 그들은 선택의 여지 없이 죽어가는 AIDS 환자들의 생명을 구할 약품을 얻을지도 모른다는 일말의 희망으로 의회에 압력을 행사했다. 신속 평가 트랙은 제약회사들의 신약 개발을 장려하고, 일부 치명적인 질병의 희생자들에게 희망을 줄 수 있을 것으로 예상되었다.

성인발병형 당뇨병으로 고통받는 미국인은 약 1,500만 명, 즉 전체 인구의 6퍼센트에 달했다. 게다가 2,100만 명의 미국인들이 당뇨병에 걸릴 위험에 처해 있었다. 레줄린에 대한 신약 신청이 이루어진 무렵, 성인발병형 당뇨병 시장은 연간 10억 달러를 넘어섰다. 1994년에 국립보건원National Institutes of Health, NIH은 전국을 망라하는 27곳의 연구소에서 4,000명 이상의 자원자들을 대상으로 광범위한 당뇨병 연구를 시작했다. 제약회사들은 자사 약품이 연구에 사용되도록 치열한 경쟁을 벌였다. 전국적인 연구에서 효능이 입증된 약은 시장에서 우월한 지위를 보장받을 수 있기 때문이었다. 워너 램버트 사는 이 연구에서 좋은 평가를 받는 모든 약품에 대한 독점권을 얻는 대가로 2,030만 달러를 제공하겠다고 약속했다.

이러한 협조가 이상하게 생각되는가? 제약회사는 연구 결과에 대한 지적 재산권과 교환하는 조건으로 정부 연구에 들어가는 비용을 부담하기 위해 돈을 기부하기로 서약한다. 어떤 사람들은 이것이 제약회사와 연방 연구센터 사이의 지나치게 친밀한 관계가 아니냐는 의문을 제기할지도 모른다. 어떻게 연방 연구센터가 영향력 있는 장사꾼과 공모한다는 인상을 주지 않으면서 실험 결과에 경제적 이해관계를 가지는 회사로부터 지원금을 받을 수 있는가?

1996년 6월 11일, 워너 램버트 사는 미국에서 이루어진 최대 규모의 당뇨병 연구에서 일부 채택된 신약이 자사 제품인 레줄린이라는 사실을 발표했다. 회사측이 언론에 뿌린 보도자료에는 국립보건원의 저명한 당뇨병 연구자인 리처드 이스트먼의 말이 인용되어 있었다. 그는 레줄린이 "당뇨병의 근원이 되는 요인을 치료했다"고 말했다. 이스트먼은 국립 당뇨병, 소화기 및 신장 질환 연구소National Institute of Diabetes and Digestive and Kidney Diseases, NIH의 부속 기관에서 당뇨병, 내분비학 그리고 신진대사 이상을 연구하는 분과의 장을 맡고 있다. 그 직위 덕분에 1990년대 말 그는 연봉 14만 4,000달러를 보장받았다(그것은 연방 정부 내에서 공무원에게 지급되는 최고 액수에 해당했다).

이스트먼은 레줄린에 대해 적극적 지지를 보내도록 길들여진 내분비학자 집단에 속했다. 그는 임상 실험에 이 약을 사용하도록 편들었고, FDA가 신속 평가 트랙으로 이 약을 채택하도록 힘썼다. 1997년 1월에 레줄린에 대한 워너 램버트 사의 신약 신청서가 FDA에 의해 최종 승인되었다. 이것은 이 기관이 당뇨병 정제에 대해 신속 평가 트랙을 허용한 최초의 사례였다. 그해 8월에 FDA는 보다 폭넓은 사용을 승인했다. 즉, 독립적인 약제로서의 사용과 다른 유형-2 당뇨병 약품과 함께 사용하는 것이 모두 가능해졌다.

그런데 레줄린이 시장에 출시된 지 수개월 후인 1997년 가을에, FDA는 일반 개업의들로부터 당뇨병 환자들에서 간 기능부전이 나타난다는 보고를 접수했다. 레줄린이 처음 시판된 1997년 3월부터 국립보건원이 문제의 약을 전국적인 연구에서 배제시킨 1998년 6월까지 유형-2 당뇨병 환자들 중에서 약 100만 명 이상이 레줄린을 복용한 것으로 추정되었다. 영국은 1997년 12월에 영국 시장에서 레줄린의 회수를 선언했다. 반면 미국 FDA는 2000년 3월 21일 이 약의 등록이 최종 취소되기까지 추가 조사를 요구하면서 이 약을 계속 지지했다. 그것은 이 기관이 간 기능부전의 보고를 처음 받은 지 29일이 지난 후였다. FDA가 레줄린의 등록을 취소할 때까지 이 약과 관련해서 최소한 90명이 간 기능부전을 일으켰다. 그중에서 63명이 사망했고, 그밖에 치명적이지 않은 장기 이식자도 포함되었다. 사망자 중 한 사람이었던 오드리 로르 존즈는 세인트루이스 출신의 55세 고교 여교사로 당뇨병이 없었지만 자원봉사자로 NIH 연구에 참가했었다. 약 7개월 동안 레줄린을 복용한 후, 독신이었던 존즈 씨는 간 이식이 필요로 할 정도로 중증의 간 기능부전을 일으켰다. 결국 그녀는 1997년 5월에 간 이식을 받은 후 사망했다. NIH는 그녀의 간 기능부전이 레줄린 때문으로 결론지었다. 1998년 말엽, 《로스앤젤레스 타임스》는 저명한 당뇨병 전문가와 제약회사들, 특히 가장 유명한 워너 램버트 사 사이에서 나타나는 이해상충을 폭로하는 일련의 심층 기사를 연속물로 실었다. 리처드 이스트먼은 NIH 직원이면서 1995년부터 워너 램버트 사의 유급 자문역을 맡았다. 《로스앤젤레스 타임스》 기사에 따르면, 당시 이스트먼은 이러저러한 외부 기관들로부터 자문비조로 최소한 26만 달러를 받았다. 그중에는 6개 제약회사도 포함되어 있었다.[18] 이스트먼은 자신이 워너 램버트 사의 자문위원이자 연방 기관 직원이었던 시기에 여러 차례 레줄린과 연관된 토의에 참여했다는 사실을 인정했다. 그중에는 레줄린을 전국 규모 당뇨병 연구(1994~1995) 약품으로 선정한 회의, 그리고 환자 사망이 보고된 이후에도 레줄린을 연구에 계속 포함시키는 결정도 포함되어 있었다.

이스트먼은 회사 기록에 레줄린 전국 홍보국Rezulin National Speaker's Bureau

의 정식 교수단 11명 중 한 명으로 기록되어 있다. 이 집단은 워너 램버트 사에서 보수를 받으면서 환자에게 레줄린을 처방하도록 의사들을 설득하는 의학 자문위원단이었다. 이스트먼은 1997년 9월 7일 댈러스에서 열린 회의에서 자문위원단의 기조연설을 맡았다. 또한 그는 워너 램버트 사로부터 부분적으로 재정을 지원받는 기구인 전국 당뇨병 교육센터National Diabetes Education Initiative에서 2년 동안 일하기도 했다. 그 기간 동안 그는 편집자문국의 위원으로 활동하기도 했다.

보건복지부Department of Health and Human Services, DHHS의 선임 직원들은 이해상충 가능성에 대해 주기적으로 조사를 받는다. 연방 법률은 연방 소속 직원이 "개인적으로 그리고 실질적으로" 외부 고용주에게 영향을 주는 정부 관련 문제에 관여하는 것을 범죄 행위로 규정하고 있다. NIH 윤리지침은 소속 직원들이 자신의 공적 책무에 "어떤 식으로든 저촉되는" 경우, 사기업에 대한 자문을 금하고 있다. 연방 법률과 NIH 규정 모두 정부 소속 과학자의 자문역을 금지한다. 그러나 이러한 규정은 지나치게 해석의 폭이 넓다. 일부 관찰자들은 이스트먼의 겸임을 문제시했지만, 그의 상급자들은 생각이 달랐다.

《로스앤젤레스 타임스》의 탐사 기자 데이비드 윌먼은 1996년 6월에 연방 고위직의 재정 보고를 평가했던 DHHS의 한 변호사가 이스트먼이 워너 램버트 사로부터 보수를 받는다는 사실에 우려를 표명했다는 것을 알아냈다. 당시 이스트먼은 그 회사의 자회사인 파크 데이비스Parke-Davis가 제조하는 약품을 포함하는 중요한 연구를 책임지고 있었다. 그 변호사는 이스트먼에게 편지를 써서 그가 파크 데이비스와(따라서 워너 램버트 사와) 관련된 모든 공식적 문제들을 스스로 기피할 것을 요구했다. 그러나 이스트먼의 두 상사 중 한 명인 NIH의 당뇨병 연구소장은 이미

NIH 소속 변호사와 협의한 후 이스트먼의 워너 램버트 사와의 자문 계약을 승인한 상태였다. 이 결정은 이스트먼이 정부의 책무와 관련된 영역에서 소속 기관 외부의 자문역을 맡을 권리가 있음을 뜻했다.

이스트먼 이외에도 최소한, 이해상충의 양상을 나타낸 신약의 운명을 좌지우지하는 결정에 연루된 과학자들은 여러 명이 있었다.[19] 제럴드 올레프스키 박사는 저명한 당뇨병 학자이며 1994년 이래 NIH의 당뇨병 예방 프로그램에서 지도적인 위치를 차지했다. 레줄린과 관련된 세 개의 독립적인 특허권에 이름이 올라 있는 올레프스키는 유명한 당뇨병 연구자이자 한 사기업의 설립자 겸 사장이기도 했다. 그 회사는 워너 램버트 사로부터 상당한 액수의 자금을 지원받았다. 올레프스키는 전국적 연구에 레줄린을 포함시킬 것을 강력하게 주장했고, 결국 이스트먼에게 이 화합물과 그 약품의 유망한 사전 결과를 소개해 주었다. 1994년에 올레프스키는 임상 실험에서 채택된 약품을 평가하는 NIH 패널의 의장이었다. 1995년 중반에 이 패널은 만장일치로 레줄린을 포함시키기로 결정했다. 후일 1995년 여름, 올레프스키는 패널 의장직을 물러나게 되었다. 그것은 그가 레줄린과 이해상충을 빚을 '가능성'에 대한 우려 때문이었다. 그러나 《로스앤젤레스 타임스》에 따르면 그는 이런 '가능성'에도 불구하고 패널 구성원으로 계속 남았고, 이 연구의 운영위원직을 유지했다.

《로스앤젤레스 타임스》의 탐사 보도는 NIH 당뇨병 연구에서 중심적인 역할을 한 22명의 과학자 중에서 최소한 12명이 워너 램버트 사로부터 연구비나 그 밖의 보수를 받았다는 사실을 밝혀냈다.[20] 그 밖에도 《로스앤젤레스 타임스》는 수십 명의 의사와 연구자들에게 기업이 영향력을 행사하는 강력한 연줄을 발견했다. "워너 램버트 사와 유관 단체들은 300명 이상의 의사들에게 발언 수당이나 그 밖의 수당을 지급했다. 그중에는 내분비학자부터 가정의까지 포함되어 있었다. 회사측은 당뇨병 전문가들을 비행기로 애틀란타 올림픽 경기장까지 실어날랐고 샤토 알란 포도주 양조장과 휴양지에 숙박을 제공했다."[21]

레줄린의 도입 및 채택과 연관된 이해상충은 대중과 의회의 관심을 끌었다. 그 이유는 이 약이 일으키는 부작용이 다음과 같은 두 가지 측면에서 기자들의 의구심을 불러일으켰기 때문이다. 첫째, 어떻게 그리고 왜 레줄린이 FDA의 신속 평가 트랙을 통해 채택되었는가? 둘째, 간 기능부전과 연관된 수많은 사망자들이 있었음에도 불구하고 어째서 그 약품은 즉시 시장에서 수거되지 않았는가? 만약 그 약이 성공적이었다면, 언론이 탐사 보도를 위해 많은 자원을 쏟을 만큼 이 이야기에 충분한 관심을 가졌을지 의문스럽다.

이 글을 쓰는 시점에도, 레줄린 사건과 관련된 폭로를 통해 정책 변화가 일어났음을 시사하는 증거는 없다. 다른 많은 이해상충 사례들과 마찬가지로, 이스트먼-레줄린 공모 관계는 독특하고 특이한 경우였다. 그것은 정부 패널에 참여하는 과학 자문위원들의 문제점에 대한 다음 사례처럼 분명하지 않다.

사례 4

이해상충으로 점철된 과정 속에서 승인받는 위험한 백신

많은 사람들은 미국 식품의약품국FDA이 신약의 평가와 허가를 담당하는 미국 내 보건 부서들 중에서 기준이 가장 엄격하다고 입을 모은다. 한 예로, FDA는 프랑스에서 제조된 경구 임신중절약 RU 486의 효율성과 안전성을 평가하는 데 10년이 걸렸다. 프랑스와 다른 유럽 국가들은 그보다 앞서 이 약품을 허가했다. 또한 1950년대와 1960년대에 영국은 임신 중에 나타나는 메스꺼움을 치료하고 안정제 역할을 하는 탈리도마이드[19]라는 약을 승인했지만, FDA는 승인을 거부해서 미국의 아기들을 심각한 수족 기형에서 구해냈다.

약품 승인 과정에는 여러 단계와 수준의 평가 절차가 포함된다. 여기에는 FDA 소속 과학자와 외부 자문 과학자들이 모두 관여한다. 백신은 질병 치료가 아니라 예방에 사용된다는 점에서 특수한 범주의 약품이다. 백신을 맞을 수 있는 사람들의 숫자는 전 인구(소아마비의 경우처럼)에서 특정 위험에 노출된 수백만 명 정도의 표적 집단(독감의 경우)에 이르기까지 다양하다. 그런데 백신 자체가 위험을 야기한다면, 그것은 질병 예방이라는 목적에 위배되는 일이다. 가령 독감 예방주사처럼, 백신을 맞은 대부분의 사람들은 해당 질병에 걸리지 않는다. 윤리적 기준으로 볼 때, 공공 보건기구와 백신 제조사에는 건강한 사람들에게 절대 "해를 주어서는 안 된다"는 막중한 책무가 주어진다. 그런데 질병에 걸린 경험이 있는 사람들에게 약품 사용의 위험은 항상 그것이 줄 수 있는 혜택과 아무것도 하지 않았을 때의 위험 사이에서 균형을 이룬다. 질병

19 —— Thalidomide. 1950년대 후반부터 1960년대까지 임산부들의 입덧 방지용으로 판매된 약. 1953년에 서독에서 제조되어 그뤼네탈이 1957년 판매하기 시작했다. 각종 동물 실험에서 부작용이 거의 드러나지 않았기 때문에 '부작용 없는 기적의 약'으로 선전되었다. 처음에는 독일과 영국에서 주로 사용하다가 곧 50여 개 나라에서 사용하기 시작했다. 그러나 1960년부터 1961년 사이에 이 약을 복용한 임산부들이 기형아를 출산하면서, 위험성이 드러나 판매가 중지되었다. 탈리도마이드에 의한 기형아 출산은 전 세계 46개국에서 1만 명이 넘었으며, 특히 유럽에서만 8천 명이 넘었다. 이 때문에 탈리도마이드는 의약품의 부작용에서 가장 비극적인 사례로 기록되었다.

에 걸릴 확률이 낮고 증세가 경미하다면, 백신이 안전하다는 보장이 확실해야 한다. 왜냐하면 아무것도 하지 않았을 때의 위험이 아주 낮을 수 있기 때문이다.

'로타바이러스rotaviruses'라 불리는 바이러스 계통은 극심한 위장염을 일으키는 주된 요인 중 하나이다. 이 질환은 심한 설사를 수반할 수 있고, 입원 치료가 필요한 유아와 어린이 질환의 절반가량이 여기에 해당한다. 매년 미국에서 약 300만 건의 로타바이러스 감염 사례가 일어나며, 매년 로타바이러스 복합증으로 인한 사망자 수는 20명에서 100명에 달한다.

아메리칸 홈 프로덕츠American Home Products의 자회사인 웨스 레들레 소아 백신Wyeth Lederle Vaccines and Pediatrics은 로타바이러스 백신으로 FDA의 승인을 받은 최초의 제약회사이다. 이 회사는 1987년에 '로타실드Rotashield' 백신으로 임상 실험용 신약 신청서[20]를 냈고, 1998년 8월에 승인을 얻었다. 그러나 이 백신은 승인을 얻은 지 약 1년 만에 시장에서 회수되었다. 그 이유는 이 백신을 맞은 어린이들 사이에서 100회 이상의 중증 장폐색腸閉塞 증상이 보고되었기 때문이었다.

미국 정부개혁 하원위원회가 이 백신의 승인 과정의 배후 정황을 조사했을 때, FDA와 질병통제센터Centers for Disease Control의 자문위원회가 해

20 —— Investigational New Drug Application(IND). 신약 신청, 즉 NDA와 달리 임상 전 실험을 거친 후 사람들에게 약을 실험할 수 있도록 하는 제도이다. 임상 실험용 의약품 품목 허가를 받으려면 여러 가지 제약이 있어서 신약 개발 초기 부담이 과다하고 임상 실험 계획 승인서 및 단계별 승인제로 인하여 임상 실험 기간이 장기화되는 등 문제가 있기 때문에 임상 실험 승인 시 제출하는 자료와 절차를 대폭 간소화하여 의약품 임상 실험 진입을 용이하게 한 제도이다. 이 제도는 한편으로 신약 개발을 손쉽게 해주었지만, 이 사례와 같은 부작용을 낳는 문제점을 가지고 있다.

당 백신 제조업체와 연루된 인물들로 채워져 있다는 사실이 밝혀졌다. 그뿐이 아니었다. 이해상충이 백신 프로그램에서 고질병처럼 발생한다는 사실도 확인되었다(6장 참조). 물론 우리는 어떤 약이 회수된 후에야 백신이 많은 사람들에게 주는 혜택과 상대적으로 적은 숫자의 사람들에게 나타날 수 있는 부작용의 추정 위험을 저울질하는 복잡한 과정에서 이해상충이 어떤 영향을 미치는지 이해하기 시작한다. 백신에 대해 개인적으로 경제적 이해관계가 있는 과학자가 의사결정 과정에서 핵심적인 자리에 있다면, 그 과정은 돌이킬 수 없이 타락하게 된다.

이런 사례들은 당시 벌어졌던 스캔들을 대표하는 것들이다. 그러나 그것만으로는 비윤리적 행동을 강화하거나 판박이처럼 되풀이하게 만드는 구조적 조건을 드러내주지 못한다. 사회적으로 존경받는 높은 학식을 자랑하는 기관들, 우리가 미래 세대들의 가치를 빚어내고 그들의 정신을 위탁하는 기관들이, 겉으로는 객관성과 독립성을 주장하면서 실제로는 그들의 기업 후원자들의 이익을 위해 시중드는, 지식 뚜쟁이가 되지 않게 할 수 있는 방법은 무엇인가? 기업, 정부, 전문가 조직, 의료사회, 언론 그리고 대학과 같은 우리 사회의 모든 부문들이 이해상충을 눈감아 주는 데 일정한 역할을 수행해 왔다. 대학을 부와 지적 재산권을 낳는 인큐베이터로 변모시킨 반면 그 덕목과 공익적 역할을 크게 타락시킨 정부의 정책을 검토하면서 조사 작업을 시작하기로 하자.

3

산학 협력

지난 수십 년 동안, 미국 연구대학research university의 목표, 가치 그리고 실천은 점차 산업적 이해관계와 긴밀한 제휴를 맺는 방향으로 변모해 왔다. 이러한 변화는 대학들이 20세기의 다른 두 시기, 즉 2차 세계대전 종전 이후 1950년대의 과학과, 1960년대 중반부터 1970년대 초까지 베트남전을 통해서 겪었던 그것에 필적할 정도이다.

게이저의 미국 연구대학 역사에 따르면, 1940년대 이전까지 대학과 산업은 평행 궤도를 그리며 연구를 수행해 왔고 서로에 대한 영향은 극히 미미한 정도에 불과했다.[1] 1920년대에 기업들이 응용 연구 분야에서 소수의 대학 기반 연구소들을 지원한 정도가 특별한 경우였다. 대학 연구자들도 얼마간의 자문을 해주었다. 그렇지 않으면 기업들은 대학 연구에 큰 규모로 지원을 하지 않았기 때문이다.

2차 세계대전이 끝난 후, 과학에 대한 연방 지원금이 급격히 늘어나기 시작했다. 연방 차원의 연구 지원이라는 새로운 경향이 근대적인 연구대학을 낳았다. 1940년대에 대학들이 모든 자금원으로부터 과학 연구에 끌어댈 수 있었던 지원금 총액은 3,100만 달러였다. 그로부터 40년이 지난 후, 그 액수는 30억 달러를 넘어 무려 100배나 증가했다. 2차 세계대전 이전까지 대학 연구는 대체로 …… 사적으로 지원받는 연구 체계였던 데 비해, 전쟁이 끝난 후 소규모 기금과 그 밖의 사적 지원 체계에 공공 기금이 들어갔다.[2] 1960년대 초엽까지 대학들은 기초와 응용 연구 예산의 6~8퍼센트를 기업으로부터 받았다. 그러나 이 수치는 1960년대 중반과 1970년대 초반에 급전직하했다. 그 무렵 기업의 대학 연구 지원 금액은 전체 예산의 2퍼센트에 불과했고, 20년 동안 가장 낮은 비율을 기록했다. 같은 시기에 대학 연구에 대한 연방 지원이 증가했기 때문에 기업의 연구비에 대한 관심은 상대적으로 낮아졌다. 그동안 산업은 자체 연구 역량에 투자했다. 그러나 1970년대 말과 1980년대 초에 연방 연구 지원 증가율이 하락세로 돌아서자 대학들은 다시 기업의 연구비로 눈을 돌리게 되었다.

연구대학에서 일어난 그 밖의 변화로는 미국의 베트남 참전을 들 수 있다. 당시 많은 연구소들은 고등교육에 대한 군사적 영향을 둘러싸고 논쟁을 벌였다. 그중에는 ROTC예비역 장교훈련단, 무기 개발 그리고 비밀 연구 등이 포함되었다. 미국의 몇몇 지도적인 대학들은 자신들의 사회적 역할을 재검토했고, 비밀 연구나 무기 체계와 관련된 계약을 거부했다. "대학의 순수성과 타당한 역할과 잠재적으로 갈등을 일으킬 수 있는 요구들은 빈곤, 인종, 도시 문제, 환경 보호 등에 초점을 맞추는 방향으로 재조정되었습니다. 아직까지 사회적 책무를 주장하는 사람들 중에서 기업을 위한 연구 수행이 유용한 사회적 목적을 위해 기여하거나 새로운 상품 개발과 제조 기법의 행상이 공공의 복리와 연관된다고 주장한 사람은 없었습니다."[3] 그렇지만 화학뿐 아니라 농학이나 공학의 연관 학과들과 기업 사이의 관계도 지속되었다.

1968년에 제임스 리지웨이는 대학이라는 '상아탑' 뒤에 감추어진 신화를 폭로한 『폐쇄된 기업*The Closed Corporation*』이라는 책을 발간했다. 그는 거미줄처럼 얽힌 사례들을 편집해서 어떻게 교수들이 자신들의 회사를 차리고 개인적인 목적을 위해 공적 자원을 유용하는지를 낱낱이 고발했다. 또한 리지웨이는 경제학이나 경영학과 같은 분야의 명문 대학 교수진들이 이른바 '사회문제 해결책social problem solving'을 팔아먹기 위해서 시스템 분석, 통계, 수학적 모델링 그리고 행동심리학 등을 기반으로 한 신종 지식 기업들을 세웠다는 것을 보여주었다. '사회문제 해결책'이란 기업들로부터 막대한 사례를 받고 그들이 만들어낸 개념이었다. 이들 새로운 교수-기업가들professor-entrepreneurs은 근대 대학의 성격을 바꾸어 놓기 시작했다. "권력 브로커가 된 교수들은 한편으로는 대학에서 연구하면서, 다른 한편으로 거대 기업의 일을 보아주고 있다. 그들은 학자라는 특권을 이용해 대학을 드나들며 기업의 이익을 증진시켰고, 다른 한편 기업에 대한 자신들의 영향력을 이용해서 대학이 연구비를 얻는데 도움을 주었다."[4] 그러나 그 후 20여 년 동안, 교수와 그들이 속한 대학들의 상업적 역할에서 나타난 변화에 비하면 리지웨이가 1950년대와 1960년대에 발견한 사실들이 왜소해질 지경이다.

국제 경쟁력을 가로막는 상아탑의 장애물들

1980년대가 시작되자, 의회와 대통령은 재정적으로 좀 더 보수적이고 규제 완화적인 경향을 보였고, 그로 인해 대학에 대한 태도도 변하게 되었다. 정치 권력의 새로운 중심들은 미국의 고등교육과 애증 관계였다. 대학은 날로 떨어지는 미국의 경제적 경쟁력의 원인이자 동시에 미국 경제를 구원해 줄 구세주로 간주되었다.

부정적인 면으로 대학은 여러 방면에서 공격을 받았다. 재정적 보수주의자들은 대학이 정부 지원 연구비에 지나치게 많은 오버헤드간접비를 부과하고, 정부 재원을 남용하고 있다고 비난했다. 일부 과학자들은 지난 13년 동안 부적절하고 낭비적인 연구로 인해 조롱을 당했다. 상원의원 윌리엄 프록스마이어는 납세자들의 돈을 남용한 최고의 연방 지원 연구비 사례로 이 사건에 '황금 양털상'[21]을 수여했다(1988년까지). 같은 시기에 일단의 보수적인 이데올로그들이 대학을 '자유주의 의제'라는 측면에서 공격했다. 그들이 비난한 자유주의 의제에는 '전통적인' 가족 가치에 순응하는 데 실패했던 사회공학과 예술적인 표현들도 포함되었다.

긍정적인 측면으로 대학은 상대적으로 적게 활용된 자원underutilized resource으로 간주되었다. 학술 저널에 실리는 수많은 유용한 아이디어와 혁신이 미국의 방대한 산업 시스템에 제대로 전달되지 않는다는 것이다. 만약 이런 내용들이 산업에 응용된다면 효율성을 높이고 소비자들에게 상품을 제공하고, 새로운 부를 창출할 수 있을 것이다. 미국은 선

21 —— Golden Fleece Award, 프록스마이어는 미국 예산의 파수꾼으로 불리며, 1975년부터 1988년까지 매달 낭비가 가장 심한 정부기관과 사업에 이 상을 수여해서 예산 낭비를 막는 데 상당한 기여를 한 것으로 평가받고 있다. 우리나라에도 같은 성격으로 '함께하는 시민행동'이 주는 '밑 빠진 독상'이 있다.

진국들 중에서 차츰 지도적인 지위를 상실하고 있는 것으로 인식되었다. 그리고 그 이유는 미국인들이 기초 과학의 발견을 응용 기술로 전환시키는 데 더디고 무관심하기 때문이라고 설명되었다. 왜 미국이 충분히 빠른 속도로 혁신하지 못하는가라는 물음에는 두 가지 답이 주어졌다. 하나는 너무 많은 규제의 장애물들이 있다는 것이다. 그것은 점점 높아지는 환경과 공중 보건에 대한 우려에 대응해서 나타난 현상이다. 둘째, 대학과 산업 사이에 너무 큰 공백이 존재했다는 것이다. 이 괴리는 잠재적으로 가치 있는 발견들이 개발되지 못했음을 뜻한다.

미국 산업의 쇠퇴에 대한 주장은 충분히 제기될 수 있다. 미국은 자동차, 철강, 극소전자공학 등의 분야에서 선두를 빼앗기고 있다. 그리고 컴퓨터 기술과 로봇 공학과 같은 그 밖의 영역에서도 강력한 경쟁에 직면하고 있다. 미국 대학연합을 위해 준비된 보고서에 따르면, "1966년에서 1976년 사이에 미국 특허의 국제 수지는 영국, 캐나다, 서독, 일본 그리고 소련에 비해서 떨어지고 있다. 1975년에는 서독, 일본 그리고 소련 세 나라에 대해 마이너스를 기록했다. 미국에 의해 이루어진 전 세계의 주요 기술 혁신 비율은 1956~1958년에 80퍼센트에서 1971~1973년에는 59퍼센트로 하락했다."[5] 그러자 정책 입안자들 사이에서 산학 협동을 더욱 강화시키면 미국의 경쟁력을 높일 수 있을 것이라는 주장이 유행처럼 퍼져나갔다.

『연구대학과 그 후원자들 *The Research Universities and Their Patrons*』이라는 책에서 로젠츠바이크는 이렇게 주장했다. "생산성이 과학기술 혁신과 결부되어 있고, 대학이 가치 있는 상품의 주요한 원천이며, 대학과 기업 사이의 좀 더 긴밀한 연결이 과학 연구를 현실에 적용시키는 데 도움이 될 것이라고 믿을 만한 충분한 이유가 있다."[6] 당시 분위기를 잘 파악하고 있던 로젠츠바이크는 이렇게 덧붙였다. "다수의 사려 깊은 사람들이 산학 협력 강화를 통해 미국 기업의 경쟁력과 대학 기반 과학의 건강성이 향상되리라는 희망을 피력하기 시작했다."[7] 이미 1972년에 국립과학재단은 보다 강력한 산학 협력 체계를 구축하려는 노력을 시작했다. 그러나 당시 의회 지도자들은 이러한 시도가 체계적으로 조직되지 않았고, 초점이 불명확하며, 조정도 이루어지지 않았다고 판단했다. 초기의 시도는 여러 가지 문제가 있었지만, 대학과 산업 사이에 가교를 놓는다는 생각은 모든 정치적 스펙트럼에 걸쳐 지지자들을 확보해 나갔다.

레이건 대통령의 과학 고문인 조지 케이워스 2세는 미국의 하락하는 경쟁력을 구해 낼 방안으로 산학 협력을 강력하게 주장했다. 케이워스가 보기에, 미국의 과학이 실패하는 이유 중 하나는 "대부분의 대학이나 연방 기관에 속한 과학자들이 기업 전문가, 경륜 그리고 시장의 유도에서 분리된 채 사실상 고립되어서 연구를 수행하고 있기 때문"이었다.[8]

1980년대에 연방과 주 정부에서 수립된 일련의 정책들은 사기업들이 대학 연구에 좀 더 많은 투자를 하도록 강력한 동기를 부여했다. 덕분에 대학은 소속 교수들의 발견에서 직접 이익을 얻을 수 있는 기회를 얻었다. 두 가지 기본적인 접근 방식은—즉, 산학 협력과 특허— '기술 이전' 과 '기초 연구의 지적 재산권' 이라는 말로 요약된다.

공격적인 산학 협력 시대의 도래를 부분적으로 촉진한 것은 다이아몬드 샤크라바티 사건Diamond v. Chakrabarty, 1980이었다. 당시 대법원은 유전자 조작 박테리아가 사용된 과정과 별도로 '그 자체' 가 특허의 대상이 될 수 있다고 판결했다. 이 판결 덕분에 세포주, DNA, 유전자, 동물 그리고 인간에 의해 조작되어 '제조된 상품' 으로 분류될 수 있는 그 밖의 모든 생물에 대한 특허 신청이 봇물을 이루었다. 연방 대법원의 이 판결을 통해 미국 특허청은 지적 재산권의 범위를, 아직 생물체 내에서 수행하는 역할이 밝혀지지 않은, DNA 단편들에까지 확장했다. 이 결정의 의미는 유전자의 염기서열을 해석한 대학 과학자들이 기업에 사용권을 주거나 스스로 회사를 설립할 수 있는 촉매제로 작용할 수 있는 지적 재산권을 가진다는 것이었다.

또한 1980년에 미국 국가과학위원회[22]는 산학 협력을 연구의 초점으로 삼았다. 의회는 1980년에 특허 및 상표에 관한 개정 법안Patent and Trademark Amendments Act, 즉 흔히 베이돌 법BayhDole Act, PL 96-517으로 알려진 법으로 특허법을 개정했다. 이 법의 내용은 대학, 중소기업 그리고 비영리 기구들에게 연방 연구기금으로 이루어진 발명에 대한 권리를 부여했다. 이 권리는 그 발명에 해당 기관의 자금이 지원되었는지 여부와 무관하게 주어졌다. 연방 기금으로 이루어진 발명에 대해 권리를 획득할 수 있는 자격은 1987년 4월 10일 행정명령(12591)에 의해 산업 전체로 확장되었다.

베이돌 법이 새로운 연방 정책들 중에서 가장 두드러졌다면, 그 밖의 여러 법률과 행정명령들은 이 법을 떠받치는 철학을 강화시켜 주었다. 1980년의 스티븐슨 와이들러 기술혁신법Stevenson-Wydler Technology Innovation Act, PL 96-480은 기업, 정부, 대학간 협력을 장려해서 미국의 기술혁신을 촉진하려는 목적으로 마련되었다. 1981년에 제정된 경제 회복 조세법Economic Recovery Tax Act, PL 97-34은 대학에 연구 시설을 기부한 기업들에게 세액 공제

22 —— National Science Board, 미국과학재단(NSF)의 활동 및 정책을 감독하고 이끌기 위하여 1950년에 의회가 설립하였으며 과학 및 공학 관련 정책 이슈에 대하여 대통령 및 의회에 조언을 제공하는 독립된 국가 과학 정책 기구이다.

혜택을 주었다. 또한 이 법은 연구개발 합자회사Research and Development Limited Partnerships, RDLPs가 산학 협력을 염두에 두고 설립된 경우 조세 특혜 대상이 될 수 있도록 허용했다.

이러한 법안들의 영향으로 대학과 기업 사이의 관계는 긴밀해졌다. 1984년에 국립과학재단 초대 소장은 사기업 출신인 에리히 블로흐가 피선되었다. 그는 국립공학아카데미National Academy of Engineering를 설립했고, 학계와 산업계 사이의 협력을 강화하기 위해 여러 대학에 연구 센터를 세웠다. 게다가 국가 경제개발 프로그램의 출현은—상당수는 생명공학 분야에서 등장—산학 협력을 자극했다. 1970년대와 1980년대에 걸쳐, 산학 연구 센터UIRCs의 설립은 일차적으로 연방과 주 정부에서 지원하는 자금으로 이루어졌다. 1980년 이전에는 고작 세 주에만 산학 연구 센터가 있었지만, 10년이 지나자 산학 연구 센터를 운영하는 곳은 26개 주로 늘어났다. 1990년까지 이들 산학 연구 센터에서 이루어진 연구는 대학의 전체 연구개발 예산에서 약 15퍼센트를 차지하기에 이르렀다.[9]

지금은 해체된 의회 산하 기술평가국Office of Technology Assessment, OTA의 연구에 따르면, "여러 사건과 정책들의 합류로 과학 전 분야에 걸쳐 대학과 기업 사이의 협력 활동에서 대학, 산업 그리고 정부의 이해관계가 높아졌다."[10] OTA의 연구는 이처럼 대학과 기업의 이해관계를 통합시키려는 공격적인 노력으로 인해 어쩔 수 없이 일부 난제들이 발생할 것이라고 예상했다. "산학 연계는 과학 정보의 자유로운 교환을 저해하고, 학과간 협력을 가로막고, 동료들 사이에서 갈등을 야기하고, 연구 결과의 발표를 지연시키거나 방해하기 때문에 대학의 학문적인 환경에 나쁜 영향을 줄 수 있다. 나아가 특정 목적으로 지시된 자금 지원directed funding은 간접적으로 대학에서 수행된 기초 연구의 유형에 영향을 미치고, 상업적인 가능성이 전혀 없는 기초 연구에 대한 대학 과학자들의 관심이 줄어들게 할 가능성이 있다." OTA의 예견은 사실로 드러났다.[11]

지난 10여 년 동안, 산학 연계는 전례를 찾을 수 없을 정도로 강화되었다. 이러한 경향은 기업이 후원한 대학 기반 연구가 산업 부문 전체 평균보다 20퍼센트 이상 높은 생명공학 분야에서 특히 두드러졌다. 생명공학 기업들 중에서 대학 연구를 지원하는 회사들은 50퍼센트가 넘는다.[12] 이 기간에 생명공학에서 수백만 달러의 다년 연구 계약이 화학과 제약회사들에 의해 최소한 11건이나 체결되었다. 1984년까지 생명공학 분야 기업들이 대학에 지원한 연구비는 총 1조 2,000만 달러에 달했다. 이 액수는 기업들이 대학 연구에 지원한 전체 연구비의 42퍼센트에 해당한다.

대학의 특허 획득을 허용한 베이돌 법의 영향은 미국국립연구위원회가 개최한 지적 재산권에 대한 한 워크숍에서 발표된 요약 선언에서 단적으로 드러났다.

> 대학의 특허 획득은 1965년에서 1980년경까지 점진적으로 증가했다. 그 이후 특허 숫자는 급격하게 늘어났고, 이러한 추세는 1990년대까지 이어졌다. 1965년에서 1992년까지 대학의 특허 숫자는 96개에서 1,500개로 15배 이상(1,500퍼센트) 늘어났다. 반면 전체 특허 숫자 증가는 약 50퍼센트에 불과했다. 2000년에 대학이 받은 특허는 3,200개가 넘었다. 대학에서 늘어난 특허 숫자 중에서 가장 큰 부분은 생의학 분야였다. 또한 대학에서 받은 특허의 상당 부분에는 원래 과학 연구에 유용한 발명들도 포함되어 있었다.[13]

일부 하원의원들은 새로운 협력 관계를 장려하면서도 기업과 대학의 연구 의제들이 합쳐지는 양상에 대해 유보적인 입장을 표명하기 시작했다. 첫 번째 쟁점은 공공 기금의 적절한 이용이었다.

대학 연구와 산업 지원 연구가 뒤섞이면서, 의회는 공적 기금이 의도치 않게 기업 의제industry agenda를 증진하는 데 사용될 가능성을 우려했다. 새로운 협력 관계가 이해상충과 부정행위로 이어지는 것은 아닌가? 연방 지원을 받은 연구에서 나온 지적 재산권을 사적 부문으로 돌렸을 때, 납세자들은 자신들의 투자에 대해 제대로 보상을 받을 수 있는가? 슬로터와 레슬리는 이렇게 말한다. "미국은 대학 교수들이 연방 지원금으로 개발한 지적 재산권을 대학이 소유하는 유일한 나라이다."[14]

1981년에서 1990년까지 이러한 문제들을 조사하기 위해 의회 청문회가 줄줄이 열렸다. 산학 연계를 주제로 가장 먼저 개최된 한 청문회에서 당시 테네시 주 출신 젊은 하원의원이었던 앨 고어가 공동 의장을 맡았다. 개회사에서 고어는 생의학의 상업화를 가속하기 위해 제정된 정책들과 관련해서 산적하는 문제들을 이렇게 개괄했다. "우리는 이 기술의 원천이자 토대인 우리 대학이 스스로 추진하는 점증하는 상업 협정으로 영원히 변화될지 모른다는 지속적인 우려를 품게 되었습니다."[15] 고어는 기업의 파트너가 된 대학이 직면한 문제점으로 이해상충, 자원 할당, 대학원생의 교육, 연구 우선순위의 변화, 연구 결과 발표 그리고 경제적인 지불 능력을 유지하기 위한 투쟁 등을 꼽았다. 또 한 명의 의장이었던 더그 월그렌은 이 청문회의 중심적인 문제를 제기했다. "대학이 기업과의 협정이라는 의무 조항을 지키면서 학생과 교수가 계속 자신들의 생각을 자유롭게 교환할 수 있겠는가?"[16]

8년이 지난 1990년에 하원의원 테드 와이스는 산학 협력의 하강 국면을 보여주는 장황한 사례들을 제시하는 소위원회 청문회 의장을 맡았다. 와이스는 사회심리학 연구 결과를 인용하면서 작은 선물이 태도에 영향을 준다면, 큰 선물은 행동에 영향을 미칠 수 있다고 주장했다. 제약회사들이 대학의 의학자들에게 주는 작은 선물과 학회 참석 지원비와 같은 만연한 관행은 해당 기업과 약품에 대해 긍정적 태도를 심어주려는 의도로 계획된 지원이다. 소위원회는 약품 평가에서 나타나는 이해상충에 대해 가장 강력한 권고안을 발의했고 "미 보건복지부에 공중보건국Public Health Service, PHS[23] 규제를 공표해서 자신들이 이해관계를 가지고 있는 제품이나 처치법을 평가하는 연구자들이 해당 제약회사와 재정적 연계를 맺지 못하도록 즉시 규제하라"[17]고 촉구했다.

다음 10년 동안 대학 과학자들이 연방과 주 정부가 제공한 인센티브를 받아들인 수많은 사례들이 나타났다. 이런 과학자들은 스스로 능동적으로 참여하거나 대학 행정부의 조치에 따라 수동적으로 지원을 받았고 그 결과 윤리적으로 문제가 될 수 있는 사업에 관여했다. 지방 신문이나 지역 신문[24] 기자들의 탐사 보도로 이들 사례는 전국적인 관심사로 떠올랐다. 다음 절에서 대학(또는 정부)과 기업의 새로운 협력 관계가 얼마나 확장되었는지 입증하기 위해 두드러진 사례들 중 일부를 소개한다.

23 —— 미국 보건복지부(DHHS) 소속으로 군대와 비슷한 구조를 가진 조직. 소속된 구성원들은 계급이 있고 군복과 유사한 제복을 착용한다. 전염병이나 자연재해와 같은 공중위생 및 보건과 연관된 임무를 수행한다.

24 —— regional newspaper, 지방 신문의 일종으로 군 단위 신문과 같은 지역 사회 신문(community newspaper)과 구분하기 위한 명칭이다.

공립 대학[25]이 약을 개발하고 제품화하다

공립 대학 소속 의학 연구자들이 신약을 발견해서 환자들을 위해 개발하고 제품화해서 불법적으로 다른 의료 기관에 판매하고, 수요에 맞춰 생산을 계속하기 위해 공공기금으로 지원받는 기구를 설립했다고 생각해 보자. 이런 이야기가 곧이 들리지 않는다면 미네소타 대학으로 가보면 된다. 그러면 이런 시나리오가 어떻게 가능할 수 있는지 금세 이해할 수 있다.

1970년에 미 식품의약품국은 미네소타 대학에 실험용 의약품인 항림프구 글로불린Antilymphocyte Globulin, ALG을 임상 실험용 신약Investigative New Drug, IND으로 허가해 주었다. 말의 조직을 원료로 삼아 만든 이 약은 장기 이식 수술에서 환자가 이식된 장기에 대해 일으키는 거부반응을 막는 데 사용된다. 이 신약이 효력을 낼 수 있는 것은 사람의 세포를 말에게 주입했기 때문이었다. 그런 다음 이 동물의 피를 뽑아서 혈청을 추출한다. 이 약은 인체의 면역 체계를 억제해서 이식 장기에 대한 거부반응의 위험을 줄일 수 있는 상당한 가능성을 보여주었다. 항림프구 글로불린은 미네소타 의대 외과 연구진에 의해 개발되었고, 그 후 20년 동안 사용되었다. 그러나 이 약은 실험용이었을 뿐, FDA에서 일반인에 대한 사용을 허가받지는 못했다. 이 기간 동안 미네소타 대학의 외과 과장을 맡았던 존 나자리언의 말에 따르면, 항림프구 글로불린은 이 대학에서 22년에 걸쳐 제작되었으며, 100곳 이상의 의료 센터와 병원에서 10만

25 —— public university. 미국에서 국가나 주 정부의 기금으로 설립된 대학을 뜻한다. 우리나라 맥락에서 이해를 쉽게 하기 위해서 공립 대학, 또는 국립 대학으로도 번역했다.

명이 넘는 이식 환자들의 처치에 적용되었다.[18]

《스타 트리뷴Star Tribune》 지의 조 리거트와 모라 러너는 1990년대에 이 사건을 면밀하게 추적했다. 그들은 이렇게 썼다. "항림프구 글로불린 사례에서, 대학측은 그 자체로 하나의 작은 제약회사와 같은 역할을 수행했다. 심지어는 이 약의 판매로 얻은 돈으로 이 프로그램을 위한 1,250만 달러의 시설을 새로 건설하기까지 했다."[19]

미네소타 의대 교수진들은 비영리 유한회사들을 사적으로 설립했다. 이 회사들은 1980년대 중반 이후 400만 달러를 벌어들였다. 그중 하나인 생의학연구개발Biomedical Research and Development, BRAD사는 전통적인 대학의 관리감독을 받지 않으면서 계약, 연구, 사용료 수집 그리고 자금분배와 같은 활동을 해왔다. 심층 취재를 한 기자들은 이 회사의 운영상에 심각한 이해상충이 있었다는 사실을 발견했다. BRAD의 한 대학 과학자는 그의 실험실에서 진행하는 시험에 지원을 해주는 회사의 고문이었다. 미네소타 대학에 있었던 두 번째 법인(기업)은 외과수술 응용 및 기초 연구사Institute for Applied and Basic Research in Surgery, IBARS였으며, 앞의 회사와 거의 비슷한 방식으로 운영되었다. 교수진을 기반으로 한 이 회사는 연구를 수행하기 위해서 기업들로부터 자금을 끌어모았다.

1992년에 이 대학에 대해 현장 조사를 벌였던 FDA 조사관들은 항림프구 글로불린 프로그램에서 29건의 위반 사항을 적발했다. 그중에는 다음과 같은 내용들이 포함되었다. 부작용에 대한 보고 불이행, 연구에 대한 감시 태만, 미승인 약품 수출, 실험 기록에서 나타나는 많은 차이점 그리고 약품의 안전성이 확인되었다는 부적절한 주장 등이다.[20] 1992년 8월에 FDA는 마침내 수백만 달러에 이르는 이 대학의 이식용 약품 판매를 중단하는 조치를 취했다. 미네소타 대학의 외과 과장은 부작용을 우려해서 이식 센터에 새로운 이식 환자 실험을 시작하지 말 것을 경고했다. 또한 그는 새기 쉬운 유리병으로 발생할 수 있는 박테리아 오염 가능성 때문에 상당량의 약품에 대한 회수 명령을 내렸다. ALG 프로그램 책임자는 캐나다 회사에 판매한 약품에서 수만 달러를 착복했다는 사실이 밝혀진 후 해고되었다. 당시 그 책임자는 "외과 조교수"라는 직함을 가지고 있었지만, 흥미롭게도 박사 학위나 의학 학위가 전혀 없었다.

약품 관련 법률은 매우 엄격하다. FDA가 승인한 설비에서 제조되거나 생산되지 않는 경우, 어떤 생물학적 약제도 판매, 교역 또는 교환을 목적으로 주 경계선을 넘어서는 안 된다. 미네소타 대학 외과는 스스로 생명을 구하는 데 사용되는 약품 개발자, 평가자, 제조자 그리고 배포자 역할을 모두 한 셈이었다. 담당자들은 그 과정에서 대학의 허가 절차를 회피하고 연방의 법률과 규정들을 위반했다.

약제의 개발, 마케팅 그리고 판매는 대학의 설립 강령에 포함되지 않는다. 이러한 활동은 대학을 이익 창출이라는 막다른 골목에 내몰고, 법률적인 편법을 동원하고, 규제와는 반대되는 입장에 서는 일이 다반사가 되는 세계로 몰아넣는다. 이처럼 대학과 기업이 처해 있는 위태로운 환경에서 기업가 교수진들이 내딛는 불미스러운 한 걸음은 대학 전체에 암울한 그림자를 드리울 수 있다.

버클리 캘리포니아 대학, 다국적 기업과 계약을 맺다

2000년 가을 환경기부금 조성 협회에서 강연을 하던 중에 나는 다음과 같은 가상의 신문기사 제목을 제안했다. "몬산토 사가 프린스턴 대학을 사들이고, 비영리 상태 유지를 약속하다." 대부분의 사람들은 명문 사립 대학이 영리를 추구하는 기업에 팔렸다는 이야기를 진지하게 받아들이기 힘들 것이다. 그것은 옐로스톤 국립공원이 사유화되는 것과 마찬가지로 문화적 금기로 간주되기 때문이다. 나와 이야기를 나누었던 (대학의 기업화 경향을 추종하는) 다른 사람들은 이런 가능성을 전혀 터무니없는 것으로 생각하지 않았다. 버클리 캘리포니아 대학UCB은 산학 동맹의 쟁점을 둘러싼 불안감을 새로운 국면으로 올려놓았다.

고든 로서는 1994년에 UCB의 천연자원 대학 학장으로 임명되었다. 그가 임명된 시점에 캘리포니아 대학 체계에 대한 사적 부문의 지원은 연간 15퍼센트 증가한 반면, 공적 부문의 지원은 고작 6퍼센트 상승에 머물렀다. 주 정부의 예산 삭감 때문에 그가 속한 대학은 주에서 받던 지원금의 34퍼센트만을 받을 수 있었다. 따라서 경제학자인 로서는 기업 자금을 끌어들일 방안을 모색했다. 그것은 버클리 캘리포니아 대학교의 지적 자원과 명성을 최고의 경매물로 제시하는 계획이었다. 그는 농업, 생명공학 그리고 생명과학 관련 기업 16곳에 편지를 보내어 자신의 대학과 연구 협력 관계를 맺을 공식적인 지원서를 받겠다고 통보했다. 긍정적인 답변을 보내온 회사는 노바티스, 듀퐁, 몬산토, 파이어니어 하이 브레드Pioneer Hi-Bred, 스미토모 그리고 제네카 사였다. 그중에서 몬산토, 노바티스 그리고 듀퐁-파이어니어가 공동으로 제안서를 제출했다. 대학측은 연구 파트너로 노바티스 사를 선정했다. 이 회사는 자본금 200억 달러의 곡물-제약 기업으로 생명공학에 미래를 걸고 있었다.

그 결과 노바티스의 자회사인 노바티스 농업개발사Novartis Agricultural Discovery Institute, NADI와 천연자원 대학의 식물과 미생물학과를 대표하는 캘리포니아 대학교 이사회Regents of the University of California 사이에 5년간에 걸쳐 2,500만 달러의 협력 관계가 맺어졌다. 역사상 전례를 찾을 수 없는 이 포괄 협정에서 천연자원 대학의 모든 교수들에게 서명할 기회가 주어졌다. 1998년 12월까지 32명의 소속 교수들 중에서 30명이 서명을 했거나 할 것으로 예상되었다. 미국의 고등교육 월간지인 《고등교육 월보*The Chronicle of Higher Education*》는 "이 협정은 특정 주제를 연구하는 개인이나 팀이 아니라 소속 대학 전체에 적용된다는 점에서 매우 특이하다"라고 평했다.[21]

연구비(연간 333만 달러)의 3분의 2는 주제에 제한 없이 연구에 사용될 예정이었다. 관리자들은 학문의 자유를 보호한다는 점을 강조하기 위해 이 부분을 두드러지게 선전했다. 나머지 3분의 1은(연간 167만 달러) 간접비와 기반시설 비용에 충당하기로 되어 있었다. 이 부분은 학장이 강조한 것으로, 계속되는 공적 지원 감소분을 벌충하기 위해 안간힘을 쓰고 있던 대학을 위해서는 명백한 성공이었다.

협정에 따라 두 개의 감독 위원회가 설립되었다. 하나는 NADI 출신 2명을 포함해서 모두 5명으로 구성되었고, 어떤 프로젝트에 연구비를 지원할 것인지 결정했다. 따라서 사기업이 프로젝트에 대한 정의를 내리지는 않지만, 어떤 연구에 지원할지 결정하는 데 강력한 입김을 불어넣을 수 있는 (그리고 직접적인 영향력을 발휘할 수 있는) 셈이었다. 대학과 NADI의 관계를 관리감독하는 6인 자문위원회인 두 번째 위원회는 노바티스 사와 관련이 있는 3명과 대학측의 3명의 위원으로 이루어졌다. 그런데 대학에서 나온 3명 중 2명은 이 협정과 연관이 있는 사람이고, 다른 한 사람은 식물 및 분자생물학과 소속이 아닌 UCB 교수였다.

그렇다면 노바티스 사는 2,500만 달러를 투자한 대가로 무엇을 얻었는가? 이 회사는 노바티스 사가 대학에 지원한 연구비와 회사와 UCB 과학자들의 공동 프로젝트에서 이루어진 모든 발견에 대한 '사용권 협상의 우선권'을 사들였다. 이 협정에 의해서 대학측은 NADI와 UCB 소속 연구자들의 공동 노력으로 발명이 이루어지면 그에 대한 모든 특허권을 가지게 된다. 반면 NADI 고용인들이 대학 시설을 이용해서 발명을 한 경우에는 공동 소유가 된다. 또한 기업의 연구자들이 UCB 내부 연구 위원회에 앉게 되었다. 대학으로 통하는 이 문은 회사측에게 자신들이 기금을 지원하는 연구의 방향을 결정하는 기능을 부여해 주었다. 예를 들어, 식물 및 분자생물학과의 어떤 연구자가 노바티스 사 제품에 부정적인 영향을 줄 수 있는 연구를 하게 될 가능성은 극히 적어지게 된다.

협정은 서명에 참여한 이 학과의 모든 구성원들에게 제약을 가했다. 결국 NADI는 이 학과의 재정 중에서 20퍼센트를 지원하게 될 것이다. 그렇게 되면, 여기에 참여한 교수들은 NADI의 전용 유전자 데이터베이스에 접근할 수 있는 권리를 부여받는 비밀 협정에 조인할 기회를 얻게 된다. 그런데 일단 교수가 비밀 협정에 서명하면, 당사자는 노바티스의 승인 없이는 해당 데이터가 포함된 결과를 발표할 수 없게 된다.

2000년 5월 캘리포니아 상원은 톰 헤이든 상원의원의 주도로 버클리-노바티스 계약 건에 대한 청문회를 열었다.[22] 로서 학장은 다음과 같은 질문을 받았다. 비밀 협정에 서명한 교수가 공중에 심각한 위험을 야기할 수 있는 데이터를 우연히 접하고 양심의 차원에서 이 문제를 폭로할 수 있겠는가? 이 경우, UCB는 과학자들을 지원할 것인가? 이 물음에 대한 답은 모호했다. 대학은 계약을 어긴 과학자들을 보호할 아무런 의무도 없었다. 설령 해당 정보를 폭로하는 것이 공익에 도움이 되더라도 말이다.

이 협정하에서 NADI는 새로운 발견에 대해 특허를 청구하기 위해 최고 120일까지 연구 결과 발표를 늦추도록 요구할 수 있다. 노바티스 사는 대학측에 회사의 비용으로 이루어진 특정 발명에 대해서 특허를 신청하도록 요구할 권리가 있었다. 특허가 획득되면, 노바티스 사는 특허 물질을 기반으로 상품을 개발할 수 있는 배타적인 사용권을 협상할 수 있는 권리가 있었다. 또한 이 협정은 특정 생물학적 재료의 교환을 제한시킬 것을 요청했다. NADI 동업자들 내부 그룹을 벗어나 교환되는 모든 과학 정보는 노바티스 사의 승인을 얻어야만 했다. 이러한 선행 협정precedent-setting agreement의 애석한 결과로 오늘날 다른 대학들이 기업 파트너의 이익을 보호하기 위해서 과학 정보의 자유로운 흐름을 방해하는 폭넓은 장애물을 만드는 유사 협정들을 맺고 있다.

캘리포니아 주 상원 청문회에서 헤이든 상원의원은 UCB 협정이 유전자 조작 곡물의 부정적인 영향을 독립적으로 연구해야 하는 공립 대학의 고유한 역할을 위태롭게 만들 수 있다고 말했다. 그는 생명공학 기업에 연루된 대학 교수의 이해상충을 규제할 법률을 제정하기 위해 입법 기구를 설립하도록 촉구했다. 헤이든 이전에도 비슷한 우려가 제기되었다. 1969년에 연방과 주 정부는 유니언 석유회사가 소유한 근해 유전에서 발생하는 대량 원유유출로 생긴 위급한 환경 문제에 주목했다. 당시 이 석유 회사는 지질학, 지구물리학 그리고 석유공학 등의 영역에서 대학 전문가들과 밀월 관계를 유지하고 있었다. 주 정부 관계자들은 유니언 사를 비롯한 그 밖의 3개의 석유회사를 고발하는 50만 달러 피해보상 소송을 진행하기 위해 청문회에서 증언할 수 있는 지역 전문가들을 찾지 못했다. 캘리포니아 검찰총장에 따르면, 그들이 협력을 거부하면서 내놓은 설명은 "산타 바바라와 버클리 캘리포니아 대학 그리고 사적으로 지원을 받은 서던 캘리포니아 대학의 석유공학자들은 자신들이 기업의 연구비 지원과 자문역이라는 직업을 잃고 싶지 않다는 것을 시사했다"고 한다.[23]

캘리포니아 주는 이미 공립 대학 연구자들을 대상으로 가장 엄격한 공개 규정을 가지고 있음에도 불구하고, 상원 청문회는 협정의 성격이나 이해상충에 대한 캘리포니아 주 정책에 아무런 가시적인 영향도 주지 못했다. 그러나 일부 학생과 교수들에게 산학 협력의 위험에 대한 비판적 인식을 강화시켰다는 점에서 얼마간의 성과도 있었다. 또한 청문회는 대학과 영리 추구 기업의 사적인 결합으로 수백만 달러의 장기적 이익과 공평성을 둘러싸고 날로 심각해지는 제도적 갈등 문제에 전국의 관심을 불러일으키는 역할도 했다. 언젠가는 노바티스 사의 일부 상품이 UCB에 출판허가권을 가지게 될 것이다. 유전자 조작GM 곡물이 개발되어 실험되고 UCB에서 특허를 얻은 다음, 노바티스 사에 의해 전 세계에 팔리게 되기까지 얼마나 시간이 걸릴 것인가? 이 협정에 대해 비판적인 입장인 UCB의 한 생물학자는 이렇게 말했다. "대학은 독립적인 (환경적으로 그리고 사회적으로) 비판적 사고를 가르치는 역할을 포기할 것인가?"[24]

2001년 가을, UCB의 생물학자인 이그나시오 차펠라와 그의 대학원생 데이비드 퀴스트는《네이처》지에 논문을 게재해서 유전자 조작 옥수수의 계통에서 나온 DNA가 멕시코의 재래종 옥수수 품종을 오염시켰다는 사실을 발표했다.[25] 이 점이 특히 우려되는 까닭은 미국이 멕시코에 유전자 조작 옥수수를 가공용으로 수출했지만 멕시코에서는 유전자 조작 종자의 파종이 금지되었기 때문이다. 따라서 수입된 옥수수의 일부가 종자로 사용되었거나 아니면 규정을 어기고 미수정 GM 종자를 생산했을 수도 있다. 《네이처》는 다른 과학자들로부터 여러 통의 비판적인 논평을 받았다. 그중 일부는 퀴스트와 차펠라가 내린 결론이 '역중합효소 연쇄 반응inverse polymerase chain reaction' 이라는 측정 기법에 의한 인위적인 산물에 불과하다는 주장을 제기했다. 《네이처》는 문제의 논문을 게재한 데 대해 독자들에게 사과했지만 논문을 철회하지는 않았다. 그 대신 해당 논문에 대한 논평을 청했다. 그 결과, UCB의 식물 및 미생물학과 소속 과학자 6명이 퀴스트와 차펠라가 얻은 결과에 대해 의문을 제기했다.[26] 또한 차펠라가 버클리-노바티스 계약을 목청 높여 반대했던 인물이라는 사실도 알려졌다. 그런데 일부 비판자들이 생명공학 기업과 특수한 관계를 맺고 있었기 때문에 이러한 비판 중 일부가 GM 상품의 주요 생산자들과 버클리의 협력 관계를 반대했던 차펠라에 대한 보복이었다는 의혹이 불거졌다.[27] 비판자들은 차펠라의 주장을 근거 없는 것으로 반박했고, 자신들은 오로지 과학에 의거해서 비판했을 뿐이라고 주장했다.

멕시코 환경부가 임명한 두 조사팀은 멕시코의 오악사카Oaxaca에서 재배된 토종 옥수수가 GM 변종에서만 나타나는 유전자 절편으로 오염되었다는 퀴스트와 차펠라의 발견에 대해 각기 독자적으로 조사에 착수했다. 멕시코 국립 생태연구소는 2002년 8월에 오염 사실을 확인하는 성명을 발표했다.[28]

여기에서 밝혀져야 할 사실은 미국의 대학에서 나타나는 지식의 사유화 경향이 학문 연구, 객관성 그리고 건전성과 같은 근본 가치들에 영향을 주고 있다는 것이다. 그래야만 이러한 변화들이 미국의 연구 공동체와 그들이 봉사하는 보다 폭넓은 공중에게 엄청난 피해를 입히고 있다는 사실이 드러날 것이다. 미국의 엘리트 대학들이 자신들의 독립성을 양보하면서 풍부한 자금력을 가진 기업들을 정당화시켜 주는 목소리를 내는 뻔뻔스러운 봉사를 할 때, 이러한 영향은 더 분명해질 것이다. 하버드 공중보건 대학에 위치한 한 정책 센터가 적절한 사례에 해당한다.

하버드 위험분석 센터

2001년 3월, 미국에서 가장 큰 소비자 단체인 '퍼블릭 시티즌Public Citizen'은 주요 오염 기업들이 하버드 대학의 정책 센터에 접촉해서 영향력을 행사하고 있다는 사실을 폭로한 보고서를 발표했다. 130쪽의 이 보고서의 제목은 "위험에 처한 안전장치; 존 그레엄과 미국 기업의 부시 정부와의 뒷거래Safeguards at Risk; John Graham and Corporate America's Back Door to the Bush White House"였다. 보고서는 하버드 위험분석 센터Harvard's Center for Risk Analysis, HCRA 설립자인 존 그레엄의 기록과 이 센터의 활동을 검토했다.[29] '퍼블릭 시티즌'이 추문을 폭로한 보고서를 발표했을 당시, 조지 부시 대통령은 막강한 권력을 가진 연방예산관리청Office of Management and Budget, OMB의 정보 및 규제국 책임자로 그레엄을 지명해서 임명을 앞두고 있었다.

'퍼블릭 시티즌'은 HCRA에 유입되는 기업의 자금원을 열거하고 위험 센터에 자금을 댄 기업들의 이해관계가 센터의 연구와 직결되어 있다고 주장했다. 예를 들어, 그레엄은 담배회사에 재정 지원을 부탁하고는 간접 흡연의 위험을 낮추어 잡았다. 그리고 센터는 AT&T 무선통신사의 지원을 받아 운전 중 휴대전화 사용 금지 조치에 반대하는 연구 결과를 발표했다. 이 센터에서 발간하는 소식지 《리스크 인 퍼스펙티브Risk in Perspective》는 어린이들이 살충제와 가소체可塑體, 비스페놀-A와 프탈레인에 노출되었을 때 받는 위험을 과소평가하는 기사를 실으면서도 센터가 해당 화학물질 제조업체로부터 자금을 지원받았다는 사실을 밝히지 않았다.

'퍼블릭 시티즌'에 따르면, HCRA는 100곳 이상의 대기업과 동업자 단체들로부터 자금을 지원받았다고 한다. 그중에는 DOW, 몬산토, 듀퐁, 염소화학협회와 화학제조업협회(후일 미국 화학협회로 개칭했다) 등이 포함되어 있다. 이들 기업 대다수는 센터에 아무런 조건 없이 자금을 지원한 반면, 미국 곡물보호협회와 염소화학협회는 조건부 자금을 제공한 것으로 보도되었다.

그렇지만 문제는 기업들이 제공한 자금이 조건부였는지 여부가 아니다. 정작 중요한 것은 기부금, 연구비 그리고 계약 등이 이루어질 때면 항상 기업측에 어떤 식으로든 이익이 돌아간다는 사실이다. 하버드 위험분석 센터의 사례에서, 센터는 상당한 액수의 기업 자금을 끌어들이기 위해 대대적인 캠페인을 벌였다. 이들 100여 개 기업들의 진짜 관심은 순수 연구가 아니었다. 시장 분석가와 같은 교수와 대학의 행정 기업가들은 기업들이 원하는 것이 무엇인지 알아내고, 센터의 목표를 기업의 관심에 부합시켰다. 또한, 기업들에게 특별한 호소력을 가지는 이념적 지향을 가진 이 센터[26]는 매춘부나 진배없이 손님 끌기 전략으로 좀 더 호의적인 지원을 이끌어낼 수 있을 것이다. 예를 들어, HCRA는 업계의 여러 부문들과 궁합이 맞는 규제에 대한 발상들을 조장했다. 가령 규제 대신 시장을 강화하는 방식, 정량적 위험 평가(규제 조치를 취할 때 높은 입증의 부담을 지우는 식으로), 비교 위험 분석(자발적 위험과 비자발적 위험[27]을 뒤섞은 평가) 그리고 편익 분석(사람의 건강에 미치는 위험을 기

26 —— 이 센터는 미국의 대표적인 친기업적 싱크탱크로 알려져 있다.

업의 이익보다 낮은 등급으로 분류했다) 등이 그런 개념들에 해당한다.

2000년 4월 19일 EPA 국장 캐롤 브라우너에게 보낸 편지에서, 소비자 연합Consumers Union은 1996년에 통과된 식품관리법Food Quality Protection Act, FQPA[28]의 결과인 살충제 규제의 경제적 효과에 대한 HCRA의 연구를 비판했다. 하버드의 위험분석 센터는 식품관리법을 시행하면 비용이 상승해서 그로 인한 식량 소비 감소로 연간 1천 명의 조기 사망자가 발생할 것이라고 주장했다. 식품관리법은 지난 수십 년 동안 제정된 환경 법안들 중에서 가장 논쟁이 적었던 법률이었다. 그리고 결국 다중 이해관계 당사자들의 협상이 승리를 거두었다. 상하원에서 만장일치로 통과된 식품관리법은 53개 이익 단체들의 지지를 받았다. 그중에는 농산업과 환경 단체 대표들도 포함되어 있었다.[30] 소비자 연합은 HCRA이 미국 농업협회[29]에서 연구비를 받았다는 사실에 주목했다. 이 협회는 대대적으로 식품관리법 반대 캠페인을 주도했던 단체이다.

존 그레엄은 간접 흡연이 건강에 해롭다는 EPA의 견해를 비판하는

27 —— 자발적 위험(voluntary risk)은 스키나 번지점프처럼 당사자가 위험하다는 사실을 알면서 위해를 입을 수 있는 행동을 하는 경우이며, 비자발적 위험(involuntary risk)은 자신의 의지와 무관하게 위해를 입을 수 있는 상황에 처한 것을 뜻한다. 위험의 정량화에서 자발적 위험은 비자발적 위험에 비해 상대적으로 위험도가 낮은 것으로 평가된다. 따라서 자발적 위험과 비자발적 위험은 분리해서 별도로 산정할 필요가 있다.

28 —— 1996년 미 의회는 식품관리법과 음용수법(Safe Drinking Water Act)을 개정하여 식품 및 수질에서 내분비 교란물질로 밝혀진 화학물질의 분석을 의무화하도록 하였다. 이러한 조치는 단계적으로 범용 살충제의 사용을 규제하려는 방향에서 이루어진 것이었다.

29 —— American Farm Bureau Federation, 미국 농산업체의 이익을 대변하는 사업자 연합으로 1919년 11월 12일 시카고에서 31개 주 농업협회 대표가 모여 연맹을 결성하였으며, 1999년 현재 50개 주와 푸에르토리코를 포함하여 2,800여 군단위 협회에 470만 회원이 참여하고 있다.

연구 결과를 회사측에 제공했을 무렵 필립 모리스 사로부터 뇌물을 받았다. 그레엄은 하버드 보건대학이 담배와 관련해서 연구비를 받지 않는다는 정책을 수립했다는 사실을 알고 필립 모리스 사에 수표를 돌려보냈다. 결국 HCRA는 필립 모리스 사의 자회사인 크래프트Kraft 사로부터 지원금을 받았다.[31]

나는 일부 대학 관리자들로부터 대학이 소수의 기업에서 돈을 받는 것보다 많은 기업으로부터 지원을 받는 편이 낫다는 이야기를 들은 적이 있다. 차라리 여러 곳에서 돈을 받는 편이 소수의 사적 이익이 대학의 가치를 좌지우지하지 못하게 막아주기 때문이라는 것이다. 하버드 위험분석 센터를 후원하는 기업들은 수십 곳에 달했고, 그중 상당수는 규제 완화 그리고 건강과 안전에 대한 '사전 예방 원칙' 적용에 반대한다는 점에서 이해관계를 같이했다. 이 사례에서 기업의 지원 폭의 확대와 다양화는 HCRA가 후원자들에게 이념적으로 편향되어 있는 규제, 보건 그리고 안전이라는 주제들을 자신의 영역으로 삼았다는 것을 보여주었다. 《워싱턴 포스트》의 논설위원인 딕 더번은 이렇게 말했다. "그레엄의 연구에서 환경 규제는 주로 쓸데없는 돈 낭비로 간주되며, 그 결과 규제를 선택할 경우 우리는 좀 더 비용효율적인 다른 프로그램들로부터 자원을 빼앗아서 쓸데없는 곳으로 돌리는 '통계적 살인'의 책임을 뒤집어쓰게 된다!"[32]

HCRA와 같은 대학의 정책 센터들은 과학이나 의학 분야 학과들에 비해 연구비를 지원해 주는 기업의 영향을 훨씬 더 크게 받을 수 있다. 정책 분석에 임의적인 가정이나 이데올로기를 기반으로 하는 분석틀을 사용할 수 있기 때문이다. 흔히 이런 영향은 정량적인 숫자, 전문용어 그리고 특정한 결과를 지지하도록 치우친 데이터의 선택적 사용 등에 의해 교묘하게 가려진다. 예를 들어, 만약 효율성이 오직 돈의 절약을 뜻한다면, 80명의 사람들에게 폐질환으로 평생 동안 1인당 1만 달러씩 치료비가 들게 하는 오염을 저감시키는 데 100만 달러가 들어갈 경우 그 비용을 정당화하지 못한다.

기업들은 연구 결과가 자신들의 상품에 불리할 경우에도 대학의 과학 연구에 지원을 계속할 것이다. 물론 기업이 과학자들에게 자신들이 원하는 결과를 내놓도록 압력을 행사하거나, 과학자들이 연구에 성공하지 못하면 추가 지원을 중단하는 경우도 있다. 그러나 많은 기업들은 학문적 과학에 대한 지원을 계속한다. 그럼으로써 기업들이 과학적 방법의 표준을 사들일 수 있기 때문이다. 그리고 이 표준에 따라 규제가 이루어진다. 과학에서 규준이 되는 기법들은 널리 공유된다. 그리고 많은 실험은 재연을 할 수 있는지에 좌지우지된다. 반면 정책 연구는 그렇지 않다. 여기에 표준화된 방법론이 사용되는 경우는 드물다. 설령 그런 것이 있다고 해도 흔히 데이터가 마사지되어 한통속인 후원자를 만족시키는 결과를 제공해 주곤 한다. 《워싱턴포스트》의 더빈은 이렇게 썼다. "논쟁의 여지가 많은 그레엄의 연구는 항상 같은 결론으로 끝나는 것 같다. '사적 부문에 더 이상의 규제가 필요치 않다'."[33]

가령 미국 농업협회가 살충제 규제를 강화하는 법안에 대한 비판에 관심을 가진다고 하자. 협회가 하버드 위험 센터에 자신들의 경제적인 이해관계에 부응하는 결과를 받는다는 (또는 불리한 결과를 결코 발표하지 않겠다는) 보장 없이 돈을 줄 것이라고 생각한다면 어리석기 짝이 없는 일이다. 이런 점에서 법률 사무소와 같은 정책연구 센터들은 학문적인 과학 분과들에 비해 기업의 지원금에 훨씬 종속되기 쉽다. 그중 일부는 HCRA에 비해 이념적 편향이 덜 노골적이다. 존 그레엄은 기업주들의 입장을 헌신해서 대변한 덕분에 그가 소장을 맡고 있는 하버드 위험 센터가 이윤을 추구하는 사기업과 한통속이라는 숱한 반대를 물리치고 2001년 5월 연방 예산관리청에 책임자 자리를 얻었다.

학계의 비판을 무디게 만들다

1970년대에 나는 터프츠 대학의 조교수로 아직 정년을 보장받지 못했고 정치적으로는 순진했다. 1970년대 말엽에 나는 당시 막 생겨난 정책 프로그램의 책임자가 되었다. 중등 이후 교육[30] 향상 기금Fund for the Improvement for Post Secondary Education에서 나온 연구비로 나는 혁신적인 클래스를 이끌었다. 이것은 학생들이 팀을 이루어 지역의 유독성 폐기물 논쟁을 조사하는 것이었다. 여기에서 다루어진 사례들 중에는 매사추세츠주 보스턴 교외의 액턴 마을과 그레이스 사W. R. Grace Company 사건도 포함되어 있었다. 1978년 12월에 액턴 마을에 있는 두 개의 우물이 화학물질 오염으로 폐쇄되었다. 이 마을은 그레이스 화학공장의 생산설비에서 오염물질이 날아왔다는 믿을 만한 증거를 확보하고 있었다. 그레이스 사는 생산 공장을 확장하는 권리를 얻는 대신, 이 마을에 오염원을 조사할 연구 자금을 지원해 주었다. 독성 오염물질에 대한 독자적인 수문水文지질학적 연구를 끝낸 후, 마을의 관계자들은 그레이스 사가 화학 오염원의 일부였다는 증거를 확보했다. 학생들에게 주어진 과제는 다음과 같았다. '그레이스 사의 환경 기록에 대한 배경 분석, 다툼이 일

30 —— 중고등학교를 졸업하고 대학이나 전문학교 등 그 밖의 교육기관에서 받는 교육을 뜻한다.

어난 오염된 토지와 지하대수층에 대한 수문지질학적 연구에 대한 평가, 오염된 우물과 지하수에서 발견된 화학물질에 대한 독물학 정보 연구 그리고 주 정부나 연방 차원에서 이루어진 단속과 그에 대한 회사측의 대응에 대한 조사.' 그들은 잘 훈련된 젊은 학자가 할 수 있는 모든 일을 해냈다. 예를 들어, 인터뷰를 하고, 정부 문헌을 조사하고, 일차 자료를 수집하고, 모든 정보의 출전을 세심하게 인용했다.

최종 보고서를 준비하고 있을 무렵, 내 책임하에 진행된 연구 결과가 발표될 예정이었다. 그런데 그 결과가 회사의 대중적 이미지에 좋지 않을 것이라는 말이 그레이스 사에 들어갔다. 회사의 부사장은 터프츠 대학 총장과 만날 약속을 했다. 당시 총장은 세계적으로 인정받는 영양학자인 진 메이어 박사였다. 그는 정부가 빈곤 문제 해결, 특히 가난한 임산부와 신생아들에게 적절한 영양분을 제공해야 하는 사회적 책임에 대해 여러 차례 글을 썼다. 그는 여성과 어린이에게 식권을 제공하는 여성, 유아 그리고 아동Women, Infants, and Children, WIC 프로그램을 만든 장본인 중 한 명이었다.

그레이스 부사장의 방문 목적은 내가 지도하는 학생들의 보고서 발표를 막고, 지도교수인 나를 비방하기 위한 것이었다. 그 보고서의 제목은 '물의 화학적 오염: 매사추세츠 주에서의 액턴의 사례Chemical Contamination of Water: The Case of Acton, Massachusetts'였다. 아마도 부사장은 터프츠 대학이 기업에 비협조적인 크림스키와 같은 교수 한 명쯤 없이도 잘 운영될 수 있지 않느냐는 이야기를 하려 했을 것이다. 그러나 나와 학생들에게 다행스럽게도, 메이어 총장은 방문자의 주장에 설득되지 않았고, 그레이스 사를 대표해서 온 사람에게 대학은 교직원의 행동이 교육자로서 적절한 것이라면 그들이 학생들을 교육시키고, 글을 쓰고, 발언할 학문적 자유를 보호해 주어야 한다는 사실을 상기시켰다.

이 상황은 그레이스 사가 터프츠 대학에 발판을 마련하지 못했다는 것을 보여준다. 이 회사는 이사회에 들어오지 못했다. 또한 대학측에 많은 보조금을 기부하지도 않았다. 게다가 내가 수년 후에 발견한 사실에 따르면, 메이어 총장은 화학 제조업에서 그레이스 사의 경쟁 회사인 몬산토 사의 이사 중 한 명이었다. 한 차례 이상의 경험을 통해 학문적 자유와 돈 사이에서 갈등이 벌어졌을 때, 재정적 위험이 높은 상황이라면 대학측은 항상 전자를 포기할 것이라는 생각이 든다. 정년이 보장되지 않은 상태라면 대학 교수는 계약이 해지될 수 있다. 이런 거래는 학문의 자유가 아니라 돈이 위대한 대학을 만든다는 대학 당국의 주장으로 쉽게 합리화된다.

이런 식의 거래가 얼마나 자주 일어나는지는 아무도 알지 못한다. 우리가 아는 사실은 일화적인 사건들뿐이다. 대학 당국은 자신들이 교수를 해고하거나 주요 자금줄이 곤란해할 만한 주제에 대해 서슴없이 발언하는 교수 지원자의 고용을 거부한다는 사실을 인정하려 들지 않는다.

예를 들어, 데이비드 힐리는 토론토 대학에서 중독 및 정신 건강 센터 Centre for Addiction and Mental Health의 임상 책임자와 정신병학 교수로 1년간 25만 달러를 주겠다는 제안을 받았다. 2000년 11월 힐리는 그와 다른 사람들의 연구 성과를 토대로 센터와 대화를 나누었고, 프로잭Prozac, 항울(抗鬱) 치료제이 일부 환자들에게 자살을 일으킬 수 있다고 말했다. 그런데 프로잭의 제조사인 일라이 릴리Eli Lilly 사는 이 대학 부속 병원의 주요 후원자였다. 일라이 릴리 사 대표는 어떤 회의에서 그 이야기를 들었다.

그 발언이 있은 지 몇 주 뒤, 힐리는 센터 책임자인 내과의사로부터 그에게 했던 제의가 철회되었다는 편지를 받았다. 그 이유는 그가 학문적 프로그램의 책임자로 적임이 아니라는 것이었다. 힐리는 토론토 대학과 부속 병원을 상대로 수백만 달러의 소송을 제기했다. 그는 자신이 프로잭과 환자들의 자살을 관련시킨 강연을 한 지 1주일 만에 자신의 계약이 철회되었다고 주장했고, 캐나다 법원에 자신의 학문의 자유가 거부된 데 대한 판결을 내려줄 것을 요청했다. 힐리의 고용 철회에 대한 센터측의 공식 성명은 그의 고용 결정이 외부 자금원으로부터 어떤 영향도 받지 않았다는 것이었다.[34] 2002년 5월, 힐리의 소송은 밝혀지지 않은 액수의 합의금으로 종결되었고, 대학측은 그를 의학 방문 교수로 임명했다. 대학측과 힐리의 공동 발표문에 따르면, 정신병학자(힐리)는 여전히 자신이 프로잭을 비판하는 발언을 했기 때문에 임명이 철회되었다고 믿고 있지만, 그는 자신의 교수직 제안 철회 결정에 "문제의 제약회사가 아무런 역할도 하지 않았다"는 보증을 받아들였다.[35] 어쩌면 이 사례에서 제약회사가 실제로 힐리의 운명을 결정하는 데 거의 또는 전혀 역할을 하지 않았을 수도 있다. 이미 병원과 대학의 핵심 운영자들이 기업의 가치와 이해관계를 자신의 것으로 내면화시켰기 때문에 굳이 기업측이 후원자의 관심과 우려가 무엇인지 상기시키기 위해 자극을 줄 필요는 거의 없었다.

또다른 시나리오는 병원과 의과대학 사이에 이미 존재하는 불편한 관계에 주의를 돌렸다. 흔히 임상 교수는 두 기관에 소속돼 있다. 그런데 병원과 의대는 각기 서로 다른 윤리 규칙에 따라 움직인다. 그리고 상이한 규정을 조화시키려는 노력은 항상 갈등을 빚어왔다. 그것은 두 기관이 (중첩되지만) 별개의 이사회를 가지는 독립적인 기구이며, 서로의 이익을 위해 협동하기 때문이다.

데이비드 켄은 로드 아일랜드 퍼터킷 시에 있는 메모리얼 병원의 의사였다. 그는 1986년 이래 그 병원에서 일반내과장과 직업병 및 환경보건소장을 맡아왔다. 또한 켄 박사는 프로비덴스에 있는 브라운 의과대학 조교수였다. 그렇지만 그가 받는 봉급은 전적으로 병원에서 나왔다. 1994년에 로드아일랜드 퍼터킷에 있는 마이크로파이버Microfibres, 極細絲 공장에 다니던 한 노동자가 숨이 차고 기침을 하는 증상을 일으켰다. 모든 마이크로파이버 공장에서 (온타리오 주의 킹스턴에도 공장이 있었다) 사용된 이 제조 공정에는 미세하게 절단된 나일론의 극세사를 (이것을 플록flock이라고 한다) 면과 폴리에스테르 직물에 붙이는 작업이 포함된다.[31] 이 과정에서 가구와 자동차의 좌석 덮개로 사용되는 벨루어 유형의 직물이 만들어진다.

비밀 준수 동의서에 서명한 후, 켄은 문제의 공장을 방문했지만 환자의 증상과 관련해서 아무런 원인도 찾을 수 없었다. 1년 후, 두 번째 노동자가 비슷한 증상으로 그를 찾아왔다. 켄은 회사에 연락해서 공장에서 일어나는 어떤 일이 두 노동자의 질환을 설명할 수 있을지 모른다는 암시를 했다. 그는 공장에 보건상 위해 요소가 있는지 여부를 평가하기 위해 회사측이 메모리얼 병원을 통해 자신을 고용해 줄 것을 권고했다. 또한 그는 회사가 국립 직업안전 및 보건 연구소National Institute of Occupational Safety and Health, NIOSH와 접촉할 것을 권고했다. 그 후, 공장측은 이 사고를 NIOSH에 보고했고, 구두 협정으로 의문의 폐 질환을 일으킨 원인을 조사하도록 켄을 고용했다.[36] 결국 이 질환은 '플로킹 노동자 폐질환flock

31 —— 플록이라 불리는 짧은 섬유군을 천에 붙여서 직물을 만드는 것을 플로킹이라고 한다. 부직포와 특수포 등이 이런 방법으로 제작된다.

worker's lung' 이라는 이름으로 알려졌다. 다른 사례들도 1990년대 초에 온타리오에 있는 킹스턴 공장에서 실제로 보고되었다.

의학적 조사 작업이 진행 중이던 1996년 10월에 켄은 1997년 아메리칸 흉부학회American Thoracic Society 연례회의에 제출하기 위해 자신이 발견한 질병에 대한 보고서 초록을 마련했다.[37] 그가 이 초록을 만든 목적은 두 가지였다. 하나는 다른 직업병 전문 의사들에게 문제의 질환을 알리기 위한 것이었고, 또 하나는 다른 의사들로부터 그들의 경험을 배우기 위함이었다. 그러나 마이크로파이버측은 그가 결론을 내리기에는 시기상조이고 그가 1994년에 공장을 방문했을 때 비밀 유지 동의서에 서명했다는 사실을 근거로 초록 출간에 반대했다.[38] 켄은 자신이 서명한 동의서가 그가 공장에서 발견한 직업병에 대한 보고서까지 포괄한다고 생각하지 않았다. 그러나 마이크로파이버측은 그 동의서가 회사측이 비용을 지불한 그의 연구에 대해 구속력을 가진다고 판단했다. 켄은 자진해서 회사명이나 위치 등을 언급하지 않는 방식으로 보고서를 재작성하는 타협안을 내놓았다. 그러나 회사측은 이마저 거부했다. 그럼에도 불구하고 켄은 보고서 초록의 발간을 결정했다. 브라운 대학의 행정 관계자들은 켄에게 초록 발간에 대한 합법적 권리가 있는지 여부에 대해 의견이 분분했다.[39] 대학의 부총장은 켄에게 마이크로파이버 사를 조사해서 얻은 결과에 대한 발표를 취소하라고 종용했다. 그러나 켄은 이의를 신청했다.

1997년 5월 흉부학회에서 연구 결과를 발표한 1주일 후, 켄은 메모리얼 병원과 브라운 대학으로부터 한 통의 편지를 받았다(그가 두 기관과 맺은 계약은 연동되어 있었다). 그 편지에는 1999년에 5년간의 고용계약이 종결된 후 재임용이 이루어지지 않을 것임을 통보하는 내용이 들어 있었다. 병원측은 그의 재임용 탈락이 연구 초록 발표에 대한 보복이 아니라고 주장했다.

대부분의 언론은 켄 사건을 직업적 위해 가능성을 평가하기 위해 회사에 고용된 임상 연구자의 책무와 (즉, 알려야 할 의무) 자신의 이해관계를 보호할 권리를 가진 기업 사이의 이해상충으로 다루었다. 왜 임상 연구자가 자신의 발견을 발표한 직후 그토록 빨리 계약이 종료되었는가? 언론이 제기한 한 가지 이유는 병원측이 소송을 두려워했기 때문이었다. 다른 이유는 켄 자신이 제기한 것이었다. 그는 마이크로파이버사를 소유한 일가가 실질적으로 병원의 소유자이며, 가족 구성원들이 병원 법인의 임원진을 채우고 있다고 주장했다.[40] 《보스턴 글로브》에 인용된 켄의 말은 다음과 같다. "결국 내가 얻은 교훈은, 재정적 이해관계가 얽혀 있을 때 과학적 발견이 억압될 수 있다는 것입니다. 그리고 공중 보건에 문제가 있든 없든 간에 대학측은 거의 아무런 대응도 하지 않을 것입니다."[41]

켄의 경우와 마찬가지로, 다음 사례도 의사, 대학 그리고 기업 권력이 임상 연구자를 의학 프로그램 책임자 지위에서 해고하는 데 (설령 일시적으로라도) 중요한 영향력을 발휘하는 병원의 문제를 다룬다.

낸시 올리비에리 박사는 유전성 혈액 질환, 특히 지중해 빈혈탈라세미아, thalassemia 치료를 전문으로 하는 혈액학자이다. 이 질환에 걸린 환자의 몸은 정상적인 혈액세포를 생성하지 못한다. 그녀는 토론토 대학과 이 대학의 부속 병원 중 한 곳인 아동병원에 임용되었다. 올리비에리의 탈라세미아 환자들은 비정상 혈액 세포를 교체하기 위해 정기적으로 수혈을 받아야 했다. 수혈 과정 자체도 신체 주요 장기에 철분의 과잉 침전을 일으키기 때문에 위험이 따랐다. 너무 많은 양의 철분은 치명적일 수 있기 때문에 제거해야 한다. 올리비에리는 '디페리프론deferiprone' 이라는 실험적인 철-킬레이트화iron-chelation 약품 연구에 관심을 갖게 되었다. 이 약은 당시 혈액 속에서 철분의 조성을 감소시킬 수 있는 유망한 약제로 간주되었다.

1993년에 올리비에리는 무작위 실험을 위해 캐나다 제약회사인 아포텍스Apotex 사와 공동 연구에 착수했다. 실험의 목적은 이 약을 지중해 빈혈증의 표준 치료제인 디페록사민deferoxamine과 비교하려는 것이었다. 올리비에리가 서명한 계약서에는 실험이 끝난 후 1년 동안 실험 데이터를 발표할 수 있는 배타적인 권리를 후원자에게 부여하는 비밀 유지 조항이 포함되어 있었다. 계약에 포함된 조항은 외부 연구 계약에 대한 대학의 정책과도 완전히 부합했다. 한편 대학과 아포텍스 사는 캠퍼스 안에 신축될 새로운 생의학 연구 센터를 위한 큰 액수의 기부금을 둘러싸고 논쟁을 벌였다. 1998년에 아포텍스 사가 토론토 대학의 연구 센터에 1,270만 달러를 기부하기로 한 협정이 맺어졌다. 그 협정에 법적 구속력은 없었다. 이 정도 규모의 선물이라면 어떤 대학이든 기부자의 이해관계에 극도로 민감해지기 마련이다. 실제로 기부자는 선물을 주면서 대학측이 복제약을 만드는 제약회사에 불리한 규제를 늦추도록 캐나다 정부에 로비를 한다는 조건을 달았다.[42] 지중해 빈혈 환자의 간 철분 수준을 감소시키거나 유지하는 새로운 킬레이트화 약품에서 얻은 최초의 결과는 고무적이었다. 그러나 그 약의 효과를 둘러싼 의문이 제기되었다. 이 물음에 대한 답을 얻기 위해서 올리비에리는 두 번째 실험에 착수했다. 그런데 이번에는 아포텍스 사와 비밀 유지 협약을 맺지 않았다.[43]

1996년에 올리비에리가 두 번째 실험을 시작했을 때, 그녀는 그 약이 점차 효력을 상실하기 시작한다는 사실을 알았다. 일부 경우에는 그녀의 환자들을 추가적인 위험에 노출시키기도 했다. 그녀가 제기한 위험에 대한 해석을 반박한 아포텍스 사는 만약 그녀가 2차 실험에 대한 정보를 그녀의 동료나 환자들에게 유출할 경우 이해상충 협약 위반으로 법적 소송도 불사하겠다고 위협했다. 또한 회사측은 올리비에리에게 협약 위반의 책임을 물어 그녀가 총괄하고 있던 실험을 종결시켰다. 올리비에리가 서명했고 토론토 대학과 부속 병원이 승인했던 최초 계약에는 실험 기간 및 종료 후 1년 동안 정보 유출을 막을 수 있는 회사측의 권리가 명시되어 있었다. 병원의 연구윤리위원회research ethics board, REB는 심각한 부작용이 일어날 경우 실험 참가자들의 이익을 보호하는 규정에 어떤 안전 조항도 넣지 않았다. 일반적으로 이러한 조항이 들어 있을 경우 의사들의 정보 제공 의무를 보호하기 위해 1년 간의 정보 제공 금지 명령이 무효가 된다. 연구윤리위원장은 올리비에리가 실험 참가자들에게 동의서 형식을 통해 약품의 위험을 알려야 한다는 데 동의했다.[32] 이것은 회사의 방침과 어긋나는 권고였다. 회사측이 임상 실험을 중단시킨 것은 1996년 5월 올리비에리가 개정된 동의 형식을 REB에 제출한 후였다.

올리비에리는 아포텍스 사로부터 만약 회사의 사전 허가 없이 환자나 그 밖의 어느 누구에게라도 위험을 알릴 경우 소송을 벌이겠다는 경고를 받았지만 '정보를 제공할 의무'가 계약상의 의무보다 우선한다고 판단했다. 그녀는 중단된 임상 실험에서 수집한 데이터를 기초로 두 편의 초록을 발간했고, 1997년 회의에서 그 결과를 발표했다.

초록을 발간하고 얼마 후, 올리비에리는 HSC의 혈색소병증hemoglobin-

32 —— 대부분의 병원과 연구기관 윤리위원회(IRB) 규정은 약품의 실험에 참가하는 피실험자들에게 해당 약품의 부작용이나 위험성을 충분히 알리고 실험에 참가시켜야 한다고 정하고 있다. 이것을 '고지(告知)에 의한 동의(informed consent)'라고 한다.

opathy 프로그램의 책임자 지위에서 해고되었다. 그 후 HSC와 대학측은 아포텍스 사에 대항해서 그녀를 법적으로 보호하는 책임을 졌고, 학문적 자유에 대한 그녀의 권리를 확인하고, 그녀에게 제기된 주장이 잘못이었음을 인정했다. 1998년에 대학과 아포텍스 사는 올리비에리와 관련된 논쟁이 해결될 때까지 수백만 달러의 선물에 대한 논의를 중단하기로 합의했다. 1년 후, 회사는 1998년에 했던 합의를 철회했다. 2001년 10월, 3명의 교수로 이루어진 위원회는 낸시 올리비에리의 행동이 윤리적이고 전문가다운 것이었다고 평결했다.[44] 그 후 그녀는 원래의 자리로 복직되었다. 캐나다 교수협회Canadian Association of University Teachers와 내-외과의사협회College of Physicians and Surgeons 등의 단체들이 독립적으로 진행한 평가도 올리비에리의 행동에 아무런 잘못도 없다는 데 의견이 일치했다.

이 사례는 대학의 이해상충이 도덕적 리더십을 발휘하는 교수들의 노력을 어렵게 만들고 제도적 편향을 만들어내는 원천이라는 점에 주의를 집중시켰다. 2001년 3월, 토론토 대학과 부속 병원측은 임상 실험자가 환자들에게 위험을 알리지 못하게 방해하는 조항이 있는 계약을 허용하지 않는다는 새로운 정책을 승인했다. 그러나 최근 연구에 따르면, 미국과 캐나다의 많은 대학과 병원들이 여전히 이러한 종류의 제한 조항을 채택하고 있다.[45]

대학의 이해상충; 기준의 모색

산학 연계에 대한 언론의 지나친 관심은 기이한 결과를 낳았다. 한편으로 대학 홍보에 골몰하는 대학 행정 관계자들의 관심을 불러일으켰다.

산학 연계가 새로운 규제를 낳거나 정부의 지원금 규모를 줄어들게 하지 않는다면, 대학 운영자들이 교수들에게 더 높은 윤리 기준을 요구할 이유는 거의 없었다. 다른 한편, 언론의 관심은 사적인 자금을 규제하는 모든 기준을 공공연하게 비난하는 일부 대학의 입지를 강화시켰다. 과거 기록에서도, 윤리 지침이 완화되면 대학으로 유입되는 사적 부문의 자금 흐름이 늘어났다. 나는 무기 연구에 반대하는 원칙적 입장을 고수했던 메이어 터프츠 대학 전前 총장의 말을 기억한다. 그러나 그는 미사일 보호막 프로그램('스타워즈')에 대한 자신의 입장과 능란하게 타협했다. 그는 농담처럼 이렇게 말하곤 했다. "더러운 돈이 유일하게 나쁜 이유는 그런 돈이라도 충분하지 않다는 점이다." 연구 규범에 관한 한, 많은 대학들은 이해상충 기준을 낮춰서 막대한 보상을 거둬들이는 다른 대학들에 결코 뒤지지 않으려 든다.

악명 높았던 쳉 사건(2장을 참조)이 일어난 1988년 이후, 하버드 의대는 학문적 교수들에게 상대적으로 높은 기준을 부과했다. 의대 교수진은 2만 달러 이상의 주식을 소유하거나 1만 달러 이상의 자문비나 전문가 활동비를 받는 기업의 연구를 할 수 없었다. 이 정책은 6,000명에 달하는 전업 교수들에게 모두 적용되었다. 또한 교수들은 근무 시간의 20퍼센트(즉, 1주일에 하루) 이상을 대학 외부의 업무에 할당할 수 없었다. 그러나 이것은 서류상의 규칙에 불과했고, 실제로 이 조항을 적용하는 대학은 극히 드물었다. 논문을 비롯한 그 밖의 발견을 발표할 때, 교수들은 자신의 연구를 지원하거나 그 회사에 대해 지적 재산권을 가지는 회사와 연관된 재정적 이해관계를 반드시 공개해야 했다. 2000년에 하버드 대학은 대학의 경쟁력을 높이기 위해 이러한 규제 조항들을 완화시키는 방안을 검토했다. 하버드 대학 총장은 의대 연구자들이 자문료나 수지맞는 주식 지분 계약으로 개인 소득을 높일 수 있는 다른 대학으로 자리를 옮기는 사태가 발생한다고 주장했다. '산학 협력 연구 프로젝트 지침Guidelines for Research Projects Undertaken in Cooperation with Industry' 이라는 제목의 보고서에서 하버드 연구정책 상임위원회는 기업과의 협정에 높은 유연성을 허용하는 일련의 새로운 규정을 제안했다. 이 규정은 교수들이 받을 수 있는 주식의 총량을 늘렸을 뿐 아니라 그들의 연구를 지원하는 기업에서 받을 수 있는 자문료도 대폭 인상했다.

이해상충에 대한 하버드 대학의 보수적인 입장과 달리, 스탠포드 의대는 주식 소유나 특허권 사용료에 고정된 상한선을 두지 않았다. 10만 달러 이상의 주식이나 0.5퍼센트 이상의 지분을 가진 교수는 대학측에 그 사실을 반드시 알려야 하며, 그런 다음 대학측이 사례별로 어떤 제한을 가할지 결정하도록 정했다. MIT의 경우, 운영 규칙은 교수진이 소유한 회사 지분이 해당 지분의 달러 가치보다 그 회사의 주식 가치에 영향을 줄 만큼 큰지 여부와 더 관련이 있었다.

2000년 5월, 하버드 대학은 이 문제를 재검토한 후, 이해상충 가이드라인을 완화하자는 제안을 기각하기로 결정했다. 이 결정은 유전자 치료 임상 실험에 참여했던 한 10대가 사망했던 펜실베이니아 대학 사건이 널리 알려진 후에 이루어졌다. 조사 과정에서, 임상 실험의 연구책임자와 사기업 사이에 상업적 이해관계가 있었고, 그 사실이 피실험자들에게 알려지지 않았다는 사실이 밝혀졌다.

그렇다면 오늘날 대학의 이해상충 지침은 어떤 상태인가? 대학이 실질적이고 신뢰할 만한 지침을 개발해야 할 어떤 동기가 있는가? 매년 500만 달러 이상의 연구비를 국립보건원NIH과 국립과학재단NSF으로부터 받는 127개 의대와 170곳의 연구기관을 대상으로 한 전국 설문조사 결과는 학계의 이해상충 정책의 현 실태와 다양성에 대해 유용한 정보를 제공해 주었다.[46] 연구자들은 250곳의 의대와 그 밖의 연구소들에서 표본을 추출했고, 응답률은 85퍼센트였다. 응답한 기관 중에서 14곳은 이해상충에 대해 아무런 정책도 없다고 답했다. 정책을 갖추고 있다고 응답한 대학과 연구소 중에서 92퍼센트는 1994년 6월 28일 이후에야 효력을 발생시켰다. 그것은 이해상충에 대한 최초의 연방 지침이 발표된 날짜였다. 이해상충 지침을 마련하라는 연방의 지시가 학문적 연구기관들이 지침을 채택하고 실질적인 운용 절차를 실행하는 데 결정적으로 중요한 동기가 된 셈이다.

연구 결과 대학의 지침들 사이에서 상당한 차이점이 나타났다. 그러나 모두에게 공통된 한 가지 주제는 "갈등 관리와 정보 비공개에 대한 처벌은 전적으로 재량에 맡긴다"는 것이다.[47] 오직 한 곳의 대학만이 이해상충을 처음에 공개하도록 강제하는 조항을 갖추었다고 보고했다. 2001년 11월에 발표된 회계감사원General Accounting Office, GAO 보고서는 많은 관찰자들이 이미 의심했던 사실을 확인해 주었다. 그것은 대학이 이해상충을 관리하는 방식에 상당히 큰 결함이 있다는 내용이었다.[48] GAO는 생의학 연구로 NIH 기금을 가장 많이 받는 20개 기관들 중에서 5곳의 주요 연구대학을 심층 연구했다. 이 숫자는 NIH 기금을 받는 전체 연구기관들 중에서 약 1퍼센트에 불과하다. GAO의 연구 결과 중에서 가장 심각한 사실은 대학들이 연구자에게 이해상충 정책을 준수하는지 스스로 판단하도록 내맡기고 있고 교수들의 활동을 모니터링하지 않는다는 것이었다. 이해상충 관리는 기껏해야 교수들의 기업가적 활동에 대한 당혹감을 피하려는 시늉에 불과한 것으로 보인다.

그러나 대학이 직면한 문제가 교수진의 이해상충만은 아니다. 학문적 연구기관과 비영리 연구 센터들이 이윤을 추구하는 벤처 기업에서 지분을 받는 파트너가 되는 사례가 점차 늘고 있다. 또한 대학이 교수진의 발견으로 얻은 특허권에 대해 지적 재산권을 공유하는 경우가 종종 있었다. 다른 사례에서, 대학의 고위 당국자들—총장, 교무처장 그리고 학장 등—이 대학과 관련된 기업들의 이사진으로 재직하기도 했다. 이러한 관계로 인해 대학의 평판이 손상되고, 대학이 특정 연구 프로그램의 결과에 재정적 이해관계가 있다고 생각될 때, 이를 흔히 '기관 이해상충institutional conflict of interest' 이라고 한다. 어떤 사람들은 기관 이해상충이 그와 연관된 개인들보다 더 문제가 심각하다고 주장한다. 레스닉과 샤무는 이렇게 지적한다. "제도적 이해상충이 그 기관 안팎의 수십, 또는 수천에 달하는 사람들의 행동에 영향을 줄 수 있으며, 개인들의 이해상충에 비해 잠재적 영향력이 훨씬 크다."[49] 그런데 얄궂게도 언론에서 다루는 이해상충은 개인에게 집중되며, 기관 이해상충이 주목을 받는 경우는 거의 없었다.

1994년에 보건복지부DHHS가 대학과 지원금 수여자에 대한 이해상충 규제를 준비할 당시 기관 이해상충의 문제를 고려했다. 보건복지부가 제안한 규제안에 대한 반응을 수집한 결과 새로 변경된 규제안이 기관 이해상충을 다루어서는 안 된다는 견해가 거의 대부분이었다. 보건복지부는 그 권고를 받아들였고, 1995년의 최종 규제안에서 기관 이해상충에 대한 모든 논의를 배제시켰다. 그 문제는 별도의 과정으로 다루어져야 한다는 것이 일반적 주장이었다.[50] 그러나 오늘에 이르기까지 독립적인 규제안은 마련되지 않았다. 이런 규제안을 놓고 대학들은 교수들의 이해상충을 관리하라고 요구받는다. 그러나 기관 내에서 벌어지는 재정적 이해관계의 갈등을 누가 처리할 것인가? 레스닉과 샤무는 기관 이해상충의 관리 딜레마를 집중 조명했다.

> 대학에는 사기업과의 관계를 감독하거나 관리할 수 있는 신뢰할 만한 도덕적인 기구가 없다. 그렇다면 대학은 누구에게 이해상충을 공개할 것인가? 이러한 이해상충이 관리되거나 감시될 수 있는 것인지, 아니면 금지되거나 회피되어야 하는지 누가 결정하는가? 이사회나 평의원 회의와 같은 공식적인 관리 기구가 이러한 관계를 감독할 합법적인 권위를 갖지만, 그들 자신이 관리되어야 할 이해상충의 당사자일 수도 있다.[51]

보스턴 대학에서 적절한 사례를 찾을 수 있다. 이 대학은 제약회사로 첫발을 내디딘 분사업체 세라겐Seragen과 밀접한 관계를 유지했다. 블루멘탈은 1994년에 "대학 자체, 이사회의 개인 구성원들, 대학 총장 그리고 교수들이 이 회사에 상당량의 지분을 가지고 있고, 회사측도 대학에 연구비를 지원하고 있다"[52]고 보고했다. 이보다 더 큰 갈등은 없을 것이다.

의대가 영리를 추구하는 사기업에 지분을 가지고 있고, 제약회사들에게 임상 실험을 해준다고 가정하자. 대학 연구 센터가 임상 실험의 일부인 약을 연구하기 위해 연방 지원금을 신청할 때, 이러한 관계가 고려되어야 하는가? 대학의 재정적 이해관계가 자신의 시설에서 이루어진 연구와 직접적인 갈등을 빚는 경우는 언제인가? 대학 연구자들의 연구 결과가 그 대학에 들어오는 기부금에 막대한 영향을 미칠 때, 과연 불편부당한 학문을 연구할 수 있겠는가? 연구자들이 이런 상황에 계속 처해야 하는가? 대학의 기업주의를 다룬 한 연구는 이런 물음을 제기했다. "대학이 어떤 교수의 발견을 기업의 지분 소유권으로 전환하고, 해당 기업이 특허권 위반으로 고소당했다면 과연 누가 수탁자인가?[53] 저자는 자신의 연구를 액면가 이하로 판매한 대학을 상대로 소송을 제기한 사례를 들고 있다.

학문 연구 환경이 거리낌없이 그리고 항구적으로 사적 부문과 연결되어 있다는 것은 일반적으로 인정되는 사실이다. 기업의 연구 후원자 역할을 종결시킬 것을 요구하는 책임 있는 목소리는 들리지 않는다. 이해 상충을 관리하기 위한 대부분의 대응 조치는 책임 있는 계약 체결, 교수의 기업 지분 소유 규제 그리고 연구자들이 연구 설계에서 결과 발표에 이르기까지 전체 연구 체제research regime를 완전히 제어할 수 있도록 보장하는 문제 등에 집중된다.

그러나 동기가 아무리 박애적이더라도 일부 기업 후원자들이 대학에 접근하지 못하게 막아야 하는가? 실제로 이 물음이 2000년 12월 노팅엄 대학의 관리자들에게 제기되었다. 당시 이 대학은 브리티시 아메리칸 토바코British American Tobacco로부터 영국 최초로 기업의 사회적 책임을 위한 국제 센터International Center for Corporate Social Responsibility 설립을 위한 530만 달러의 기부금을 제안받았다.[54] 그 무렵 담배회사는 담배가 건강에 미치는 영향 때문에 소송에 휘말려 있었다. 대학 공동체의 구성원들은 사회적 책임 센터를 건립하는 문제와 담배회사로부터 받는 기금의 역설을 간과하지 않았다. 소송 과정에서 얻은 비밀 자료를 토대로 마련된 세계보건기구 패널 보고서는 담배회사들이 전면에 과학 조직을 내세워 담배와 암의 상관관계에 대한 책임 있는 연구를 반박하기 위해 자신들을 지지해 줄 과학자에 자금을 댔다는 사실을 밝혀냈다.[55] 대학과 기업의 결탁은 대학의 진전성을 훼손하거나 더럽히는가? 이런 기금으로 인해 거대 담배회사와 노팅엄 대학이 후원 관계를 맺어서, 결국 담배 연구와 대학의 윤리적 행동이 타락할 수 있는가? 대학측은 담배 회사의 자금을 받기로 한 자신들의 결정을 옹호하기 위해 그 결정이 합법적이고 그로 인해 설립된 기관이 대학의 엄격한 윤리 지침에 따라 완전히 독립적으로 운영될 것이라고 주장했다. 나아가 대학 관리자들은 센터가 쓰는 돈이 사회를 이롭게 한다고 강변하기까지 했다.

그 후 채 1년도 안 되어서 한 후원처는 노팅엄 대학에 지원하던 200만 달러의 연구비를 철회하고 다른 대학으로 돌렸다. 명성 있는 《브리티시 메디컬 저널*British Medical Journal*》의 편집인은 담배회사의 선물에 대한 대응 조치로 그 대학의 겸임 교수직을 사임했다.

대학들이 채택하는 대부분의 성과급 구조는 교직원과 기관의 이해상충을 눈감아준다. 모든 당사자가 어떤 형태로든 합리적인 책무, 투명성 그리고 처벌에 동의하지 않는다면, 윤리지침으로 대학의 제도적인 복잡성과 문제 간과라는 잘못된 경향을 바꿀 가능성은 거의 없다. 한때 이해당사자들 사이의 갈등을 중재하는 중립적 집단으로 간주되던 대학이 오늘날 이해 당사자 대열에 합류하고 있다. 《고등교육 연보》에 쓴 글에서 리버사이드의 캘리포니아 대학 총장이자 물리학 교수인 레이먼드 오바하는 환경 보호와 같은 영역에서 공공 정책을 둘러싸고 논쟁이 벌어졌을 때, 대학이 기업과 공공 부문 사이에서 '정직한 중개인honest broker' 역할을 할 수 있을 것이라고 주장했다. 그러나 오바하는 대학의 정직한 중개인 모형이 현재 상황에서는 작동할 수 없다는 사실을 간과했다. 그는 이렇게 썼다. "갈등 발생을 피할 수 있는 방법을 찾는 것은 대학의 역할을 정직한 중개인으로 만드는 주된 과제의 하나이다".[56] 그런데 주목해야 할 사실은 자매 대학인 어바인 캘리포니아 대학University-of-California schools이 암 연구자들과 기업 사이의 스캔들에 휘말렸다는 점이다.[57]

이러한 중립성을 주장할 수 있는 대학은 설령 있더라고 극소수에 불과하다. 특히 생명공학 분야는 이러한 이해상충이 가장 심하기로 악명 높다. 《네이처》 지의 1992년 편집자 서문에는 이런 글이 실려 있다. "학문적 과학자들이 1970년대 말과 1980년대 초에 처음 기업을 향해 머뭇거리며 발걸음을 떼어놓고, 훽스트, 듀퐁 그리고 몬산토가 수백만 달러를 대학과의 공동연구에 쏟아부은 후 연구 공동체는 그들의 학문 정신에 대해 우려해 왔다".[58] 지식 추구라는 순수한 덕목과 그 추구가 시장에 의해 상업화되고 왜곡되지 않도록 보호하려는 노력이 없다면 학문 정신이 어떻게 존재할 수 있는가? 다음 장은 '지적 재산권intellectual property'이 그 원천에서부터 오늘날 과학 지식의 화신이 되기까지 어떻게 발전해 왔는지 살펴볼 것이다. 이러한 변화로 인해 대학은 과학적 발견의 새로운 시장에서 지식 중개인으로 변모했다. 대학에서 빠른 속도로 진행되고 있는 상업화는 지적 재산권이라는 새로운 규칙에 의해 한층 가속화되고 있다.

4

재산으로서의 지식

2000년 2월 미국 특허 및 상표국U.S. Patent and Trademark Office, USPTO은 메릴랜드 주에 있는 생명공학 회사인 휴먼게놈사이언스Human Genome Sciences에 유전자 특허를 인가했다. 그것은 에이즈가 인체 세포에 감염되는 방식을 이해하는 열쇠를 제공할지 모른다고 해서 화제가 되었던 유전자였다. 이 회사의 연구원들은 수용기 분자receptor molecule, CCR5라 불린다를 암호화하는 유전자를 발견하고 그 염기서열을 해독했다. 수용기는 HIV 바이러스가 세포 속으로 들어갈 수 있게 해주는 역할을 한다.[1] 이 유전자에 돌연변이가 생겨서 단백질의 정상적인 복제를 만들지 못하는 사람들은 바이러스에 노출되었을 때 에이즈에 걸리지 않는 것으로 생각되었다. 이 유전자의 발견으로 과학자들은 HIV가 사람의 세포를 감염시키는 수용기를 불능화할 단서를 얻을 수도 있었다. 휴먼게놈사이언스가 1995년 6월경에 이 유전자에 대한 특허를 출원했을 때, 회사측은 수용기 분자가

HIV 바이러스의 길잡이 역할을 한다는 사실을 전혀 언급하지 않았다. 다만 그 유전자나 그것이 합성하는 단백질이 다양한 질병에 영향을 미치고 바이러스 수용기로 기능할 수 있다고 주장했을 뿐이었다. 2000년 7월까지 휴먼게놈사이언스는 100개 이상의 인간 유전자 특허를 얻었고, 7,500건을 출원 중이었다. CCR5 특허는 회사측에 에이즈 수용기 유전자와 그 단백질을 이용해서 에이즈의 피해를 없애는 약을 포함해서 질병에 대한 치료약과 분석 방법을 개발할 수 있는 독점적 권리를 20년 동안 보장해 주었다.[2]

많은 사람들은 살아 있는 생물 유전자에 특허를 인정한 행위에 당혹감을 느껴왔다. 유전자는 자연적인 산물이 아닌가? 특허 제도는 발명을 촉진시키는 동기를 부여하기 위해 마련되지 않았는가? 회사는 유전자를 발명하지 않았다. 오히려 그 유전자는 호모 사피엔스의 자연적 진화 유산의 일부이다. 그런데 무척 기이한 일은 회사측이 그 유전자가 AIDS와 연관이 있을 수 있다는 사실을 알기도 전에 그리고 치료 목적의 용도가 개발되기도 전에 특허가 주어졌다는 사실이다. 어떻게 유전자와 같은 '자연적 산물'에 특허가 주어질 수 있는가? 일단 유전자 특허가 주어지자, 특허 소유자는 사용료를 지불한 회사나 연구자들에게만 그 유전자의 염기서열을 사용할 수 있게 제한할 수 있었다. 특허 소유자는 자신들이 선호하는 고객들에게만 제한적으로 이용 권한을 부여할 수 있게 되었다. 즉, AIDS 치료법을 발견할 수 있는 경쟁자의 숫자를 제한하거나, 또는 무제한으로 허용해서 더 격렬한 경쟁을 야기할 수도 있게 된 것이다.

지적 재산권의 역사적 뿌리

개인의 창조적 저작이나 발명에서 유래하는 경제적 가치, 즉 지적 재산권 보호의 개념은 미국이나 자본주의에서 시작된 것이 아니다. 역사가들은 중세 봉건 사회에서도 발명의 권리가 보호된 기록을 찾아냈다. 베니스는 1200년대에 비단을 짜는 직기織機 발명자에게 10년간 독점권을 허용했다. 특허권을 받은 사람 중에서 가장 유명한 인물은 물리학자인 갈릴레오였다. 그는 1594년에 말馬로 구동되는 물펌프를 발명해서 베네치아 원로원으로부터 특허권을 받았다. 1624년에 영국은 발명자에게 자신의 발명에 대한 특허권을 주는 독점 조례Statute of Monopolies를 제정했다.

미국은 지적 재산권과 특허 개념을 크게 확장시켰다. 그것은 우리의 조상들이 일찍이 상상조차 할 수 없었고, 당대의 많은 사람들까지도 당혹감을 느낄 만한 정도의 확장이었다. 미국 특허청은 동물, 유전자, 미생물, 식물 그리고 자연에서 발견되는 화학물질에까지 특허를 부여했다. 어떻게 면화씨, 포도주를 만드는 데 이용되는 파스퇴르의 미생물 그리고 AIDS를 일으키는 유전자에까지 특허를 부여할 수 있는가? 어떤 지식이 특허의 대상이 되는가? 돈벌이가 될 만한 인간 유전체 염기서열의 DNA를 찾는 '골드 러시'는 생의학 문화와 그 연구에 어떤 영향을 미치는가?

미국 건국의 아버지들 중에서 벤저민 프랭클린과 토머스 제퍼슨은 저명한 발명가들이었다. 특히 제퍼슨은 새로 제정할 헌법이 어떻게 과학과 발명을 장려할 수 있는지 진지하게 고려했다. 1790년 이전에 식민지 미국은 식민지 입법부의 특수 법령으로 특허를 부여했다. 모든 식민지의 총독부는 발명자의 권리를 보호했다. 그러나 제퍼슨은 헌법에 특허 조항을 넣는 문제에 처음에는 약간 유보적인 입장이었다. 제퍼슨은 언론의 자유, 종교의 자유 그리고 독점 방지 등을 보증하기 위해서 헌법에 권리장전을 포함시키고 싶어했다. 그러나 특허는, 최소한 일정한 기간 동안, 일종의 독점이었다.

다른 한편, 제임스 매디슨[33]은 특허가 실용적인 기술을 장려하기 위한 정당한 희생이라고 믿었다. 그는 1788년에 제퍼슨에게 편지를 썼다.

"독점이 정부의 큰 골칫거리 중 하나로 여겨지는 것은 옳습니다. 그러나 문학 작품이나 독창적인 발견을 장려한다는 점에서 독점은 완전히 포기하기에 그 가치가 너무도 큽니다."[3] '연방주의자의 글Federalist Paper #43'[34]에서 매디슨은 이렇게 썼다. "영국에서 저작권은 관습법상의 권리로 인정되어 왔다. 유용한 발명에 대한 권리 역시 같은 근거로 발명자에 속할 것이다."[4] 결국 제퍼슨은 일정한 햇수 동안 저작권과 발명에 대한 독점을 인정하는 데 동의했다. 흥미롭게도, 그는 자신의 발명에 대해서는 결코 특허를 취득하지 않았다. 그는 발명으로 표현되는 인간의 독창성이 사적으로 소유되어서는 안 된다는 신념을 고수했다. 또한 그는 사회 계약을 통해 그들이 자신의 발견에 숨겨진 비밀을 공개한다는 조건으로, 발명자들에게 그들의 발명에서 발생하는 이익에 대한 권리를 부여해야 한다고 믿었다. 그러나 결국 그는 특허가 인간의 독창성을 자극할 수 있다는 매디슨의 주장을 받아들이게 되었다.

33 —— James Madison(1809-1817), 미국의 4대 대통령. 헌법의 토대를 기초해서 헌법의 아버지라 불린다.

34 —— 초대 재무장관 알렉산더 해밀턴이 설립한 신문 《뉴욕 이브닝 포스트》에 함께 쓴 사설. '연방주의자의 글'은 미국 헌법을 가장 훌륭하게 설명한 글로 알려져 있다.

그 이후의 이야기는 역사와 같다. 저작권과 특허의 권리는 헌법 본문에 포함된 유일한 기본권이 되었고, 권리장전은 별개의 문서로 채택되었다. 헌법 1조 8항은 다음과 같이 규정하고 있다. "의회는 제한된 기간 동안 저자와 발명가에게 자신의 저작과 발명에 대한 배타적인 권리를 보증해 주어서 과학의 발전과 유용한 기술을 진작시켜야 한다." 1790년의 특허법으로 미국 특허청이 설립되었다. 청원된 특허는 3인으로 구성된 위원회에서 심사되었다. 위원은 국무장관제퍼슨, 국방장관 그리고 법무장관으로 구성되었다. 3년 동안 특허 심사위원회는 114건의 청원을 검토했고, 그중에서 49개의 특허를 인정했다. 1793년에 의회는 또 하나의 특허법을 제정했다. 이 법률로 특별 특허청이 창설되었고 덕분에 내각 관리들은 특허 심사까지 해야 하는 부담을 덜게 되었다.

미국의 특허 정책

200년 이상의 기간 동안, 특허청은 특허를 통해 우리를 산업혁명, 화학의 시대 그리고 오늘날 컴퓨터 과학과 생명공학 혁명으로 이끈 진보의 바퀴에 기름칠을 했다. 미국 특허법35 U.S.C. 101에 따르면, 특허는 "유용한 공정, 기계, 제품, 물질을 신규로 생성하거나 이것들을 기반으로 신규로 유용한 개량품 등을 발명하거나 발견한 사람"에게 수여된다. 이 기간 동안, 특허법과 그 해석으로 살아 있는 생물, 자연적 산물 그리고 유전 가능한 근본 단위, 즉 유전자에까지 특허가 주어졌다. 그렇다면 특허가 발명에 대한 보상이라는 개념과 그것이 자연적 산물에 주어진다는 문제를 어떻게 조화시킬 수 있는가? 이 개념을 이해하는 핵심은 특허 대상으로 간주되기 위해서는 어떤 식으로든 인간이 개입해서 자연적 산물을 하나의 상태에서 다른 상태로 변형하여 그 대상이 사회적 유용성을 갖도록 해야 한다는 것이다. 특허를 받으려면 신청자는 반드시 그 '발명'의 유용성, 신규성 그리고 진보성을 입증해야 한다. 1912년에 미국 연방 대법원은 분리되고 정제된 형태의 아드레날린에 특허를 인정하는 판결을 내렸다. 그것은 자연적인 형태를 넘어 새로운 것으로 간주되었다. 따라서 어떤 물질을 모호한 상태에서 분리시키거나 그것을 정제하는 데 얼마간의 독창성과 창의성이 요구된다면 자연 물질에 대해서도 특허를 얻을 수 있다. 통상적으로 사람들은 자연에서 분리된 자연적인 산물을 '제조된 산물'이나 '새로운 조성물'로 간주하지 않는다. 그러나 법원은 특허청에게 이러한 산물에 특허를 부여할 권한을 부여했다. 토양에서 분리된 미생물에도 특허가 주어졌다. 따라서 우리는 특허법의 중심 원칙 중 하나를 이렇게 표현할 수 있다. "화학적, 생물학적 산물은 인간의 독창성에 의해 자연에 존재하지 않는 형태로 만들어질 때 특허를 얻을 수 있다." 예를 들어, 생명 특허에 대한 연구에서 루이스 구에넌은 이렇게 말했다. "미국 특허국은 …… 글렌 시보그에게 퀴륨과 아메리슘의 동위원소에 특허를 허용했다. 이 동위원소들은 인간의 노력에 의해 입자가속기나 원자로 속에만 존재한다고 생각되는 초우라늄 원소들이다."[5] 마찬가지로, 핵산 분리에 대한 최초의 특허가 1945년에 주어졌고, 발효 과정에 의해 리보핵산을 생성하는 공정에는 그로부터 25년 후에 특허가 인정되었다.[6]

그렇다면 이들 원리는 유전자에 어떻게 적용되는가? 유전자 특허는 새로운 화학 합성물에 대한 특허와 비슷하게 다루어졌다. 유전자 특허를 정당화하는 데 두 가지 근거가 사용되었다. 첫 번째는 '건초더미 속의 바늘' 논변이다. 다시 말해서, 게놈 속에서 유전자를 찾아내고 분리하는 데 독창성이 요구된다는 주장이다. 염색체에서 추출한 순수한 유전자는, 어떤 식으로든 자연 속에서는 찾아볼 수 없다. 일단 분리되어 정제되면, 유전자는 다른 생물 속에서 복제재생산될 수 있으며, 유전자나 그 돌연변이 형태를 찾아낼 수 있는 시금물試金物을 만드는 데 사용될 수 있다. 유전자 특허에 대한 두 번째 정당화는 "신규 조성물new compositions of matter"이라는 개념을 기반으로 삼는다. 그 근거가 무엇인지 이해하기 위해서, 《네이처》에 실린 한 서한에 나타난 논변을 살펴보기로 하자. 편지의 필자는 유전자 특허의 법적 토대를 다음과 같이 기술하고 있다.

> 항생물질은 DNA 염기서열에 대한 도전과정에서 이미 오래전부터 특허가 주어졌다. 그러나 항생물질 또한 살아 있는 생물에서 만들어진 자연적인 분자들이며, 실질적인 의미에서 보자면 발견된 것이다. 그렇다면 어떻게 그런 물질이 발명으로 분류되어 특허가 부여될 수 있는가? 야생 상태의 생물체에서 만들어진 항생제에 특허가 주어질 수 없다는 것이 사실이다. 그러나 어떤 개인이나 회사가 적절한 유기체를 찾아내고, 그 대사 산물 중에서 유용한 특성을 찾아내 그 산물을 정제하고 특화시켜서 제조 및 사용법을 고안한다면, 그 결과물은 자연 상태의 항생물질이 아니라 순전한 인간 독창성의 산물이다.[7]

이 글을 쓴 사람은 DNA를 자연에서 추출해서 정제한 항생물질에 비유했다. "즉 생물의 체내에서 요소와 호르몬 그리고 그 밖의 것들의 생산을 지시하는 자연적인 상태에서 DNA와 항체는 특허의 대상이 아니다. 그러나, 예를 들어, 에리트로포이에틴조혈촉진인자을 특정할 수 있는 DNA 염기서열을 식별해서 특성화하고 적절한 산물로 바꾼다면 그것은 정당한 특허의 대상이 될 수 있다."[8]

과학자들은 자연 상태에서 사람의 염색체에서 추출한 DNA에 대해 특허를 청원하려고 시도하지 않는다. 오늘날 게놈 연구에서 일상적인 관례의 일부가 된, 유전자 염기서열 분석을 위한 기계화 공정은 그 자체로는 신규성 기준에 부합하지 않을 것이다. 그러나 과학자들은 DNA 염기서열을 '상보적 DNA 또는 cDNA'라 불리는 버전으로 변형시킨다. 일반적으로 단백질을 부호화하는 유전자는 잉여 염기서열, 즉 단백질 합성에 관여하지 않는 염기서열을 많이 포함한다. 이런 여분의 염기서열인트론을 제거하고 남은 것이 cDNA이다. cDNA는 자연 상태에서는 발견되지 않기 때문에, 특허 물질이 자연의 산물이 아니라는 주장이 제기되어 왔다. 이 논점은 케블스와 후드의 저서 『코드 오브 코드 *The Code of Codes*』에 잘 설명되어 있다.

> 최소한 세포의 염색체 안에 인트론과 엑손의 형태로 존재할 때, 유전자는 자연의 산물이다. 그러나 인트론을 제거하고 남은 이른바 복제 DNAcDNA는 자연적으로 나타나지 않는다. 그것은 세포 속에 있는 원래의 DNA를 해독하는 과정에 의해 전령 RNA로 부호화되지만, 세포 속에서 물리적으로 실현되지 않는다. 그것은 효소 역전사 효소를 이용해서, 즉 인간의 발명에 의해서만 물리적으로 실현될 수 있기 때문에[35] 특허의 대상이 될 수 있다.[9]

35 —— cDNA는 인공적으로 만들어진 DNA이며, 자연계에는 존재하지 않는다. 세포에서 단백질이 만들어질 때에는 DNA→mRNA로 유전 정보가 복사되지만, cDNA를 만들 때에는 역으로 mRNA에서 DNA로 유전 정보가 복사된다. 이것을 역전사라고 하며, 이를 위해서는 RNA의 유전 정보로 DNA를 만드는 역전사 효소가 필요하다.

생명 특허, 어제와 오늘

우리는 지금 물리 법칙이나 추상적인 관념이 아니라 특허를 받는 실체에 대해서 논의하고 있다. 따라서 유전학의 근본 원리에 특허를 부여할 수 없다. 그러나 실체에 대한 특허와 지식에 대한 특허 사이에 분명한 구획이 있는가? 불활성 물질에 대한 특허와 생체 특허에는 어떤 차이가 있는가?

미국 특허법이 생물체 자체에 특허를 인정하려는 의회의 의도를 드러낸 것인지 여부가 1980년 다이아몬드 차크라바티 사건Diamond v. Chakrabarty에 대한 연방 대법원의 판결 주제였다. 이 판결이 내려지기 전에도, 미생물에 대해 여러 차례 특허가 인정되었다. 1873년에 루이 파스퇴르는 효모의 한 계통에 대해 특허를 받았다U.S 특허번호 141,072. 이것은 생명 형태에 부여된 특허 중 최초의 것이었다. 그러나 그 특허의 대상은 공정 속에 포함된 생물체였지 생물체 자체가 대상은 아니었다. 1980년에 연방 대법원의 결정이 내려지기까지, 발명에서 어떻게 사용되는지와 무관하게 그 생물 자체에 대해 독점권을 요구할 수 있었던 사람은 아무도 없었다.

다이아몬드 차크라바티 재판[10]에서 제너럴 일렉트릭 사에 근무하는 연구자 아난다 차크라바티 박사는 탄화수소를 분해하는 특성을 가진 슈도모나스*Pseudomonas*라는 토양 미생물을 추출했다. 그런 다음 그는 여러 슈도모나스 변종에서 얻은 플라스미드(원형 DNA 조각들로 각기 특정한 탄화수소 물질대사 능력을 가지고 있다)들을 그가 선택한 계통에 혼합시켰다. 1972년 6월 7일에 제출된 특허 신청은 두 가지였다. 하나는 '새로운' 슈도모나스 계통을 이용해서 원유 유출로 흘러나온 기름을 분해하는 공정이고, 다른 하나는 그 미생물 계통 자체에 대한 것이었다. 특허 출원서 초록에는 다음과 같은 주장이 들어 있었다. "이 독특한 미생물은 유전공학 기법을 적용해서 개발되었다. 이 미생물은 최소한 두 가지 안정적인 (호환 가능한) 에너지 생성 플라스미드를 포함하며, 이 플라스미드는 각기 독립적인 분해 경로를 특정한다."[11] 이 주장에 따르면, 각각의 플라스미드들은 탄화수소에 대한 독립적인 분해 경로를 제공하기 때문에, 미생물은 유출된 원유를 분해하는 특수한 능력을 갖게 된다. 특허 청원서는 모두 36가지 주장이 들어 있었고, 그 대상은 다음과 같은 세 가지 범주로 나누어진다. 첫째는 박테리아를 생성하는 방법(공정)이고, 둘째, 접종원接種源은 물 위에 떠 있으면서 박테리아를 생성하는 씨앗의 역할을 하는 빨대와 같은 물질로 이루어지며, 마지막으로 셋째는 박테리아 자체이다. 특허 심사자는 공정과 접종원에 대한 주장은 받아들였지만, 박테리아 자체가 특허 대상이라는 주장은 기각했다. 특허청은 발명자의 변형이 있었음에도 불구하고 세 번째 주장을 기각했다. 그리고 그 이유를 미생물이 자연과 생물 양자의 산물이며, 그것들은 특허의 대상에서 제외되기 때문이라고 밝혔다.

물론, 자연 상태에서 선택되어 적절한 변형을 거친 경우, 그동안 자연적 산물에 대해서도 특허가 인정되었다. 이 경우, 원유를 분해하는 슈도모나스 박테리아는 다른 박테리아원源에서 DNA를 받아들이도록 조작되었기 때문에 자연 상태에는 존재하지 않는다. 미국 특허청 상소위원회는 문제의 박테리아가 자연의 산물이라는 판단은 번복했지만, 생물 자체가 특허 대상이 될 수 없다는 근거로 특허를 줄 수 없다는 특허청의 결정을 재차 확인했다. 박테리아가 공정의 일부인 경우에 한해서만, 특허의 대상이 될 수 있다는 것이었다. 그런데 연방 관세 및 특허상

소법원Court of Customs and Patent Appeals이 다시 특허청 상소위원회의 결정을 뒤집었고, 그 실체가 생물인지 무생물인지 여부는 특허법에서 다루어질 법률 사항이 아니라고 판결했다. 마침내 5대 4의 근소한 차이로, 미국 연방 대법원은 사람이 변형한 살아 있는 미생물은 특허법 101조에 의거해서 '제조물' 또는 '조성물'로 특허의 대상이 될 수 있다는 상고심 법원의 결정을 인정했다. 그렇다면 다수에 해당하는 5명의 연방 대법원 판사들은 자신들의 판단을 어떤 근거로 뒷받침했는가?

판사들은 생물 특허에 대한 의회의 의도가 무엇인지 실마리를 줄 수 있는 명시적인 언어를 찾기 위해서 특허법을 샅샅이 뒤졌다. 1920년대에 식물 육종가들은 기계 기술 분야의 혁신가들에게 허용되었던 특허의 이득을 획득하기 위해서 의회에 로비를 했다. 그러자 의회는 1930년에 식물특허법Plant Patent Act을 제정했다. 이 법은 특허 가능한 물질의 정의를 무성생식으로 번식하는 식물들의 특정 품종에까지 확장했다. 이 식물들은 씨앗이 아니라 꺾꽂이, 접목, 아접芽椄 등의 방법으로 번식했다. 그렇지만 씨앗에 대해서는, 설령 방사능 조사照射와 같은 인간의 인공물에 의해 변형이 이루어졌다 해도, 특허권이 주어지지 않았다. 하원과 상원의 문서에서는, 특허권의 관점에서, 식물 접목자나 새로운 조성물을 만드는 화학자나 다를 바 없다는 의회의 의도를 엿볼 수 있었다.

따라서 의회는 생명 특허에 원칙적으로 반대하지 않았고, 그 문제에 관한 한 대중들도 마찬가지였다. 법안이 제출되어 의회를 통과하기까지 불과 석 달밖에 걸리지 않았다. 지적 재산권에 대한 법률을 특정 식물 품종으로 확장한 것은 의회의 결정으로 간주되었다. 그로부터 40년 후, 의회는 식물 특허 문제로 다시 돌아왔다. 그러나 이번에는 유성생식 식물이 그 대상이었다.

1960년대는 잡종 종자 개발에서 일대 혁명이 일어난 시기였다. 잡종화 기술에는 많은 노력과 시간이 들어가는 이종교배, 검사 그리고 바람이나 염분에 대한 내성과 같은 이로운 특성을 가진 종자 계통에 대한 선별 등이 포함된다. 옥수수와 쌀의 잡종 계통에서 이루어진 발전은 흔히 '녹색 혁명' 으로 알려져 있다. 종자 회사들은 자신들이 개발한 품종을 특허로 보호하려고 안간힘을 기울였다. 이번에도 의회가 그들의 노력에 화답했고, 그 결과가 1970년의 식물품종보호법Plant Variety Protection Act이었다. 이 법은 유성생식 식물들을 지적 재산권 보호라는 우산 밑으로 끌어들였다.

연방 대법원이 차크라바티 특허를 심의할 당시 판사들은 1952년의 특허법령 재정비 문건을 검토했다. 입법HR 7794과 함께 제출된 의회 보고서에는 특허법 101조에 대한 다음과 같은 해석이 들어 있었다. "개인은 기계나 제조물을 '발명' 할 수 있으며, 사람이 만들었으면 하늘 아래 모든 것이 포함될 수 있다. 그러나 법령의 조건이 충족되지 않는 한 101조에 의해 항상 특허가 부여될 수 있는 것은 아니다."[12] 상원위원회 보고서의 이 구절은 살아 있는 '발명품' 을 특허법 101조에 포괄시키려는 의회의 의도를 다수의 판사들에게 설득했다. 법원은 판사들이 잘못 판결한 것이 아닌지 다시 그 취지를 진술하고, 생명 특허에 선을 그어줄 것을 의회에 요청했다. 그러나 차크라바티 판결이 있은 후, 의회는 생물 특허에 대해 한번도 표결을 하지 않았다.

다른 견해를 피력했던 4명의 판사들은 의회가 입법에 대한 명시적인 동의 없이는 생물을 특허법에 포괄하려고 의도하지 않았다는 것을 근거로 식물 보호법에 우선권을 부여했다. 브레넨 연방 판사는 다음과 같은 소수 의견을 밝혔다. "의회가 '인간이 만든 농업 발명품' 에 특허를 부여할 수 있는 법을 제정해야 한다고 생각했기 때문에(1990년 입법) 그리고 의회가 제정한 법률이 제한적이었기 때문에(1970년에 제정된 식물품종보호법은 박테리아를 제외했다), 의회가 특허 가능한 법률의 범위를 벗어나는 조항을 의도한 적은 결코 없었다."[13]

1952년 특허법 정비 당시 상원 보고서에 나왔던 "인간에 의해 제조된 하늘 아래 모든 것을 포괄할 수 있는 기계 또는 제조물"이라는 말은 의회가 생물 변형을 인간이 제조한 것으로 간주했는가라는 수수께끼를 풀지 못한다. 예를 들어, 육종은 인간에 의한 종 변화이며 유전자 변화를 뜻하지만, 특허 가능한 물질 제조로 간주되지 않는다. 그것은 새로 출현한 생명공학 기업에 유리한 방향으로 특허법을 정비하려는 법원의 의도에 대해 좀 더 많은 것을 알려주고 있다. 특허는 자명하지 않은 신규 대상이 그 분야에 친숙한 누군가에 의해 기본적인 입력과 설계로부터 창조 또는 발견될 수 있음을 입증해야 하는 것으로 가정된다. 어떤 생물에 유전자 하나를 삽입하거나 제거하는 식으로는 그 생물체의 전체 화학 구조에 대해 어떤 계획도 세울 수 없다. 우리는 그 생물의 염기서열을 조립할 수 없다. 우리는 재생산 가능한 체계를 창조하지 않았다. 만약 과학자들이 DNA 분자, 세포, 리보솜, 엽록체를 창조했다면—다시 말해서, 가장 기본적인 구성 단위에서부터 그 생물을 구축했다면—'제조'라는 말의 일반적인 의미에 부합할 것이다. 반면 특허 가이드라인이 특허를 부여할 수 있는 조건인 '제조된 산물product of manufacture'을 훨씬 관대하게 해석하고 있음은 명맥하다. 타고난 5,000개의 유전자와 그 게놈(0.02퍼센트의 변화)에 전략적으로 삽입된 단 하나의 유전자를 가진 박테리아는 법원의 논리에 따르면 '제조된 산물'이다. 우리는 미생물과 화학물질이 특허를 받은 근거가 기본 단위에서부터 조립되거나 그럴 수 있는 가능성 때문이지 자연에서 선별되거나 정제되었기 때문이 아니라는 사실을 염두에 두어야 한다.

1980년 연방 대법원의 판결은 기술평가국이 '법령 해석'이라고 불렀던 것, 즉 미국 특허청에 생물체나 생물의 일부에 특허 인정 권한을 부여하는 폭넓은 틀을 마련했다.[14] 1988년 4월 12일, 미국 특허국은 살아있는 동물, 즉 하버드 온코 마우스oncomouse에 최초의 특허를 부여했다. 이 동물의 생식세포와 체세포 속에는 쥐가 암 종양을 일으킬 확률을 높이는 종양 발생 유전자oncogene가 들어 있었다. 그 후 수십 년 동안 동물과 인간 세포주에 대해 여러 특허들이 주어졌다. 2001년에는 동물 복제나 줄기세포 추출에 이용될 수 있는 포유류의 미수정란에서 처녀생식으로(정자 없이) 발생한 배아와 사람의 배아줄기세포에 대해서까지 특허가 인정되었다. 특허번호 6,211,429는 사람을 포함하는 모든 포유류의 배아를 포괄하는 문구들을 포함했다.[15] 이 특허는, 인간의 생식 복제 과정을 포함해서, 인간 배아를 포괄할 수 있지만 인간의 산물 자체를 포괄하지는 않았다. 인간은 특허 가능한 대상이 아니기 때문이었다. 그렇지만 이러한 특허 논리에 의해 우리 사회가 인간 배아 특허를 현실적 결과로 받아들이게 되었다는 것은 엄연한 사실이다.

특허 가능한 실체로서의 유전자

유전자 특허가 가능할 수 있었던 것은 그것이 분리되고 변형된 화학물질이라는 논리였다. 미국 특허청은 유전자가 대물림되는 근본적인 화학요소라는 주장을 부적절한 것으로 보았다. 유전자에 특허가 부여되었다면, 그 특허는 실체에 대한 것인가 아니면 정보에 대한 것인가? 유전자는 주변에 흔해졌고 그 분리도 일상적으로 이루어졌기 때문에, 정보의 결정적인 부분은 DNA 염기서열의 위치와 핵산들의 부호화이다. 일단 정보를 사용할 수 있게 되면, 이 기술에 익숙한 사람들은 유전자 염기서열을 분리해서 유용한 기능에 사용할 수 있게 될 것이다. 조성물로서의 유전자 염기서열유전자에 대한 특허는 특허 소유자에게 다른 사람들이 상업적인 목적으로 이 서열을 사용하지 못하게 할 권리를 부여한다. 이미 특허를 얻은 DNA 서열의 새로운 용도가 발견되면, 새로운 용법을 발명한 사람은 "DNA 조성에 이미 특허가 주어졌음에도 불구하고"[16] 특허를 받을 자격이 있다. 그러나 새로운 특허 보유자는 DNA 염기서열의 원특허 보유자로부터 사용료 지불을 요구받을 수 있다.

유전자 특허 논리에 대한 법률계의 폭넓은 합의에도 불구하고, 미국 의학유전학회American College of Medical Genetics, ACMG는 "유전자와 그 변이체는 자연 발생 물질이며 특허가 부여되어서는 안 된다"[17]는 명시적인 입장을 지지하는 소수의 전문 기관 중 하나이다. 유전자 특허에 대한 우려는 다음과 같이 정리할 수 있다. 첫째, 이 특허는 정보와 특허 가능한 실체 사이의 관계에 의문을 야기한다. 둘째, 연구비가 상승한다. 셋째, 과학 지식의 흐름을 제약한다. 넷째, DNA 염기서열의 유용성 해석을 둘러싼 새로운 문제를 발생시킨다.

DNA 염기서열의 발견과 이 서열을 이용해서 이루어진 발명의 산물 사이에 어떤 차이가 있는가? 법원은 발견 자체는 특허의 대상이 될 수 없다고 판결했다. 1948년에 펑크 브라더스 종자회사 대 칼로 이노큘런트 사Funk Brothers Seed Co. v. Kalo Inoculant Co. 소송을 담당했던 연방 대법관 윌리엄 더글러스는 이렇게 썼다. "자연 현상에 대한 발견에는 특허가 주어질 수 없기 때문에 …… 이 박테리아의 성질은 태양빛, 전기, 또는 금속의 성질과 마찬가지로 모든 사람의 지식 저장소의 일부이다. 그 지식들은 자연 법칙의 표상이며, 모든 사람들에게 공유되는 것이기 때문에 누구에게도 배타적으로 주어질 수 없다 ……."[18] 일부 기업들은 해독한 게놈 염기서열의 일부를 발표하겠다는 뜻을 내비쳤다. DNA 염기서열을 해독하면 정보가 발생하기 때문에 일부에서 그 정보 이용에 대해 판권을 요구할 수 있는지에 대해 의문이 제기되었다. 기업들이 유전체 염기서열에서 나온 정보에 대해 판권을 얻었더라도 그 정보의 적정한 이용을 막지는 않았을 것이다. 기껏해야 출간된 문헌에서 그 정보가 이용되지 못하게 했겠지만, 다른 사람들이 해독된 DNA에 대해 특허를 출원하지 못하게 방해하지는 않았을 것이다.

DNA 염기서열 정보는 상업적 응용을 위한 개발에서 결정적으로 중요한 부분이다. 핵산의 염기서열은 유용성과 신규성이 있을 때 특허의 대상이 된다. 특허 청원된 염기서열의 화학구조(예를 들어, 염기쌍)가 이미 공개된 것과 동일하다면 신규성이 결여된다. 일단 정확한 염기서열이 기술되면, '선행 기술(이 경우, 분자유전학)'을 익힌 누군가가 그 서열을 분리해서 응용 가능성을 탐색할 수 있기 때문이다. 응용 유전체학applied genomics은 대부분의 연구개발 분야보다 더 정보 집약적이다. 기업들이 정보에 대한 특허를 얻을 수는 없지만, 그 정보 자체가 특허로 보호되는 실제 DNA 절편의 조작을 포함하는 한, 정보 이용에 대해서 특허를 취득할 수 있다. 특허를 받는 것은 cDNA이지만, 정확히 이야기하자면 상업적으로 가치 있는 것은 DNA 절편들의 형태이다.

유전체학 분야의 기업은 유전체 절편의 염기서열을 분석해서 두 가지 방법으로 이익을 취할 수 있다. 첫째, 자신들이 해독한 염기서열이 아직 발표되지 않았다면, 그 정보에 대한 이용료를 부과할 수 있다. 둘째,

상업적 적용을 위해 생물학적 염기서열을 이용하는 데 대한 면허료를 받을 수 있다. 그러나 염기서열의 원자료를 공표하는 데 동의한 회사들은 여전히 그 정보를 해석한 프로그램에 대한 이용료를 부과할 수 있다.

2000년까지 미국 특허청은 약 6,000개의 유전자에 특허를 부여했다. 이것은 사람의 전체 유전자의 6분의 1에 해당한다. 일단 특허를 취득하면, 유전체 정보는 연구자들이 자유롭게 사용할 수 있다. 그러나 유전 물질에 특허가 주어졌을 경우, 연구자들이 실제 유전체 물질을 자유롭게 이용할 수 없는 경우도 있다. 특허가 주어진 산물을 이용하는 연구활동은 전문적으로는 법률 위반이지만, 전통적으로 법적 책임이 면제되어 왔다. 1800년대 초엽 이래, 법원은 특허를 받은 산물이나 과정이 "철학적 취미, 또는 호기심, 또는 단순한 여흥을 목적으로"[19] 사용될 때에는 이러한 실험적 사용의 법적 책임을 면제하는 쪽을 선호해 왔다. 그러나 산학 협력과 기술 이전에 대학이 촉각을 곤두세우는 오늘날의 상황에서, 유전체 기업들이 자신들이 특허를 얻은 유전체 물질이 자유롭게 사용될 때 손을 놓고 아무런 조치도 취하지 않을 가능성은 그리 높지 않다. 따라서 오늘날, 설령 대학이나 비영리 기구 내에서 연구가 진행되더라도, 실험적 이용의 법적 책임을 면제해 주던 전통은 대부분의 인간 유전체 연구 활동을 보호해 주지 못한다.

유전 정보에 대한 침입

2002년에 두 연구자—중국 시민인 추장규와 그의 일본인 아내 킴바라 카요코—가 체포되어 수감되었다. 죄목은 그들이 일하던 하버드 분자 생물 실험실에서 유전 물질을 훔쳤다는 것이었다. 이 부부는 면역 체계의 유전 제어를 연구하기 위해서 하버드에서 박사후 연구 과정을 거쳤다. 하버드를 떠날 때, 그들은 연구자들이 흔히 하는 행동을 했다. 즉, 캘리포니아의 새로운 연구소로 자신들이 연구하던 세포주를 가져갔다. 다시 말해서, 샌디에이고 캘리포니아 대학에 있는 연구원 추가 캘리포니아 라 졸라에 있는 스크립스 연구소의 연구원 킴바라에게 문제의 세포주를 전달한 것이다. 그들은 지적 재산 절도, 주간州間 장물 인도 혐의 그리고 공모 혐의로 FBI의 조사를 받았고, 재판이 진행되는 동안 샌디에이고에 수감되었다.[20]

소송 위협으로 이미 여러 대학들이 연구 활동에서 DNA 염기서열의 이용 허가를 받기 위해 비용을 지불하거나 또는 염기서열 사용 자체를 회피하도록 설득당했다. 미리어드 제네틱스Myriad Genetics 사례는 이 점을 잘 보여준다. 미리어드 사는 유방암 유전자BRCA 1과 2에 대해 특허를 얻었다. BRCA 1과 BRCA 2 유전자의 돌연변이는 대물림되는 형태의 유방암과 난소암과 연결되었다. 펜실베이니아 대학 연구자들은 유방암에 걸리기 쉬운 개인들을 식별하는 데 사용 가능한 잠재적인 표지marker로 BRCA 유전자에서 나타나는 변이를 연구하고 있었다. 1998년에 펜실베이니아 대학의 유전학 연구소는 미리어드 제네틱스 사가 그들의 BRCA 유전자 사용이 특허권 침해라고 위협하자 유방암 검사 프로그램을 중단시켰다(당시 연간 700건 이상의 검사가 진행되었다).[21]

미리어드 사가 특허를 얻은 유전자 염기서열 문제로 영국에서도 약간의 소동이 일어났다. 2000년 2월에 미리어드 사는 영국의 생명공학 기업인 로스젠Rosgen 사에 유방암 검사에 대한 특허 사용권을 인정했다. 그렇게 되자 영국의 의료보장제도인 국가보건서비스National Health Service, NHS는 미리어드 사로부터 특허 사용 허가를 받지 않으면 검사법 개발을 위해 유전자 염기서열과 그 돌연변이에 대한 지식을 사용할 수 없게 되었다. 대안은 NHS가 로스젠 사의 검사 설비를 이용하는 것이었다. 1997년에 NHS는 두 개의 유방암 유전자를 조사하기 위해 960달러를 지불했다. 그런데 1998년에 미리어드 제네틱스 사는 같은 검사에 2,400달러를 부과했다. 이런 식으로 점차 비용이 높아지면 NHS가 검사를 할 수 없는 지경에 이를 것이다. 유전자 염기서열이 사기업의 소유이기 때문에 국립 보건기관들은 특허권 침해를 피하기 위해 사기업들과 협정을 체결하지 않을 수 없다.

어처구니없게도 두 개의 유방암 유전자를 공동 발견한 연구자들까지 문제의 염기서열을 자신들의 연구에 이용했다는 이유로 고발당했다. 공동 발견자인 국립환경보건과학 연구소의 필립 퍼트릴과 로저 와이즈먼은 미리어드 사의 전체 유전체에서 중요한 의미를 갖는 BRCA 1의 작은 절편의 염기서열을 분석했었다. 국립보건원과 같은 기관들은 연방 기금을 지원받는 연구자들에게 부과할 적정 허가료를 놓고 미리어드 사와 협상을 벌여야 한다. BRCA 1의 발견자가 누구인가를 둘러싸고 NIH가 공세적으로 소송을 제기한 후, 결국 미리어드 사는 NIH 과학자들을 공동 발견자로 포함시키기로 합의했다. 그 덕분에 정부는 특허권 사용료 중에서 25퍼센트의 몫을 받을 수 있게 되었고, 이 유전자 염기서열에서 유래한 산물의 가격 결정에도 참여할 수 있게 되었다.

BRCA 유전자와 얽힌 이야기가 유일한 것은 아니지만, 유전자 특허가 보건의료에 부정적인 영향을 미칠 수 있음을 잘 보여주는 사례이다. 예를 들어, 주로 북유럽 혈통의 사람들이 잘 걸리는 혈색소침착증 hemachromatosis이라는 질병은 몸이 음식에서 지나치게 많은 철분을 흡수하게 만들어 결국 간과 심장에 질환을 일으킨다. 이 증례의 약 85퍼센트는 HFE라는 유전자에 나타나는 두 개의 돌연변이대립유전자 때문이다. 이 유전자로 최초의 특허를 받은 회사는 캘리포니아의 메르카토로Mercator 였고, 그 후 특허권은 바이오 래드Bio-Rad 사에 양도되었다. 이 회사는 HFE 연관 유전자 돌연변이에서 유래한 질병을 대상으로 환자들을 검사할 배타적 권리를 가졌다.[22]

1998년에 이루어진 사전 조사에서 한 연구팀은 유전자 특허가 인정되면서 실험을 실시하는 연구소 숫자가 줄어들었다는 사실을 발견했다. 조사 대상 연구소의 약 3분의 1이 HFE 유전자 검사 제공을 중단했다고 답했다. 그 이유는 특허권 소유자의 제약 때문이었다. 이 연구를 한 저자들은 이렇게 썼다. "검사 수행 능력이 있음에도 특허 때문에 검사를 하지 못한 것으로 보고된 많은 연구소들의 경우처럼, HFE 특허권은 미국 내에서 HFE 검사 서비스의 이용도와 발전에 무시할 수 없는 영향을 미쳤다."[23] 특허 소유자들에 의한 독점 면허는 더 좋고 값싼 검사의 개발을 가로막는 장애물로 간주되며, 그 밖에도 다음과 같은 문제점을 남겨두고 있다. 설령 자유주의적이고 비독점적인 면허가 연구소와 비영리 기구에 승인된다고 해도, 상업적 이해관계가 없는 연구자들이 사용료를 지불해야 하는 이유가 무엇인가? 다시 말해서, 왜 연구에 대해 포괄적인 특허권 적용 면제가 되지 않는가?[24]

특허 침해에 대해 특허권의 연구 사용 면제research exemption를 정한 입법례가 있다. 의회는 특허권이 연방 의약품 법률에 의거해서 정보 개발이나 제출에 사용될 때 특허권이 주어진 발명을 제조, 사용, 판매하는 것을 특허권 침해로 간주하지 않도록 규정한 특허법PL 98-417을 개정했다. 가령 어떤 약품의 특허 기간인 20년이 거의 끝나고 있다고 하자. 그리고 특허 형식에 근거해서 복제약[36]을 개발하려고 작정한 한 회사가 특허 기간이 종료되기 이전에 기존의 약품에 대한 연구를 시작한다. 법에 따라서 아직 특허권이 유효한 약에 기반한 자료를 수집하는 회사는 특허권 침해로 FDA에 소환되지 않는다. 그런데 여기에는 함정이 있다. 그것은 특허 물질에 대한 검사가 오로지 FDA의 요구 조건을 충족시키는 목적에 국한되어야 한다는 점이다.[25]

여러 기관의 집단적인 노력으로 사람의 유전체 염기서열이 해독되었고 그 기관들이 저마다 특정 염기서열 절편에 대해 특허를 취득하려 하기 때문에 이른바 게놈의 소국분할 사태가 빚어졌다. 그리고 그로 인해 연구자들은 특정 염기서열에 대한 실험을 기피하거나 '교차 면허cross-licensing' 협정을 맺을 수밖에 없었다. 이러한 양상은 결국 연구에 들어가는 비용 상승으로 이어진다. 《로스앤젤레스 타임스》는 한 사설에서 이렇게 썼다. "특허권 소유자가 경쟁자들에게 사람 유전자에 대한 정보를 알리지 않을 때, 그들은 과학 발전에 필수적인 지식의 공유를 가로막는 것이다."[26]

한 유명한 사례에서는 기업의 특허 소유권 때문에 특정 산물의 위험성을 폭로할 수 있었을 연구가 좌절되었다. 오하이오 대학의 식물 생태학자 앨리슨 스노는 형질전환 해바라기 연구를 위해 USDA, 파이어니어 하이 브레드 사 그리고 도우 애그리사이언스Dow Agrisciences 사로부터 연구비를 지원받았다. 예비 조사 결과 스노는 유전자 조작 해바라기에 해충 저항성을 주는 형질전환 유전자가, 이 유전자에 의해 타화他花수분될 경우, 야생종 해바라기가 만들어내는 씨앗의 숫자를 증가시킬 수 있

36 —— generic drug, 특허 기간이 종료된 의약품을 말한다. 특허로 보호받는 기간이 끝나면 다른 제약회사들이 해당 제품과 같은 성능을 가진 약품을 싼 값으로 제조하는 경우가 많다.

다는 사실을 발견했다. 생태학자들은 이 형질전환 유전자가 야생종 해바라기를 슈퍼 잡초로 변화시킬 수 있는 가능성을 우려했다. 스노가 2002년 8월에 자신의 연구 결과를 미국 생태학회에 보고한 후, 이 연구를 지원한 회사들은 스노와 그녀의 동료들에게 문제의 형질전환 유전자나 앞선 연구에서 나온 종자에 대한 접근을 거부했다. 이 사례는 특허를 가졌다고 해서 그 회사가 야생종 식물에 대한 유전자 전이 관련 후속 연구를 선매先買하는 것인지에 대한 윤리적 문제를 야기했다.[27]

유전자 특허에 반대하는 사람들은 많은 것을 환기시키는 다음과 같은 다양한 비유를 통해 자신들의 감정을 표현했다.[28]

- "그것은 마치 누군가가 영어를 발견했다고 해서 그에게 알파벳에 대해 특허를 인정하는 것과 같다."[29]
- "내 아이의 유전자 염기서열은 발명품이 아니다."[30]
- "검사를 하고 그에 대해 특허를 얻는 사람에게는 문제가 없다. 그러나 그들이 지식에 대한 특허를 가져서는 안 된다."[31]
- "어떤 기업이 내 유전자에 대한 독점권을 가진다는 생각은 바다에 대해 소유권을 주장하는 것과 마찬가지이다."[32]

미국 특허청이 유전자 특허를 인정하기로 한 결정은, 과거에 특허 결정을 이끌었던, 발명과 지식에 대한 구분을 흐려놓았다. 자연 법칙, 물리 현상, 추상적인 개념 등에 대해 특허를 얻을 수 없다는 것은 일반적으로 인정된다. 그런데 동물과 사람의 유전체는 물리 현상의 구조에 대한 발견이다. 특허법은 페니실린이나 그 밖의 자연적으로 생성된 항생물질과 같은 발견에 대해서는 사람에 의해 분리되고 정제될 경우에만 그에 대한 특허를 인정하고 있다. 상동유전자나 돌연변이에 대한 연구를 위해 유전체를 이용하는 것이 발명이라기보다는 지식의 적용에 가깝게 보이지만, 유전자 염기서열의 분석표 개발은 전통적인 의미에서의 발명에 부합한다. 이 결정으로 모든 유전자 염기서열 분석자들을 '발명가' 나 '특허 가능한 지식 발견자' 가 되었다. 그리고 그로 인해, 전혀 의도하지 않게, 정상적인 유전 과학은 장삿속으로 변질되고 기본적인 생물학적 지식을 지적 재산권의 영역으로 바꾸어놓았다.

이러한 법률적 · 규율적 결정이 자신의 연구에 대한 과학자들의 태도에 어떤 영향을 주고 있는가? 대학과 소속 교수들이 택한 공격적인 기업가 정신을 향한 새로운 경로가 과학적 실행의 규범에 어떤 변화를 가져왔는가? 다음 장에서는 다중 소속multivested 과학의 시대에 과학들에게 나타나는 새로운 에토스를 살펴보기로 하겠다.

5

학문적 과학의 변화하는 에토스

반세기 이전에 컬럼비아 대학의 유명한 사회학자 로버트 머튼은 과학적 실행의 문화 속에 내재하는 고유한 가치들이 무엇인지 그 윤곽을 그렸다. 머튼은 과학의 규범 구조가 자유롭고 공개된 지식의 교환, 누구의 구속도 받지 않고 이해관계에 물들지 않는 진리 추구 그리고 문화나 종교, 또는 경제나 정치가 아니라 자연이 물리적 우주에 대한 서로 상충하는 관점들의 최종적인 심판자라는 과학자들 사이의 보편적인 믿음을 토대로 삼고 있다고 생각했다.

머튼이 1930년대 말엽과 1940년대 초반 사이에 과학 연구에 내재하는 가치들을 다룬 논문들을 쓸 당시, 과학의 정당성은 두 방향에서 의문시되었다. 하나는 국가 권력을 획득한 정치적 움직임과 연관된 것이었다. 특히 과학의 실행에 이데올로기적 비판이 가해졌던 소련과 독일에서 그러했다. 독일에서는 유대인이 과학 연구기관에 자리를 얻는 것이 금지되었고, 유대 과학Juden Wissenschaft은 신뢰할 수 없는 것으로 인식되었다. 한편 소련에서는 지식에 대한 특정 접근 방식과 부르주아지 과학 이론이 반공산주의적이거나 변증법적 유물론—마르크스 레닌주의 과학철학—과 모순되는 것으로 간주되었다. 또 다른 공격은 과학 연구의 반인도주의적인 결과에 문제를 제기한 사회운동에서 이루어졌다. 특히 대량 살상 무기와, 사람들을 국가 지배와 통제하에 몰아넣는 기술, 노동 대체 기술 등이 문제시되었다.

전지구적으로 정치가 불안정했던 시기에 과학에 대한 공격이 이루어졌다는 것은 과학의 힘이 날로 증가하고 있음을 시사했다. 계몽 철학은 아직도 유럽과 미국의 많은 지식인들에게 막강한 영향력을 발휘하고 있었다. 그러나 20세기 전환기에 활동하던 새로운 부류의 사회학자들은 지식 생산에 대한 사회 · 문화적 영향력을 탐구하기 시작했다. 머튼은 이러한 두 가지 경향을 모두 이해하고 있었다. 1930년대 중후반에 머튼은 과학이 사회 제도라는 생각에 도달했다. 그는 이렇게 말했다. "그 생각이 떠오르자 나는 과학의 규범 틀을 살펴보기 시작했다."[1] 그는 당시 구할 수 있었던 과학자들의 일기, 전기 그리고 몇 편의 인터뷰를 살펴보았다. 「과학과 사회 질서Science and the Social Order」라는 1938년 논문에서 그는 제도적 과학 규범이라는 개념을 향해 나아가기 시작했다.[2]

과학자들이 기여하는 지식 생산에 그처럼 다양한 사회 구조들이 관여하는데도 어떻게 지식이 사회 산물이면서 동시에 보편 진리의 원천이 될 수 있는가? 이 물음에 대한 머튼의 답은 과학을 그 자체로 조직된 사회 활동으로 다루는 것이었다. 이 점에 대해서 우리는 이런 물음을 제기할 수 있다. 과학이라 불리는 사회 체계 속에 내재한 가치들은 무엇인가? 그리고 그 가치들은 과학을 포괄하는 사회 경제와 정치 체계에 어떻게 연관되는가? 한 체계가 보편적인 가치를 추구할 때, 그 과정은 다른 체계의 권력 추구에 의해 왜곡될 수 있다. 이러한 통찰이 머튼을 두 가지 물음으로 이끌었다. 과학이 작동하는 규범 구조는 무엇인가? 어떤 사회 체계가 과학의 규범 구조에 가장 적합한가? 이러한 물음들은 단지 지적 유희에 그치지 않는다. 왜냐하면 과학은 사회적 자원으로 우리에게 봉사하지만 동시에 비평의 대상이기도 하기 때문이다. 머튼에 따르면 과학자들은 보상 체계[3]와 규범적 가치들의 집합을 형성하는 (과학자 사회의 내부와 외부 모두에서)[4] 사회적 통제 구조 속에서 활동한다. 그는 그의 연구에 대한 논평의 많은 부분이 규범을 대상으로 이루어졌고 과학의 보상 체계에 대해서는 훨씬 관심이 덜하다고 지적했다.

과학의 사회적 구조에 대한 연구에서 머튼은 "과학자들에게 구속력이 있는 가치와 규범들의 복합체"를 기술하기 위해서 '에토스ethos' 라는 말을 사용했다. 에토스에는 명령, 처벌, 선호, 허가 등이 들어 있다.[5] 그는 이러한 개념들이 보편적으로 성문화된 규범들이 아니라 과학자들의 저술과 실행을 관찰하면서 추론할 수 있다는 점을 이해하고 있었다. 이러한 규범들은 하나의 목표, 즉 '확증된 지식의 확장'[6]을 목표로 한 것이었다. 머튼은 의식적으로 '진리' 대신 '확증된 지식certified knowledge' 이라는 용어를 사용했다. 왜냐하면 후자는 사회 체계가 작동하고 있다는 것을 함축하기 때문이다. (확증된 지식의 탄생을 위해서는) 과학자 사회가 지식 주장knowledge claim의 타당성에 동의해야만 한다.

머튼은 과학자 사회가 가장 계몽된 형태로 기능하기 위해서 과학의 에토스가 네 가지 제도적 명령을 포함해야 한다고 주장했다. 그는 그것들을 보편주의, 공유주의(communism, 정치경제학의 공산주의와 혼동하지 않기 위해서 'communalism' 또는 'communitarianism'으로 해석된다), 이해 무관심, 그리고 조직된 회의주의이다. 사회학자 존 자이먼은 자신의 저서 『실재하는 과학*Real Science*』[7]에서 과학 문화를 고찰했다. 그는 머튼의 규범을 언급하면서 이렇게 지적했다. "일반적으로 이 규범들은 도덕 원리라기보다는 전통을 나타낸 것이다. 그것들은 성문화된 것이 아니며, 구체적인 제재로 강제되지 않는다. 그 규범들은 교훈과 본보기로 전달되며, 궁극적으로는 에토스로 과학자 개인들의 과학적 양심에 스며든다."[8]

이 장에서는 머튼의 과학 규범을 살펴보고, 그 규범들이 생명공학 혁명 이후 학문적 과학이 기업의 가치에 포섭되는 과정에도 여전히 적용되는지에 대한 물음을 제기할 것이다.

머튼의 규범

'보편주의universalism'라는 말이 과학에 적용될 때, 그것은 확증된 지식으로서의 과학 지식이 문화의 특수성을 초월한다는 것을 뜻한다. 과학의 객관성이 보장되려면 진리에 국경이 없어야 한다. 머튼은 이렇게 썼다. "과학 지식의 타당성 기준은 국가적 취향이나 문화의 문제가 아니다. 시간적으로 늦거나 빠를 수는 있지만, 타당성을 놓고 경합하는 주장들은 자연의 보편적인 사실들에 의해 판정된다. 어떤 이론은 이 보편성에 부합하지만 다른 이론은 모순된다."[9] 보편성을 획득하기 위해서 과학은 표준화된 전문어, 일반화된 방법 그리고 그 업적의 공개된 기록 보관소archive 등을 포함한다.

과학자들을 가로막는 지리적 경계는 국제 회의, 전문 학회, 국제 저널들이 많아지면서 별반 장애가 되지 않았다. 인터넷이 확산되고 소통의 속도가 높아지면서 전 세계적으로 균일한 과학 문화라는 목표는 좀 더 가까운 현실로 다가왔다. 예를 들어, 미국과 유럽의 물리학자들은 새로운 소립자 발견에 대한 보도자료를 발표하기 전에 서로 협의할 수 있게 되었다. 게다가 신약에 대한 대규모 임상 실험은 종종 여러 나라의 피실험자들을 포함하고, 국제 기구들은 질병의 원인에 대해 합의에 도달하곤 한다. 과학자들 사이에서 이루어지는 국제적인 협력은 점차 다반사가 되고 있다. 일부의 경우, 과학자들이 자국의 전문 학회와 학문적으로 친숙한 집단들에 대해 가지는 강한 결속력은 국가에 대한 충성도를 훨씬 능가한다.

자이먼은 '보편주의' 규범에 "과학의 업적이 인종, 국적, 종교, 사회적 지위나 그 밖의 무관한 기준들[10]로 인해 배척되어서는 안 되며" 과학은 직업을 차별하지 않는다는 요구조건이 포함된다고 해석했다. 그는 과학자의 사적인 삶과 전문가로서의 삶을 구분지었고, 과학자들이 전문적인 연구를 벗어났을 때에도 이러한 규범을 따르리라고는 가정하지 않았다. 그렇지만 마치 수도꼭지처럼 편협함을 열었다 잠갔다 할 수 있다는 주장은 의문스럽다. 과학 내에서의 차별적인 고용과 승진은 과학의 진보가 지속되던 시기에조차 역사적 기록의 한 부분이었다. 그럼에도 불구하고, 보편주의 규범은 전문 용어, 연구 방법 그리고 확증된 지식에 대한 기준 등이 문화에 따라 저마다 달라서는 안 된다고 주장한다.

과학 실행의 에토스에서 '공유주의' 규범은 과학 연구의 결과에 대한 소유권의 공유를 뜻한다. 머튼에 따르면, "과학에서 이루어진 중요한 발견들은 사회적 공동 노력의 소산이며, 공동체에 귀속한다…… (그리고) 과학 윤리를 근거로 할 때 과학에서의 재산권은 최소한으로 줄여야 한다."[11] 자이먼에 따르면, 이 규범은 "학문적 과학의 결과를 '공공지 public knowledge'로 간주할 것을 요구한다."[12]

과학 지식을 공유한다는 의미는 연구 결과를 함께 나누어야 한다는 것이다. 그 정보는 국내에서든 국경을 가로지르든 자유롭게 소통되어야 하며,[13] '공통의 지적 성과common intellectual fruits'로서 그 진정성이 보장되어야 한다는 것이다. 그렇다면 우리는 지식 성과에 대한 공유권과 개인의 발견에 따라 지적 재산권을 인정하는 관행 그리고 학문 연구자들 사이에서 널리 퍼져 있는 영업 비밀trade secret[37] 사이의 모순을 어떻게 화해시킬 것인가? 과학 연구에서 발생한 발명 특허는 머튼이 이 개념들을 개발했던 시기에 이미 확립되어 있었다. 그렇다면 그의 규범들은 과학의 이상적인 규범에 불과한가, 아니면 실제 과학 활동을 반영한다고 가정할 수 있는가? 특허는 명시된 기간 동안 과학적 소통을 제약할 수 있다. 그 후, 그 발견은 완전히 공개되어야 한다. 이러한 의미에서 특허가 과학의 공유적 가치와 모순되지 않는다고 주장하는 사람도 있을 수 있다. 특허는 영업 비밀과 과학적 결과의 즉각적 공개 사이의 타협이다.

미국 특허법이 발명과 발견을 명백하게 구분한다고 잘못 생각하는 사람들도 일부 있다. 과학적 발견의 결과는 모든 사람에게 귀속되는 것으로 간주되는 반면(아인슈타인의 방정식은 특허의 대상이 될 수 없다), 발명의 소산에 대해서는 발명가가 배타적인 주장을 할 수 있다는 것이다. 만

37 —— 전통적으로 영업 비밀은 코카콜라의 원액 성분처럼 기업의 매출에 크게 공헌하기 때문에 공개되지 않는 정보를 가리킨다. 그러나 최근에는 세계무역기구(WTO) 트립스 협정(TRIPS, 무역 관련 지적 재산권 협정)의 경우처럼 데이터 독점권이라는 개념으로 대체되는 경향이 있다. 이 데이터 독점권은 특허권과 별개로 다국적 제약사와 같은 기업들의 시장 독점을 보장해 주는 경향이 있다.

약 과학이 발견에 대한 것이고, 발견과 발명 사이의 경계가 모호하다면, 특허 소유권과 공유주의 규범 사이에 존재하는 것처럼 보이는 갈등은 해소할 수 있을 것이다.

그러나 발견과 발명 사이에는 모호함 이상의 무엇이 있다. 예를 들어, 항생물질을 발견한 생의학 연구자는 적절한 언어를 구사해서 발명에 대한 강력한 주장을 펼 수 있다. 유전체학의 영역으로 들어가면 이러한 구분은 더욱 흐려진다. 어떤 유전자의 염기서열을 분석한 과학자는 그 유전자가 적절한 화학적 형태로 '제조의 산물'로 변화될 수 있는 것처럼 특허를 청원할 수 있다. 머튼은 1940년대에 의학계 내에 의학 연구 성과의 특허에 반대하는 경향이 있음을 인지하고 있었다. 이 점을 보여주는 가장 유명한 사례는 1954년 조나스 솔크의 소아마비 백신 발견이었다. 솔크와 그의 연구를 지원해 준 '마치 오브 다임스March of Dimes, 미국의 소아마비 구제 모금운동 단체' 모두 그들의 발견과 발명에 대해 특허를 청원하거나 사용료를 받으려 하지 않았다.[14]

과학 발견에 대한 특허 인정에 반대하는 공유주의 논변 중 하나는 새로운 결과는 항상 과거의 연구와 현재의 협력을 기초로 이루어진다는 것이다. 모든 과학적 발견은 수많은 정보와 관찰들이 쌓이고 종합해서 이루어지는 계통적 과정의 최종 단계를 나타낸다는 것이다. 과학 발견에 대한 그의 사회 체계 접근방식을 따라서 머튼은 "과학의 중요한 발견들이 사회적 협력의 산물이고, 공동체에 귀속된다"[15]고 주장했다. 그렇다면 그 발견을 한 과학자에게는 어떤 이익이 있는가? "과학자 '자신'의 지적 '재산권'에 대한 주장은 인정과 존경으로 한정된다……."[16] 이러한 관점은, 과학자들이 집합적으로 기여했음에도 불구하고 개인들이 전체 과정에서 자신들이 담당한 고유한 역할에 대해 경제적 이익을 확보하는 상업화된 과학의 시대에는 거의 찾아보기 힘들다. 그러나 이론상 지적 재산권과 보상의 개인화라는 틀 안에서도 지식 공유의 여지는 있다. 즉, 자연이 진공을 혐오하듯이[38] 과학의 비밀주의가 혐오된다면 말이다.

과학의 세 번째 규범은 '이해 무관심disinterestedness' 이다. 이것은 과학자들이 개인적인 득실, 이념, 또는 진리 추구 이외의 어떤 요인에도 구애되지 않고 과학적 방법을 적용하고, 분석을 수행하고, 그 결과를 해석할 것을 요구한다. 물론 이 개념은 매우 이상적이며 실제 과학 활동과는 사뭇 다르다. 과학자들은 자신들의 이해관심과 밀접한 연구 결과에 중립적이지 않다. 과학자들은 가설을 제기한다. 긍정적인 결과는 출간이 가능하지만, 부정적인 결과는 대개 그렇지 못하다. 이런 시나리오는 과학자들이 자신들의 가설을 뒷받침하는 결과에 결코 이해 무관심하지 않음을 뜻한다. 그러나 과학 문화는 그 결과가 재현 가능할 것을 요구한다. 이러한 요구로 인해 대부분의 과학자들 사이에서 부정을 저지르려는 경향이 둔화된다. 부정으로 한 사람의 경력이 통째로 불명예에 빠질 수 있기 때문이다.

과학자들은 자신들의 연구 결과에 무관심하지 않지만 마치 '그런 것처럼' 행동해야 한다. 그들은 자신들의 편향이 실험 탐구에 대한 접근 방식과 그 결과의 해석에 영향을 주지 않게 해야 한다. 모든 과학 활동에 원 데이터가 들어가지는 않는다. 과학자들은 문헌을 검토하고, 다른

38 —— 서양의 자연철학에서 충일론과 진공론은 오랫동안 논쟁의 대상이 되었다. 충일론은 우주의 모든 공간이 무언가(가령 에테르)로 가득 차 있다는 입장을 견지했다. 진공의 존재는 근대 과학 수립을 통해, 로버트 보일의 공기펌프 실험으로 인정되기 시작했다.

주제들에 대한 평을 쓰고, 원 데이터를 도입하지는 않지만 그것을 인용하는 이론적 주장들을 개발하고, 다른 과학자들이 제출한 연구비 지원 신청서와 논문을 동료평가한다. '이해 무관심' 규범은 그들의 지적 이해 관심이 전혀 영향을 주지 않는다는 뜻이 아니다. 예상하듯이, 과학자들은 자신들의 관점을 형성하는 지적 입장을 가지고 있고, 그것을 표출한다. 과학자들은 특정 이론과 설명에 공감하면서 그들의 지적 친근성을 나타낸다. 이런 경향은 출간된 논문들에게 흔히 찾아볼 수 있다.

일부 관찰자들은 과학에서 이해 무관심의 규범이 이미 사라졌다는 사실을 체념적으로 감수한다. 자이먼은 이렇게 말했다. "포스트 산업화 시대의 연구는 이해 무관심이 실천될 자리를 남기지 않았고, 포스트 모던의 사고에는 객관적인 이념이 들어설 여지가 없다."[17] 그러나 그는 과학이 이러한 규범의 보호 없이도 본래 모습을 유지할 수 있는 가능성을 고찰했다. 그는 그 밖의 규범들이 '객관적 지식'의 보호를 위해 더 중요하다고 주장한다. 과학자들 사이의 재정 지원을 둘러싼 개인적 이해관계에도 불구하고, 지식 생산을 공동의 노력으로 규정하는 규범들이 지식을 편향되지 않게 보호한다는 것이다. "그렇게 되면 객관적 지식 생산은 순전히 개인적인 '이해 관심'보다 다른 규범들, 특히 공유주의, 보편주의 그리고 회의주의와 같은 규범들의 효율적인 작동에 더 의존하게 된다. 포스트 학문 과학이 이러한 규범들을 따르는 한, 장기적인 인지적 객관성은 심각한 불신을 받지 않는다."[18] 머튼 자신은 '이해 무관심' 규범이 사라졌다고 확신하지 않았다. 그렇지만 그는 그 규범이 침식된 것은 확실하며, "이러한 규범들이 화강암에 깊이 새겨진 것은 아니다"라고 지적했다.[19]

그렇지만 이해 무관심의 상실이 과학과 사회에 미치는 영향을 너무 쉽게 잊어서는 안 된다. 첫째, 나는 과학 내에서의 충분한 억제와 균형을 통해 궁극적으로 진리로 수렴될 수 있다는 자이먼의 견해에 동의한다. 그러나 사적 이해관계에 의해 추동되는 과학에는 편향이 내재되어 있다(자세한 내용은 9장을 보라). 따라서 진리에 도달하기까지 그 결과의 재현과 비판적 평가가 반복적으로 진행되느라 많은 시간이 소요될 것이다.

두 번째 측면은 과학 문화가 사적 이해관계로 물들어 과학자들이 상업적 이익을 얻을 수 있는 선별된 분야에서만 지식을 추구하게 될 것이라는 점이다. 이러한 경향은 상업적 이익은 적지만 공익은 큰 다른 문제들을 배제하는 결과를 낳게 될 것이다. 실제로 생물학의 특정 분야에서는 이미 이런 현상이 일어나고 있다. 예를 들어, 생물학적 해충 억제에 비해 화학 살충제 사용에 기반한 연구가 훨씬 더 많이 이루어지고 있다.[20] 마찬가지로 암의 환경 요인 연구에 비해 엄청나게 많은 자원이 세포와 유전에 기반한 암 연구에 쏟아부어지고 있다.[21]

세 번째, '이해 무관심'의 상실은 과학자들의 공익 지향성의 쇠퇴를 가져온다. 즉, 대학의 이해관계가 좀 더 긴밀하게 기업 조직들의 그것에 결합된다면, 학문적 과학자들의 이해관계 역시 그렇게 될 것이다(이 주제는 11장에서 다루어진다).

마지막으로 자이먼이 인식했듯이 이해 무관심의 상실은, '객관적 지식'에 대한 영향 여부와 무관하게, 과학에 대한 대중의 신뢰를 좀먹을 수 있다. 더구나 과학에 대한 대중적 신뢰의 쇠퇴는 객관적 지식에 대한 사회의 모든 희망을 깨뜨리면서 건전한 공공 정책을 위협하게 된다.

머튼의 네 번째 규범은 조직화된 회의주의organized skepticism이다. 그는 이 규범에 대해서 "사실이 밝혀질 때까지" 그리고 "경험적이고 논리적 기준에서 신념에 대한 엄정한 심사"가 작동할 때까지는 판단을 유보해야 하는 것이라고 말한다.[22] 여기에서 회의주의는 덕목이다. 과학은 결코 단일 권위에 복종해서는 안 된다. 머튼은 "대부분의 제도가 무조건적인 믿음을 요구하지만 과학이라는 제도는 회의주의를 덕목으로 삼는다."[23]라고 말했다.

그렇다면 '조직화된' 이라는 형용사는 무슨 뜻인가? 여기에서 다시 한 번 머튼은 과학을 사회 제도로 이해했다. 과학의 에토스에서 매우 중시되는 문제 제기questioning 정신으로 인해 과학은 그동안 비판적인 조사의 대상이 되지 않았던 자연과 사회 체계의 독단적인 견해들과 직접적 갈등을 빚게 된다. 조직화된 회의주의의 규범은 특이한 것이 아니며, 경험적 탐구의 규범들에 의거한 것이다. 이 규범에 따르면 진리란 권위적 주장들에 의해 처음부터 그대로 주어지는 것이 아니다. 진리는 비판적 조사를 견뎌내고 재검토의 대상이 된 주장들에 사회적으로 확립된 탐구 규칙들을 적용시킨 결과이다.

변화하는 학계의 연구개발 지원 패턴

과학의 목표, 실행 그리고 사회 조직 모두에서 변화가 일어나고 있는 지금, 머튼의 규범들은 과연 어느 정도 실효성이 있는가? '산학 복합체academic-industrial complex' 라는 말은 업계와 학문적 과학 연구자들 사이의 새로운 사회적 관계를 묘사한다.[24] 《사이언스》의 1982년 보고서는 이렇게 쓰고 있다. "10년 전만 해도 기업에서 주는 돈을 멸시하던 과학자들이 이제는 기업의 자금을 얻으려고 열을 올리고 있다. …… 학문적 과학에 산업적 이해관계가 몰리는 작금의 상황은 학계가 자신의 영혼을 팔고 있는 것은 아닌지 적지 않은 우려를 낳고 있다." 과학의 에토스에서 나타나는 이러한 변화의 많은 부분은, 발견에서 적용까지의 과정이 빠르고 수익이 많은 응용 분자 유전학과 임상 의학 분야에서 공격적인 상업적 이익에 의해 촉진되었다.[25]

1980년대에 수립된 과학 정책으로 도입된 여러 가지 유인 동기는 1990년대에 영향을 미치기 시작했다. 국립과학재단National Science Foundation의 자료에 의하면, 주요 연구대학들은 산업계로부터 더 많은 연구개발R&D 기금을 받고 있다.[26]

1980년에 대학은 R&D에 65억 달러(현재 달러)를 지출했다. 그 액수는 2000년에 302억 달러로 무려 467퍼센트가 늘어났다. 같은 기간에 대학의 R&D 예산에서 산업계가 차지하는 몫은 2억 6,000만 달러에서 23억 달러(실질 달러 가치)로 875퍼센트가 늘어났다. 지난 30년 동안 대학에 대한 기업의 R&D 지원은 다른 모든 부문의 지원보다 훨씬 빠른 속도로 증가했다.

기업이 대학에 지원한 R&D 기금 총액은 1980년(이 해에 생명공학 산업이 시작되었다)의 4.1퍼센트에서 2000년에는 7.7퍼센트로 늘어났다. 아직 대학 R&D 예산 총액에서는 작은 부분에 불과하지만, 7.7퍼센트는 1958년 이래 기업의 기부금으로는 최고 액수였다.[27] 그러나 모든 대학과 칼리지에 지원되는 평균 금액은 몇몇 유명 대학들에서 나타나는 것처럼 기금 패턴의 급격한 변화를 보여주지 않는다.

기업의 지원을 받는 상위 10위 대학들 중에서, 한 곳을 제외하고 모두 전체 R&D 예산보다 기업 지원금이 빠른 속도로 증가하는 양상을 보여주었다. 절반 이상의 대학들에서 산업 기금이 주는 영향은 엄청난 것이었다. 예를 들어, 듀크 대학은 사적 부문에서 지원받는 자금 총액으로 전국 1위였다. 1990년대에 듀크 대학은 R&D 총액이 85퍼센트 늘어난 데 비해, 사기업에서 조달한 자금은 280퍼센트나 급증했다. 기업 지원을 받는 대학들 중에서 사기업 자금 유치에 경이로운 성장세를 보여준 상위 10위권 대학에는 조지아 공대(164퍼센트), 오하이오 주립대학(272퍼센트), 워싱턴 대학(102퍼센트), 오스틴 텍사스 대학(725퍼센트) 그리고 샌프란시스코 캘리포니아 대학(491퍼센트) 등이 포함된다. 그에 비해 이 대학들의 연구개발비 총액 증가율은 13퍼센트에서 60퍼센트에 머물었다.

영국에서도 상업적인 연구를 둘러싼 비밀주의 문제로 사기업의 지원을 받는 과학 연구의 증가가 우려의 대상이 되어왔다. 《뉴 사이언티스트》에 실린 2002년 보고서에 따르면, "현재 연구의 3분의 2가 기업의 자금 지원을 받고 있다. 그리고 이렇게 '사영화된privatized' 과학의 많은 부분은 점차 숫자가 줄어드는—그리고 점점 더 거대해지는—몇 안 되는 글로벌 기업들의 손아귀에 들어가고 있다."[28]

사기업 연구개발비의 대량 유입은 일부 대학들의 성격을 변화시키고 있다. 이들 대학은 전국에서 연구개발비가 풍부한 몇몇 중심지의 주요 자금지원처 주위로 몰려드는 계약 연구 기업들의 양상을 띠기 시작했다. 2000년에 듀크 대학은 예산의 31퍼센트를 기업에서 받았지만, 조지아 공대, MIT, 오하이오 주립대학, 펜실베이니아 주립대학 그리고 카네기 멜론 대학은 각기 R&D의 21, 20, 16, 15퍼센트를 사기업에서 받았다. 그와 대조적으로, 가장 강력한 이해상충 가이드라인을 갖추고 있는 하버드 대학은 1990년대에 전체 R&D 예산이 29퍼센트 늘어난 데 비해 기업의 R&D 지원금 증가는 1.2퍼센트에 머물었다. 2000년에 하버드 대학의 기업 지원금은 전체 R&D 예산의 3.6퍼센트였다.

사기업의 R&D 지원금이 소수 유명 대학에 대량 유입되자 다른 대학들은 자신들이 이런 지원금을 끌어들이기 위해 무엇을 해야 하는지 배우기 시작하고 있다. 일부 대학에게 이런 학습은 학교 부지 일부를 산학협력 단지로 개발하는 것을 뜻할 수 있다. 다른 대학에서는 계약 평가를 할 때 윤리적 문턱을 낮추거나 연구자들이 개인 지분을 가진 연구 프로젝트에 참여하지 못하게 막는 장애물들을 걷어치우는 것을 의미할 수도 있다. 그보다 규모가 작은 여러 연구대학들은 대규모 연구 센터에 비해 기업의 R&D 자금에 훨씬 더 심하게 의존하게 되었다. 알프레드 대학, 툴사 대학, 이스턴 버지니아 의과대학 그리고 라이히 대학의 경우, 2000년에 기업에서 받은 연구지원금의 비율은 각기 48, 32, 24, 22퍼센트였다.

MIT의 성공적인 실험을 모델로 삼은 기업 섭외 기구[39]는 상당한 인기를 얻었다. 대학들은 교수들의 연구 결과 중에서 수익성 있는 유망한 발견이 있는지 조사하고, 그에 대한 특허를 출원하고, 면허를 얻기 위한 기술 이전 조직을 도입했다. 주요 연구대학에서 취득한 특허 숫자는 이

39 —— ILP(Industrial Liaison Program), MIT에서 산학 연계를 위해 1948년에 발족한 기구. ILP는 기술적인 현안 사항을 취급하는 기관이며, 50년 이상의 축적이 있는 Innovation Value Chain의 일환을 수행하고 있다. Innovation Value Chain이란 기술 이노베이션으로부터 자금 회수에 이르기까지 가치창출 연쇄, 결국 기초 연구–응용 연구–제품화–비지니스–연구 투자 사이클의 생산적인 연쇄를 말한다. 이와 유사한 기구로 일본 대학에는 산학 연계에 관한 특허 등 기밀 보호를 담당하는 TLO(Technology Licensing Organization/기술 이전기관)가 있다. TLO의 주된 임무는 대학의 연구 성과를 특허화하여 기업에 기술을 이전함과 동시에 얻어진 대가를 대학의 연구 자금에 충당하는 것을 목표로 하고 있으며, 대학 연구자의 연구 성과를 발굴 평가하여 특허화 및 기업에의 기술 이전을 수행하는 법인으로서, 말하자면 대학의 '특허부' 역할을 담당하는 기관이다. 지금부터 약 6년 전인 1998년 8월에 시행된 '대학 등 기술 이전법(TLO법)'에 근거하여 발족하고, 현재 전국 36개소에 인가 설립되어 있다.(출전: 화학공학연구정보센터, 《해외과학기술동향》 627호)

들 대학이 연방에서 제공한 유인 동기에 신속하게 반응하고 있다는 증거이다. 상위 100개 대학에서 매년 얻는 특허 숫자는 1965년의 96개에서 1974년에 177개, 1984년에 408개, 1994년에 1,486개 그리고 2000년에는 3,200개로 늘어났다. 미국 대학기술경영자협회Association of University Technology Managers는 회원 대학들이 취득한 자체 특허와 면허 숫자에 대한 조사 결과를 발표했다. 그 결과, 그 밖의 9개 대학 이외에도, 캘리포니아 대학 시스템이 2000년에 무려 1,200개의 특허를 축적했다는 것을 보여주었다.[29] 대규모 연구대학들은 스스로를 앞으로 자신들이 지분 소유권을 갖게 될 새로운 기업들의 부화기incubator로 간주하기 시작했다. 카네기 멜론 대학은 인터넷 검색 엔진인 라이코스Lycos를 출범시킨 곳이다. 보스턴 대학은 이 대학 교수들이 창업한 생명공학 회사에 8,000만 달러를 투자했다. 듀크 대학은 알츠하이머 병과 관련된 유전자에 대한 특허를 얻었다. 모든 과학 연구자들은 잠재적인 기업가들이었다. 모든 유전자 염기서열 분석자들은 인간 유전체의 한 부분을 해독해서 특허 가능한 물질을 가지고 있었다.

이러한 조건들이 과학의 도덕관을 어떻게 변화시키는가? 과학자들은 자신의 연구 결과에서 더 많은 부분을 영업 비밀로 선언하고 있는가? 과학자들은 논문 출간이나 데이터 발표를 얼마나 자주 지연시켰는가? 그리고 그 뒤에 숨겨진 이유는 무엇인가? 상업주의가 지식 생산이 더 이상 공유재가 아니라 시장이며 '아이디어 시장' 이 문자 그대로 '연구를 위한 경제 시장' 이라는 관념으로 과학을 오염시켰는가? 20년에 걸친 연구는 과학 활동과 규범에서 이러한 변화들이 실제로 일어나고 있다는 것을 입증하기 시작했다. 가장 명백한 증거 중 하나는 제한된 비밀과 지식의 사적 전유를 강화하는 체계에 대한 선호로 '공유주의' 를 배격하는 양상이다. 생명공학에서 산학 협력 관계가 아직 발생기였던 1980년대 초반에 과학 정책 분석가인 데이비드 딕슨은 이렇게 썼다. "대학의 연구 실험실에서 나오는 결과를 통제하려는 기업의 갈망은—그리고 그 통제를 실행에 옮길 메커니즘을 개발하려는 기업의 요구는—학문 공동체가 전통적으로 자부심을 품었던 민주적 전통에 직접적으로 도전했다."[30] 대학이 입은 손실 중에는 지식의 자유롭고 개방적인 교환의 저해도 포함되었다.

대학의 영업 비밀

데이비드 블루멘털과 하버드 보건정책 관리 센터의 그의 동료들이 수행했던 일련의 조사 결과는 생의학 분야에서 나타난 변화에 대한 통찰력을 주었다. 1986년에 블루멘털은 미국에서 연방 연구 기금을 가장 많이 받는 40개 대학의 1,238명에 달하는 교수들을 대상으로 설문조사를 했다. 조사 대상에서 기업 지원을 받은 생명공학 연구는 전체 가용 기금 중 약 5분의 1을 차지했다. 그들은 기업에서 돈을 받는 생명공학 교수들 중에서 "영업 비밀이 그들이 대학에서 한 연구에서 유래했다고 보고한" 숫자가 그 밖의 생명공학 교수들의 4배에 달한다는 사실을 발견했다. 여기에서 '영업 비밀'은 그 "독점 가치proprietary value를 비밀로 보호하는 정보"[31]라고 정의된다. 대학 연구에 대한 기업의 지원이 늘어날수록 영업 비밀의 숫자도 늘어난다. 게다가 기업 지원을 받는 교수들의 44퍼센트와 지원을 받지 않은 교수의 68퍼센트가 '상당한 정도로' 기업의 연구비 지원이 학과 내에서의 지적 교류와 협력 활동을 저해한다고 응답했다. 또한 기업 지원을 받는 교수들의 44퍼센트와 전혀 지원을 받지

않는 교수의 54퍼센트가 이러한 지원이 새로운 발견의 출판을 터무니없이 지연시킨다고 답했다.[32]

함께 이루어진 연구에서 블루멘털과 그의 동료들은 106개의 생명공학 회사들을 인터뷰했다. 그들은 산학 연계를 맺은 생명공학 기업들 중에서 41퍼센트가 영업 비밀 중 최소한 1개를 자신들이 지원한 연구에서 얻었다는 사실을 발견했다. 또한 조사자들은 《포춘*Fortune*》 지 선정 500대 기업보다 소규모 기업들에서 영업 비밀이 훨씬 자주 보고된다는 사실을 알아냈다.[33] 저자들은 이렇게 썼다. "(그럼에도 불구하고) 의사소통의 공개성과 지식의 자유로운 추구와 같은 전통적인 대학의 가치를 위협할 수 있는 협정이나 활동이 있다고 보고한 회사는 극소수에 불과하다."[34]

10년 후인 1994년 5월과 10월 사이에 210명의 생명과학 기업 전무이사와 부사장에 대해 설문조사를 실시한 결과, 다음과 같은 사실이 밝혀졌다. 92퍼센트의 기업들이 학문기관들과 어떤 식으로든 관계를 맺고 있었고, 대학 과학자들에게 자금을 지원한 기업의 82퍼센트는 연구자들에게 2,3개월 또는 그 이상의 기간 동안 연구에서 나온 정보를 비밀에 부쳐줄 것을 요구했다. 반면 응답한 기업 중에서 47퍼센트가 자신들이 대학과 맺은 계약으로 회사측이 특허를 출원할 수 있도록 석 달 이상 연구 결과를 비밀로 보호할 수 있다고 답했다. 더구나 응답한 부사장들 중에서 88퍼센트는 비밀 유지 요구가 학생들에게까지 적용된다고 답했다.[35] 일부 공공 기관과 전문가 협회들은 이처럼 과학 정보를 일시적으로 압류하는sequestering 기간이 지나치게 길고 과학의 발전에 해롭다고 판단하고 있다. 비밀 유지는 사기업이 아닌 다른 원천에서 연구비를 지원받는 경우에 비해 기업 지원 연구에서 훨씬 일반적인 현상임이 밝혀졌다. 10년 전에 이루어진 한 연구의 데이터와 비교했을 때, 연구자들은 생명과학 기업들이 1984년보다 1994년에 대학 연구에 훨씬 많은 지원을 했다는 것을 알아냈다(46퍼센트 대 57퍼센트).

카네기 멜론 대학에서 산학 연구 센터를 대상으로 한 연구에서, 절반에 달하는 연구 센터들이 기업 참여자들이 연구 결과의 출간 지연을 강제할 수 있다고 보고했고, 3분의 1 이상이 기업이 출간에 앞서 논문에서 일부 정보를 삭제했을 수 있다고 답했다.[36]

하버드 보건정책 연구개발 유닛은 1997년에 설문조사 결과를 발표했다. 이 연구는 과학자들이 어느 정도로 연구 결과의 발간을 지연시키고 동료들과의 연구 결과 공유를 거부하는지에만 초점을 맞추었다.[37] 연구팀은 1994년 10월에서 1995년 4월까지 우편으로 생명과학 교수들에게 설문조사를 실시했고, 2,167명으로부터 답장을 받았다(응답률 64퍼센트). 이것은 과학자들이 전통적인 과학 규범을 준수하는 정도를 경험적으로 조사한 최초의 연구였다. 다른 설문조사 보고서와 일치하는 결과로 교수진의 약 20퍼센트가 지난 3년 동안 자신들의 연구 결과 발표가 6개월 이상 지연된 적이 최소한 한 차례 있었다고 보고되었다. 거의 9퍼센트에 해당하는 교수들은 자신의 연구 결과를 다른 대학의 과학자들과 공유하기 거부했다고 응답했다. 6개월 이상 연구 결과 출간이 지연되었다고 응답한 비율은 상업 활동에 연관된 교수들이 거의 3배 이상이었다(31퍼센트 대 11퍼센트). 또한 그들은 상업적 활동에 관여하지 않았던 교수들에 비해 연구 결과나 생체 물질에 대한 다른 과학자들의 접근을 거부할 확률이 훨씬 높았다. 이 연구 보고서의 저자들은 이렇게 말했다. "34퍼센트의 교수들이 연구 결과에 대한 접근을 거부했다는 사실은 데이터 공개 보류가 생명과학 분야의 많은 교수들에게 영향을 주었음을 시사한다."[38]

좀 더 최근에 진행된 연구에서 하버드 의대의 에릭 캠벨이 이끈 연구팀은 거의 3,000명에 달하는 과학자들에게 우편 설문 조사를 실시했고, 1,849명으로부터 응답을 받았다. 이것은 64퍼센트의 응답률이었다.[39] 그들은 과학자들에게 지난 3년 동안 기출간된 연구 결과와 연관된 정보, 데이터, 재료를 요청했을 때 최소한 한 차례 이상 거부당한 경험이 있는지 물었다. 응답한 유전학자들 중에서 47퍼센트가 그런 경험이 있었고, 28퍼센트의 유전학자들은 출간된 결과의 정확성을 확인할 수 없었다고 답했다.

또한 응답자의 12퍼센트는 지난 3년 동안 다른 과학자의 요구를 최소한 한 차례 거절한 적이 있었다고 대답했다. 요구를 거절당했다고 말한 응답자의 숫자와 다른 과학자의 요구를 거부한 적이 있다고 답한 사람들의 숫자 사이에서 나타나는 차이가 무엇인지는 수수께끼이다. 매우 소중한 데이터를 가지고 있는 소수의 과학자들이 많은 과학자들의 정보 요구를 거부했거나, 또는 응답자가 데이터 요구를 거부한 사실을 잊었거나, 또는 실제보다 그 숫자를 적게 헤아렸을 수도 있다.

설문조사에 응한 1,800명의 과학자들 중에서 31퍼센트는 자신들이 상업적 활동에 관여했다고 답했고, 무려 27퍼센트에 달하는 많은 과학자들이 다른 과학자들이 요청한 데이터나 생물학적 재료를 거부한 까닭을 상업적 이유였다고 밝혔다. 설문조사에 참여했던 유전학자들의 3분의 1 이상(35퍼센트)이 데이터 보류가 자신들의 연구자 사회 내에서 증가하고 있다고 믿고 있다.

종합해 볼 때, 이 연구들은 상업화가 대학에서 발판을 마련했다는 확실한 증거를 보여준다. 최소한 생명과학 내에서, 이 연구들은 동료들 사이의 비밀 증가, 연구 공동체 내에서 과학적 교류의 심각한 장애 그리고 지연되는 출간 패턴 등을 입증해 주고 있다. 이 결과들은 학문적인 과학자들 사이에서 '선 상업화, 후 공유'에 대한 새로운 내성耐性이 형성되고 있음을 시사한다.

대학들과 맺은 상업적 협력 관계로 빚어지는 또 다른 결과는 학문 연구 투자자들이 비영리적인 지식 영역 내에 사적인 사업 지대를 창출하려는 관심을 나타내고 있다는 점이다. "과학에서 이루어진 중요한 발견들은 사회적 공동 노력의 소산이며, 공동체에 귀속한다"[40]는 공유주의 규범은 자신의 지적 노동의 사적 전유專有라는 규범에 밀려 부차적인 것이 되고 말았다.

4장에서 언급했듯이, 특허 제도는 발견과 발명의 구분을 모호하게 만들었으며, 특히 생물학 연구 분야에서 이러한 현상이 만연했다. 2001년 1월 5일, 미국 특허상표국USPTO은 유전체 염기서열에 대한 특허 가이드라인을 발표했다.[41] 일부 평자들은 USPTO에 자신들은 발견이 아니라 발명이 특허 가능한 대상 물질이라고 믿으며, 새로 발견된 유전자 염기서열은 발명이 아니라 발견이기 때문에 특허를 허용해서는 안 된다는 편지를 썼다. 그에 대한 USPTO의 대답은 특허법35 U.S.C. 101이 명시적으로 발견과 발명을 포괄한다는 것이었다. "신규로 유용한 공정, 기계, 제품, 물질의 조성, 또는 그들로부터 신규로 유용한 개량품 등을 발명하거나 발견한 사람은 이 법령의 조건과 자격을 만족시키면 누구든 특허를 얻을 수 있다." 새로 발견된 유전자 염기서열에서 얻은 지식은, 그 염기서열이 자연적인 상태에서 분리된 것인 한, 특허의 대상이 된다. 일단 특허를 얻으면, 그 염기서열은 과학자 사회의 공유된 지적 재산이 아니다. 기업에 속한 과학자뿐 아니라 학문적 과학자들까지도, 설령 그 사용이 순수하게 연구를 위한 것일지라도, 문제의 염기서열을 사용하기 위해 허가를 얻어야 한다. 4장에서 언급했고 아직도 많은 과학자들이 쉽사리 믿지 못하고 있지만, 지적 재산권을 이용하는 과학 실험에 대해 법정 특허권 위반의 연구 면제 조치는 존재하지 않는다.[42]

지식의 사유화라는 주제는 인간 게놈 프로젝트와 연관해서 특히 많은 논쟁을 불렀다. 사람의 유전체[43]에 들어 있는 3만에서 5만 개 정도의 유전자의 염기서열을 해독하기 위해 수십억 달러를 들인 이 프로젝트는 그 정보가 퍼블릭 도메인public domain[40]에 속하는지 여부를 둘러싸고 이견을 표출시켰다. 처음에 NIH는 공적 자금으로 연구된 유전체 정보에 대한 특허를 출원해서 그 정보를 퍼블릭 도메인으로 지키려 했다. 그 후 NIH는 특허 출원을 포기했고, 시장 체계는 유전체 정보의 전유적 성격을 마음대로 지배하게 되었다. 이것은 연방 정부가 '공유지knowledge commons'를 포기한 심각한 사례이다. 이러한 공유 개념의 훼손은 과학 저널로 밀려들었다.

과학 연구의 출판은 특정한 과학적 결과를 뒷받침하는 일차 자료가 과학자 공동체의 모든 성원들에게 공개되어야 한다는 원칙에 따라 이루어져왔다. 그런데 이 원칙은 《사이언스》의 편집인들과 메릴랜드 록빌에 있는 기업 셀레라 게노믹스Celera Genomics 사이의 비정통적인 협정에 의해 재조정되었다. 셀레라에 속한 과학자들은 사람의 유전체 부호에 대한 논문을 《사이언스》에 투고해서 발표했다. 이 잡지는 출간 결과를 뒷받침하는 데이터를 과학자 공동체가 자유롭게 이용할 수 있도록 공개

40 —— 저자가 모든 사람들과 공유할 목적으로 저작권을 주장하지 않는 정보를 뜻하며, 흔히 소프트웨어와 같은 정보기술 분야에서 많이 사용되는 개념이다.

한다는 정책을 가지고 있었다. 유전체 데이터의 경우, 이 규칙은 공개적으로 접근 가능한 데이터베이스에 자료를 올려놓는 것을 뜻했다. 저널 편집인들은 자유롭고 공개적인 지식 교류라는 과학자 공동체의 규범과 회사가 전유하는 이익 사이에서 중도적 입장을 선택했다. 협정에 의해 회사측은 논문을 위한 보조 데이터를 자사 체계 안에 둘 수 있었고, 다른 과학자들이 그 데이터를 사용하려면 특정한 요구조건을 충족시켜야 했다.[44]

소속이 없는 캘리포니아의 한 수학자가 수학적 결과에 대해 최초의 특허를 얻으면서 지식 소유권을 둘러싼 상황은 지금까지와는 전혀 다른 비정상적인 국면으로 전환되었다. 이 수학자는 특정 종류의 소수(1과 자신을 제외하고는 나누어지지 않는 숫자)를 찾는 방법과 두 개의 소수의 사용에 대해 모두 특허를 얻었다. 그것은 각각 150자리와 300자리나 되는 긴 소수이기 때문에 특허를 침해할 일은 그리 많지 않을 것이다. 문제의 특허로 그 수학자는 그 숫자를 허가 없이 사용하는 사람에게 특허권 침해로 소송을 제기할 법적 권리를 갖게 되었다.[45]

포스트 학문 과학

영국의 사회학자 존 자이먼은 학문적 과학academic science과 기업 과학industrial science을 구분했다. 자이먼에 따르면, 두 가지 과학은 사회적 목표와 사회 조직에서 차이가 난다. "학문적 과학은 머튼적 규범에 의해 기술될 수 있다. …… 기업 과학은 거의 모든 측면에서 이 규범들에 위배된다."[46] 자이먼이 기업 과학을 특징짓는 데 사용한 두문자어는 PLACE이다. 그것은 '독점적, 국지적, 권위적, 상업적 그리고 전문적Proprietary,

Local, Authoritarian, Commercial, and Expert'을 뜻한다. 흔히 기업 과학은 등록된 독점적 지식을 생산하며, 국지적이고 전문적인 문제를 다루고, 실제적인 목표에 도달하기 위해서 엄격하게 관리되는 권위하에서 운용되며, 자발적으로 방향을 설정하는 연구를 추구하는 사람보다는 전문적인 문제 해결자를 고용한다.

포스트 학문 과학postacademic science이라는 말은 자이먼이 기업 과학이 학문적 과학과 뒤섞이는 상태를 묘사하기 위해 사용한 것이다. "그것은 본질적으로 학문적 문화에서 낯선 많은 실행이 학문적 과학 내에서 수립되는 것을 뜻한다."[47] 과학의 잡종화가 틀을 갖추게 되면, 포스트 학문 과학자들은 이중 역할을 수행한다. 자이먼은 이런 사태를 조금 가볍게 이렇게 평했다. "다시 말해서 월요일, 수요일 그리고 금요일에는 전통적인 학문적 규칙에 따라 공공 지식을 생산하고, 화요일과 목요일에는 상업적 규약에 따라 사적인 지식을 생산하는 데 고용된다."[48]

실제로 학문적 과학과 포스트 학문 과학의 자리 바꿈은 자이먼이 서술한 것보다 훨씬 매끄럽게, 즉 조용히 진행된다. 일반적으로 과학자들은 자신들의 대학 실험실에서 연구를 수행하기 위해 기업으로부터 자금을 받는다(이때 그들이 지분을 가질 수도 있고, 또는 이론적으로만 기여할 수도 있다). 실험실의 대학원 학생이나 박사후 연구원들의 경우에는 어떤 활동이 상업적인 지원을 받은 것이고, 어떤 것이 공적 자금으로 이루어지는지 구분하기조차 힘들다. 실험실의 규칙은 모두 같다. 영업 비밀은 상업적인 지원이나 공적 지원을 받은 연구에서 모두 작용한다. 어느 쪽이든 독점적인 지식이 생산되는 경우에는 말이다.

포스트 학문적 과학의 틀에서 '객관적 지식'을 보호해야 한다는 자이먼의 확신은 보편주의와 조직적 회의주의와 같은 규범들이 가장 중요하다는 관점에서 비롯된다. '이해 무관심' 규범의 상실은 전문가 집단뿐 아니라 대중들 사이에서도 얼마간 과학에 대한 신뢰가 떨어지는 결과를 빚고 있다. 그러나 그는 '객관적인 지식'이 진리와 이익을 모두 추구하는 다중 소속 과학자들이 불어넣은 문화를 이겨낼 수 있다고 주장한다.

포스트 학문 과학이라는 개념은 대학 과학이 순수한 형태에서 잡종 형태로 진화했으며, 새롭게 진화한 과학의 형태는 새로운 에토스를 가져온다는 것을 시사한다. 그런데 자이먼의 과학 개념은 두 가지 점을 고려하지 못하고 있다. 첫째, 모든 과학이 이러한 상태로 진화하지는 않았다는 점이다. 일부 자연과학과 사회과학은 상업적 이익에 속박되지 않았으며, 따라서 '이해 무관심'의 규범을 버리지 않았다. 둘째, 과학 내의 다양한 영역들은 외부 유인 동기에 의거해서 서로 다른 주기를 따라 진행된다. 군사적 연구는 특정 시기에 강세를 나타낼 수 있지만, 다른 시기에는 약화된다. 2002년의 국가보안 및 대테러 전쟁법Homeland Security Act의 통과로 엄청난 액수의 신규 연구비가 쏟아져 들어오면서 대학가는 다시 한 차례 국방 연구에 매진할 채비를 갖추었다. 미국의 대학이 내가 '고전적인 성격Classical Personality'이라고 불렀던 순수한 이상을 구현했던 적은 한 번도 없었다. 같은 제도 안에 항상 다양한 성격이 공존해 왔다. 외부의 유인 동기가 하나 또는 그 이상의 성격을 활성화시키고, 저마다 다른 시기에 그와 연관된 규범들을 고양시킨다.

나는 포스트 학문 대학의 모든 요소들이 언제나 학계에 미성숙한 형태로 얼마간 존재해 왔다고 생각한다. 그러나 고전적 이상과 기업적 이상은 계속 공존한다. 일부 대학의 일부 학과들은 다른 곳보다 오랜 기업 활동의 전통을 유지해 왔다. 거기에는 특허 개발, 기업 부문과의 협력 등이 포함된다. 다른 학문 분야나 대학에서는 "베이컨적 이상Baconian

Ideal"이 아직 출현하기 이전이어서 따라서 최소한 얼마 동안은 '고전적인 이상'을 대체하는 데 시간이 걸릴 수 있다. 그러나 우리는 학문적 과학에서 포스트 학문적 과학으로의 자연적인 발전이 일어날 것이라고 가정해서는 안 된다. 과학자들에게 미치는 기업의 영향은 자연적이지도 않고, 불가피한 것도 아니다. 다음 장들에서는 과학에서 이해 무관심 규범의 상실이 초래하는 사회적 함의에 대해 고찰할 것이다.

현대의 삶에서 대학 과학자들이, 기초 지식에 대한 공헌을 넘어, 중요한 역할을 하는 분야는 정책과 법이다. 우리의 입법자, 행정가, 법관 그리고 배심원들은 정책 통과와 불법 행위를 둘러싼 법정 소송에 밀접한 관계를 가지는 영역에서의 지식에 대한 공평무사한 분석을 과학자들에 의존한다. 이 목적을 위해서, 연방 자문위원회의 정교한 체계가 무수한 정책 결정에 입력을 제공한다. 다음 장에서는 이해상충이 연방 자문위원회의 진정성을 어떻게 손상시키는지 살펴볼 것이다.

6

연방자문위원회의 문제점

1970년대에 당시 보건복지교육성(나중에 보건복지부로 바뀜) 장관이었던 조지프 캘리파노는 나를 국립보건원NIH 자문위원으로 임명했다. 그 후 이 위원회에는 재조합 DNA 분자 자문위원회Recombinant DNA Molecule Advisory Committee라는 꽤나 기다란 이름이 붙었고, 흔히 줄여서 RAC라고 불렀다. 위원회의 역할은 NIH 원장에게 정부 지원으로 새로운 유전자 재조합 기법을 사용하는 과학자들을 위한 가이드라인 수립 과정을 자문하는 것이었다. 이 자문위원회가 처음 만들어진 1970년대 그리고 이후 1980년대 내내 유전자 재조합 실험은 뜨거운 논쟁의 대상이었다. RAC의 역할은 특정 종류의 실험에 잠재한 위험을 평가하고 재평가해서 1976년에 NIH가 최초로 만든 가이드라인의 개정을 권고하는 것이었다.

수십 개의 다른 연방위원회들과 마찬가지로, RAC에 임명될 후보 위원들은 NIH측이 요청하는 신상 명세서를 작성해서 제출해야 했다. 거기에는 이해상충을 일으킬 수 있는 모든 관계, 재정이나 그 밖의 사항들이 망라되어 있었다. 내가 서류를 제출했을 때, 나는 도대체 내 동료들에게 이해상충이 있는지, 있다면 어떤 종류일지에 대해 전혀 알지 못했다. 25명으로 구성된 이 위원회는 1년에 몇 차례 만나서 유전자 재조합 실험의 위험성에 대해 논쟁을 벌이고, 유전자 조작 생물의 환경 방출 문제를 토론했고, NIH의 자발적 준수 프로그램에 참여한 기업들의 비밀 사업 서류들을 검토했다. 이 프로그램에서 기업들은 RAC에서 자신들이 계획하는 유전공학 실험의 허가를 얻으려 했다.

2년 동안 이 위원회에 참여하면서 나는 RAC에 속한 여러 과학자들이 생명공학 기업들과 경제적 이해관계로 얽혀 있었다는 사실을 알게 되었다.[1] 언론에서는 위원회가 내린 결정의 여러 측면을 보도했지만, 이 정보는 언론에 알려지지 않았다. 또한 이 그룹이 자신의 이익을 지키기 위해 조직된 내부자 위원회가 아니라는 인상을 주기 위해 선발되었던 공익 위원들에게도 이 사실이 숨겨졌다. 심지어는 공식적인 정보공개freedom of information, FOI 청구를 해도 정보상충conflict-of-information, COI에 대한 정보를 밝혀낼 수 없었다. 그 정보를 알 수 있었던 유일한 이유는 위원회의 일부 위원들이 공모주를 발행한 기업들의 사장이었기 때문이었다. 그들의 이름은 언론에 등장했다.

과학의 공적 역할

과학자문위원회는 미국에서 어떤 절차를 거쳐 그 기능을 수행하는가? 전문가 패널들이 공익에 봉사하는 대신 사익을 추구하는 사태를 방지하기 위해서 어떤 안전장치가 마련되어 있는가? 정보공개는 어떤 역할을 하는가 그리고 그것은 효율적인가? 이 장은 현재 미국 연방 정부의 과학자문위원회들에서 이해상충 정책이 어떤 상황에 처해 있는지 들추어 볼 것이다.

미국의 의사결정 체계는 과학 전문가들에 크게 의존하고 있다. 이 과학자들 중 상당수는 대학이나 연구소와 같은 독립적인 비영리 기구 출신이다. 흔히 대중은 학문적 과학자들이 이러한 위원회에 참여할 때 의사결정 과정에 자신들의 전문성 이외에는 아무런 특별한 이해관계도 없을 것이라고 순진하게 믿는 경향이 있다. 식품의약품국, 농무성, 질병통제센터, 에너지성, 연방항공국 그리고 환경보호국과 같은 기관들은 규율을 공표하는 일을 한다. 국립보건원과 국립과학재단과 같은 다른 기관들은 과학자들에게 연구비를 지원하는 업무를 담당한다. 그들은 과학자들이 제출한 연구 계획서를 동료평가하거나 연구 의제를 수립할 자문위원회를 꾸린다.

미국 정부에는 수백 개에 달하는 자문위원회들이 있으며, 기간에 따라 장기와 단기로 구분된다. 자문위원회 체계에 내재하는 이념은 건전한 것이다. 정부 과학자와 관료들만으로는 정부 책임하의 다양한 전문적인 문제들을 다루는 데 필요한 수많은 전문 지식들을 모두 수집할 수 없다. 자문위원회의 활용은 가용한 최고의 지식 원천을 개발할 뿐 아니라 연방 정부의 의사결정 과정에 다양한 관점을 도입시킨다는 의미도 있다. 나아가 정부 보고서에도 언급되어 있듯이, "자문위원회는 대중 참여를 증가시키려는 연방 정부의 노력의 일각을 지속적으로 대표한다."[2]

1998년 회계년도에 (1997년 10월부터 1998년 10월까지) 55개의 연방 부서와 기관들이 939개에 달하는 자문위원회를 지원했다. 그중, 의회에서 설립한 21개의 위원회를 포함해서 50개 자문위원회가 대통령을 직접 자문했다. 모두 41,259명의 개인들이 위원으로 활동했으며, 그중에서 3분의 1(14,860명)은 보건복지부가 임명했다. 총 5,852차례의 회의가 열렸고, 973개의 보고서가 작성되었다. 당 회계년도에 자문위원회를 유지하는 비용으로 1억 8,060만 달러가 소요되었다. 거기에는 위원회 위원들에 대한 보수, 교통비, 일당, 실무자 비용, 행정 간접비 그리고 자문료 등이 포함된다. 전체 비용의 절반 가까이가 위원회를 운영하기 위한 행정 간접비로 들어간다.[3] 2000년에 FDA는 32개의 상설 자문위원회를 유지한 데 비해, NIH는 140개 이상의 자문위원회를 운영했다.

연방 자문위원회 관련 법률들

대통령, 연방 기관, 또는 의회가 조직한 자문위원회, 특별위원회task force 그리고 각종 심의회를 관장하는 가장 중요한 연방 법률은 연방 자문위원회법Federal Advisory Committee Act, FACA이다. 이 법률은 1972년에 제정되었다. FACA에 의거해서, 위원회의 구성은 견해나 위원회의 기능이라는 측면에서 공정하게 균형을 유지해야 한다. 이 법은 FACA가 관장하는 위원회들이 특정 이해관계에 의해 부당한 영향을 받지 못하도록 명시적으로 금하고 있으며, 이 규정은 "자문위원회의 조언이나 권고가 임명된 권위나 그 밖의 어떤 특수한 이해관계에 의해 부당하게 행사되어서는 안 되고, 오로지 자문위원회의 독립적인 판단에 따른 결과여야 한다"고 되어 있다.[4]

자문위원회에 적용되는 윤리 가이드라인은 미국 연방 규정U.S. Code of

Federal Regulations, 18 U.S.C., sec. 202-209에 들어 있다. 자문위원들은 임기가 1년에 130일을 초과하지 않는 한도 내에서 특별공무원Special Government Employees, SGEs으로 간주된다. 연방 자문위원회에 참여하는 자문위원은 공무원 선서를 하지 않았고, 봉급을 받지 않고, 정부와 영구 고용 관계를 맺지 않아도 특별공무원으로 취급된다. 따라서 과학 자문위원은 특별공무원으로 연방의 이해상충법conflict-of-interest law에 따라야 한다. 이해상충법의 목적은 정부 공무원들이 자신의 이기적인 목적을 위해 일하거나, 일반 대중의 최선의 이익에 반하는 행위에 개입하지 못하도록 막는 것이다. 특히, 이 법령과 규정들은 연방 자문위원회 위원들을 포함해서, 독립적인 기관들의 실행 부서의 피고용인들이 의사결정에 개인적인 이해관계를 개입시키거나 정부의 처리 절차가 "실질적이거나 명백한 이해상충"[5]을 일으키지 않게 하려는 목적으로 제정되었다.

1993년에 클린턴 대통령이 발포한 "연방 자문위원회의 종료와 제한"이라는 제목의 행정명령 12838호는 연방 기구들에게 더 이상 국익에 도움이 되지 않거나 그 업무가 다른 위원회나 기관들과 중복되는 경우 자문위원회를 종료시킬 것을 지시했다. 이 대통령령은 정부에서 운용하는 자문위원회 숫자를 대폭 줄이고, 새로운 위원회의 설립을 엄격하게 제한하려고 시도했다. 명령의 내용은 다음과 같다.

> 각급 행정부서와 기관들은 법규에 정해지거나 해당 기관의 장이 (a)당면한 요구에 의해 위원회를 설립하지 않을 수 없다고 판단하거나, (b)미국 예산관리국장의 승인을 얻는 경우가 아니면 신규 위원회를 설립하거나 후원해서는 안 된다. 이러한 위원회에 대한 승인은 국가 안보, 보건과 안전, 또는 이와 유사한 국익에 대한 고려에 의해 불가피하다고 판단되는 경우

에 한해서 최소한의 비용만으로 허가해야 한다.[6]

1996년 12월, 공직자 윤리국Office of Government Ethics, OGE은 미국 연방 규정 208항을 해석한 규칙을 발표했다. 구체적으로, 이 규칙은 기관들이 이해상충을 처리하고, 규칙 적용 면제를 승인하고, 이해상충 금지 면제를 인정하는 등 이해상충법COI laws 해석에 대한 가이드라인을 제공했다.[7]

연방 자문위원회법 수정안PL 105-153은 1997년 12월에 통과되었고, 조달청GSA이 의회에 이 법률의 새로운 규정 실행을 보고하도록 요구했다. 신규 조항에는 국립과학아카데미에 속한 자문위원회들의 역할도 포함되어 있었다. 연방 규정에 따르면 특별공무원을 포함해서 공무원들이 처리 중인 주제에 개인적 이해관계가 있을 경우 의사결정 과정에 참여할 수 없도록 금하고 있다. "연방 공무원은, 그가 아는 바로 확실히, 그 또는 그 밖의 어떤 사람이 (미국 연방 규정 208항에 따르면 그의 이해관계가 범죄가 되는) 경제적 이해관계를 가지고 있고 특정 문제가 그 이해관계에 직접적이고 예측 가능한 영향을 주게 될 경우 어떤 문제에도 공식 자격으로 참여할 수 없다."[8] 그런데 이 규정의 함정은 이해상충이 있더라도 규칙 적용을 면제받으면 의사결정에 참여할 수 있다는 점이다.

규칙 적용 면제waiver는 해당 기관에서 지정한 관계자, 대개는 그 기관의 장이 두 가지 이유로 인정할 수 있다. 첫째는 해당 공무원이 문제의 소지가 있는 위원회 구성원의 경제적 이익이 희박하고 대수롭지 않거나 또는 자문 제공자가 제공하는 역할의 진전성에 영향을 미치지 않을 것으로 판단하는 경우이다. 둘째는 이해상충으로 자격이 박탈될 예정인 자문위원이 자문을 맡음으로써 줄 수 있는 이익이 자문자의 잠재적 이해상충보다 더 크다고 임면 관계자가 판단하는 경우에는 직무를 수행할 수 있다. 이 규정은 임면 담당자에게 이해상충 적용을 면제시킬 수 있는 상당한 여지를 남겨둔다.

1989년 이전에는 모든 연방 기관들이 경제적 이해상충 가능성이 있는 자문위원들에 대한 규칙 적용 면제 법령U.S.C., sec. 208(b)(2)을 독자적으로 해석했다. 그러나 1989년에 윤리개혁법[41]이 도입되면서 상황이 바뀌었다. 그 후 개별 기관들이 이해상충 면제 기준을 적용할 수 있는 권한이 축소되고, 공직자 윤리국에 위임되었다. 이 법안은 공직자 윤리국장이 "공무원의 직무의 온전성에 영향을 미치지 않을 정도로 근소한 경제적 이해관계"에 대해 포괄 금지를 면제하는 규정을 발포할 수 있다고 정하고 있다. 1996년에 공직자 윤리국은 연방 기관들이 자문위원회 참여를 고려하는 개인들의 이해상충에 따른 자격 심사에 적용할 수 있는 일반적인 가이드라인을 발표했다.

자문위원들의 이해상충은 대개 공개되지 않는다. 공직자 윤리법은 정부 기관들에게 자문위원들의 고용, 계약 관계 그리고 다루어지는 주제와 연관된 투자 등에 대한 내용 공개를 요구하지 않는다. 관련 정보가 밝혀지는 것은 논쟁이 불거져서 이러한 이해상충과 규정 면제 문제가 대중적인 관심을 끄는 경우뿐이다. 정부 기관들은 고유 활동의 정치적 민감성에 따라서 정부의 윤리 규정에 근거해서 그 법률적 책임을 각기 해석한다. 예를 들어, FDA는 항상 세간의 주목을 받는 문제들을 다룬

41 —— Ethics Reform Act, 1983년에서 1989년 사이에 레이건 행정부에서 많은 특별검사의 임용, 의회 조사, 법무부 조사 등에서 고위직 윤리 문제가 논의되었다. 1989년에 이러한 윤리적 문제를 해결하기 위한 방법으로 윤리개혁법이 제정되었다. 이 법으로 공무원에 대한 적격심사가 도입되어 3년 주기로 성과를 평가해서 고위공무원의 적격 여부를 판단한다.

다. 따라서 FDA 소속 자문위원회들은 여러 차례 자문 과정의 진정성을 우려하는 조사 보고서의 대상이 되었다.

FDA 자문위원회

미국 FDA는 행정적으로 보건복지부DHHS 산하이다. 보건복지부 규정에 따르면5 C.F.R. 2635, 자문위원들은 자신과 관련된 사람들(가족, 가까운 친구나 고용인)의 경제적 이익에 "직접적이고 예측 가능한 영향"을 미칠 가능성이 있는 문제에 참여해서는 안 된다. 다른 연방 기구들과 마찬가지로, FDA도 이해상충에 대한 미국 윤리 규정의 면제를 승인할 권한을 가진다.

2000년 가을에 《USA 투데이*USA Today*》 탐사 기자들은 FDA 산하 약품평가연구센터가 소집한 전문가 자문위원회들을 조사했다. 이 위원회들은 1998년 1월 1일부터 2000년 6월 30일 사이에 회의를 가졌다. 이들 위원회는 대개 FDA의 신약 승인 여부 그리고 승인할 경우 어떤 조건이 필요한지에 대한 자문 역할을 맡는다. 기자들은 경제적 이해관계가 있는 위원회의 구성원들의 숫자와 위원들에게 이해상충 규칙 적용 면제가 몇 차례나 승인되었는지에 대한 정보를 얻을 수 있었다. 1992년 이전에 FDA는 자문위원들의 경제적 이해상충에 대한 상세한 정보를 공개했다. 그러나 프로잭[42] 사태를 포함해서 일련의 골치 아픈 논쟁을 거친 후,

42 —— 미국의 일라이 릴리(Eli Lilly) 사가 개발한 항우울제로 선택적 세로토닌 흡수억제제 방식의 항우울제의 대명사로 꼽힌다. 심장병을 유발하는 것으로 알려진 삼환계 방식의 항우울제보다는 부작용이 덜하지만 여전히 부작용이 있는 것으로 알려져 있다.

FDA는 사생활 보호를 명목으로 위원들의 이해상충에 대한 세부 사항 공개를 중단했다. 그러나 위원들이 회의 주제에 대해서 이해상충을 빚을 때 여전히 정보공개가 요구된다. 《USA 투데이》는 자신들이 조사한 18개월 동안 모두 159차례의 자문위원회 회의가 열렸다는 사실을 알아냈다. 대략 250명의 위원들이 159차례의 회의에 1,620번 출석한 셈이었다.[9]

최소한 한 명 이상의 자문위원이 검토 중인 주제와 경제적 이해관계가 있는 경우는 159차례의 회의 중에서 모두 146회에 달했다(92퍼센트). 그리고 88회의 회의에서(전체의 50퍼센트), 최소한 절반의 자문위원들이 평가 대상인 상품과 경제적 이해관계가 있었다.[10] 경제적 이해상충은 광범위한 정책 문제가 토의된 57회의 회의에서 더 많이 발생했다(92퍼센트의 위원들이 이해관계를 가지고 있었다). 그러나 구체적인 약품의 허가 신청을 다룬 102차례의 회의에서도 전문가의 33퍼센트가 이해상충을 빚었다.[11]

《USA 투데이》는 "의약품의 안전과 효능에 대해 정부에 조언을 해주기 위해 임용된 전문가의 절반 이상이 그들의 결정에 의해 도움을 받거나 손해를 보게 될 해당 제약회사들과 경제적 관련을 맺고 있다"[12]고 보도했다. 이 기사는 "FDA의 시간제 자문위원들의 54퍼센트가 평가를 의뢰받은 약품이나 주제와 직접적인 경제적 이해관계를 가진다"고 지적했다.[13] 대부분의 경제적 갈등은 주식 소유권, 자문료 그리고 연구비와 연관되었다.

어떻게 그처럼 많은 숫자의 FDA 18개 자문위원회 소속 위원들이 논의와 표결에 참여하도록 허용될 수 있었을까? 법에 따르면 위원회의 결정이 해당 위원들의 경제적 이득이나 손실과 관련된 '직접적이고 예측 가능한 영향'을 줄 수 있는 경우에 해당 위원이 이해상충을 갖는다고 규정하고 있다. FDA 관계자는 위원회에 대한 기여가 이해상충의 심각성보다 크다고 판단할 때 규정 적용 면제를 승인했다. 1,620회의 출석 중에서 803회(50퍼센트)가 이해상충 규정 적용 면제 승인을 거쳤고, 71회(4.4퍼센트)가 규정 면제와 무관한 재정적 이해관계를 공개했으며 나머지 647회(46퍼센트)만이 이해상충이 없는 위원들의 출석으로 이루어졌다. 그렇다면 이해상충이 있는 위원들에게 승인된 800건에 달하는 규칙 적용 면제 조치는 정당화될 수 있는가? FDA가 그처럼 많은 면제 조치를 남발한 것은 독립적인 전문가들의 숫자가 급속도로 줄어들어서 FDA가 규율하는 기업들과 관계가 없는 전문가들이 얼마 남지 않았기 때문은 아닌가?

이해상충 규정 적용 면제의 이유가 무엇이든 간에, 이러한 사태로 미루어 정부의 전문가 자문 체계에 대한 공중의 신뢰를 높이기는 거의 힘든 것 같다. 정부가 공중에게 지고 있는 최소한의 의무가 이해상충으로부터 완전히 투명한 자문 체계를 구축하는 것이라고 주장하는 사람도 있다. 그러나 자문위원들의 이해상충에 대한 의회의 조사나 소송은 대개 의사결정이 이루어진 후에나 진행되는 사후약방문이다.

두 개의 연방 자문위원회와 백신

2장에서 다루었듯이, 급성 위장염을 일으키는 주된 원인 중 하나인 로타바이러스에 대한 위드 레들레 사의 백신이 승인받은 지 채 1년도 안 되어 시장에서 회수된 사건이 있었다. 그 때문에 문제의 백신을 승인하는 과정에서 중심적인 역할을 맡았던 자문위원회에 대한 연방 차원의 조사가 시작되었다. 조사 결과 전형적인 이해상충이 빚어진 자문 과정이 폭로되었고, 그로 인해 자문 과정의 진정성에 대해 심각한 문제제기가 이루어졌다.

1999년 8월 정부개혁 하원위원회가 정부의 백신 정책에 대한 조사에 착수했다. 이 정책은 구체적인 사례에서 나타나는 정책 입안자들의 이해상충에 초점을 맞춘 것이었다. 위원회는 재정 공개 형식을 검토하고, 회의록을 조사했고 자문위원들을 면담했다. 대부분의 실무자 보고서는 2000년 8월에 발표되었다.[14]

위원회 조사 결과 백신 정책 수립에 책임이 있는 두 정부기관인 FDA와 질병통제센터CDC에서 채택한 이해상충 규칙들이 "너무 미약하고, 강제력이 느슨하고, 제약회사들과 실질적으로 관련된 위원들에게 이해상충 규칙 적용을 면제시켜 위원회의 의사 진행에 참여시켰다"는 사실이 밝혀졌다.[15] DHHS 도너 샬랄라 장관에게 보낸 편지에서 하원위원장 댄 버튼은 이렇게 말했다. "조사 과정에서 백신 제조업체와 밀접하게 관련된 연구자들이 VRBPACFDA의 백신 및 연관 생물학 제제 자문위원회와 ACIPCDC 산하 면역성 실행에 대한 자문위원회를 주도했다는 사실이 분명해졌다."[16]

정부개혁위원회는 백신 허가 표결에 참여했던 전직 FDA 자문위원 5명 중 3명이 위드 레들레 사와 로타바이러스 백신을 개발한 그 밖의 두 회사들과 재정적 이해관계가 있었다는 사실을 밝혀냈다. 또한 문제의 백신을 지지했던 8명의 CDC 자문위원들 중 4명이 같은 기업들과 재정적 이해관계로 얽혀 있었다. 위원회는 로타바이러스 백신 허가를 결정지은 중요한 회의에 참석했던 VRBPAC 위원회 구성원들의 이해상충을 조사했다. 위원회는 "표결권을 가진 자문위원들을 포함해서 위원들의 절대 다수가 제약 산업과 상당한 관련이 있었다."[17] 표 6.1은 로타바이러스에 대한 의사결정 과정에 참여한 위원들에서 밝혀진 이해상충을 보여준다.

CDC는 1년 동안 이해상충의 성격과 무관하게 ACIP 위원들에게 무제한 면제권blanket waivers을 허용했다. 보고서에 따르면 "ACIP 위원들은 같은 종류나 유사 백신을 개발 중인 제약회사들과 재정적 연관이 있는 경우에도 백신 추천 표결에 참여할 수 있었다."[18]

표 6-1. FDA 백신 자문위원회의 이해상충 사례[19]

상임위원(n=15)	임시 표결 참여위원(n=5)
A씨; 로타실드 사의 특허 소유자 심의에서 배제. COI(이해상충 규정) 면제되지 않음.	G씨; 제약회사들로부터 포괄적인 연구비 지원을 받고 계약을 맺은 반더빌트 대학 과학자. COI 보고되지 않음.
B씨; 백신 토론 참여. 로타바이러스 백신 제조업체인 머크 사의 주식 약 2만 달러 소유. COI 적용 면제.	**자문위원(n=3)**
C씨; 소비자 대표. 백신 옹호자. 머크 사로부터 여행비와 보수를 받음. COI 적용 면제 불필요.	H씨; 머크 사를 비롯해서 여러 제약회사들로부터 자주 여행 보상비와 사례금을 받음. 존스 홉킨스 대학 기금 조성자. 백신 제조업체들로부터 백신 연구소 창립 기금을 모금함. COI 적용 면제.
D씨; 백신 연구를 위해 NIAID로부터 900만 달러 이상 수령. NTAID는 로타실드 개발권을 위드 사에 허가. COI 적용 면제 불필요.	I씨; 머크 사의 주식 약 2만 6,000달러 소유. 머크 사의 자문위원으로 활동. COI 적용 면제.
E씨; 폐렴쌍구균 백신 연구를 위해 1996-1998년 사이에 25만 달러 이상의 연구비를 받기로 위드 레들레 사와 계약. COI 적용 면제 불필요.	
F씨; 로타바이러스 백신 개발을 위해서 연구비를 받은 베일러 대학 의과학자. 아메리칸 홈 프로덕츠로부터 7만 5,000달러 연구비 수령. COI 적용 면제.	

CDC 백신 자문위원회에서 적발된 이해상충 사례에서 한 위원은 당시 시가로 33,800달러에 해당하는 머크 사[43]의 주식 600주를 가지고 있었고, 다른 위원은 머크 사가 개발한 로타바이러스 백신에 대한 특허를 공유하고 있었고, 머크 사로부터 35만 달러의 연구비를 받았고 머크 사에 로타바이러스 개발 자문을 해주었다. 세 번째 인물은 머크 사의 백신 분과와 계약을 맺었고, 다른 회사에서도 연구비를 받았다. 반더빌트 의대 교수이자 머크 위원회에 참여했던 네 번째 인물의 부인은 아메리칸 홈 프러덕츠American Home Products의 자회사에 자문을 해주었다. 다섯 번째 사람은 머크 사와 다른 회사들의 백신 연구에 참여하는 회사에서 일했고, 여섯 번째 인물은 머크 사와 스미스클라인 비첨SmithKline Beecham 사에서 교육비를 받았다.

게다가 재정적 이해상충으로 추천 표결에 참여할 자격이 없었던 위원들도 표결로 이어지는 토론에는 전 과정에 걸쳐 참여가 허용되었다. 이들은 때로 심의 과정에서 표결에 대한 자신들의 선호를 표현하기도 했다. 이런 일은 윤리 가이드라인에 위배된다.

하원위원회가 밝혀낸 사실들을 통해 이해상충이 FDA와 CDC의 백신 프로그램에 뼛속까지 배어 있음이 드러났다. 보고서의 내용은 다음과 같다. "이해상충을 정의한 FDA 기준은 터무니없을 만큼 느슨하다. 예를 들어, 2만 5,000달러 상당의 연관 기업 주식을 가지고 있는 위원은 낮은 이해관계에 연루low involvement된 것으로 간주되며, 대개 자동적으로 이해상충 규칙 적용이 면제된다. 실제로 FDA 기준에 따르면, 10만 달러까지 관련 기업 주식을 소유한 사람은 '중간 연루medium involvement'로

43 —— Merck & Co., Inc. 미국의 세계 최대 병원용 의약품 제조 회사.

분류되고, 이 정도까지는 이해상충 규정이 적용되지 않는다."[20] 기록에 따르면, 로타바이러스 백신 제조사로부터 1년에 25만 달러를 받은 위원에게도 규정 적용 면제가 승인되었고, 실제로 VRBPAC 심의에서 표결에 참여했다. 하원위원회는 CDC가 모든 ACIP 위원들에게 자동적으로 이해상충 규정 적용을 면제시키기 때문에 CDC는 사실상 아무런 이해상충 기준도 없는 셈이라고 결론지었다.

1992년에 국립과학아카데미 의학연구소는 잠재적인 이해상충을 피하기 위해 전문가 자문위원회 활용 제도에 얼마간의 변화를 시도할 것을 FDA에 권고했다.[21] 그로부터 8년이 지났지만, FDA는 여전히 소속 과학 자문위원들이 평가 의뢰받은 상품과 심각한 이해상충을 빚고 있는 것으로 보고되고 있다.

로타바이러스 사건에 대한 하원위원회의 조사는, FDA의 과학 자문위원 활용에 대한 폭로와 더불어, 정부기관의 약품 평가 과정에도 이해상충이 만연했음을 보여주기 시작했다. 이 과정에 내재한 역설은 다음과 같다. 이 분야의 지도적인 전문가들이 기업을 위해 일하거나 학문적 과학자들이 제약회사에서 많은 자문료를 받고 있는 상황에서 어떻게 이해관계와 무관한 평가자가 있을 수 있겠는가?

1997년에 통과된 새로운 법에 의해, FDA는 공식적인 기업 대표를 자문위원회에 포함할 수 있게 되었다. 그들은 심의 과정에 들어올 수 있지만, 표결에는 참여할 수 없다. 기업 자문역을 맡고 있는 패널들에 의해 이미 심각한 편향이 나타나는 상황에서, 이러한 변화로 인해 FDA 패널들은 제약회사에 유리한 방향으로 한층 더 기울게 될 것이다.

미국의 영양 가이드라인

나는 지금도 농무성USDA이 초기에 했던 TV 공익광고를 기억하고 있다. 당시 그 광고는 7가지 기본 식품군을 개괄하고 시청자들에게 충분한 육류, 생선, 채소, 우유와 치즈, 견과류 그리고 곡류의 균형을 맞출 것을 권고했다. 1950년대 이래, 연방 정부는 권고의 수준을 영양 지도에서 영양 가이드라인으로 한 단계 높였다. USDA는 식품군(소비자들이 균형 잡힌 식사를 선택하도록 돕기 위해서)에 대한 영양 지도를 하는 데에서 한 걸음 나아가 주요 만성 질환의 위험을 줄이기 위해 설계된 영양 가이드라인을 반포했다.

첫 번째 가이드라인은 1980년에 발표되었다. 그로부터 10년 후, 의회는 전국 영양 모니터링과 연구 법안National Nutrition Monitoring and Research Act, PL 101-445을 입법했다. 이 법안은 1995년부터 시작해서 5년마다 연방 식품 가이드라인을 발표하도록 규정하고 있다.

'책임 있는 의학을 위한 의사 협회Physicians Committee for Responsible Medicine, PCRM; 1985년 설립'라는 채식 지지 단체는 1995년 12월 15일에 농무성을 상대로 소송을 제기했다. 이 단체는 농무성이 연방 법률하에서 식품 가이드라인을 5년마다 개정할 책임을 지는 식품 가이드라인 자문위원회의 구성원들의 이해상충을 밝히지 않았기 때문에 연방 자문위원회법과 정보자유법을 위반했다고 주장했다. 2000년 여름에 개정된 가이드라인들은 학교 중식 프로그램, 연방 식권 프로그램,[44] 학교 조식 프로그램 그

44 —— 미국은 1939년부터 가난한 사람들에게 식권을 제공하는 프로그램을 시행했다. 소매 업소에서 현금, 또는 해당 식료품 이외의 물품을 받고 식권을 사거나 파는 행위는 금지되었다.

리고 여성, 유아, 아동을 위한 특별 영양 공급 프로그램[45] 등을 포함하는 연방의 모든 식품 보조 및 영양 공급 프로그램의 기반이 되었다. PCRM은 농무성이 고의적으로 11명의 자문위원에 대한 정보를 공개하지 않고 있다고 주장했다. 그중 6명은 최근 육류, 낙농 그리고 달걀 생산 업체들과 "부적절한 재정적 연관"을 맺은 것으로 알려졌다.

연방 지방법원 판사인 제임스 로버트슨은 2000년 9월 30일에 농무성이 연방 영양 공급 정책 수립에 사용된 특정 문헌들을 비밀에 부치고, 식품 가이드라인 자문위원들의 경제적 이해상충을 숨겨서 연방 법률을 위반했다고 판결했다. 판결 당시, 농무성은 문제의 문건들을 일반에 공개했다. 그렇지만 판사는 대중의 알 권리와 정부 자문위원들의 프라이버시권 사이에서 균형을 유지한다는 측면에서 중요한 법률적 판단에 도달했다. 그는 이렇게 말했다. "여기에서 공익은 영양 가이드라인이 어떻게 수정되는지에 이해관계가 있는 개인이나 법인에 대해 위원회 구성원들이 재정적으로 얽매여 있는지 여부를 아는 것이다. 나는 공익이 개인의 이익에 앞선다고 생각한다."[22] 즉, 프라이버시 보호를 위해 공개된 정보를 편집개인 정보 삭제하는 것보다 공익이 우선된다는 것이다. 이러한 법률적 판단은 좁은 범위에 초점을 맞춘 것이기 때문에 연방 자문위원회 위원들의 이해상충에 대한 투명성의 기준을 설정한다는 일반적인 선례를 만들지는 못했다.

뉴욕 대학의 영양학자 매리언 네슬Marion Nestle은 저서 『식품 정치*Food*

45 —— Special Supplemental Nutrition Program for Women, Infants, and Children, 이것은 WIC 프로그램을 통해 제공되며, 소득 가이드라인에 부합하고 영양섭취에 문제가 있는 5살 이하의 아동을 대상으로 한 특별 영양 공급 프로그램이다.

Politics』[46]에서 영양학과 정책이라는 자신의 분야에서 "전문가들—특히 학문적 전문가들—을 징발하는 것은 노골적인 기업 전략"이라고 말했다.[23] 네슬에 따르면 기업들은 주요 전문가들의 지적 경향을 조사하고, 유혹하고, 연구비를 제공하고, 그들을 고문으로 채용한다. 전문가들은 서서히 자신들에게 은혜를 베푸는 기업의 이해관계를 자신의 것으로 내화시키지만, 자신의 객관성에 대한 믿음은 그대로 유지한다. 그러나 제약회사들의 연구 후원은 후원 기업의 상품에 호의적인 논문 출간과 깊이 연관되기 때문에 이와 유사한 편향들이 영양 공급 분야에서 드러나는 데에는 충분한 이유가 있다고 네슬은 말한다. 그녀는 이해상충이 정부와 국립과학아카데미의 영양 자문위원회에서 활동하는 과학자들 사이에 만연해 있다고 믿고 있다. 그녀의 많은 동료들에게는 불편한 일이지만, 네슬은 식품 회사들이 영양학 연구와 관련 전문학회들의 활동을 후원하는 포괄적인 연줄망이 있다는 사실도 폭로했다. 주요 식품회사들은 영양학 학술대회를 후원하거나 과학 논문 출간에 상당한 정도로 기여한다.[24]

EPA의 과학 자문국

1989년은 생장조절의 역사에 알라Alar를 둘러싼 대논쟁의 해로 기록될 것이다. 알라는 화학명이 다미노자이드daminozide인 생장조절 화학물질의 상표명이다. 알라가 처음 시장에 출시된 것은 25년 전이었다. 이 농약

46 —— Marion Nestle, *Food Politics: How the Food Industry Influences Nutrition and Health*, University of California Press, 2002.

은 균질한 색깔을 내고, 익는 시기를 일정하게 맞추기 위해 사과에 광범위하게 사용되었다.

승인된 농약으로서의 알라의 지위를 재평가하는 과정에서, EPA는 내부 과학자들로 동료평가를 실시했다. 1985년 8월, EPA의 동료평가 위원회는 다미노자이드와 일차 대사산물인 UDMH에 대한 데이터 분석을 마쳤다. 위원회는 이 농약을 사람에게 암을 유발할 가능성이 있는 물질로 분류해야 한다고 결론지었다. 그런 다음 EPA는 평가를 위해 이 기관의 과학 자문 패널SAP에 제출된 문서를 작성했다. 그것은 1947년에 제정된 연방 살충, 살균 및 살서제법FIFRA 수정안의 요구 조건에 따른 것이었다. 그해 말에 SAP는 다미노자이드가 인체에 암을 일으킬 수 있다는 EPA의 내부 평가 결과를 비판하고 이 발견이 기존의 데이터에 의해 뒷받침될 수 없다고 주장했다. 그에 따라 EPA는 알라의 사용을 제한시키고 허용 가능한 잔류물 수준을 낮추는 발의를 늦추었다.

한편, 미국에서 가장 강력한 환경 단체 중 하나인 천연자원보호위원회Natural Resources Defense Council, NRDC는 1989년 2월 27일 "용납할 수 없는 위험; 우리 아이들의 먹거리에 들어 있는 농약"이라는 제목의 보고서를 발표했다. 이 보고서는 23가지 농약이 아이들에게 암을 일으킬 수 있다고 추정했다. 여기에 포함된 농약 중 하나가 바로 다미노자이드였다. 이 농약에 대한 NRDC의 평가에 따르면, 주요 대사 산물인 UDMH는 생후 6년 동안 이 물질에 노출된 아이들 4,200명에게 암을 일으킬 수 있다고 한다.

NRDC는 홍보업체인 펜턴 커뮤니케이션스Fenton Communications에 의뢰해서 연구 결과를 널리 알렸다. 펜턴 사는 CBS 텔레비전 뉴스 프로그램인 〈60분60 Minutes〉에 이 기사를 독점 제공했다. 〈60분〉이 만든 'A는 사과의 앞글자입니다'A is for Apple'[47]라는 프로그램은 무려 4,000만 명이 시청한 것으로 추정되었다. 몇 주도 안 되어 전국적으로 사과와 사과주스에 대한 불매 운동이 벌어졌다. 소비자들의 불매 운동이 점차 확산되자 식료품 연쇄점들은 알라를 사용하지 않은 상품을 요구했다. 슈퍼마켓들은 저마다 '알라를 쓰지 않은 사과' 라는 표시를 ('알라' 라는 단어에 줄을 긋는 방식으로) 내다붙였다.

사과 재배업자와 환경운동가들이 격돌했다. 유일한 다미노자이드 제조업체인 유니로열Uniroyal 사는 CBS 텔레비전 방송국을 비난했고, 그 밖의 기업 단체들도 농약이 농부들에게 이로운 측면을 전혀 언급하지 않으면서 편파적인 낙인찍기에 급급했다고 비난했다. 정부 청문회가 있은 후, 한 하원위원은 EPA에서 알라를 평가한 SAP 위원 8명 중에서 7명이 유니로열 사에 자문역을 맡고 있으며, 그중 최소한 한 명은 당시까지도 관계를 지속하고 있다는 사실을 알게 되었다. 퍼블릭 시티즌[48]과 NRDC는 이러한 EPA의 행태와 과학 자문 패널들의 이해상충을 밝히지 않은 문제에 대해서 소송을 제기했다. 그러나 이 소송은 EPA 과학 자문위원들의 충분한 투명성을 확보하지 못하고 끝났다.

다른 정부기관들과 마찬가지로 EPA 역시 자신들이 과학 자문 패널을 최고의 전문가들로 구성하려고 노력했다고 주장한다. 그러나 같은 전문가들이 기업의 고문으로 활동하는 경우가 너무 잦다. 연방기관들은 전

47 —— A is for Apple. 어린아이들에게 알파벳을 가르치는 알파벳 카드에 'L is for Lion, Z is for Zebra' 하는 식으로 나오는 문구. 여기에서는 사과가 얼마나 기본적이고 중요한 식품인지 상징하는 의미에서 사용되었다.

48 —— Public Citizen, 워싱턴에 본부를 둔 미국의 소비자 단체.

문가들이 기업의 고문으로 활동한다는 이유로 배제하거나 개인적인 정보공개를 요구한다면, 필요한 자문위원들을 도저히 채울 수 없을 것이라고 항변한다.

EPA 패널에 대한 회계감사원 조사

의회는 1978년에 EPA의 과학 자문국Science Advisory Board, SAB을 설립했다. 과학 자문국은 정부에 속하지 않는 100명 이상의 외부 전문가들로 구성되었고 EPA에 과학과 공학에 연관된 자문을 해주었다. SAB는 EPA가 제안한 규제 조치들을 뒷받침하는 근거를 평가하기 위해서 전문가들로 이루어진 과학 자문 패널Scientific Advisory Panels, SAPS을 소집했다. 이렇게 소집된 패널 중 하나가 알라 규제 논쟁의 경로를 바꾸어놓았다. 결국 그로 인해 다미노자이드의 발암 가능성을 둘러싸고 높은 관심을 일으킨 치열한 대중 논쟁이 벌어졌다.

2001년 6월에 회계감사원GAO은 EPA 과학 자문국에 대한 보고서를 발표했다.[25] EPA의 과학 자문국이 소집한 동료평가 패널들은 경제적 이해상충에 대한 연방 법률을 따라야 한다. 과학 패널 구성원들은 '특별공무원SGEs'과 똑같이 취급된다. 그런데 연방 법령은 연방 공무원들이 "배우자, 자식, 또는 고용주를 포함해서 본인이 특별한 관계를 가지는 조직의 재정적 이해관계에 직접적이고 예측 가능한 영향을 주는 특정 사안에 개인적으로 그리고 실질적으로 개입하는 것을" 금하고 있다.[26]

일부 사례에서 EPA는 다양한 관점이나 시각을 제공하기 위해서 기업의 피고용자들을 패널 구성원에 포함시키기도 했다. 법률에 따르면, 고용주의 재정적 이해관계에 '직접적이고 예측 가능한 영향'을 주는 특정 사안에 고용인들이 참여할 수 있도록 이해상충 규정 적용을 면제해서 참여를 허용하고 있다. 이 이해상충 적용 면제에는 고용주의 주식 소유권과 같은 특정 사안에 대한 패널 구성원의 개인적, 경제적 이해관계는 포함되지 않는다.

외부 과학 자문이 필요한 다른 기관들과 마찬가지로, EPA가 이 법의 이해상충 조항을 적용시키지 않을 수 있는 유보 범위 역시 아주 넓다. 이 기관이 특별공무원의 기여가 이해상충 가능성보다 크다고 판단할 경우, 이해상충 적용 면제를 승인할 권한이 있다.

회계감사원의 연구는 이해상충 조항이 EPA에서 적용되면서 발생한 여러 가지 문제점을 지적했다. 첫째, 그들은 자문 패널 구성원들이 작성한 재정 공개 양식의 3분의 1이 실무진에 의해 검토되지 않았다고 보고했다. 이 양식들이 누락되면 이해상충이 있는 개인들이 과학자들이 경제적으로 관련됐는지 여부를 알지 못하고 패널리스트로 참여할 수 있게 된다. 다시 말해서, 이해상충을 완화시키거나, 필요할 경우, 적용 면제를 허용하는 조치를 전혀 취할 수 없게 된다는 의미이다.

둘째, 회계감사원은 공개 양식이 동료평가자들의 이해상충을 찾아내기에 부적절하다는 사실을 발견했다. "개정된 암 위험 가이드라인 패널에 참여한 위원은 오래전부터 EPA에 개정된 가이드라인에 대해 토를 달았던 화학 기업 조직과 친분이 있었다고 보고했다."[27]

이 양식은 현재의 행위에만 초점을 맞추기 때문에 과거 재정적 관련성을 누락할 수 있다.

셋째, 회계감사원은 EPA 패널 구성원들이 제출한 이해상충 양식에 기록된 사실을 대중들이 거의 모르고 있었다고 결론지었다. EPA는 과학 자문 패널 구성원들의 이해상충에 대한 토론을 위한 대중 공개 세션을 개최했다. 이 공개 세션의 의사록은 공개되었다. 한 패널의 의사록에 대한 평가 과정에서 (1.3-부타디엔[49]의 발암성에 대한 평가, 이후 "1.3-부타디엔"이라고 부름), 회계감사원은 공개 양식에 이해상충과 밀접한 관계가 있는 주요 정보가 누락되어 있다는 것을 발견했다. 예를 들어, 공개 세션 의사록에 따르면 두 명의 패널이 1,3-부타디엔을 생산하는 업체의 주식을 소유했고, 다른 두 명은 화학 기업들로부터 사례를 받았음을 알 수 있다.

EPA는 패널에 다양한 관점이 반영되도록 보장할 책임이 있다. 1.3-부타디엔 패널은 15명의 과학자로 이루어졌다. 그중에서 10명은 교수, 의료관리자medical director, 또는 대학이나 병원의 교수이자 의료관리자이고, 4명은 기업을 위해 일하는 사람들이며, 나머지 한 사람은 주 환경보호국에서 일하는 사람이었다. 회계감사원의 연구에 따르면, SAB의 실무 책임자가 15명 중에서 6명을 선택해서 1.3-부타디엔의 발암성 문제에 대한 기업의 관점을 논의하는 패널에 참여시켰다. 기업 자문역을 맡고 있는 대학 소속의 또 다른 패널은 관심 주제에 대해 중간 스펙트럼을 반영한다는 말을 들었다. 여기에서 밝혀진 사실은 이 기관이 패널의 균형적 관점을 위해 내리는 일차적인 결정으로 인해 패널 구성원들의 실제적인 이해상충이 과소평가될 수 있다는 것을 시사한다.

회계감사원의 연구에서 내려진 결론은 이중적이다. 첫째, EPA는 적절한 방식으로 이해상충을 확인하거나 완화시키지 않았다. 둘째, 공중은 패널 성원들이 자문 과정에 참여할 때 어떤 특별한 이해관계를 가지

49 —— Butadiene, 합성 고무 제조에 쓰이는 무색의 탄화수소 가스.

는지에 대해 적절한 정보를 받지 못했다.

대체로 정부기관들은 이해상충이 있는 과학자들로 자문위원직을 채우려고 하지 않는다. 그들은 학계의 명성이 위태로운 지경에 처했다고 주장한다. 정부가 자문위원 선발에서 높은 윤리적 기준을 고수하려 들면, 산하 기관들은 그런 전문가들이 턱없이 부족하다고 반박한다. 이 주장은 본질적으로 딜레마 상황을 낳는다. 전문가를 선발할 때, 높은 윤리적 기준이나 높은 과학적 기준을 선택하라—그러나 두 가지를 모두 택하기란 불가능하다. 저명한 전문가들일수록 상업적 연관이 있을 가능성이 더 높다. 이것은 하이젠베르크의 불확정성 원리와 흡사하며, 그 원리를 윤리와 과학에 적용시킨 셈이다.[28] 이해상충에 대한 기준은 비현실적일 수도 있다. 어떤 방식으로 교수들의 이해상충을 다루어야 할 것인가? 그리고 교수들의 이해상충은 얼마나 심각한가? 다음 장에서는 이중 직업으로 자신들의 지위를 활용하는 법을 알게 된 학문적 과학자들의 이중 소속dual-affiliated 경향을 살펴볼 것이다.

7

교수들, 기업에 합병되다

처음 학문의 길을 가기로 결정했을 때, 내게는 세 가지 이유가 있었다. 하나는 배움에 대한 열망이었다. 나는 고등교육과 연구를 택하면 삶이 결코 지루하지 않으리라고 믿었다. 몇 차례 여름방학 아르바이트를 하면서 관례화된 화이트칼라 노동이 취향에 맞기도 했지만, 보수의 크고 작음과 무관하게 그런 일들은 내게 어울리지 않았다. 두 번째 이유는 내가 개인적인 자율성과 자기 결정권을 높이 평가했기 때문이다. 다른 사람의 지시보다 스스로의 선택으로 지적 추구를 할 수 있는 직업이 만족감과 자기 실현이라는 고유한 느낌을 줄 수 있을 것 같았다. 마지막으로, 나는 사상과 탐구에 진력하고 시장의 규범들이 통용되지 않는 세속 수사修士의 삶이라는 이상을 꿈꾸었다. 내밀하고 범접하기 힘들며 시장의 관심을 거의 끌지 않지만, 그중 소수의 중요한 학문 연구는 궁극적으로 학문 문화에서 높은 평가를 얻는다. 신중한 학문 연구는 유행의 노예가 되지 않는다. 이런 연구가 베스트셀러 목록에 오르는 경우는 극히 드물지만, 집적된 지식의 신전에서 가장 오랫동안 지속되는 자리를 차지한다. 학자는 자신들의 연구에 헌신한다. 한 분야에 정통하거나 중요한 발견에 참여하면서 얻는 자부심은 헤아릴 수 없이 크다. 불충분한 인세나 교수 봉급으로는 자연의 비밀을 풀고 학문적으로 높은 평판을 받는 저서를 집필하는 과정에 들어간 무수한 시간들을 제대로 보상할 수 없다.

대학 교육을 받은 사람들이라면 출신 학교와는 그 외관이나 활동이 사뭇 달라 보이는 직장에서 경력을 시작하는 것이 통과의례라는 사실쯤은 안다. 우리의 가장 뛰어난 대학들은 고도로 분산된 학문 분과들로 이루어지며, 이 분과들은 저마다 커리큘럼을 갖추고 학문적 기준을 설정한다. 전문 학회와 학문적 저널들의 방대한 연결망은 수용 가능한 학문과 확증 가능한 지식이 무엇인지 규정한다. 시장의 힘에 의해 결정적인 선택이 이루어지는 숱한 제도들과는 달리, 대학의 의사결정은 공급과 수요의 압력으로부터 보호받는다. 뛰어난 대학의 질을 평가하는 생산성 척도나 손익 계정 따위는 존재하지 않는다.

만약 대학들이 시장에 기반을 둔 제도의 하녀가 된다면 우리는 대학을 어떻게 보게 될 것인가? 가령 고등교육의 경력이 일차적으로 개인적 부를 쌓기 위한 수단으로 전락한다고 상상해 보라. 경제학자의 관점에서 본다면, 대학교수들에게는 실현되지 않은 가치가 있다. 봉급을 받는 교수들이 자신과 자신이 속한 기관을 위해 추가적인 부를 창출하는 데 자신들의 사회적 지위를 사용하지 말라는 법이 있는가? 진리 추구와 부의 추구가 유인 구조에서 동일한 요인이 된다면, 대학에 대한 대중적인 인식 변화는 어떤 결과를 야기할 것인가? 특히 손쉽게 경제 가치로 전환될 수 있는 지식을 다루는 분야의 교수직에서 이미 이러한 변화가 부분적으로 일어나고 있다. 지금까지, 그 결과는 매우 혼재된 양상이다. 이 장에서는 기업 교수corporate professor를 둘러싼 논쟁에서 나타나는 일부 경향들에 초점을 맞추기로 하겠다.

오늘날 우리가 대학 문화의 표준으로 받아들이는 대학 활동의 변화는 1980년대에 가장 두드러지게 나타나기 시작했다. 1980년대는 공급측 중시[50] 경제학이 워싱턴에 처음 데뷔한 시기였다. 정부의 철학은 공공부를 창출하고 사회적으로 소외받는 계층을 위해 안전망을 제공하는 데에서 사적 이윤 추구 영역의 확장을 고무하는 쪽으로 그 역할을 전환했다. 정부의 새로운 철학은 개인적 선택과 책임을 극대화하면서 경제 성장과 경쟁력 확보를 가로막는 장애물을 제거하는 것이었다.

루즈벨트에서 레이건에 이르는 경제 정책의 변화와 함께 생물과학 분야에서도 혁명이 이루어졌다. 유전자 재조합 기술의 발견은 생물학을 아직 아무도 개발하지 않은 신약, 의학적 분석, 질병 처치의 새로운 임상 기법, 새로운 제조 방법 그리고 신물질 창조라는 무궁한 경제적 잠재력의 저수지로 바꾸어놓았다. 유전공학은 생물학을 유력한 분석적 장, 즉 생물의 구조와 특성을 연구했던 장에서 인간을 위해 이용될 수 있는 새로운 생명 형태를 창조할 수 있는 합성의 장synthetic field으로 변화시켰다. 이러한 변화의 도구를 제공했던 생물학의 하위 분야가 분자유전학이다. 이 분야의 과학자들은 유전자 절편을 자르고 다시 붙이는 화학 효소들을 발견했고, 모든 생물체의 유전 부호, 즉 DNA 조성을 해독

50 —— supply-side. 경제의 안정 회복과 인플레 억제를 위해 감세나 기업의 투자 확대 촉진법을 만들어 재화와 서비스 공급을 증가시킬 필요가 있다는 이론.

하기 위한 방법을 개발했다. 음속의 벽을 깨고 주기율표에 포함되는 인위적인 원소들을 창조한 공학자와 물리학자들과 마찬가지로, 생물학자들은 DNA 조각을 생물 문門을 넘어서 재조합했다.

유전자 이식 기술이 개발될 무렵, 순수생물학과 응용생물학 사이에는 문화적 격차가 크게 벌어졌다. 무상불하된 토지에 설립된 농대에서 응용생물학자들은 농작물과 식량원이 되는 동물의 바람직한 형질을 선별하기 위해서 전통적인 멘델 유전학 지식을 사용했다. 그러나 순수생물학자들은 DNA 조성을 비롯한 세포 구조, 식물의 물질대사 그리고 식물과 환경 사이의 상호작용 등을 연구했다. 응용생물학 분과들은 농업 관련 산업, 특히 전통적인 생명공학의 영역들과 긴밀한 관련을 맺었다. 거기에는 맥주 제조에 이용되는 효모처럼 미생물을 이용해서 식품과 음료의 좀 더 효율적인 발효 과정을 개발하는 분야도 포함되었다. 그러나 분자유전학에서 이루어진 발견들에 폭넓은 상업화 가능성이 있다는 사실이 인식되면서 생물학에서 순수와 응용의 구분은 그 의미가 바랬다. 유전자를 이리저리 옮길 수 있는 과학자면 누구든 '생명공학' 이라는 갓 출현한 영역에서 곧바로 값나가는 존재가 되었다. 유전자 재조합은 순수생물학과 응용생물학을 연결시키는 다리였다. 대장균의 유전학을 연구하는 데 자신의 경력을 바친 과학자는 미생물에서 사람의 단백질을 무한정 생산할 방법을 모색하는 제약회사에 매우 소중한 인물이 되었다. 따라서 자신의 연구가 갖는 상업적 가치를 알게 된 순수생물학자들은 직접 회사를 차리거나 새로 설립한 생명공학 기업에 자문을 해주기 시작했다.

1981년 3월 1일, 《타임》 지는 "실험실에서 생명을 고안하다"라는 표지 기사로 생명공학이라는 새로운 산업시대의 도래를 선언했다. 표지에는 세포의 DNA 가닥들에서 출현하는 백만장자 과학자 허버트 보이어의 얼굴이 실려 있었다. 샌프란시스코에 있는 캘리포니아 대학 교수인 보이어는 제넨테크Genentech라는 회사를 세웠다. 이 회사는 유전공학으로 새로운 약품을 개발하기 위해 세워진 1세대 기업 중 하나였다. 벤처 자본들은 수백 개의 발생기 생명공학 기업들을 창립했다. 이 기업들은 주요 대학들과 공생 관계를 맺었다. 그들은 회사의 연구 프로젝트에서 일할 새롭게 훈련된 대학원 학생들과 박사후 과정 연구자들을 찾고 있었다. 또한 회사들은 자문위원으로 활동하고, 벤처 자본과 고위험 투자를 끌어오는 데 필수적인 지적 '자본'을 제공해 줄 저명한 과학자들도 필요했다.

슬로터와 레슬리는 뛰어난 저서 『아카데믹 캐피털리즘Academic Capitalism』에서 몇몇 학문 분야들이 대학을 사기업의 앞마당으로 변모시키는 데 가담했다고 지적하면서, 교수들과 그들이 속한 대학의 새로운 기업가정신entrepreneurship을 파헤쳤다. 그들은 이렇게 말했다. "장사에 나서고 소속 교수들이 시장으로부터의 상대적인 차단막을 상실한 기초과학이 생물학만은 아니었다. 1990년대에 다양한 간학문적 센터와 학과들이 탄생했다. 그리고 재료과학, 광학, 인지과학 등의 분야들은 점차 시장 활동과 긴밀하게 연관되었다."[1]

그러나 극소전자혁명 초기였던 1950년대와 1960년대에 자신의 기업을 설립하기 위해서 대학을 떠났던 전기공학과와 달리, 미생물, 식물, 동물 그리고 인체유전학의 지도적인 과학자들은 (다른 응용과학 분야와 마찬가지로) 기업의 설립자가 되고, 주식 소유권을 가지고, 신기업의 과학 자문위원직을 맡으면서도 대부분 대학교수직을 유지했다. 이러한 이중 소속이 대학과 과학의 진전성에 미치는 영향은 이미 1980년부터 유명 저널들이 문제삼아 왔다.[2] 그러나 대학과 상업 사이의 연결이 어느 정도로 밀접한지 충분히 이해되기까지는 거의 10년의 시간이 필요했다.

1980년대 중반에 MIT에서 산학 연계academy-industry tie의 도덕적 영향에 대해 강연을 했을 때, 나는 다음과 같은 수사적修辭的 물음을 던졌다. 만약 생의학 과학자들이 생명공학 산업과 빠른 속도로 제휴하기 시작했다는 것을 보여주는 전국 지도가 있다면 과연 어떤 모습이겠는가? 이러한 연계에 참여하는 과학자들의 숫자가 적다면, 대학 문화에 미치는 영향은 무시할 수 있을 것이다. 그러나 지식을 발전시키면서 상업적 이해관계를 추구하는 것이 학문적 과학자들의 규범이 된다면, 학문적 과학이 그 도덕적 지위를 확보해 주었던 객관성의 기둥은 쉽게 상처를 입어 무너질 위험이 있다. 과연 학문적 과학의 독립성을 보호할 수 있을 만큼 공평무사한 과학자들의 숫자가 충분히 많은가?

이중 소속 과학자들

수년 후, 나는 이러한 물음 중 일부에 답할 수 있을 것이라고 판단했다. 하버드 대학의 대학원생들과 터프츠 대학 동료들의 도움으로 나는 새로운 생명공학 기업들의 데이터베이스를 개발했다. 신생 기업들은 1980년대 말까지 수백 개에 달했다. 공모주를 발행하는 대부분의 기업들은 자사의 과학 자문단 명단을 회사 문헌이나 연방에서 요구한 보고서에 실어놓았다. 공개 보고서를 제출하지 않은 사기업들에 대해서는 인사나 과학 자문위원들에 대한 관리 실태를 조사했다. 우리는 1985년에서 1988년 사이에 주요 연구대학의 교수진들이 이미 생명공학의 상업화에 깊이 포섭되었다는 사실을 발견했다. 이 자료 중 일부는 《사이언스》에 보도되었다.[3] MIT의 경우, 생물학과 교수 중 31퍼센트가 생명공학 기업들과 공식적인 관계를 가졌다. 스탠퍼드와 하버드에서는 생명공학 과학자들의 약 20퍼센트가 이중 소속이었다. 생물학의 상업화 초기 단계에서 비교적 짧은 기간 동안 우리가 수집했던 과학자 데이터베이스에는 기업과 공식적으로 관련을 맺은 생의학과 농업 관련 과학자 832명이 포함되었다. 하버드 대학에서는 교수진이 43개 기업과 연관되었고, 스탠퍼드, MIT 그리고 UCLA는 각기 25, 27 그리고 19개 회사와 관련되었다. 이런 현상은 같은 대학 소속 과학자들이 서로 경쟁하는 기업들을 위해 일한다는 것을 뜻했다. 따라서 더 이상 과학자들 사이의 정보 공유는 당연한 것으로 간주되지 않았다. 저마다 지적 재산권을 보호하려고 골몰하는 43개의 기업들에 대한 의무 때문에 대학 교수들이 의사소통에 스스로 어떤 제약을 부과할지 쉽게 이해할 수 있다. 한 명문 대학에 재직하는 과학자들은 동료들이 "혹여 누군가가 그 〔아이디어〕로 돈을 벌지 모른다는 생각에 세미나에서 질문을 하거나 어떤 식으로든 제안하기를 몹시 꺼려한다"[4]고 보고했다.

약 800명의 생명공학 교수들을 대상으로 한 설문조사 (1992년에 발표되었다) 결과는 그중 47퍼센트가 기업에 자문을 하고 있고, 약 25퍼센트가 기업이 지원하는 연구비를 받거나 기업과 계약을 맺고 있고, 8퍼센트는 그 회사의 상품이 자신의 연구와 관계가 있는 기업의 주식을 보유하고 있다는 사실을 밝혀주었다.[5]

많은 대학들은 교수들의 기업 활동을 눈감아주는 대신 이런 관계로 벌어들이는 짭짤한 간접비overhead에 경의를 표했다. 두 연구자들은 자신들이 속한 샌프란시스코 캘리포니아 대학UCSF에서 나타난 교수-기업

관계를 연구했다. UCSF의 교수진들은 연방과 주 당국의 규정에 따라 이해상충 공개 양식disclosure form 작성을 요구받았다. 연구자들은 1980년에서 1999년 사이에 작성된 서류들을 조사했고, 기업 후원자들과 사적인 재정적 관계를 가진 주요 연구자들의 숫자가 3배로 늘어났다는 사실을 발견했다(1985년에 2.6퍼센트에서 1997년에 7.1퍼센트로). 또한 연구비를 받은 적이 있는 주요 연구자들의 32퍼센트가 연구비를 받은 회사나 기관의 과학 자문단이나 이사진의 지위에 따른 보수를 받았다는 것도 밝혀냈다. 저자들은 이렇게 말했다. "기업 설립, 자문위원 활동, 주식 보유 등의 복잡한 관계가 비일비재했다. 이는 용납할 수 없는 정도는 아닐지라도 문제가 있는 것으로 간주되었다."[6] 2001년에 《네이처》는 편집자 서문에서 이렇게 밝혔다. "전 세계 생명공학 기업의 3분의 1이 캘리포니아 대학의 교수진들에 의해 설립되었다."[7]

이제 미국 대학에서는 교수가 사적 부문의 자문역을 맡고, 기업의 과학 자문위원으로 활동하고, 기업의 사례금을 받고, 인가나 특허를 출원하고, 신생 기업에 참여하는 것이 일반적인 규범이 되었다. 프린스턴과 미시건 대학의 총장을 역임했던 해럴드 샤피로는 《뉴욕 타임스》와 가진 인터뷰에서 이렇게 말했다. "내 생각에 근대 과학 연구의 역사에서 대학의 생물학 연구자들 중에서 이렇게 많은 숫자가 영리를 추구하는 생명공학 기업에 관여한 적은 한번도 없었다. …… 이들 기업의 경제적 이익과 잠재적 갈등을 빚지 않는 과학자를 찾기가 힘들 정도이다."[8] 과연 과학에 아무런 해도 입히지 않으면서 이런 행동 패턴이 지속될 수 있겠는가? 《미국 의학협회 저널》의 편집자 서문을 쓴 필자는 이렇게 말했다. "연구자가 자신의 연구와 관련이 있는 기업에 경제적 이해관계가 있거나 그 회사의 연구비를 받을 때, 그 연구의 질이 낮아지고, 후원자의 상품에 유리한 결과가 나올 가능성은 높아지는 반면, 출간 가능성이 낮아지고 출간이 지연되기 쉽다."[9]

9장에서 나는 연구비 출처나 산학 연계가 과학 연구에 편향을 줄 수 있는지에 대해 물음을 제기할 것이다. 그러나 그 전에 또 하나의 문제를 다루어야 한다. 대학 교수들이 자신들이 발표한 연구에 대해 가지는 경제적 이해관계를 어떻게 평가할 것인가?

출간된 연구에 대한 저자의 이해상충

몇 해 전, UCLA 의대의 로젠버그 교수와 나는 이런 의문들을 해결하기 위해 공동연구를 결정했다. 과학과 의학 분야의 저명 저널에 논문을 게재하는 주 저자는 (일반적으로 선임 연구자) 그 논문 주제에 재정적 이해관계가 있는가? 다시 말해서, 연구 발표에 얼마나 많은 이해상충이 빚어지는가 그리고 그런 갈등이 있다면 공개되는가?

사회과학이든 자연과학이든, 연구와 관련해서 확실한 진리 중 하나는 답을 얻는 것보다 문제를 제기하는 편이 훨씬 쉽다는 것이다. 때로는, 불가능하지는 않더라도, 어떤 주제를 해결하기 위한 바람직한 데이터를 얻기 힘든 경우가 있다. 다른 경우에는 너무 비용이 많이 들어서 연구가 어려울 때도 있다. 우리가 제기한 물음에 답하려면, 먼저 "재정적 이해관계가 있다"는 말이 무엇을 뜻하는지 그 기준을 마련할 필요가 있다. 왜냐하면, 연구의 첫 번째 원리들 중 하나로 자신이 정의하지 않는 것을 판단할 수 없기 때문이다. 둘째, 저널에 논문을 발간한 저자들이 "재정적 이해관계가 있다"는 우리의 정의에 부합하는지 판정할 수 있는 기법을 개발할 필요가 있다.

다행스럽게도 과학자들이 어떤 상황에서 자신의 연구와 관련된 재정적 이해관계를 공개해야 하는지에 대한 실례를 제공하는 연방과 전문가 가이드라인이 존재한다. 우리가 직면했던 문제점은 특정 과학자의 모든 이해관계를 포괄하는 척도를 얻을 수 없다는 것이었다. 가령 보유주나 사례금과 같은 일부 수입은 개별 과학자를 조사하는 경우를 제외하면 모든 연구 범위에서 제외되었다. 따라서 우리는 문제 해결을 위해 이용 가능한 객관적인 정보를 이용하기로 결정했다. 그것은 설문조사에 대한 주관적인 응답을 사용하는 전통적인 방법과 상반된 것이었다.

우리는 학문적 과학자들의 측정 가능한 세 가지 이해관계를 선택했다. 그것은 그 과학자의 연구와 연관되는 분야의 상품을 개발하는 회사의 과학자문위원회에 참여하는 경우 그리고 자신의 연구와 밀접하게 연관되는 발명이나 발견에 대한 특허를 갖거나 출원 중인 경우, 그리고 마지막은 그 과학자의 연구와 관련된 상품을 생산하는 회사의 직원이거나 중요한 주식 소유자인 경우이다. 이 연구의 상세한 내용에 대해서는 10장을 참조하라.[10]

우리는 조사를 시작하면서 자신의 연구에 재정적 이해관계가 있는 과학자들이 있을 것이라고 예상했지만, 그 정도로 심각한 수준일 것이라고는 전혀 예상치 못했다. 논문의 거의 34퍼센트(267편)의 제 1저자가, 최소한 우리의 척도에서, 재정적 이해관계를 가지고 있었다. 다시 말해서, 14개 저널 중에서 매사추세츠 주를 기반으로 활동하는 과학자가 쓴 논문을 무작위로 1편 선택했을 때 주 저자가 그 결과에 재정적 이해관계가 있을 확률이 3분의 1이라는 뜻이다. 또한 우리는 주 연구자들 중에서 자신의 재정적 이해관계를 밝힌 사람이 아무도 없다는 사실도 발견했다. 1992년에 대부분의 저널들이 저자에 대한 이해상충 공개를 의

무화하지 않았다는 점을 감안한다면, 이러한 발견은 그리 놀라운 것이 아니다. 10장에서는 이해상충에 대해 저널들이 수립한 정책의 본질과 그 효율성을 다룰 것이다.

매사추세츠 주의 학문적 과학자들이 상업적 관련도에서 다른 주의 과학자들과 비슷하다고 확언할 수는 없지만, 우리의 발견은 (설령 그 정도가 전국 평균의 2배라 할지라도) 상당한 우려를 낳는다. 과학에서 나타나는 기존의 일탈(부정행위, 편향, 윤리 규범 위반 등) 정도와는 무관하게, 연구 활동에 상업적 가치가 개입되는 현상은 분명 사태를 악화시킬 것이다. 우리가 저자들로부터 표본으로 추출한 논문의 3분의 1에서 해당 주제와 관련된 재정적 이해관계가 드러났다는 사실은 학문적 과학과 사업이 이미 합병되었음을 말해 준다. 이러한 합병의 결과가 무엇인지는 아직 충분히 밝혀지지 않고 있다. 그러나 학문적 과학자들의 규범과 동기에 대한 연구에 새로운 변수들이 추가되어야 한다는 것은 분명히 알 수 있다.

대학이라는 상표 붙이기

대학이라는 상표를 붙여 상품을 보증하는 상황은 아직 먼 일일까? 예측건대, 대학 이사회만이 자신들의 로고나 명칭을 일부 벤처 사기업의 이익을 위해 사용하도록 허가할 수 있을 것이다. 대체로, 상업적 항목에 대학의 이름을 사용하도록 허가한다는 생각은 공개적으로 수용되지 않았다. 그러나, 대중들의 마음속에서, 특정 대학이 해당 상품을 보증한다는 의미로 번역되도록, 교수들이 특정 상품에 대학의 명칭이나 제휴관계를 사용하는 사례들이 있다.

《뉴스 & 옵서버*News & Observer, Raleigh, North Carolina*》 지에 보도되었듯이, 노스캐롤라이나 주립대학(NCSU)의 한 조교수는 닭의 사체 처리 방법을 개발했다. 매년 죽거나 병든 수천 마리의 닭을 처분해야 하는 양계업에서는 사체를 처리하는 방법이 큰 골칫거리이다. 이 교수는 자신의 아이디어를 판매할 회사를 차렸다. 회사 홍보물에는 이 기법이 NCSU 교수에 의해 개발되었고, 이 공정이 "NCSU 양계학과에서 정한 성능규격 performance specification을 만족시킨다"[11]고 적혀 있었다. 그러나 취재 결과 《뉴스 & 옵서버》의 기자들은 이 학과에 어떤 성능명세도 없다는 사실을 알았다. 대학 이름이 광고를 위한 목적으로 부적절하게 사용되었다는 사실이 밝혀지면서 남아 있던 홍보물은 폐기되었다.

NCSU에게는 불행한 일이었지만, 이런 사례는 여기에서 그치지 않았다. NCSU의 교수이자 잡초를 연구하는 또 다른 과학자는 제초제를 생산하는 프랑스의 롱프랑Rhone-Poulenc 사에 자문을 해주었다. 그런데 그의 이름이 이 회사가 발행한 소책자에 (그리고 다른 회사인 스톤빌 종자회사 Stoneville Seed가 낸 홍보물에도) 실렸다. 이 책자는 제초제에 내성을 가지는 신종 유전자 조작 식물을 선전하는 내용이었다.[12]

대학기술관리자협회[51]에 따르면, 180개 이상의 대학이 886개에 달하는 신생 기업의 주식 보유분을 가지고 있다고 한다. 이처럼 대학의 이름이 특정 상품과 결부되는 현상은 점차 증가하고 있다. 이런 경향은 오늘날 미국 상품 사전辭典의 일부가 된 명칭들 중 일부만 살펴보아도 분명히

51 —— Association of University Technology Managers, 베이돌 법안 이후 미국 대학들에는 특허출원을 원활히 하기 위해 기술이전 사무소(technology licensing office, TLO)들이 우후죽순처럼 설립되었다. 이러한 기술이전 사무소들의 네트워크 단체가 대학기술관리자협회이다.

알 수 있다. 플로리다 대학은 '게토레이'를 탄생시켰다. UCLA는 '니코틴 패치'를 개발했고, 스탠퍼드 대학생이 '야후!'와 '구글' 검색 엔진을 탄생시켰다. 그 대학이 상품을 보증 선전하지 않더라도 특정 대학의 이름을 명시한 교수들 자신이 상품을 보증하고 있다. 예를 들어, 서던 캘리포니아 치과대학의 마취와 약물과장인 스탠리 맬러메드 교수는 '적정 용량의 무통 마취약'을 주입하도록 설계된 '완드The Wand'라는 치과 의료기를 개발했다. 맬러메드 교수는 마일스톤 사이언티픽Milestone Scientific이라는 생의학 회사의 자문위원으로 있으면서 이 제품을 홍보했고, '완드'의 문제점을 한번도 지적하지 않았다.[13]

그동안 대학들은 의료 기법이나 상품이 선전에 대학명 사용을 허락하는 데 무척 신중을 기해 왔다. 교수들에게 자율권과 제휴의 자유가 허용되었다는 것은 그들이 대학교수라는 점을 이용해서, 사실상 자유롭게, 상업 기업을 홍보하고 대학과 기업 사이의 암묵적 관계를 수립할 수 있게 되었다는 것을 뜻한다. 권위 있는 대학의 교수 이름이 기업의 홍보물에 등장하면, 그 대학의 공신력이 기업이나 상품으로 전이된다. 이때 대학은 단 하나의 문제 있는 상품으로도 항구적으로 그 명성을 더럽히고 상품의 신뢰성을 둘러싼 소송에 휘말릴 수 있는 위험에 처한다. 슬로터와 레슬리는 탈리도마이드나 가슴 보형물과 같은 상품에 대한 엄청난 법적 도전에 대항해서 스스로를 방어해야 하는 사태가 발생할 경우 대학이 받게 될 엄청난 경제적 피해를 경고했다.[14]

대필가

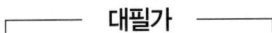

대학 생활에서 표절보다 더 보편적인 단죄를 받게 하는 금기 사항은 거

의 없을 것이다. 많은 대학들은 학문적 진정성에 대한 가이드라인을 가지고 있고, 이것을 신입생들에게 배포한다. 내가 속한 대학의 가이드라인은 표절에 관한 항목을 다음과 같이 규정하고 있다. "은행의 횡령이나 제조업에서 자신의 제품에 거짓 상표를 붙이는 일에 해당하는 학문적 부정 행위가 표절, 즉 사실이 아님에도 불구하고 자신의 독자들에게 그가 읽고 있는 것이 저자의 독창적인 연구라고 믿게 만드는 행위이다!"[15]

전문가들의 경우, 상황은 더 복잡해진다. 예를 들어, 유명 인사들은 책을 쓸 때 대필가ghostwriter를 고용한다. 때로 그들의 이름은 책 표지에 등장하지도 않는다. 대필가에게는 아무런 저작권도 없고 오로지 돈만 주어질 뿐이다. 마찬가지로 미국 대통령과 그 밖의 공사다망하고 지체 높은 공직자들에게는 연설 작가speechwriter가 있다. 누군가가 존 케네디의 "국가가 여러분을 위해 무언가를 해줄 것을 요구하지 말고, 여러분이 국가를 위해 무엇을 할 수 있는지 물으라"라는 유명한 말의 원고를 썼다. 서독에서 베를린 시민들이 눈물을 흘리게 했던 연설 중에 나오는 "나는 베를린 시민입니다Ich bin ein Berliner"[52]라는 말 또한 마찬가지이다. 그러나 습관적으로 우리는 대필가가 쓴 말의 공적을 처음 그 말을 쓴 사람이 아니라 그 말을 한 사람에게 돌린다.

저작권법과 관련해서 어떤 말을 쓴 사람이 그 말에 대한 저작권을 가진다는 가정이 있다. 물론 그 저작권은 도작stealth이나 표절로부터 옹호

52 —— 동독이 베를린 장벽을 세운 직후인 1963년 6월 26일 서베를린에 간 케네디가 한 연설로 미국이 변함없이 서베를린을 지원하겠다는 뜻을 담고 있다. 당시 고립무원 지경이었던 서베를린 시민들은 이 말을 듣고 큰 감동을 받았고 자부심을 느꼈다. 'Ich bin ein Berliner'는 2000년 전 로마 시민들이 자신들의 자부심을 표현했던 '나는 로마 시민이다'라는 말에서 빌려온 표현이다.

되고 보호받아야 마땅하다. 그런데 저작권법에 '고용저작물'[53]에 대한 규정이 만들어졌다. 어떤 사람이 저자에게 글을 쓰거나 연구를 해줄 것을 계약했다면, 그 저자는 저작권을 갖지 않을 수 있으며 저작권을 주장할 수 없다는 것이다. '고용저작물'에서는 글이 변경될 수 있으며, 일반적으로 원저자의 이름으로 발표되지 않는다. 마찬가지로, 대부분의 일간 신문들은 신문사에 소속된 기자들이 쓴 기사의 저작권을 보유한다. 설령 그 기자가 기명 기사를 쓰더라도 마찬가지이다. 그러나 신문은 원저자의 이름을 그 기사를 쓰지 않은 누군가의 이름으로 대체하지 않을 정도로는 저작권을 존중한다.

논문 저자로 어떤 과학자나 의학자의 이름이 올라 있을 때, 그 사람이 쓴 글이라고 가정할 수 있을까? 과학과 의학에 대필 산업이 존재한다는 사실을 안다면 사람들은 깜짝 놀랄 것이다. 이 산업의 대상은 학생들이 아니라 전문적 과학자와 의학 연구자들이다. 2000년 4월, 《하트포드 커런트*Hartford Courant*》 지에 실린 심층 기사에 다음과 같은 내용이 실렸다."

"1994년, 위스 사(제약회사)는 '익서프스 메디카Excerpts Medica'라는 뉴저지 주에 있는 의학 출판사와 18만 달러의 계약을 맺었다. 이 출판사는 제약회사들에게 매우 소중한 도구를 제공해 주었다. 즉, 유명 의학 저널에 실리는 과학 논문들을 기성품처럼 제조해서 영향력 있는 학계 지도자들의 승인을 얻어주는 대행업을 해준 것이다."[16]

53 —— work for hire(WFH). 저작권법에서 "법인 · 단체 그 밖의 사용자("법인 등")의 기획하에 법인 등의 업무에 종사하는 자가 업무상 작성하는 저작물로서 법인 등의 명의로 공표된 것 ("단체명의 저작물")의 저작자는 계약 또는 근무 규칙 등에 다른 정함이 없는 때에는 그 법인 등이 된다"고 규정하고 있다. 대부분 계약에서 특별한 규정이 없는 한, 고용관계에서 창작된 저작물은 고용주 명의로 발표되고, 고용주가 저작권을 갖게 된다.

이 회사의 작업 방식은 다음과 같다. 익서프스는 자신의 이름을 논평, 편집자 서문, 평론, 또는 연구 논문에 싣는 것을 허락해 줄 권위 있는 학자를 찾는 한 회사와 계약을 맺었다. 그 논문은 계약을 의뢰한 회사측이나 익서프스가 고른 누군가에 의해 대필된 것이었다. 이러한 행위는 논문에 이름을 빌려준 학자가 항상 최종 검토를 한다는 그럴싸한 주장으로 변호되었다. 이것은 우리가 학생들에게 요구하는 최소한의 표절 기준마저도 위배하는 것이다. 《하트포드 커런트》가 보도한 사례의 경우, 논문 필자는 회사의 기준에 따라 연구하고 논문을 작성한 대가로 5천 달러를 받은 프리랜서였다. 저자로 이름을 빌려준 대학 과학자는 1500달러를 받았다.

제약회사 대표들은 프리랜서가 대필한 논문을 저널에 싣는 일이 흔하다고 주장한다. 일부 의학과 과학 저널은 논문에 이름이 올라 있는 저자들에게 한 사람씩 연구논문이나 그 밖의 저작물에서 실질적인 역할을 했는지 일일이 묻는다. 《미국 의학회 저널》은 저자들에게 저자 표기 기준을 지키겠다는 다음과 같은 서약서에 서명하도록 요구한다. "나는 이 연구의 구상, 계획, 자료 분석(분석이 있는 경우) 그리고 원고 집필에 충분히 참여했으며, 이 연구에 공적 책임을 진다."[17]

셸던 램프턴과 존 스토버는 『우리를 믿어, 우리는 전문가야*Trust Us, We're Experts*』[54]라는 저서에서 이렇게 썼다. "제약회사들은 자사의 약품을 선전하기 위해 광고회사들을 고용한다. 그들의 판촉 활동에는 동료평가되는 저널에 논문을 기고하기 위해 프리랜서 작가들을 고용하는 것도 포함된

54 —— 이 책은 『거짓 나침반: 거대 기업과 전문가들은 어떻게 정보를 조작하는가』(정병선 옮김, 시울)이라는 제목으로 출간되었다.

다. 이렇게 대필된 논문들은 역시 고용된 박사들의 이름으로 발표된다."[18] 과학과 의학 분야에서 대필이 이토록 만연한다면, 전문 학회와 저널이 그것을 과학 부정행위scientific misconduct의 한 형태로 간주해서 불신임하지 않는 까닭은 무엇인가?

《가디언 위클리*Guardian Weekly*》의 건강 부문 편집자인 새라 보슬리는 의학에서 날로 성행하는 대필 현상을 보도했다. 조사 결과를 인용하면서 보슬리는 영국의 정신의학자들이 대필 기사에 이름을 빌려주고 받는 돈이 당시 시세로 건당 3천 달러에서 많게는 1만 달러에 달한다고 썼다. "원래 대필은 기업 후원을 받는 의학 잡지 부록으로 국한되었지만, 이제는 연관 분야의 모든 주요 저널들에서도 찾아볼 수 있다. 일부 경우, 저자로 이름이 올라 있는 과학자들이 자신들이 쓰고 있는 논문의 원 자료를 한번도 보지 못했을 수도 있다—그것은 단지 기업에 고용된 사람들이 만든 도표에 불과하다."[19]

2002년 5월, 《뉴욕 타임스》는 자신들의 검사실에 제약회사 판매 대리인들이 들어올 수 있게 해주는 대가로 돈을 받은 의사에 대한 기사를 공표했다. 워너 램버트(후일 거대 제약회사인 화이자에 합병되었다) 사는 뉴론틴Neurontin이라 불리는 간질약으로 승인받은 약품의 비승인 사용[55]을 확장하려는 새로운 마케팅 전략을 실험하고 있었다. 봉인되지 않은 법정 문서들은 워너 램버트 사 역시 뉴런틴의 비승인 사용에 대한 논문을 쓰고 그 논문 저자로 서명해 줄 의사들을 찾기 위해 두 개의 마케팅 업체를 고용했다는 사실을 밝혀주었다.[20] 워너 램버트 사는 기사당 1만

55 —— off label use, 질환 치료를 위해 미국 식품의약품국(FDA)이 승인하지 않은 약물을 복용하는 것.

2,000달러를 회사측에 주었고, 논문 저자로 서명해 준 의사들에게는 1천 달러씩을 주었다.

대필이나 명예 저자 기재honorary authorship가 일반적으로 과학 규범 위반으로 간주되는지는 확실치 않다. 일부 저자들은 이런 활동에 자신들이 관여되었다는 것을 태연스레 인정하기도 했다. 이러한 저자 기재 악용에 대한 관용과 혐오의 정도는 저널마다 다르다.

그렇다면 이런 일이 실제로 얼마나 많이 일어나고 있을까? 한 조사팀은 일군의 의학 저널을 대상으로 이 물음에 대한 답을 구하려고 시도했다.[21] 그들은 일반 의학 저널의 저자 809명을 대상으로 설문조사를 했다. 이 저널들 모두, 출판 윤리에 대해 특별한 관심을 가진 편집인들의 자발적인 모임인, 국제의학저널편집자위원회International Committee of Medical Journal Editors, ICMJE가 발행한 저자 기재 가이드라인을 준수하고 있었다. 연구자들은 컴퓨터를 이용한 무작위 표본 추출 방법으로, 1996년에 이 저널에 발표된 논문들 중에서 표본을 추출했다. 그들은 6개 의학 저널에서 표본으로 삼은 809편의 논문들 중에서 93편(11퍼센트)이 대필되었다는 사실을 알아냈다. 좀 더 자세히 분석하면, 연구논문은 13퍼센트, 리뷰 논문은 10퍼센트 그리고 편집자 서문은 6퍼센트였다. 이처럼 높은 비율은 대필 저자 기재가 과학 출판의 규범 내에서 나타나는 단순한 일탈aberration이라고 보기 힘들다(같은 연구에서 명예 저자 기재도 19퍼센트로 나타나 이런 관행이 만연해 있다는 사실이 드러났다).

대필 논문이 유령 저자 기재phantom authorship 사례라면, 사기의 다음 단계는 과학자들의 날조된 경력 증명credential이다. 대필 저자와 마찬가지로 많은 사례들은 논쟁이 벌어지거나, 법정에서 소송이 진행되거나, 또는 법정 문건들이 공개되는 경우에만 세간에 알려진다.

거짓 경력의 과학자들과 법정 소송

1999년에 시카고 법률사무소에서 연락이 왔다. 그들은 내게 소송의 원고측을 위해 전문가 증인이 되어줄 수 있느냐고 물었다. 그들이 내게 접촉해 온 이유는 그 사건이 윤리와 과학적 진정성의 문제를 포함하고 있기 때문이었다. 나는 애틀랜타 구區 조지아 북부지구 지방법원에서 온 엄청난 양의 서류 더미를 받았다. 내가 검토한 서류들은 무척 흥미로운 것들이었고, (그 서류들이 신뢰할 만하다면) 피고측인 기업과 여러 학문적 연구자들 사이에서 문제가 될 만한 행위가 있었다는 것을 보여주었다. 내 역할은 서류를 읽고, 서류에 기술된 활동이 현행 과학 윤리 규범에 저촉되는지 여부를 판단하는 것이었다.

이 사건은 2002년 초에 재판에 회부되었고, 과거에 법원 명령으로 봉인되었던 문건 일부가 공개되었다(지금은 전체 기록이 공개되었다). 이 사건은 기업이 어떻게 다음과 같은 활동에 개입하게 되는지 잘 보여준다. 자사 제품이 그 배후에 있는 과학적 주장을 뒷받침하기 위해서 의도적으로 학계를 대상으로 한 연구비 지원 전략 수립, 과학자들과의 연줄 맺기, 연구 프로토콜 수립에 대한 개입, 대학 과학자들의 논문 초고 편집, 과학자들이 회사에 유리한 논문을 출간하기에 적합한 저널을 찾도록 도와주는 일 등이 그런 활동에 포함된다.

이 사건의 원고는 앨리전스 헬스케어 코퍼레이션Allegiance Healthcare Corporation이었다. 이 회사는 수많은 건강관리 상품을 제조해서 배포하는 기업이었고, 제품 중에는 천연고무 라텍스 장갑도 들어 있었다. 앨리전스 사는 런던 인터내셔널 그룹의 자회사이며 건강관리 분야의 경쟁 업체인 리전트 호스피털 프로덕츠Regent Hospital Products 사를 상대로 소송을 제기했다(이 회사도 천연고무 라텍스 장갑을 생산했다). 원고측의 주장은 리전트 사가 사실을 호도하는 거짓 광고를 했고, 그로 인해 자사 라텍스 장갑의 시장 점유율이 떨어졌다는 것이다. 고소장은 다음과 같다. "리전트 사가 자사 천연고무 장갑에 대해 벌인 판매촉진 활동은 대체로 다른 제조업체들의 천연고무 라텍스 장갑에 반하는 활동이었다."[22]

그런데 앨리전스 사의 고소 내용에는 리전트 사의 핵심 직원인 마거릿 페이라는 여성의 학력 증명이 완전히 거짓이라는 내용도 포함되어 있었다. 그녀는 리전트 사의 국제 의학 홍보 이사라는 직함을 가지고 있었다. 고소인은 재판정에서 다음과 같은 모두冒頭 진술로 소송을 시작했다.

> 리전트 사는 페이 이사가 뉴욕에 있는 컬럼비아 대학에서 학사 학위를 받았고, 미네아폴리스 세인트 폴에 있는 미네소타 대학에서 박사학위를 받았으며, 코넬 대학을 비롯한 여러 대학에서 면역학으로 박사후 연구를 했고, 버지니아 의대에서 외과 교수를 지냈다는 사실을 한두 차례 공개했다. 리전트 사는 페이 이사가 국립과학재단과 국립과학아카데미 그리고 미국과학아카데미 회원이었다는 주장을 하기도 했다. 그러나 이 모두가 거짓이다…… 그중 어느 것 하나도 사실이 아니다.

나는 상당한 시간을 들여 마거릿 페이의 과학 경력이 완전히 조작되었다는 주장을 뒷받침하는 일차적인 증거들을 검토했다. 이 조작이 특히 중요한 의미를 가지는 까닭은 국제 의학 홍보이사인 페이가 2,000만 달러의 외부 연구 자금을 책임지고 있기 때문이었다. 나는 그녀의 과학적 지위가 날조되었다는 증거가—페이에 대한 전기, 소책자, 이력서 그리고 때로 보건과 의료 관계 저널에 실린 기사 등—명백하다는 확신을 갖게 되었다.

그녀의 졸업 증명서를 조사한 결과 컬럼비아 대학에서 학위를 받지 않았을 뿐 아니라 아예 이 학교를 다닌 적조차 없다는 사실이 드러났다. 페이는 컬럼비아 퍼시픽 대학을 잠깐 다닌 적이 있었다. 그런데 이 대학은 캘리포니아 사립 중등 이후 교육과 직업 교육 위원회로부터 인가를 받지 못한 학위 남발 대학이었다. 이 사이비 대학은 원격 교육 전문이었고, 그 사람의 인생 경력으로 학점을 주었다. 고소인이 제출한 증거에 따르면 페이가 미네소타 대학을 다닌 기록이 전혀 없고, 성형외과를 포함해서 버지니아 의대의 교수를 지낸 적도 없었다. 그녀는 한때 버지니아 의대에서 '방문 연구교수'로 있었다. 이것은 대학 도서관에서 연구할 수 있는 지위로 보수를 받지 않는 명예직이었다. 그녀는 코넬 대학이나 미네소타 대학을 다닌 적도 없었다. 게다가 과학계 인사라면 누구나 알듯이, 국립과학재단에는 회원 제도가 없다. 또한 페이는 미국에서 가장 저명한 과학 단체인 국립과학아카데미 회원으로 선임된 적도 없었다. 이처럼 완전한 과학 경력 날조는 (그녀에게는 유일하게 간호사 학위가 있을 뿐이었다) 재판의 반대 신문 과정에서 그녀 자신도 인정했다. 이 사건에 대한 공판은 2002년 2월에 있었다. 원고가 리전트 사의 북미 사업부 전무이사에게 질문한 내용이 다음과 같이 기록되었다.

문 | 리전트 사가 했던 일 중 하나가 그녀(마거릿 페이)의 경력을 조작한 것이지요? 맞습니까?

답 | 그렇습니다.

문 | 그 이유는 버지니아 대학과 같은 곳에서 성형외과 교수로 있었다는 것이 엄청난 영향력을 갖기 때문인가요? 그렇습니까?

답 | 목록에 있습니다. (그 직함은 회사가 발행한 그녀의 경력 목록에 올라 있었다.)

문 | 내 추측으로, 리전트 사의 대표로 이 재판을 위해서 많은 시간과 비용을 들여 준비했을 것 같습니다. 그렇다면 리전트 사가 전 세계에 이 분야의 최고 전문가 중 한 사람이라고 끝까지 주장했던 페이 씨의 경력 검증을 시도했던 적이 단 한 번이라도 있었습니까?

답 | 없습니다.

심지어 리전트 사는 페이의 경력이 완전히 날조된 것이라는 사실을 알고 난 후에도 페이와 함께 일했던 연구자와 대학을 포함해서 모든 사람들에게 그 사실을 숨기기로 결정했다.

문 | 페이 씨의 경력에 대한 진실을 공표하지 않기로 한 결정은 리전트 사와 런던 인터내셔널의 최고위층에서 이루어졌습니다. 맞습니까?

답 | 그렇습니다.

페이와 (또는) 리전트 사는 공모해서 그녀의 터무니없는 경력을 위조했을까? 페이 씨의 경력 위조로 리전트 사의 지원을 받았던 대학들의 과학자와 했던 공동 연구에 어떤 영향이 있었는가? '경력을 조작한' 과학자 그리고 "감쪽같이 속았거나" 또는 기꺼이 보너스를 챙겼을 기업의 다른 의학 연구자들과 공동으로 이루어진 연구에서 어떤 종류의 연구비 지원, 대필, 연구 조작과 통제 등이 이루어졌을까?

공판 과정에서 페이가 논문 대필에서 한 역할에 대한 질문이 나오자 리전트 사의 대표는 이렇게 대답했다.

문 | 귀하는 리전트 사에 고용되어 있는 동안 페이 씨가 다른 연구자의 이름으로 발표된 논문들을 대필하고 있었다는 사실을 알았습니까?

답 | 그녀가 논문을 대필하고 있다는 것을 알았습니다.

문 | 귀하는 미국 피고측의 최고위 직책의 사람으로서 페이 씨가 논문을 대필할 뿐 아니라, 귀하의 홍보 기업인 '매닝, 샐비지 앤드 리' 사가 연구자들을 위해 논문을 대필해 주고 있다는 것을 알고 있었습니까?

답 | 그렇습니다.

리전트 사에서의 지위를 통해, 그녀는 미국과 유럽의 수십 명의 학문적 과학자들에게 리전트 사의 라텍스 장갑을 검사해서 이 장갑이 경쟁사 제품들에 비해 여러 모로 장점이 있다는 결론을 내리도록 자금을 지원하도록 했다. 그녀는 검사 프로토콜 설계에 도움을 주었으며, 대필 논문의 초안을 잡고 잡지에 기고했다. 그리고 그녀는 리전트 사에서 연구비를 받은 저자들이 자사와 경쟁사 제품에 대한 과학적 발견이 포함된 원고를 대폭 손질했다. 페이의 역할은 발표된 논문의 연구 결과를 적절히 손봐서 자사 제품을 가능한 한 좋게 평가하고, 경쟁사 제품에는 최대한 불리하게 만드는 것이었다. 그녀가 자신들의 과학 논문을 수정했다는 사실에 대해서 과학자 저자들은 엄밀한 과학적 훈련을 받았고 유명 대학 학위를 가진 동료가 내릴 수 있는 판단으로 간주했다. 우리가 동료 과학자들의 판단을 신뢰하는 까닭은 그들이 받은 훈련과 연구 경력의 확실성에 기반한다. 더구나 이 경우, 그 동료는 처음부터 끝까지 날조된 학력으로 무장하고 학문적 과학자들의 연구와 그 밖의 활동을 지원하는 돈을 좌지우지하는 회사의 고위직 임원이었다. 리전트 사의 많은 연구는 그 결과가 자사의 시장 목표와 충돌할 경우 출간을 중단한다는 조건하에서만 자금을 지원받았다. 이처럼 의심스러운 활동이 법에 위배된다는 명백한 증거는 없다. 그러나 이러한 활동과 기업의 의사결정은 부패와 편향을 낳는 지름길이었다.

이 사건에 대한 배심원들의 판정은 대체로 피고에게 유리한 방향으로 내려졌다. 그러나 두 가지 문제에 대해서는 법정이 원고의 손을 들어주었다. 페이의 경력 증명이 거짓이고, 가짜 학위들이 상업적인 목적에 이용되었다는 판결이 그것이었다. 그러나 배심원들은 페이의 사기 행각이 앨리전스 사에 아무런 손실도 입히지 않았다고 판정했다.[23] 겉보기로 배심원들은 페이의 사기 행위를 용서하고 있었다. 최소한 두 회사가 시장 점유율을 놓고 다투는 싸움에서 그 문제는 실종되었다.

이 대목에서 나는 이렇게 묻고 싶다. 과연 이 판결이 자체 전문가를 갖추고 자신들을 위한 과학을 만들어내는 행위가 정당하다고 생각하는 기업들에게 어떤 메시지를 줄 것인가?

결국 과학 윤리에 대한 나의 증언은 배심원들 앞에서 이루어지지 못했다. 이 재판을 담당한 판사는 과학적 진정성을 주제로 한 나의 증언을 금해 줄 것을 요청한 발의와 관련해서 리전트 사에 유리한 판결을 내렸다. 판사는 연방 판례(즉, 도버트 메렐 도우Daubert v. Merrell Dow 사건[56])[24]에 대한 좁은 해석에 기반한 논변을 수용했다. 이 해석은 전문가 증언을

56 —— 과학적 증거의 허용성에 대해서 하나의 준거가 되었던 1993년 미국 연방 최고법원의 판결. 이 판결을 통해 과학적 유효성을 검사 기법의 신뢰도와 관련 학계의 평가 및 승인 여부, 검사 절차의 적절성 등을 중심으로 판단해서 증거 허용 여부를 엄격하게 결정하는 입장이 채택되었다.

"진정한 전문 지식"(예를 들어, 과학적 방법과 절차에 기반한 전문성)을 요구하는 논쟁 영역으로 제한할 재량권을 주었다. 과학적 진정성과 윤리라는 나의 전문 분야의 경우, 판사는 굳이 이 분야의 학자가 나설 필요가 없고 앨리전스 사 변호사가 직접 배심원들에게 이 주제를 설명해도 충분하다고 판단했다. 덧붙여서, 과학적 진정성 규범의 위배가 어떤 법률에도 저촉되지 않기 때문에 내 증언은 리전트 사의 행위가 불법인지 여부와 무관하다는 견해였다.

언론의 시각과 대중의 관심이라는 측면에서 이 사건은 자사 제품(라텍스 장갑)의 시장 점유율을 둘러싸고 싸움을 벌인 두 회사 사이의 소송이었고, 마케팅과 광고에 대한 연방 법률 위반 여부에 대한 다툼으로 비쳤다. 따라서 자사 제품을 지원하는 학문적 과학자들을 통해 연구를 조작하는 기업의 행태는 전체 사건의 부분적인 배경에 불과했다. 그러나 금세 잊힌 이 사건의 세부 내용은 과학이 얼마나 쉽게 타락할 수 있는지 이해할 수 있는 중요한 열쇠를 제공해 준다. 연구의 진정성을 보호하기 위한 법률적 · 도덕적 안전 장치가 전무할 때, 과학을 조작하려는 기업의 연구비 지원이 대학 교수들의 이해상충을 악용하리라는 것은 자명하다.

8

과학의 이해상충

인쇄 매체에는 거의 일년 내내 공무원과 관련된 이해상충 기사가 실린다. 8월의 어느 평일, 나는 호기심으로 뉴스와 법률 연구 데이터베이스인 렉서스-넥서스Lexus-Nexus에 '이해상충conflict of interest'이라는 키워드로 검색을 해보았다. 그날 하루만 미국의 주요 신문에서 이해상충에 대한 주장을 담은 기사를 4건 찾을 수 있었다.[1] 30일 이전으로 검색 범위를 늘리자, 렉서스-넥서스에서 거의 500건의 기사가 전국 신문에 '이해상충'이라는 키워드를 달고 실렸다는 것을 알 수 있었다.

흔히 '이해상충'이라는 말이 쓰이는 경우는 주로 공중의 신뢰를 받는 위치의 사람들 사이에서 실제적이거나 잠재적인 비행이 벌어질 위험에 노출되어 있기 때문에 조심하라는 경고 신호를 보낼 필요가 있을 때이다. 또한 도덕적 무분별함, 비행 발생, 또는 법률 위반이 일어나지 않도록 조치를 취해야 함을 뜻하기도 한다.

몇 가지 예를 들어보자. 부통령 후보는 자신의 투자 포트폴리오를 백지신탁해서,[57] 법에 따라, 의도적으로 자신에게 경제적 이익이 돌아가는 정책을 선택할 수 없도록 할 수 있다. 또한 판사는 자신의 가족 구성원 중 한 사람이 소송 당사자와 개인적 친분이 있을 경우 스스로 재판장을 기피한다. FDA의 감독 소위원회 위원인 하원의원은 제약회사로부터 선거 기부금을 받지 않으며, 자신의 투자 포트폴리오 중에서 제약회사 주식은 모두 가려낸다. 전국 방송의 앵커우먼은 방송 예정인 심층 보도에 이 방송국의 모기업에 불리한 사기 사건에 대한 추정 보도 내용이 들어 있다는 사실을 폭로한다.

이해상충은 사회 구조의 어느 조직에나 있다. 구조가 복잡할수록

57 —— blind trust, "공직자가 재임 기간 동안 재산을 공직과 관계없는 대리인에 맡기고 절대 간섭할 수 없게 하는 제도로 '폐쇄 펀드' 로도 부른다. 미국에서는 고위 관료나 상하 양원 의원들이 국정을 수행하는 데 공정성을 기할 수 있도록 공직자의 재산을 공직과 관계없는 제3의 대리인에게 명의신탁하게 함으로써 자신 소유의 주식이라 할지라도 절대로 간섭할 수 없도록 제도화하고 있는데, 이 제도를 '블라인드 트러스트' 라고 부른다. 도덕적 위해(moral hazard)를 미리 방지하기 위해 미국의 고위 공직자들은 취임과 동시에 공직 윤리 규정에 따라 자신이 가지고 있는 유가증권을 블라인드 트러스트에 신탁해야 하며, 이후 공직에서 물러날 때까지 자신이 신탁한 재산이 어디에 어떠한 용도로 투자되었는지 물어볼 수조차 없도록 하고 있는데, 이는 자신이 위탁한 돈이 어느 주식에 투자되었는지 알게 될 경우 특정 회사의 주가를 올리기 위해 자신의 공직을 이용할 수도 있기 때문이다. 대상은 대통령, 연방준비제도이사회(FRB) 의장, 부통령, 장관, 장성 등 모든 고위 공직자들이다. 우리나라에서는 2002년 9월 제16대 대통령 선거 후보로 출마를 선언했던 무소속 정몽준 의원이 자신이 최대주주로 있는 현대중공업(주) 주식을 명의신탁하는 방법으로 대주주로서의 영향력을 포기한다고 밝히면서 관심을 끌었고, 이회창 대통령 후보도 기자회견을 통해 정무직 공무원의 유가증권뿐 아니라 부동산도 신탁을 하는 블라인드 트러스트를 도입하겠다고 밝히면서 다시 주목을 받았다. 최근 공직자들의 부정축재 등 부패를 제도적으로 막고 공직윤리를 확립하기 위하여 정치권을 중심으로 국회의원 및 1급 이상 고위공직자에 대해 이 제도를 도입하는 방안이 한창 논의 중이다."(출전: 《행정학뉴스》, 2004. 6. 15)

(즉, 얽혀 있는 관계의 숫자가 많을수록) 이해상충의 가능성도 높아진다. 누군가에게 이해상충이 있다는 말은 그 개인이 상충되는 관계로 인한 당파심 없이 공적인 책임을 이행할 수 없음을 시사하는 것이다.[2] 그러나 이해상충이 그 사람의 이상이나 원칙에까지 적용되지는 않는다. 공교롭게도 사형선고에 반대하는 소신을 가진 주지사가 사형수에게 특사를 내렸을 때 우리는 일반적으로 '이해상충'이라는 말을 떠올리지 않는다—그러나 그 주지사의 형제가 형을 면제받으려고 로비를 하기 위해서 투옥된 중죄인의 가족으로부터 거액을 받은 경우에는 분명 이 용어를 적용할 수 있을 것이다.

우리의 언어는 '이해상충'에 해당하는 전문어들을 발전시켰고, 거기에는 '자기 잇속 차리기', '친인척 비리', '권력 남용', '공금 유용', '내부자 거래' 그리고 '보복' 등이 포함된다. 미국의 경우, 공직자들이 자신들의 소속 기관이나 지위를 남용해서 부를 축적하거나 가족과 친지에게 도움을 주지 못하도록 막기 위해 수많은 연방 법률과 규칙들이 제정되었다. 또한 이러한 법률들은 당사자가 선출된 기관에서 퇴직하거나 정부의 직책에서 벗어난 후에 행한 일에도 적용된다.

'이해상충'을 해부한다

앤드루 스타크는 그의 저서 『공직 생활의 이해상충*Conflict of Interest in Public Life*』[3]에서 이해상충 행동을 세 단계로 압축시켰다. '사전 행동antecedent act, 1단계'은 개인의 마음을 편파적으로 치우치게 해서, 당사자가 사적인 이익보다 공익을 우선해야 할 책임을 실행에 옮기지 못하게 방해한다. '마음의 상태state of mind, 2단계'는 사전 행동으로 조건지워진 감정, 성향 그리고 애호 등을 표상한다. 따라서 특정인으로부터 상당한 정치 헌금을 받은 정치가는, 다른 조건이 주어지지 않는 한, 그 사람의 특수한 이익을 두둔하게 될 것이다.

마지막 단계는 공직자에서 나타나는 '결과 행위outcome behavior, 3단계' 이다. 이것은 사전 조건으로 영향을 받은 마음 상태에서 발생하는 행동(의사결정 행동)을 나타낸다. 그 결과는 자기 권력을 확대하거나 일반 대중의 공익을 희생하고 친지에게 보상을 주는 식으로 귀결할 수 있다.

공직자들은 자신의 행동(3단계)이 공익 기준에 부합하지 않을 때 (때로는 법에 어긋나는 경우) 비윤리적으로 행동하고, 그 대신 사전 행동과 관련된 개인들에게 보상한다. 요약하자면, 이러한 단계들의 연쇄는 사전 행동(재정적 관련과 같은)에서 발생해서 마음의 상태로 그리고 최종적으로 편파적인 행동으로 귀결한다.

〔선행 행동〕→〔마음 상태〕→〔편파 행동〕

이해상충에 대한 공법이 오직 3단계, 즉 '편파 행동' 만을 대상으로 삼는다면, 그것은 여러 가지 함의를 가진다. 첫째, 어떤 사람의 행동이 선물, 호의, 또는 불미스러운 관계로 '귀결했다' 는 사실이 입증될 때에만 이해상충의 유죄가 인정될 수 있다. 따라서 정책 입안자가 다른 이해당사자들과 맺는 관계의 결과가 잇속에서 기인했다고 '믿는' 경우에는 그런 추론을 할 수 없게 된다. 둘째, 법률상 개인의 '마음의 상태' 가 어떠한지 판단하기는 힘들다. 우리는 의사결정자가 선물을 받았는지 그리고 그 또는 그녀의 결정이 선물 제공자에게 특혜를 준 것인지 알 수 있다. 그러나 그 결정이 선물 제공자에 대한 편파적인 '마음의 상태' 에서 벗어진 것인지는 알 수 없다(그리고 그 사실을 입증하기도 힘들 것이다).

가령 미국 대통령이 현재 미국이 아닌 곳에 살고 있는 특정인에게 특사를 내리는 경우를 생각해 보자. 그 사람은 중죄인이고 한번도 재판을 받은 적이 없다. 대통령이 선거 유세를 하는 동안 기부받은 돈이 범인의 직계 가족에서 흘러나왔는지 추적할 수 있다. 그럴 경우, 기부금과 대통령의 '마음의 상태' 그리고 특사를 내린 결정 사이의 관련성을 어떻게 증명할 수 있겠는가?

이해상충법이 오로지 '결과 행위'에만 초점을 맞추기 때문에 나타나는 세 번째 문제는 예방효과를 거의 거둘 수 없다는 점이다. 법률 절차가 시작될 무렵이면 이미 대부분의 피해가 발생한 이후다. 위반을 입증하는 부담이 워낙 크기 때문에 극소수의 사건들만이 기소될 것이다.

'마음의 상태'가 이해상충에 대한 법률적 해결책과 연결되기 힘들기 때문에, 1단계(그 행동이 자기 권력 확대와 편파성을 향한 심경을 강화시키는 단계)가 규제 법률의 표적이 되었다. 스타크는 이렇게 지적했다.

> 공직자들이 사익에 마음이 쏠리지 못하게 막을 수 없기 때문에, 우리는 먼저 특정 종류의 이해관계를 가지는 행위를 금해야 한다고 주장한다. 공직자들이 자신에게 뇌물을 주는 사람들에게 신세를 지고 있다는 생각을 품지 못하게 할 방도가 없기 때문에, 특정 상황에서 선물을 받는 행동 자체를 금해야 한다는 것이다. 공직자들이 정신적 영향을 받거나 호감을 갖지 못하게 할 수 없기 때문에, 우리는 그들이 특정 지위에 있는 공직자 동료들이나 (전직이든 현직이든) 사기업 고용주들과(과거든 현재든) 접촉하는 행위를 금한다.[4]

그는 이해상충 법률이 특정 이해관계에 호의적일 수 있는 마음 상태를 일으키기 앞서 공직자들의 행동을 가로막기 때문에, 본질적으로 예방적이라고 주장한다. 공직자들이 점심 한 끼 대접받는 정도로는 공공정책에 영향을 주기 힘들다. 그럼에도 불구하고, 이 법은 이런 사소한 일들이 누적될 경우 응분의 보상으로 이어질 수 있는 행동 유형들을 공직자들에게 금지시킨다.

미국에서 짧지만 격렬한 도덕적 자기 반성의 시기가 온 것은 워터게이트 사건 이후였다. 그 사건으로 의도적으로 법률을 무시한 대통령과 타락한 피임명자들로 이루어진 행정부가 추방되었다. 수년 후인 1978년에 의회는 공직자 윤리법[EGA]을 제정했다. 그렇다고 해서 미국이 1978년에야 비로소 공직자 윤리를 발견했다는 뜻은 아니었다. 그 이전까지 공직자들의 서로 봐주기[trading favor]와 이기적인 결정의 형태로 나타나는 윤리 위반에 대한 책무와 감시가 부족했다는 지적이 적절할 것이다.

EGA(1조)는 공직자와 공직 후보자들이 자산 항목과 자신들이 받은 선물들을 공개하도록 요구했다. 이 법안은 공직자들의 지위가 선택적인 자기 권력 확대로 이어질 경우 자산을 백지 신탁시키는 항목을 포함했다. EGA는 한 조항(5조) 전체를 취임 후 이해상충에 할애하고 있다. 이 조항에서 EGA는 전직 고위 공직자들이 공직을 떠난 후 1년 동안 자신이 근무하던 기관에 로비를 하지 못하도록 금하고 있으며, 전직 공무원들이 정부를 제소한 당사자의 유언 집행자가 되지 못하도록 정하고 있다. 덧붙여서, 이 조항은 행정부서에 속해 있는 공직자의 동거자의 활동에까지 제약을 두고 있으며, 법무장관이 이해상충이 있는 경우 사법부 공직자들이 조사를 지휘하지 못하게 금하는 법률이나 규칙을 제정하도록 권한을 위임하고 있다.

기피recusal는 정부 관계자나 판사들이 이해상충을 처리하는 방법 중 하나이다. 이 방법은 의사결정자가 영향을 주는 요인들로부터 자신을 적절히 방어하지 못할 경우에 사용된다. 즉, 자신의 의사결정 참여를 스스로 막는 것이다. 기피는 공직자의 입장에서 사후 비난, 또는 흔히 공공 의사결정에서 이해상충이나 자기 세력 확대가 폭로된 후 수반되는 혐의를 피하기 위해 개인적으로 취하는 결정이다. 조지 부시 대통령 행정부에서 국방장관을 지냈던 도널드 럼스펠드는 "한때 상당량의 주식 자산을 가지고 있었기 때문에 행여라도 일어날 수 있는 이해상충 가능성 때문에"[5] 무기 프로그램과 에이즈 정책에 관여하는 것을 기피했다고 말했다. 현재의 이해상충법에 따라서 럼스펠드는 그가 이사로 근무했던 켈로그 사에서 받은 보수를 돌려주도록 요구받았다. 왜냐하면 국방부가 이 회사로부터 시리얼을 구입하고 있기 때문이다.

이해상충에 직면한 과학자들

이해상충을 다루는 법률은 상당한 기간 동안 확실히 진화해 왔다. 과학자와 의학 연구자들의 이해상충은 비교적 새로운 현상이지만, 그에 대한 대응 방식은 지금도 계속 진화하고 있다. 과학자들이 이해상충으로 발목이 잡힐 수 있는 상황은 어떤 것인가? 톰프슨에 따르면, "일차적인 이해관계(환자의 복지나 연구의 타당성 등)가 재정적 이득과 같은 이차적인 이해관계에 의해 영향을 받기 쉬운 조건들이 있을 때"[6] 그런 상황이 발생할 수 있다고 한다. 미국의과대학협회Association of American Medical Colleges의 한 보고서에 따르면, '과학의 이해상충'을 "재정적, 또는 그 밖의 개인적인 고려로 인해 연구에 대한 보고나 숙고에서 연구자의 전문적 판단을 손상하거나 그럴 가능성이 있는 상황"58[7] 이라고 기술하고 있다. 《뉴잉글랜드 저널》의 명예 편집자인 마르시아 에인절이 제공한 한 사례는 이러한 상황을 다음과 같이 명료하게 표현해 주고 있다. "한 연구자가 약품 A와 B를 비교하고 있으며, 동시에 약품 A를 제조하는 회사의 주식을 상당량 소유하고 있다면, 그는 약품 A가 B보다 뛰어나다는 결론을 더 선호하게 될 것이다. 이것이 이해상충이다." 에인절은 이해상충이 그에 대한 조사자의 대응이 아니라 상황의 작용이라고 지적했다.[8]

과학에는 재정적인 것 이외에 다른 이해상충도 있다. 이러한 이해상충은 다양한 메커니즘을 통해 다루어졌다. 예를 들어, 연구비 신청서를 제출한 저자가 같은 기관에 속한 경우, 학문적 과학자가 연구비 신청서 평가자로 참여하는 것은 받아들여질 수 없다. 친구에게 득을 주고 적을 벌하는 관행은 과학의 경계를 넘어 효력을 발휘한다. 저널 편집자들은 과학에 깊은 지적 분열이 있다는 것을 이해한다. 제출된 논문의 질에 대한 평가가 극과 극으로 나뉘는 이유를, 때로, 이 분열에서 찾을 수 있을 것이다.

이러한 지적 분열은 과학 연구 집단들 사이에서도 두드러지게 나타나곤 한다. 특정 이론에 반대하는 강한 신념이 이 과정을 왜곡시킬 수 있는 우려가 있을 때, 심사의 공정성 문제가 도마에 오르게 된다. 그러나 그런 믿음을 가지는 당사자가 혼자이고 과학자 사회의 다른 연구자로부터 지지를 받을 수 없는 경우 보호받지 못할 수 있다. 두 차례나 노벨상

58 —— 이 구절의 원문은 다음과 같다. "situations in which financial or other personal considerations may compromise, or have the appearance of compromising an investigator's professional judgment in considering or reporting research."

을 받았던 라이너스 폴링은 특정 질병을 예방하기 위해 비타민 C를 대량 투여해야 한다는 자신의 이론에 대해 연구비를 얻는 데 어려움을 겪었다.

과학자들은 '이해상충' 이라는 개념에 친숙하지 않은 편이라서, 공무원들과는 전혀 다르게 이해상충을 이해한다. 공무원 사회에서는 이해상충이 법률과 전문 윤리에서 확립된 자리를 가지고 있다. 일반 과학자는 자신의 연구와 연관될 수 있는 모든 재정적 이해관계가 자신들이 과학을 연구하는 방식에 영향을 줄 수 있다는 사실을 쉽사리 믿지 못한다. 과학자들은 일차적으로 자신을, 순수든 응용이든, 지식의 최전선에서 공헌하는 사람으로 생각한다. 그들의 일차적인 관여는 자신들이 하는 발견과 이 발견을 그것이 귀결할 수 있는 인간 사회에 적용하는 것이다.

따라서 대부분의 과학자들은 이해상충을 대중의 인식 문제로 간주한다. 즉, 사람들이 연구 분야에 경제적 이해관계를 가지거나 이윤을 추구하는 기관으로부터 지원을 받는 과학자들이 그들의 연구에 대해 편향을 가질 수 있다는 생각은 사람들의 추측에 불과하다는 것이다. 그 때문에 많은 연구자들은 과학에 대한 대중의 신뢰를 보호하기 위해 기업적 과학의 등장에 대한 얼마간의 홍보가 정당하다고 믿게 되었다. 과학자들이 자신의 직업적 소명을 포기했던 특별한 조건을 제외하면, 과학자들 사이에서 자신들의 연구 목표나 결과를 후원자의 이해관계나 그들의 투자 포트폴리오에 부합하도록 고의적으로 변경하는 것은 과학자들이 일반적으로 가장 싫어하는 일이다. 다시 말해서, 과학자들의 '마음 상태' 가 공무원들의 행동을 타락시키듯이 똑같은 영향력을 받지 않는다는 생각은 과학자 사회의 구성원들 사이에서 폭넓게 받아들여진다.

공무에서 이해상충을 방지하기 위해 채택된 예방 수단들은 과학과 무관한 것으로 간주된다. 그 이유는 과학자들이 스스로 공무원보다 높은 수준의 소명, 즉 객관적 지식의 추구에 관여하는 것으로 생각하기 때문이다. 고위 공무원들은 (선출직이든 임명직이든 간에) 공무에 재직하는 기간 동안 자신들의 자산을 관리하지 못하도록 금하는 데 비해, 특허를 가지거나 자신의 연구를 후원하는 기업의 주식을 보유한 과학자들은 기껏해야 그들의 이해관계를 공개하라는 요구를 받을 뿐이다.

일부 대학은 잠재적으로 이해상충을 빚을 수 있는 관계에 대한 제한 조치를 마련했다. 예를 들어, 하버드 대학의 경우 2만 달러 이상의 공모주를 소유한 과학자는 같은 기업이 후원하는 연구의 책임자가 될 수 없다. 또한 그들은 기업으로부터 자문료나 사례금으로 매년 1만 달러 이상을 받을 수 없도록 정하고 있다. 이러한 정책이 규범으로 정착되면, 과학자들이 다른 집단의 구성원들에 비해 상대적으로 그런 유혹에 넘어가지 않는다는 신화를 깨뜨리는 데 도움이 될 수 있다.

공무원들이 이해상충을 공개하지 않으면 처벌받을 수 있지만, 대부분의 과학자들의 경우에는 공개 요구가 있어도 실제로는 강제성이 없다. 10장에서 살펴보겠지만, 이해상충 정책을 채택하는 많은 저널들이 저자들의 재정적 이해관계 공개를 요구하지 않고 있으며, 심지어 일부 저널들은 이 정책을 깔보는 저자들에게도 아무런 불리한 조치를 취하지 못했다.

이해상충이 과학계에서 문제가 되는 지점은 주로 세 영역이다. 첫째, 임상 연구자들은 자신들의 환자로부터 나온 신체 조직이나 유전 정보를 지적 재산권으로 전유할 수 있다. 사람들의 고유한 세포주나 유전자 표지를 상업화하는 임상 연구자들은 환자를 보살펴야 하는 의료인care giver으로서의 역할과 갈등을 빚을 수 있다. 둘째, 재정적 이해관계로 인해 의사들이 임상 연구에서 실험적 처치의 위험을 과소평가함으로써 환자 보호를 위태롭게 만들 수 있다. 마지막으로, 세 번째 우려는 연구자나 후원자의 재정적 이해관계가 연구자의 연구 수행 방식이나 연구에서 나온 결과를 해석하는 방식에 영향을 미칠 수도 있다는 점이다. 학문적인 연구를 지원하는 후원자의 이해관계가 그 결과에 주는 영향은 식별하기가 쉽지 않다. 후원자의 이해관계는 갖가지 교묘한 방식으로 연구 결과를 편향시킬 수 있다(9장 참조). 다음 사례는 사람의 세포주에 대한 과학자 집단의 재정적 이해관계를 잘 보여준다.

'MO' 세포주

권위 있는 의과대학 병원에서 암 치료를 받고 있는 환자의 경우를 상상해 보자. 환자는 수술을 받았고, 수술 후 치료까지 끝냈다. 몇 년 후, 이 환자는 자신을 치료했던 의료팀의 일원이 자신에서 추출한 세포주를 보존해서 특허를 받았다는 사실을 알게 되었다. 이 과정에서 이해관계를 밝히거나 동의를 구하려는 시도도 없었고, 그의 특이한 세포로 상업적 이익을 추구하는 과정에서 환자를 참여시키려는 노력도 전혀 없었다.

이것은 존 무어의 이야기였다. 그는 워싱턴 주 시애틀에 거주하는 토지 측량사였다. 무어는 1976년에 UCLA 의료 센터에서 털세포 백혈병hairy cell leukemia이라는 진단을 받았다. 진단 직후, 그는 팽창한 비장을 절제하는 수술을 받았다. 그가 수술을 받던 당시, 백혈병에서 회복하는 경우는 매우 드물었다. 그런데 무어는 비장을 절제한 후 회복했고, 의사들도 깜짝 놀랐다. 그의 회복으로 혼란에 빠진 UCLA 의사들은 무어의 몸이 백혈병과 싸워 이길 수 있었던 원인을 밝히기 위해 혈액, 골수 그리고 그 밖의 신체 조직을 표본으로 취했다. 그들은 무어의 비장 세포가 비정상적으로 많은 양의 단백질을 생산한다는 사실을 알아냈다. 그것은 면역 체계가 활성화하도록 자극하는 것으로 알려진 인터페론과 인터루킨[59]과 같은 단백질들이었다.

UCLA의 의학자 중 한 사람은 자신의 대학과 공동연구로 무어의 세포주를 배양했고, 1981년에 'Mo' 세포주에 대해 특허를 청원했다. 이 특허는 1984년에 인정되었다. 문제의 세포주는 결국 스위스의 한 제약회사에 1500만 달러에 팔렸고, 이 회사에 수십 억 달러를 벌어주었다.

무어는 자신의 세포를 전유한 UCLA와 임상 연구자들을 상대로 소송을 제기했다. 그는 그들이 자신의 세포가 가지는 재정적 이익을 밝히지 않았고, 자신이 'Mo' 세포주와 그의 생물학적 물질에 대한 연구로 이루어진 그 밖의 모든 산물에서 발생하는 이익에 대해 자신의 몫을 받을 권리가 있다고 주장했다. 그러나 1990년에 캘리포니아 주 대법원은 'Mo' 세포주에서 나온 이익을 배당받을 권리가 있다는 무어의 주장을 기각했다. 다수 판결은 공여자가 자신의 몸에서 추출된 조직에 대해 지적 재산권을 갖지 않으며, 무어의 주장을 받아들일 경우 과학에 "필요한 원료 물질에 대한 접근을 제한해서 연구를 제약할" 우려가 있다는 것이었다.[9]

비록 법원이 수술과 그 이후 과정에서 사용된 자신의 신체 일부에 대한 상업적 권리를 주장한 무어의 말을 받아들이지 않았지만, 다른 주장

59 —— interleukin, 림프구와 단핵 백혈구에서 생산, 분비되어 면역 응답에 관여하는 물질의 총칭. 특히, 인터루킨 2는 암세포를 공격하는 킬러 세포를 증식시키므로 항암제로 사용되고 있다.

에 대해서는 무어의 손을 들어주었다. 판사들은 그의 담당의들이 그의 세포에 포함된 재정적 이익을 알려줄 의무가 있었다고 평결했다. 그들은 재정적 사실을 밝히는 것을 고지된 동의informed consent 의무의 연장으로 간주했다. 법원의 다수 판결은 다음과 같다. "우리는 의학적 처치에 대한 환자의 동의를 구하는 의사가 그의 피신탁인으로서의 임무를 다하고 환자의 고지된 동의를 얻기 위해서, 그의 의학적 판단에 영향을 줄 수 있는 환자의 건강에 대한 개인적 이해관계를—그것이 연구에 대한 것이든, 경제적인 것이든 간에—밝혀야 한다고 판단한다."[10] 법원은 환자가 연구 참여를 반대할 수도 있기 때문에, 환자의 건강과 무관하게 부분적으로 연구를 진행시키기 위한 절차를 지시한 경우에는 의사가 사실을 밝혀야 할 의무를 면제해 주어야 한다는 피고의 주장을 기각했다. 오히려 법원은 의사가 사실을 밝혀야 하는 이유가 이러한 모든 개인적인 이해관계가 (이 경우, 세포주에 대한 재정적 이익과 연구에 대한 도움) 임상적 판단에 영향을 미칠 수 있기 때문이라고 밝혔다. 의학 처치의 동기가 어떤 식으로든 환자의 건강과 연관되지 않을 때, 거기에 이해상충의 가능성이 있다. 다수 견해는 다음과 같이 평결했다.

> 자신이 그 연구에 관심이 있는 환자를 다루는 의사에게는 이해상충 가능성이 있다. 의학적 처치 결정은 균형에—즉, 환자에게 주는 이익과 위험을 저울질하는—근거해서 내려지기 때문이다. …… 자신의 연구 관심에 저울추를 놓는 의사는 환자에게는 혜택이 없거나 극히 적지만 과학적으로 유용한 처치나 검사를 지시하려는 유혹을 받을 수 있다. 합리적인 환자는 제안된 처치 과정에 대해 동의를 할 것인지 판단할 때 환자의 건강과 무관한 이해관계가 의사의 판단에 영향을 줄 수 있는지 알고 싶어할 것이다.

그것은 환자의 결정에 크게 영향을 미치기 때문에 고지된 동의를 위해 필수적인 요소이다."[11]

한 주의 대법원에서 내려진 판결은 대개 다른 주의 판결에 판례로 적용되지 않는다. 연방 대법원이 판결을 내리거나 이 쟁점에 대해 법률을 제정하지 않는 한, 법원들은 이해상충을 제각기 다르게 해석할 수 있다. 그들은 버려지는 신체 조직이나 세포의 상업적 전용을 환자의 건강과 관련된 것으로 해석하지 않을 수 있고, 따라서 고지된 동의의 틀 속에서 밝혀야 하는 이해관계로 보지 않을 수 있다.

다음 사례에서 이해상충은 임상 실험과 직접 연결되어 있다.

제시 젤싱어의 죽음

가령 여러분이 저명한 대학 의료 센터에서 치료를 받고 있다고 하자. 여러분은 자신의 병에는 도움이 되지 않지만, 같은 병을 앓는 중환자들을 도울 수 있는 임상 실험에 참여하기로 동의했다. 여러분은 그 실험의 목표, 예상되는 이익 그리고 잠재적인 위험 등이 개괄된 '고지된 동의' 양식을 검토하고 서명해 달라는 요청을 받았다. 그러나 '고지된 동의'의 과정은 이 연구의 핵심 연구자가 임상 실험에서 이루어지는 검사에 대해 재정적 이해관계를 가진다는 사실을 밝히지 않았다. 그렇다면 당신은 그 정보를 알 권리가 있는가? 그 사실이 실험에 참여하기로 한 당신의 결정에 영향을 줄 것인가?

제시 젤싱어는 2살 무렵, 신진대사에 이상이 생기는 "오르니틴트랜스카바밀 효소 결핍증ornithine transcarbamylase deficiency, OTC"이라는 희귀 간 질환의 진단을 받았다. 이 병은 신체가 신진대사의 자연적인 부산물인 암모니아를 분해하는 능력을 저해한다. 몸에 암모니아가 쌓이면 치료를 받지 않을 경우 치명적인 영향을 받을 수 있다. 젤싱어의 병은 저단백 식이요법과 약물 요법으로 치료되었다. 일단 치료를 받으면 생명을 위협할 정도는 아니라고 판단되었다. 1998년 9월, 제시 젤싱어가 17살이 되었을 때, 의사는 그에게 새로운 유전자 치료법으로 그의 질병을 치료하기 위해서 펜실베이니아 대학에서 막 시작할 예정인 임상 실험에 대해 알려주었다. 이 연구 계획에는 환자의 몸속으로 교정 유전자corrective gene를 삽입하는 매개체vector로 아데노바이러스를 사용하는 과정이 포함되어 있었다. 과학자들은 교정 유전자가 복제해서 암모니아를 물질대사하기에 충분한 양의 효소를 부호화할 수 있기를 기대했다. 이 실험에 대해 알게 된 지 1년 후, 젤싱어는 필라델피아로 돌아가 치료를 시작했다. 그는 실험적인 유전자 치료가 그가 앓고 있는 형태의 신진대사 이상을 치료하려는 목적이 아니었다는 말을 들었다. 오히려 그 실험은 치명적인 형태의 이상을 가진 아기들을 위한 치료를 실험하려는 목적으로 설계되었다는 것이다. 그럼에도 불구하고, 젤싱어는 자신이 공감할 수 있는 다른 사람들에게 선행을 베푸는 데 동의했다.

임상 연구자는 교정 유전자를 포함하는 아데노바이러스 30밀리리터를 젤싱어에게 주입했다. 그날 저녁부터 젤싱어는 아프기 시작했다. 그의 체온은 섭씨 40.3도까지 올랐고, 혈중 암모니아 수치는 정상치의 10배를 넘었다. 결국 그는 투석을 받았다. 며칠이 지나자, 젤싱어의 상태는 급격히 악화되어 다발성 장기부전이 나타났다. 생명공학으로 처리된 아데노바이러스를 주입받은 후 4일이 지나자, 젊은 젤싱어는 건강 악화로 결국 뇌사 상태에 빠졌다. 그의 사인은 유전자 치료 실험에 사용된 아데노바이러스 벡터에 대한 면역체계의 반응으로 결론지어졌다.

젤싱어의 사후에 이루어진 조사에서, 펜실베이니아 대학 인체유전자 치료 연구소 소장인 제임스 윌슨은 제노보 사Genovo, Inc.라는 생명공학 회사를 설립했다는 사실이 밝혀졌다. 그와 펜실베이니아 대학은 이 회사에 일정 지분을 가지고 있었다. 그리고 이 회사는 유전자 치료 실험에 사용된 유전자 변형된 바이러스에 투자를 했다. 또한 윌슨과 그의 동료 중 한 사람은 이 처치의 특정 측면에 대한 특허를 가지고 있었다. 당시 제노보 사는 대학의 유전자 치료 연구소의 연간 예산인 2,500만 달러 중 5분의 1을 기부했고, 그 대가로 모든 상업적 산물에 대한 배타적인 권리를 가졌다.[12] 고지된 동의 문건에는 임상 연구자들과 관련된 구체적인 재정 관계에 대해 아무런 언급도 없었다. 젤싱어가 서명한 11쪽의 동의 양식에는 연구자와 대학측이 성공적인 결과에 대해 재정적 이해관계를 가진다는 것을 기술한 문장이 딱 하나 있었다. 제노보 사가 더 큰 기업에 팔렸을 때, 제임스 윌슨은 스톡 옵션을 팔았고, 그 액수는 1,350만 달러에 달하는 것으로 알려졌다. 대학이 보유한 주식 가치는 140만 달러였다.[13] 《워싱턴 포스트》의 보도에 따르면, "펜실베이니아 대학의 여러 내부 문건은 대학 관계자들이 이러한 재정적 뒤얽힘이 야기할 수 있는 위험에 대해 폭넓은 토론을 했다는 사실을 보여주었다."[14]

젤싱어의 가족은 대학을 상대로 잘못된 죽음에 대한 소송을 제기했지만, 가족들은 액수가 밝혀지지 않은 돈을 받고 고소를 취하했다.[15] 소송에서 원고측이 제기했던 주장 중 하나는 그의 임상 실험을 감독했던 임상 연구자들에게 이해상충이 있었고, 그 사실이 제시 젤싱어를 참여시키기 이전에 적절하게 공개되지 않았다는 것이다. 그들은 만약 경시되거나 미공개된 위험과 연루된 재정적 이해관계가 밝혀졌다면 가족들의 위험 혹은 예상되는 이익이 바뀔 수 있었고, 그 결과 젊은 젤싱어의 생명을 구할 수도 있었을 것이라고 주장했다. 펜실베이니아 대학이 젤싱어 가족과 합의로 소송을 취하한 후, 대학 당국은 소속 교원들이 자신의 연구를 지원하는 기업의 주식을 보유하고 있을 경우 약품 실험에 참여하지 못하도록 제한하는 새로운 조치를 발표했다.

젤싱어 사건의 여파로, 보건복지부는 도너 샬랄라 장관 주도로 임상 연구자들의 재정적 이해관계를 임상 실험 가능성이 높은 후보자들을 대상으로 한 고지된 동의 절차에서 정보로 제공할 것인지 여부를 놓고 청문회를 열었다. 2001년 1월에 발간된 임시 지침에서, 보건복지부는 임상 실험에 관련된 연구자들은 모든 재정적 이해관계를 그 밖의 윤리 문제를 감독하는 기관윤리위원회에 보고해야 하고, 가능하면 인체 실험 참여를 고려하고 있는 개인들에게도 통보해야 한다고 주장했다(자세한 내용은 12장 참조).[16] 미국실험생물학회연합FASEB과 미국의과대학연합AAMC과 같은 의학과 과학 분야의 저명한 단체들은 임상 실험을 제한하는 지침에 반대했고, 지침이 환자의 안전에 기여하지도 않으면서 의학 연구를 과도하게 규제한다고 주장했다.

2003년 3월, 보건복지부 장관 토미 톰프슨은 두 번째 잠정 지침, "인간 피실험 대상을 포함하는 연구의 재정적 관계와 이해관계"를 발표했다.[17] 이 지침은 첫 번째 지침보다 완화된 표현을 사용했다. 두 지침 초안 모두 규율을 위해서 고안된 것이 아니기 때문에 정부 규제의 강제력을 갖지는 않는다. 이 지침들은 임상 실험에 참여하는 인간 피실험자들에 미치는 재정적 이해상충을 공개할 것인지를 스스로 결정하는 개별 기관들에게 고려사항과 권고를 제공해 준다. 2001년 임시 지침은 이해상충을 완화시킬 수 없다면 인체 실험 동의에 서명한 사람에게 '공개되어야' 한다고 규정했다. 반면 2003년에 마련된 초안 지침은 연구자들이 동의 문건에서 재정 공개를 고려에 포함시킬 것을 권고하는 데 그쳤다. 보건복지부는 "연구에서 나타나는 일부 재정적 이해관계가 잠재적으로나 실질적으로 피실험자의 권리와 복지에 영향을 미칠 수 있다"[18]는 것을 인정했다. 결국, 보건복지부는 이러한 문제를 예방할 책임을 개별 기관들에게 떠넘겼다.

2002년에 임상 실험에 참가했던 4만 명 이상의 미국인들 중에서 약 4,000명이 NIH의 재정 지원을 받았다. 연구 과학자들과 이 실험을 후원한 기업들은 실험의 안전이나 혜택에 직접적 관련이 없는 추가 공표 요구가 실험 자원자들을 모집하는 데 불필요한 방해가 될 것이라고 우려했다. 다른 한편, 의료 실험에서 피실험자로 자원하는 것은 한 사람이 평생 동안 내리는 결정 중에서 가장 중요한 선택이 될 수 있다. 임상 실험을 자원하는 후보자가 임상 연구자와 신뢰 관계를 맺을지 결정하려는 순간에 모든 관련 사실을 알아서는 안 될 이유가 있을까?

공정한 전문가를 찾아서

지난 25년 동안 백만 명 이상의 여성들이 유방 성형을 받았다. 시간이 흐르면서, 1970년대와 1980년대에 성형외과 의사들이 많이 사용했던 실리콘이 보형물에서 흘러나오기 시작한다는 보도가 나타났다. 이러한 유출은 류머티스와 면역 관계 질병을 일으킬 수 있다고 알려졌다. 실리콘 보형물로 인해 피해를 입었다고 주장하는 여성 환자들의 수천 건에 이르는 소송 사태가 봇물을 이루었다. 언론과 대중 잡지에서 가장 중요하게 다루어진 것은 이른바 피해자들의 생생한 증언이었다. 그들은 자신들의 주장이 다양한 조직과 면역 효과에 미치는 결과라고 설명했다. 연방 법원 소송들은 앨라배마 주 북구 지방법원의 샘 포인터 판사가 진행한 공판 전 소송 절차로 통합되었다. 피고는 브리스틀 마이어 스퀴브사,[60] 3M 사 그리고 백스터 인터내셔널[61]의 세 회사였다.

포인터 판사는 수많은 과학적 발견, 의학적 주장 그리고 전문가 의견들이 서로 경합을 벌이고 있는 사건을 맡았다. 그는 '실리콘 유방 보형물 전국 과학 패널'이라는 전문가 위원회를 임명했다. 이 위원회는 면역학, 전염병학, 독성학 그리고 류머티스학 분야의 4명의 과학자들로 구성되었다. 패널에게는 "유방 보형물 소송에서 질병 유발 문제와 적절한 관련이 있는 과학 문헌과 연구를 평가하고 비평하는 책임"이 주어졌다.[19] 임명된 4명의 의학 전문가들 중 한 사람이 피터 터그웰이었다. 그는 의사이자 교수, 임상 류머티스 학자, 임상 유행병 학자였으며, 캐나다 오타와 병원 의학과장이기도 했다. 터그웰은 1996년 4월에 이 패널에 합류했다.

그런데 터그웰의 병원은 연구와 임상 실험을 위해 기업의 자금을 끌어오도록 교수진에게 인센티브를 제공했다. 병원측 문건에 따르면, 병원은 상업적으로 더 밀접한 목표를 제출하는 사람을 고용하는 데 관심이 많았다. "그 사람은 우리 연구실에서 개발된 신약과 서비스를 위한

60 —— Bristol-Myers Squibb(BMS), 미국의 다국적 제약회사로 신약과 건강 관리 상품을 개발한다. 뉴욕에 본사를 두고 있고, 항암제, 순환기 및 피부과 영역에서 두각을 나타냈다. 우리나라에도 자회사인 한국 BMS 제약이 1997년에 설립되었다.

61 —— Baxter International, 미국의 의료기기 제조 및 의료 서비스 제공 업체. 미국 일리노이에 본사가 있다.

판매 전략을 개발하기 위해서 그리고 성공적인 기술 이전을 위한 상업적 후원자를 찾고 우리 과학자들의 지적 재산권을 보호하기 위해서 제약산업과 함께 할 수 있는 임상 실험을 찾아내고 그 숫자를 계속 늘려야 할 책임이 있다."[20]

이 소송에서 쟁점이 된 주제들 중 하나는 터그웰이 소송 당사자인 하나 이상의 기업과 맺은 관계에서 중요한 이해상충이 나타나는지 여부였다. 이 경우, 실리콘 유방 보형물과 이해상충이 소송에 복잡하게 뒤얽혀 있었다.

법원은 터그웰이 공개한 사실들을 검토한 후 그를 임명했고, 그가 현재와 과거에 자신의 중립성이나 객관성을 손상시킬 아무런 소속, 관계, 또는 연관이 없다고 결론지었다.[21] 터그웰은 자신이 관절염과 관련된 소송 당사자들과 관계가 있었다는 점을 인정했지만, 그 관계가 실리콘 유방 보형물과 아무런 연관이 없기 때문에 전문가 패널에 참여해도 이해상충이 없다고 주장했다. 그는 진술 조서에서 자신의 커리큘럼에 많은 숫자의 기업의 지원을 받은 연구들이 포함되어 있다고 적었고, 자신이 패널로 선택되었다는 사실은 그가 그런 활동을 계속해도 괜찮다는 의미로 받아들였다고 썼다. 그는 1996년에 다음과 같은 진술서에 서명했다. "나는 중립적이고, 편향되지 않고, 독립적인 전문가로서 법원에서 일하는 데 문제가 될 만한 어떤 이유도 없다."[22] 다음은 터그웰에 대해 제기된 이해상충 주장의 일부이다.

터그웰은 과학 패널에 선발되기 전후에 소송에 연루된 여러 기업들과 접촉했다. 그는 회의를 주최했던 OMERACT[62]라는 전문 조직을 대표해서 브리스틀 마이어스 사와 3M 사에 지원을 요청해서 연구비를 받았다. 터그웰은 과학 패널로 재직하던 1997년에 이 회의를 지원하는 기금을 요청하는 편지에 서명했다. 이 편지는 브리스틀 마이어스 사를 포함해서 여러 회사에 보내졌다. 이런 종류의 편지는 의학 분야에서 이루어지는 후원의 숨겨진 의제와 영향력이 어떤 것인지 폭로했다. 이런 후원은 학문적 기관들이 기업의 지원을 끌어들이기 위해 사용하는 미끼로 마케팅을 위한 도구가 되었다. 편지의 내용은 다음과 같다.

> 우리는 이런 회합에 대한 지원이 이 분야가 목표로 삼는 약품에 대해 전세계적 관심을 가진 기업들에게 많은 이익을 가져다 줄 것으로 생각합니다. 후원이 주는 영향은 이 워크숍에 초청받은 해당 분야의 오피니언 리더인 개인들이 규제기관에 대해 큰 영향력을 가질 경우 더욱 높아질 것입니다. 지금 우리는 5천에서 1만 달러를 기부해 줄 주요 후원자들을 찾고 있습니다. 이들 주요 후원자들은 기업 이익을 대표하고, 학술회의에 적극적으로 참여할 참가자를 지명할 수 있는 기회를 갖게 됩니다.[23]

법원의 과학 패널로 참여하기 전에, 터그웰은 이해상충 질문지에 서명했고, 그 질문지에서 자신이 3M 사의 연구비 지원에 가담하고 있다는 사실을 밝혔다. 1996년 8월, 그는 법원측과 그 질문지에 대해 토론했다. 터그웰은 자신이 OMERACT과 수행하는 자신의 연구에 대해서 개인 연구비를 한 번도 받은 적이 없다고 보고했다. 법원은 그가 공개한 정보를 기반으로 그의 자격을 박탈하지 않았다. OMERACT가 개최한

62 —— Outcome Measures in Rheumatoid Arthritis Clinical Trials. 다양한 류머티스 분야 연구에서 나오는 결과 측정에 관심을 가지는 비공식적인 국제 연결망이다. 조직위원회는 3개 대륙 위원으로 구성되며, 공통의 가이드라인과 권고안을 마련하기 위해 노력한다.

한 회의에 3M 사는 5천 달러를 기부했고, 브리스틀 마이어스 스큅브 사는 500달러를 지원했다. 기부가 이루어진 시기는 법원의 과학 패널 선정 과정 중이었다. 그의 패널 임명을 고려하고 있을 때, 법원은 터그웰의 OMERACT 활동에 대한 신고 때문에 그를 실격시키지 않았다. 그는 자신이 전문가 패널로 활동하면서 그 그룹에 계속 참여하는 것이 윤리 조건에 저촉되지 않는다고 생각했다.

터그웰은 브리스틀 마이어스 사가 그를 회사일에 끌어들이려고 탐색하고 있을 무렵 회사측과 논의를 했다. 그에게 맡기려는 역할들로는 임상 연구자와 회사의 의료안전위원회 위원 등이 거론되었다. 1998년 11월, 그는 브리스틀 마이어스 사가 생산한 제품 중 하나에 대한 임상 연구자로 회사와 계약을 맺었다. 그 계약에는 회사측으로부터 아직 공표되지 않은 정보를 얻었을 때 비밀을 지키겠다는 서약도 포함되어 있었다.

그런데 터그웰이 실리콘 유방 보형물 소송에서 피고 중 한 사람과 맺은 관계에 대해서 원고측 변호인은 다음과 같은 심리를 했다.

질문 | 내가 이해하기로는 …… 1999년 1월 11일에, 과학 패널로 활동하는 동안, 당신은 브리스틀 마이어스 스큅브 사와 두 건의 계약을 맺었습니다. 그렇지요? 그것은 자문 계약이었고, 임상 실험과 관련된 계약이었지요?

답변 | 이 경우에도 당신이 지적하고 있는 관계는, 내가 볼 때, 사건과 무관합니다. 왜냐하면 내가 유방 실리콘 보형물 소송에 관여한 것은 내가 브리스틀 마이어스 스큅브 사나 그 밖의 다른 회사에서 어느 누구와 가진 토론과도 관련이 없기 때문입니다.[24]

원고측 변호인은 터그웰이 이해상충이 있기 때문에 과학 패널 위원에서 사퇴해야 한다고 발의했다. 포인터 판사는 고소인의 운영위원회가 인용한 사안들이 법원이 임명한 전문가로서 터그웰의 활동을 변질시키거나 그 밖의 어떤 영향도 주지 않았다고 판결했다. 즉, 터그웰에게 이해상충이 없었으며, 그가 중립적으로, 객관적으로 그리고 공평하게 행동했다는 것이다.

원고측 변호인 중 한 사람은 이렇게 평했다. "오늘날 학계가 제약회사나 의료 장비 업체와 연루되어 있는 상황에서 중립적인 증인을 얻을 수 있으리라고 가정할 수 없다. …… 또한 이런 종류의 소송에서 중립적인 전문가를 얻을 수 있으리라는 가정도 힘들다. 모든 사람들이 최고의 전문가를 얻어야 하며, 그렇게 되면 판사는 누가 가장 믿을 만한지 그리고 누가 최고의 증거를 가졌는지 결정할 것이다."[25] 고소인의 변호사들은 터그웰이 피고 중 두 회사와 관련되었기 때문에, 판사가 터그웰과 과학 패널의 보고서를 기각했어야 한다고 주장했다.

포인터 판사가 임명했던 과학 패널의 세 위원들은 2000년 3월 《뉴잉글랜드 의학 저널*New England journal of Medicine*》에 논평을 실었다. 그들은 그 글에서 이 독특한 연방 재판 자문 집단에서 자신들이 했던 경험을 평가했다. 터그웰도 이 논평의 저자 중 한 사람이었다.[26] 그들은 이렇게 썼다. "실리콘 유방 보형물에 관한 모든 연방 사건들을 다루는 판사는 유방 보형물 소송에서 제기된 물음들이 과학 전문가들로 구성된 중립적인 패널을 임명할 필요가 있을 만큼 중요하고 복잡하다고 판단했다."[27] NEJM은 의학 저널 중에서 이해상충에 대해 가장 엄격한 방침을 가지고 있는 저널 중 하나였다. 그러나 편집자들은 터그웰에게 그가 중립성 선언과 연관해서 이해상충을 가지고 있다는 것을 밝히라고 요구할 이유를 발견하지 못했다. 이 개념과 연관된 모든 일반적 의미가 이 경우에 적용될 수 있을 것이다. 그것은 터그웰이 중립적인 당사자라고 주장한 소송 당사자들과 활발한 재정적 이해관계를 가졌기 때문이다.

피고측 변호인 중 한 사람은 NEJM의 편집장에게 필자 중 한 사람이 평론과 관련해서 이해상충이 있다는 사실을 알려주었다. 그러나 부편집장은 그에게 보낸 답변에서 NEJM의 이해상충 정책은 그 주제가 "예를 들어, 특정 질병에 대한 약물 처방이 아니라 정책이나 윤리와 연관된 조사 패널Sounding Board일 경우에는 적용되지 않는다"고 말했다.[28]

이 사례는 고도로 정치화되고 민감한 소송에서 의료 전문가에게 적용된 이해상충에 대해 얼마나 다른 해석이 나올 수 있는지 생생하게 보여주었다. 당시 판사는 전문가 패널 구성원들이 소송 관련 당사자들과, 재정적 보수를 포함해서, 관계가 있음을 인정했지만, 그들이 이해상충을 피하기 위해 충분히 노력했다고 판단했다. 그의 판결은 법원의 전문가와 피고 사이의 관계라는 '실체'가 그들이 맺고 있는 관계라는 '사실'보다 더 비중이 크다는 것을 시사한다. 설령 그들이 피고와 동일한 관계가 있더라도 그 개인들이 배심원으로 허용될 것이라고 주장하는 사람도 있을 것이다. 그러나 법원이 임명한 전문가가 이해상충으로 편향되는 사태가 중요한 문제라는 것을 의심하는 사람은 아무도 없다.

이 사건은 과학에 영향을 미치는 기업의 문제점도 드러낸다. 이 사건을 조사하는 과정에서, 여러 문헌을 통해 이 사건의 피고였던 기업들이 자사 제품이, 고소인들이 추정한, 질병과 무관하다는 것을 입증하기 위해서 설계된 연구에 기금을 제공하고 도움을 주었다는 사실이 밝혀졌다. 연구가 진행된 후, 한 기업은 연구의 통계적 의미에 영향을 미치기 위해 연구 설계를 변경할 것을 요구했다. 의학적으로 중요한 물음에 대한 답을 얻기 위해 연구자의 최선의 판단에 맡기기보다 후원자의 이해관계를 충족하기 위해 후원자가 연구 수행 방식에 영향을 미치는 것은 편향이 이루어지는 매우 중요한 원천이다. 그러나 이 분야에 대해서는 충분한 연구가 이루어지지 않았다.

이해상충과 편향 사이의 관계는 학계의 새로운 기업주의 에토스entrepreneurial ethos를 보호하기 위해 과학자 사회 내에서 경시되어 왔다. 다음 장에서는 이와 연관된 두 가지 물음을 다룰 것이다. 첫째, 기업이 후원하는 연구에서 더 많은 편향이 나타날 가능성이 높은가? 둘째, 만약 그렇다면 어떻게 그 문제를 성공적으로 관리할 수 있을 것인가?

9

편향에 대한 물음

기자들이 이해상충에 대해 내게 가장 자주 그리고 끊임없이 하는 질문은 두 가지이다. 첫째, 과학자들이 누구에게 연구비를 지원받든, 어떤 회사에 자문을 하든 그리고 어떤 기업의 주식을 가지고 있든 왜 문제가 되는가? 과학자들이 순전히 진리 추구를 위해 노력하는 한, 진리 추구를 위한 과학 탐구라는 보편적으로 인정된 규범이 지켜진다면 다른 문제는 크게 상관하지 않아도 되지 않는가? 이 논변은 이렇게 계속 이어진다. 후원자를 만족시키기 위해 자신의 직업 규준을 어긴 과학자는 곧 그 집단에서 추방되고 그 직업에서 설 자리를 잃게 될 것이다. 과학자가 무엇을 얻든 간에, 가령 그것이 재정적 보상이라 해도, 그 가치가 직업의 상실보다 크지는 않을 것이다.

이러한 일련의 사고는 다음과 같은 물음으로 이어진다. 어디로 귀결되든 실험 결과에 따르려는 동기가 있다면, 학문적 연구에 대한 사기업의 투자가 연구 결과 형성에 영향을 미친다는 근거는 무엇인가? 과학에도 후원 효과funding effect가 있는가? 연구비의 공적 지원에서 사적 지원으로의 주된 전환이 연구 결과의 질이나 객관성에 영향을 미치는가?

내가 자주 받는 두 번째 질문은 이런 것이다. 과학자가 특정 가설에 대해 가지는 선호, 연구를 지원하는 기관을 만족시켜야 할 필요성, 직장을 얻으려는 동기와 같은 그 밖의 이해관심이 그들의 행동을 설명하는 더 중요한 요인들인데, 왜 유독 개인의 재정적 이해관계에 그토록 많은 관심을 쏟아야 하는가? 과학자들이 물리 세계를 설명하는 데 자신이 선호하는 가설이나 이론적 틀을 가진다는 것은 의문의 여지가 없다. 그러나 이것은 문서로 작성되는 기록의 일부이다. 지적인 선입견은 다른 과학자들이 볼 수 있도록 공개된다. 반면 재정적 이해상충은 지적 영역 바깥에 있다. 개인의 재정적 이해관계와 연관된 편향은 은밀하기 때문에 학문적 과학자들에게 흔히 있는 이해관계와는 달리 방심하기 어렵다. 우리는 과학자들에게 동료들의 회의를 이겨내고 어떤 가설이 확증되었다는 것을 증명하려는 열정을 기대한다. 반면 지식의 상업화로 한몫 잡으려는 열정은 그 자체로 과학을 진보시키지 않으며, 지식을 창조하려는 순수한 동기를 오염시킬 가능성이 높다.

지금까지 이러한 주제를 다루는 확립된 연구 프로그램은 없었고, 소수의 저널이 편향을 낳는 원천을 탐구하려는 목적으로 발간되었을 뿐이다(그런데 이 저널들도 이 분야의 초심자들이다).[1] 특히 연구비 후원 편향funding bias이나 이해상충을 검토하는 연구는 설계가 힘들고 복잡하다. 그러나 재정적 이해상충이 편향과 결부되었는지 밝히려는 노력은 아무리 강조해도 지나치지 않을 것이다. 예를 들어, 《네이처》 지의 편집자들은 윤리학자, 사회과학자 그리고 과학 정책 분석자들에게 연구 분야에서의 재정적 이해관계와 그 결과의 편향 사이의 연관관계를 입증해야 하는 높은 책임을 부과했다.[2] 물론 자사가 생산하는 상품에 편향이 있는 기업들에 의해 수행된 연구 사례들이 있다. 그러나 그런 연구의 상당 부분은 동료평가를 거치는 저널들에 발표되지 않는다. 편향이라는 주제를 진지하게 제기하기 위해서, 우리는 이러한 편향이 학문적 과학의 핵심 영역에서 나타나는지 검토해야 한다.

과학을 의심한다

먼저 나는 과학 연구에서 편향이 어떤 의미를 가지는지에 대한 논의로 이 주제를 시작하려 한다. 가장 일반적으로, '편향bias' 이라는 말은 '특정 결과로 치우치거나 편중되는 것' 을 뜻한다. 어떤 연구에서 결과에 영향을 주는 요인이 연구에 명백한 역할을 하는 변수로 고려되지 않을 때, 그 연구는 편향되었다고 한다. 예를 들어, 연구자들이 연구가 진행 중인 주제를 대표하거나 임의적이지 않은 샘플을 선택했다면, 그것은 특정한 결과 측정을 향한 편향을 포함하는 것이다. 가령 흡연이 폐암을 유발하는지 검사하려 할 때, 무심코 먼지가 많은 환경에서 작업하는 집단을 선택한다면, '먼지' 를 변수에 포함시키지 않는 한, 이 연구는 편향될 것이다.

다른 형태의 연구 편향은 연구에서 제기되는 물음의 유형과 관련된다. 여론조사 전문가는 여론조사의 응답이 질문을 구성하는 방식에 따라 달라진다는 것을 알고 있다. 이 점은 거짓말 탐지기 전문가도 잘 이해한다. 이 경우, 여론조사 결과는 자칫 잘못 해석될 수 있다. 질문을 조금 바꾸기만 해도 피조사자의 반응이 바뀔 수 있다. 예를 들어, 다음과 같은 질문을 생각해 보자. "사람의 생식세포 복제를 허용하겠습니까?" 이 경우, 어떤 사람들은 그 세포가 연구에만 사용되며 생식에는 아무런 역할도 하지 않을 것이라는 사실을 모를 수 있다. 질문을 이렇게 바꾸면 그들의 반응은 전혀 달라질 것이다. "연구에만 사용되는 사람의 생식세포 복제를 허용하겠습니까?"

실험의 유형에도 편향이 개입될 수 있다. 가령 어떤 공업용 화학물질이 건강에 미치는 영향을 연구한다고 하자. 실험 설계는 일정 용량의 화학물질을 투여한 다 자란 쥐를 이용할 수 있다. 그러나 이 화학물질은 독성이 훨씬 더 강한 대사산물metabolite로 신속하게 분해될 수 있다. 게다가 화학물질의 대사산물로 인한 영향은 아주 어린 쥐에서 더 쉽게 확인할 수 있을 것이다. 이 연구를 지원한 기업은 독성 효과가 가장 적게 나타날 실험 설계를 선택할 것이다. 위해의 발견을 최소화시키기 위해 의도적으로 실험 설계가 선택될 경우, 우리는 편향이 개입되었다고 말할 수 있다. 물론, 많은 표준적 실험 규약들이 다 자란 쥐를 사용하며, 이 경우 반드시 편향된 것은 아니다.

실험이 잘 설계되고 특정 결과로 편중되지 않았다 하더라도 그 결과에 대한 해석이 편향될 수 있다. 데이터 해석에는 서로 다른 통계 기법들이 사용되며, 일부 통계 기법은 귀무 가설null hypothesis, 즉, 무효화하려는 가설을 지지할 가능성이 더 높다. 대부분의 연구는 데이터에 대한 논의를 포함한다. 이 과정에서 과학자들은 자신들의 데이터에 새로운 내용을 삽입할 기회를 얻는다. 논문의 이러한 토론 영역이 우리가 배경이나 연구를 지원한 후원자들과의 관계에서 미묘하고 명백하지 않은 요인들에 기인한 과학 분석자들 사이의 차이를 발견하는 지점이다.

근거를 선별하는 데에도 편향이 개입한다. 화학약품이 건강에 미치는 효과에 대한 연구는 대개 추가 연구가 필요하다는 상투적인 미봉책으로 끝난다. 단일 연구만으로는 주장을 제기하기에 불충분하다. 과학자들은 복수의 연구에서 증거의 중요성을 살펴야 하기 때문이다. 그렇다면 그중에서 어떤 연구를 선택할 것인가? 그 중요성의 경중을 어떻게 가늠할 것인가? 증거를 구축하기 위해 어떤 연구들을 수집하느냐는 과학자의 몫이다. 따라서 이 과정에서 쉽게 임의적인 결정이 일어날 수 있다.

이해상충이 있는 개인들이 쓴 리뷰 논문(과학자들의 문헌 분석에 기반한 논문)이나 논설(증거에 기반한 규범적 판단)을 게재하지 않는다는 방침을 가진 소수의 저널들이 있다. 그것은 이런 저널의 편집자들이 독자들이 데이터에 기반한 연구가 아닌 이런 종류의 저작에서도 이해상충에 의한 편향이 나타난다는 사실을 깨닫기가 더 힘들다고 생각하기 때문이다.

"밥 주는 손을 물지 말라"는 속담은 과학 연구에서 특별한 의미를 가진다. 정부가 기초과학에 자금을 지원할 때, 이 지원은 특정 결과에 이해관계가 없다. 연구비 지원과 동료평가 과정이 투명하기 때문에, 정부 기관들은 응용연구 분야에서도 정치적 관점에 부응하는 과학적 결과를 이끌어내려는 것처럼 보이지 않도록 신중해질 수밖에 없다. 보수정당은 지구 온난화의 사실 여부에 대해 자유주의 정당이나 무소속에 비해 훨씬 회의적인 입장이다. 그러나 하원이든 상원이든 간에, 공화당 의원들이 과학적 결과에 영향을 줄 수 없으며, 그런 시도도 하지 않을 것이다.

반면 사적인 지원을 받은 과학은 투명하지 않다. 거기에는 드러나지 않은 의제들이 있다. 사기업에서 연구비를 받은 많은 과학자들은 어떤 결과가 회사를 만족시키고, 어떤 결과가 회사의 손익 결산에 이로울지 알고 있다. 과학자가 특정 기업의 연구 프로그램에 속박되면 그 회사는 그만큼 만족스러운 연구 결과를 얻기 쉬워지고, 따라서 연구에 계속 자금을 지원하면서 이익을 낼 수 있게 된다. 연구자들이 기업의 이해관계를 자신의 것으로 내화하는 경우는 그리 드물지 않다. 예를 들어, 한 연구자가 어떤 화학물질이 사람에 미치는 독성에 대해서는 입증 책임을 높게 부과하는 데 비해 특정 약품의 효능에 대해서는 입증 책임을 낮게 지우는 연구를 설계하는 것이 회사측에 도움이 된다는 것을 이해할 수 있다. 그렇게 되면 이러한 검사가 표준화되고 품질 관리를 위해 조사되지 않는 한, 수많은 과학자들이 과학적 진실을 위해 헌신한다 해도, 편향이 개입될 가능성은 충분하다.

감옥의 사설화

이해상충이 확연할 때에는 당연히 편향을 의심하게 된다. 그러나 편향에 대한 의심은 아직 편향이 아니다. 찰스 토머스의 사례를 살펴보자. 그는 미국의 사설 감옥 운동을 열렬하게 옹호한 교수였다.[3] 그는 1999년에 《크라임 앤드 딜링퀀시*Crime and Delinquency*》라는 저널에 플로리다에 있는 세 곳의 소년원에서 나타나는 상습범 비율을 다룬 논문을 공저 형식으로 발표했다.[4] 소년원 두 곳은 사설이었고, 세 번째는 주 정부에 의해 운영되었다. 저자들은 두 곳의 사설 소년원에서 출소한 청소년들의 표본을 추출해서 주립 소년원 시설에서 방면된 청소년들과 비교했다. 연구 결과는 사설 소년원에서 출소한 청소년의 재수감률이 주립 소년원에 비해 낮다는 것이었다. 이 결과는 공적으로 운영되던 교정矯正 체계를 이윤 추구를 위한 사업으로 전환시키려는 움직임을 지지해 주었다.

그런데 이 연구를 후원한 곳은 플로리다 교정 사설화 위원회Florida Correctional Privatization Commission였다. 이 위원회는 사설 교정시설과 계약 체결 협상을 했던 주지사가 임명했다. 그리고 토머스는 이 위원회의 자문위원으로 보수를 받으며 활동했다.

미국 교정회사Corrections Corporation of America, CCA[63]는 1983년에 공립 교도소를 대체하기 위한 방안으로 설립되었다. 당시 CCA는 테네시 주의 교정 체계 전체를 사들여서 운영하겠다고 제안했다. 토머스는 수탁자 죄수 신탁위원회Prison Reality Trust Board of Trustee라 불리는 CCA의 한 자회사의 14명의 위원에 포함되었다. 또한 그는 플로리다 대학의 범죄학 및 법률 연구센터에서 진행하던 사설 교정 프로젝트에도 참여하고 있었다. 처음에 기업의 지원으로 시작했고 사설 교정 회사에서 40만 달러 이상을 받았던 이 프로젝트는 토머스에게 2만 5,000달러 이상의 보수를 주었다. 그리고 이 프로젝트의 가장 큰 후원자가 바로 CCA였다.

이 재범률 연구를 검토한 몇몇 사회학자들은 잘못된 편향을 발견했다. 방면된 수감자들을 평가하는 데에는 1년간의 추적 조사 방법이 사용되었다. 평가자들은 이 기간이 재범 여부를 적절히 평가하기에 지나

63 —— 1980년대 미국 정부는 급증하는 죄수들을 기존의 예산과 시설로는 도저히 감당할 수 없는 지경에 이르렀다. 교도소 내 사고가 급증하고 교정 프로그램의 효율성도 극히 낮아 재범률이 높아지는 추세였다. 마침내 몇몇 주 정부는 교도소 운영을 민간에 맡기기로 결정하고 이를 공개 입찰에 부쳤다. 이때 등장한 회사가 CCA(Corrections Corporation of America)와 WCC(Wackenhut Corrections Corporation) 등이다. 이들 민간 회사는 정부로부터 수형자 1인당 평균 52달러를 기본 비용으로 지원받고 또 수형자들을 생산직에 투입하여 돈도 벌어들인다. 이들 기업은 운영비를 최소화하기 위해 정규 직원을 계약직으로 대체하고, 그 대신 전자 감시기를 곳곳에 설치해서 무인 감시 체제를 구축했다.

치게 짧다고 보았다. 한 사회학자에 따르면, 풀려난 범죄자의 약 40퍼센트가량이 방면된 후 6년에서 8년 사이에 다시 범죄를 저지른다고 한다.[5] 이해상충을 고려할 때, 토머스를 비판하는 사람들은 그의 편향을 의심했다. 그러나 그것을 입증할 수 없었다.

> 유급직으로 사설 교정산업과 연관된 사람이 자신의 연구에서 이처럼 짧은 추적 기간을 적용했다면, 아마도 그 연구가 학문적인 간행물로 출간되어 정당화되었다는 기쁜 소식을 갈망했으리라고 의심하지 않을 수 없다. 연구 결과를 먼저 인터넷에 올려놓았다는 점도 교정 사설화의 장점에 대한 주장을 가능한 한 빨리 공표하려는 의도로 추측할 수 있다.[6]

캘리포니아, 테네시, 텍사스 그리고 뉴멕시코 주의 공공 교정 시설과 사영 시설들의 비용을 비교한 연구 결과를 분석한 1996년의 회계감사원 보고서도 이러한 편향에 대한 의구심을 더욱 부채질했다. 테네시 주에서 이루어진 연구들이 가장 견실했다. 이 연구에서 회계감사원은 공립 교도소와 사설 교도소의 평균 일일 수감 비용에서 거의 차이를 발견하지 못했다. 사설 교정 프로젝트는 사설 교도소의 운영이 훨씬 효율적이며, 재범률도 낮다고 주장했었다.[7]

물론 조사자들 중에서 그들의 이해상충이 연구를 편향시킬 수 있다는 것을 인정하지 않을 사람은 거의 없을 것이다. 그렇지만 이해상충이 있다는 사실만으로 편향이 입증되지 않는다. 따라서 정황 증거에도 불구하고, 이해상충이 있는 과학자의 연구와 그렇지 않은 과학자의 연구 결과를 비교하기 위해서는 결정적인 연구가 필요하다. 이러한 연구를 하기는 힘들고 연구비를 얻기도 쉽지 않지만, 그럼에도 불구하고 발간된 소수의 연구는 많은 것을 시사했다.

신 요법과 구 요법에 대한 임상 실험

연구비 후원 편향에 대한 연구들은 의학 문헌에서 찾아볼 수 있다. 내가 찾아낸 가장 오래된 연구 중 하나는 1986년에 《저널 오브 제너럴 인터널 메디신*Journal of General Internal Medicine*》에 발표된 것이었다.[8] 저자는 신약의 치료 효과를 알기 위해 이루어진 107개의 통제된 임상 실험을 검토했다. 대개 제약회사들은 기존 약품보다 신약의 효과가 높기를 바란다. 그 이유는 이전 치료제가 특허 만기가 되어 경쟁 대상이 된 반면, 새로운 치료제는 대개 신 특허로 보호받아서 더 큰 이윤을 보장하기 때문이다. 저자가 품었던 물음은 연구비 후원의 출처와 새로운 치료법에 대한 선호 사이에 어떤 관련이 있는지 여부였다. 107개의 실험 중에서 76개는 신약에 유리한 결과가 나왔고, 나머지 31개는 기존 약품의 손을 들어주었다. 새로운 치료제를 선호하는 논문들 중에서 43퍼센트는 제약기업들에 의해 후원되었지만, 57퍼센트는 비영리 기관들(정부, 재단, 또는 대학의 연구비)의 지원을 받았다. 기존 치료제에 유리한 결과가 나온 논문들 중에서 제약업체가 후원한 것은 13퍼센트인 데 비해 87퍼센트는 비영리 기관에서 연구비를 받았다.

이 연구는 기업 후원 연구와 '새로운 치료제에 대한 선호' 사이에 통계적으로 유의미한 연관이 있었음을 보여주었다. 우리는 이것을 '연구비 후원 편향funding bias'이라고 부른다. 다시 말해서, 사기업의 연구비 후원이 후원자의 이해관계에 유리하도록 연구 결과를 편향시킬 수 있다는 것이다. 그렇지 않다면 제약회사들이 후원했던 실험 중에서 매우 적은 연구만이(13퍼센트) 종전의 치료법을 지지한 현상을 어떻게 설명할 수 있겠는가? 사실, 경쟁사의 약품이 자사 제품보다 우수하다는 연구 결과를 원하는 기업이 어디 있겠는가? 물론, 이런 결과에 대해서 '연구비 후원 편향' 이외의 다른 설명도 있을 수 있다. 그렇지만 결국 발표된 연구의 거의 4분의 3이 새로운 치료법을 선호했고, 이러한 지지는 제약회사의 연구비 지원이나 그 밖의 후원으로 거의 균등하게 나뉘었다.

제약회사들은, 신약보다 기존의 치료법을 선호하고 신약에 대해 부정적인 연구 보고를 후원하거나 발표하기를 꺼릴 수 있다. 그런데 제약회사가 후원한 과학자들은 다른 사람들에게 제공되지 않은, 기존 치료법에 대한 낮은 평가의 근거가 된, 내부 정보를 가지고 있을 수 있다. 그러나 그 연구의 저자는 "연구비를 후원한 기업이 제조한 치료제의 효능이 다른 기업이 제조한 제품에 비해 뒤진다는 어떤 사실도 발견되지 않았다"고 보고했다.[9] 이 진술만으로도 연구비 후원 편향 이론이 고려할 만한 충분한 가치가 있다는 것을 알 수 있다.

매년 이루어지는 수만 건의 임상 실험들 중에서 대부분은 신약, 임상적 절차, 또는 의료 장비 등에서 FDA 승인을 얻으려는 기업들에 의해 후원된다. 무작위 임상 실험randomized clinical trial은 임상 연구의 황금 기준과도 같다. 이것은 실험 기준을 만족시키는 인간 피험자들을 둘 또는 그 이상의 무작위 집단으로 나누어서 연구자들의 처치나 약품 평가에서 선택의 편향을 피하게 하는 방법이다. 무작위 추출법에 대해, 네덜란드 연구자 두 명은 다음과 같은 물음을 제기했다. 재정적 이해관계나 그 밖의 서로 경쟁하는 이해관계가 무작위 추출된 임상 실험 결과의 해석에 영향을 주는가? 특히, 이러한 실험이 영리 기업 후원자들에게 이로운 경향이 있는가? 연구자들은 세계적으로 이름난 《브리티시 메디컬 저널》에 실린 연구에 초점을 맞추었다. 그것은 이 저널의 편집자들이 저자에게 재정적 이해관계나 그 밖의 이해관계를 공개할 것을 요구했기 때문이다.[10] 그들은 1997년에서 2001년 6월 사이에 BMJ에 무작위 방법을 이용한 159편의 임상 실험이 발표되었다는 사실을 확인했다. 그들은 94개의 실험에서 연구자들이 영리 기업에서(이해관계가 경합하는) 연구비를 지원받았다는 사실을 밝혔다. 이 실험들은 정신병, 정형외과, 심장병 등을 포함한 임상 의학의 여러 분야들을 포괄했다. 연구 결과는 "이해관계 경합이 없는 실험과 비교했을 때, '저자' 들의 결론이 영리 기업들로부터 지원받은 임상 실험에서 실험적 개입에 대해 훨씬 더 긍정적인 결론으로 치우친다"[11]는 것을 보여주었다.

이런 종류의 연구는 이윤을 추구하는 기업의 연구비와 특정 종류의 치료를 선호하는 결과 사이의 관계에 숨어 있는 원인을 말해 주지 못한다. 기업들은 임상 실험 연구비를 후원할 때, 비영리 집단들보다 실험 이전에 미리 실험 성공을 보장해 줄 것을 훨씬 더 강하게 요구할 수 있다. BMJ 연구의 저자들은 이렇게 말했다. "영리 기업들은, 의도적이든 우연적이든, 실험 개입이 개입을 통제하는 경우보다 월등히 우월한 실험에만 자금을 지원한다." 또한 임상 실험자들이, 과학자들이 취할 수 있는 임의적 재량 범위 내에서 작동하는 다양한 무의식적 메커니즘을 통해, 데이터를 해석할 때 후원자에게 유리한 방향으로 가중치를 실어 줄 수도 있다.

그 밖의 연구들도 실험적 처치에 대한 후원자 효과를 확인해 주었지만,[12] 사회과학자들은 그 결과를 설명하는 데 이해상충 이외의 다른 설득력 있는 설명들이 있을 수 있다는 가능성을 배제할 수 없었다. 예를 들어, 또다른 연구는 정부나 비영리 기구에서 지원받은 실험에 비해 상업적인 지원을 받은 무작위 추출된 실험들에서 성공적인 개입이 보고된 비율이 훨씬 높다는 사실을 발견했다. 저자들은 "특정 개입에 유리한 결과를 가져올 가능성이 높은 실험에 대해 선별적인 지원이 이루어진 경우", 실험을 수행하는 과학이나 과학자보다 실험 설계와 관련이 더 깊은 것으로 믿고 있다.[13]

심장병 약품과 기업 후원

1988년에 후원자와 실험 결과 사이의 결탁을 입증하는 가장 훌륭하고 영향력 있는 연구 중 하나가 캐나다 토론토 대학 연구팀에 의해 수행되었다. 이 연구는 저명한 학술지인 《뉴잉글랜드 저널 오브 메디신》에 실렸다. 많은 사람들은 이 저널을 전 세계에서 발간되는 의학 저널들 중에서 여섯 번째 안에 들어간다고 꼽는다.[14]

저자들은 이 연구를 다음과 같은 물음으로 시작하고 있다. "특정 약품의 안전성에 대해 발표된 저자의 입장과 그들이 제약회사와 맺고 있는 재정적 관계 사이에 연관성이 있는가?" 그들은 '칼슘 채널 차단제 calcium channel blocker, CCBs, 통로 길항제channel antagonist라고도 불린다' 라는 유형의 약품에 연구의 초점을 맞추었다. 이 약품은 고혈압 치료제이다. 이 약품을 선택한 이유는 의학계가 이 약품의 안전성을 둘러싸고 논쟁을 벌였기 때문이다. 저자들은 문제된 약품의 안전성을 둘러싸고 연구자들이 보여주었던 기존의 입장 차이가 연구비 지원만으로 설명 가능한지—즉, CCBs에 대한 호의적인 결과가 제약회사에서 받은 연구비와 유관한지—여부를 조사하기 위해 자연 실험[64]을 수행했다. 첫째, 저자들은 1995년 3월 10일에서 1996년 9월 30일 사이에 의학 저널에 CCBs를 주제로 실린 논문들을 찾아냈다. 그리고 각각의 논문들(그리고 저자들)을 문제의 약품에 대한 태도에서 지지, 중립 그리고 비판의 세 차원으로 분류했다. 둘째, 저자들에게 지난 5년 동안 CCBs 제조사나 그 경쟁사로부터 연구비를 받은 적이 있는지를 묻는 설문지를 보냈다. 최종적으로 분석대상이 된 글은 70편이었다(5편은 연구 논문이었고, 32편은 리뷰 논문 그리고 33편은 편집자에게 보낸 편지 형식이었다). 70편의 글을 쓴 89명의 저자들의 성향이 각기 분류되었다(지지, 중립, 비판). 저자들의 재정적 이해관계를 묻는 설문지에 회신한 사람들은 69명이었다. 이 연구 결과는 지지 입장을 밝힌 저자의 압도적인 다수가(96퍼센트) CCBs 제조사와 재정적 관계가 있는 데 비해, 중립적인 입장의 60퍼센트와 비판적인 입장의 37퍼센트만이 재정적 이해관계가 있다는 사실을 밝혀주었다. NEJM 연구의 저자들은 "이 결과가 칼슘 채널 길항제의 안전성에 대한 저자의 견해와 그들이 제약회사와 맺는 재정적 이해관계 사이에 강한 연관성이 있다는 것을 입증해 주었다."라고 썼다.[15]

이번에도 연관관계에 대한 연구가 인과성을 입증할 수 없었다. 연구에 대한 기업의 지원이 CCBs에 대한 연구자들의 견해에 아무런 영향을 주지 않았을 수도 있다. 그들의 관점이 기업과 재정적 관계를 맺기 전에 이미 형성되었을 수도 있기 때문이다. 결국, 비판적인 입장의 3분의 1이 제약회사와 재정적 관계를 가지고 있었다. 그렇다면 이러한 모순을 어떤 다른 요인으로 설명할 수 있는가?

연구비 후원 편향 이론이 개인의 행위를 설명할 수 있다고 주장하는

64 —— natural experiment. 실험실에서 이루어지는 실험과 달리 실세계에서 수립된 가설을 재연해서 인과관계를 설명하기 위해 이루어지는 실험을 뜻한다.

것은 아니다. 그 이론의 주장은 연구자 집단에서 저자와 기업의 재정적 연결이 해당 기업의 이익에 유리한 결과로 편향되리라는 것이다.

이해상충이 편향된 결과나 과학의 부정행위와 시기적으로 일치하거나 그보다 앞선다고 해서 그것이 편향의 원인이거나 부정 행위를 일으키는 동기라는 뜻은 아니다. 그러나 그 결과를 설명하는 자명한 증거를 보여준다. 특히 그 밖의 설명들이 거리가 먼 것처럼 보이는 경우는 더욱 그러하다. 게다가 이해상충이라는 현상은 동기 부여에 영향을 주는 정황 증거를 제공한다.

샌디에이고 캘리포니아 대학UCSD의 한 임상 연구자의 사례를 살펴보자. 모리스 부시빈더 박사는 동맥에 낀 혈전血栓을 제거하는, 드릴과 비슷하게 생긴 기구인 로타블래더Rotablader에 대한 임상 연구를 수행했다. 부시빈더는 이 기구를 제작한 회사인 하트 테크놀로지Heart Technologies의 대주주였다. FDA는 1993년에 부시빈더의 연구를 감사했고, 그 결과 그의 임상 연구에 심각한 결함이 있다는 사실을 밝혀냈다. 즉, 그는 연구비를 후원받았기 때문에 적절한 추적 조사를 할 수 없었고 부작용에 대한 보고도 하지 못했다. 결국 UCSD는 "부시빈더에게 환자들에 대한 연구를 중단시켰다." 연구자가 연구 결과에 대해 강한 재정적 이해관계를 가지면 사람들은 임상 연구에 대한 위배를 전혀 다른 렌즈로 판단하게 된다. 가령, 《뉴욕 타임스》 머릿기사였던 "숨겨진 이해관계; 의사들 기업가로 1인 2역을 하다"[16]가 좋은 예에 해당한다.

과학적 결과에 재정적 이해관계가 있는 다른 영역에서 '연구비 후원 효과'가 발견된다면, 우리는 그것을 어떻게 설명할 것인가? 단순히 연구자들이 사기업 후원자의 이해관계를 대변한 것인가? 그보다는 훨씬 미묘한 문제들이 있을 것이다. 과학은 사회적 과정이다. 따라서 객관성과 진리에 관한 규범들이 공유되어 있음에도, 많은 과학자들이 사적인 후원자들, 특히 미리 결정되지 않은 해석에 영향을 줄 수 있는 후원자들의 가치에 의해 영향을 받을 수 있다. 과학에 해석의 여지가 있다면, 그 해석은 후원자의 이해관계로 기울기 마련일 것이다. 사람을 대상으로 한 임상 실험과 그 밖의 데이터 기반data-driven 연구들이 편향의 위험은 있지만, 그렇다고 해석의 여지가 가장 큰 분야는 아니다. 아마도 경제 연구 분야가 그런 면에서 여지가 더 클 것이다. 다음 사례는 연구비 지원 편향이 비용 효과cost-effectiveness 연구에 어떻게 영향을 미치는지 보여준다.

약품의 비용 효과

약품 개발 분야에서 약품 등록의 두 요건은 안전성과 효과이다. 그러나 두 가지 필수 조건을 만족시키는 약품이라도 비용 효과가 없다면 제약 시장에서 살아남지 못할 수 있다. 미국과 같은 사보험 체계에서, 편익보다 비용이 훨씬 높은 약품들은 이미 비용을 지불한 건강 보험자들에 의해 지불을 승인받지 못할 가능성이 높다. 특히 그보다 저렴한 (비록 효과는 떨어져도) 다른 치료제가 있다면 말이다.

신약에 대한 이러한 비용 효과 분석은 '약제경제학pharmaco-economics' 이라 불리는 영역이다. 경제학의 하위 분야인 이 응용 분야는 비용 절감 건강 관리 경제에서 새로운 역할을 맡게 되었다. 신약의 비용 효과 연구는 안전과 효과가 입증된 제품의 성패를 판가름할 만큼 중요하다. 그렇다면 이런 연구는 '연구비 지원 편향'에 얼마나 영향을 받기 쉬운가?

한 연구팀이 제약회사의 후원과 종양학 약품의 경제성에 대한 긍정적 경제성 평가 사이에 연관성이 있다는 가설을 검증했다.[17] 연구팀은 1988년에서 1998년까지 10년 동안 의학 데이터 베이스에 인용되었던 종양학 약품에 연구를 집중했다. 그들은 44편의 논문에서 다루어진 6개의 종양학 약품들이 비용 효과 측면에서 인정받았다는 사실을 발견했다. 각각의 논문은, 비용 효과라는 측면에서, 각기 '긍정적', '중립적' 그리고 '부정적'으로 등급이 매겨졌다. 다른 연구와 마찬가지로, 연구비 원천은 그 연구의 질적 결론에 따라서 조사되었다. 논문들은 후원자가 제약회사와 비영리 기구 중 어느 쪽인가로 분류되었다. 44편의 논문들 중에서 20편이 제약회사의 후원을 받았고, 24편은 비영리 기구에서 연구비를 받았다. 약품의 비용 효과에 대해 부정적인 결론을 내린 논문은 비영리 기구의 지원을 받은 연구들 중에서 38퍼센트를 차지한 반면, 제약회사가 후원한 연구는 고작 5퍼센트에 불과했다. 저자들은 이렇게 결론지었다. "제약회사가 후원한 연구는 비영리 기구가 지원한 연구에 비해 부정적인 결론을 내릴 가능성이 약 8분의 1에 불과했고, 긍정적인 결론이 나올 확률은 1.4배나 높았다!"[18]

이 결과에 대해 사기업이 후원한 연구에 체계적인 편향이 있다는 것 이외에도 여러 가지 설명이 있을 법하다. 가령 기업들이 그 약품이 효력이 있다는 강력한 증거가 나온 후에만 약효에 대한 학문적 연구를 후원할 수도 있다. 기업의 지원을 받은 연구 중 상당수가 출간되지 않았기 때문에 연구 결과가 선호하는 결론으로 치우치는 현상이 나타났을 수도 있다. 그럼에도 불구하고, 연구팀은 과학자들이 기업에서 연구비와 사례를 받을 때 무의식적으로 이러한 요인들이 연구 결과에 영향을 미치는 편향을 (필경 질적으로 결과를 해석할 때) 받을 수 있으며,[19] "제약회사들이 연구자들과 협력해서 직접 경제적 분석 프로토콜을 개발하거나

간접적으로 경제적인 평가 기준을 만들게 할 수 있다"고 결론지었다.[20]

약제 경제학 분석에 이 분야의 모든 전문가들이 공유하는 일련의 표준적인 방법론이 있는 것은 아니다. 표준 방법론이 있는 구조 공학과 같은 분야와는 다른 셈이다. 따라서 이러한 분석에는 임의적이고 선험적인 가정들이 숱하게 개입될 수 있다. 이처럼 들쭉날쭉한 방법론 때문에 이 분석은 연구비를 후원하는 기업의 영향에 더욱 휘둘리기 쉬워진다. 그 결과, "기업과 비영리 기구의 지원을 받는 연구들 사이에서 나타나는 차이점은 연구비의 출처에 따라 사전에 미리 차단되고 선택된 방법과 편향의 결과일 수 있다."[21]

학술지 부록

흔히 제약회사들은 최고의 명성을 자랑하는 저널들이 발간하는 학술지 부록journal supplement의 비용을 떠맡는다. 이 부록은 해당 저널에 지원금을 주고, 일부 과학자들에게는 유명 저널의 이름으로 자신의 글을 발표할 기회를 제공하며, 기업들에게는 자신들의 상업적 이익을 높일 수 있는 심포지엄을 지원하는 통로가 된다. 그러나 부록에 실리는 논문들의 평가 기준은 본지의 기준과는 크게 다를 수 있다. 먼저 학술지 부록에 게재되는 논문들 상당수는 동료평가를 거치지 않는다. 편집자의 평가를 받기는 하지만, 연관 주제의 전문가들에게 익명 평가blind review를 의뢰하지는 않는다.

학술지 부록에 실리는 논문들은 종종 MEDLINE[65]과 같은 데이터베이

65 —— 세계적인 생의학과 보건 관련 데이터베이스로 생물의학 분야의 주요 정보 출처 중 하나이다.

스들에 이름이 오르며, 의학도서관에서도 본지parent journal 바로 옆자리를 차지한다. 독자들은 부록에 실린 논문들이 가장 엄격한 심사 기준을 거치지 않았다는 사실을 알지 못할 수 있다. 권위 있는 학술지의 부록은 제품과 관련된 논문을 실을 수 있기 때문에 제약회사들에게 혜택을 줄 수 있다. 그렇지만 기업 후원자의 돈을 받은 출판물의 질을 떨어뜨리거나 편향을 줄 수 있는 가능성은 없는가?

같은 기간 동안 본지에 발간된 논문의 질과 비교하는 방식으로 학술지 부록에 게재된 논문들의 수준을 조사하는 연구가 이루어졌다.[22] 이 연구의 저자들은 부록을 발간하는 것으로 알려진 3개의 저명 저널에 약물 치료 무작위 실험을 주제로 게재된 논문들 중에서 1990년 1월부터 1992년 11월까지 MEDLINE에 이름이 오른 논문들을 찾아냈다. 질적 평가 체계quality-assessment scoring system를 이용해서 평가자들은 연구 대상으로 선정된 242편의 논문들에 수준별로 각기 점수를 매겼다. 그 결과 약물 치료의 무작위 통제 실험을 주제로 학술지 부록에 실린 논문들이 본지에 게재된 논문들에 비해 질이 떨어진다는 사실이 밝혀졌다. 저자들은 이렇게 썼다. "학술지 부록에 실린 논문들은 약물 치료 연구를 위해 준수해야 하는 단계들을 적절히 거쳤는지 확인해 줄 정보가 적었습니다."[23]

또한 저자들은 무작위 추출한 환자들(초기 집단)의 숫자와 학술지 부록에 발간된 논문에서 분석한 환자 숫자(최종 집단)의 불일치가 본지 논문들에 비해 더 심하다는 사실도 밝혀냈다. 이 차이는 탈락률을 뜻한다. 그리고 높은 탈락률은 연구 결과와 통계적 신뢰성에 영향을 미칠 수 있다.

이 연구의 저자들에 따르면, "연구비 출처가 그 논문의 게재 여부에 영향을 줄 수 있고, 그 결과는 출간 편향의 한 형태로 이어진다. 기업의 후원을 받은 논문은 그 기업이 돈을 댄 약품을 선호하는 경향을 띨 수 있다."[24] 다른 연구들도 이러한 후원 효과를 확인해 주었고, 기업의 후원과 약효와 독성에 대해 선호하는 발견 사이에서 상관관계를 발견했다.[25]

제약회사들은 자사 상품을 시장에 출시하기 위해 안간힘을 쓴다. 이 목적을 달성하려면 기업들은 미국 식품의약품국에 제출되는 신빙성 있는 자료를 생성하는 학문적 과학자들과 지속적인 관계를 맺어야 한다. 또한 그들은 특정 약품이 사망이나 중증 질병의 원인이라는 사실이 밝혀질 경우, 엄청난 비용을 들여 법정 소송을 벌여야 한다. 다른 기업 부문들은 빈발하는 노동자나 소비자들의 소송에서 스스로를 보호해 줄 수 있는 학문적 과학자들을 찾는다. 이런 경우, 고소당한 기업들은 연구 과학자들과 호혜적인 연결을 통해 많은 것을 얻어왔다. 특히 그런 과학자들의 목표와 기질이 기업의 가치와 이해관계와 부합할 때에는 더욱 그러했다. 학문적인 과학자들과 다리를 놓기 위해 이루어지는 투자는 보험 정책과 흡사하다. 기업이 제조물 책임법[66]으로 고소를 당하는 이른바 '독성 불법 행위toxic torts'라 불리는 소송에서, 종종 대학 과학자들이 피고측인 기업을 변호하기 위해 전문가 증인으로 불려나간다.

66 —— 흔히 PL법이라 불리는 제조물 책임법은 기업의 사회적 책임 강화 및 소비자의 보호를 취지로 제조업자와 직접적인 계약 관계에 없는 소비자의 권리를 보호하기 위한 법률이며, 미국에서는 1960년대에 확립되었고 유럽에서는 1985년경부터 입법화되었다. 우리나라에서도 2000년에 제정되었다.

십여 년 동안 미국 동부의 최대 철도회사인 CSX 운송CSX Transportation에는 노동자들의 호소가 빗발쳤다. 노동자들은 1,1,1 트리클로로에탄, 트리클로로에틸렌,[67] 퍼클로로에틸렌[26]과 같은 용제에 노출되어 뇌에 손상을 입었다고 주장했다. CSX는 특정 노동자들과 일련의 비밀유지 소송을 벌였지만, 이 소송에는 노동자들에게 질병을 일으키는 화학물질들을 용인한다는 내용이 포함되지 않았다.

CSX는 만성 독성 뇌 장애를 앓고 있는 것으로 진단받은 노동자들의 주장의 타당성을 평가하기 위한 연구에 자금을 지원했다. 회사측은 미시건 대학UM의 신경학과 교수와 계약을 맺었다. 그는 법정 소송에서 회사측 전문가 증인으로 출두했다. 교수는 전문가 증인 자격으로 해당 노동자의 건강 데이터에 접근할 수 있었다. 자연스레 회사측은 이 연구에 돈을 댔다. 또한 그 교수의 연구에는 해당 용제의 일부를 생산하던 도우 케미컬 코퍼레이션DOW Chemical Corporation으로부터 대략 3만 달러의 돈이 흘러들어갔다.

과거에 UM 교수는 작업장에서 용제에 노출된 결과로 인지나 행동의 측면에서 장애를 일으킨 사람을 한 번도 본 적이 없다고 증언했다. 반면 의학과 신경심리학 분야에서 충분한 자격을 갖춘 다른 전문가들은 CSX 노동자들을 인지 장애로 진단했다. CSX가 지원한 연구에서 UM 연구자들은 대학의 기관윤리위원회IRB에서 노동자들에게 고지된 동의를 얻지

67 —— trichloroethane, 무색 유독 액체로 드라이클리닝 용제나 금속 유지 제거에 쓰인다.

않아도 된다는 허락을 받아낼 수 있었다. 이 결정은 연구자들이 가진 모든 정보를 이용할 수 있다는 것을 뜻했다. 거기에는 그들이 회사를 위해 전문가 증인으로 활동하던 동안 획득했던 정보까지 포함되었다. 노동자들의 동의 없이, 연구자들은 소송 당사자 자격으로 얻었던 의학 정보를 기반으로 사후 연구를 수행했다. 그 후 회사측은 노동자들의 주장이 과학에 기반한 것이 아니었다는 증거로《저널 오브 어큐페이셔널 앤드 인바이런멘털 메디신*Journal of Occupational and Environmental Medicine*》에 게재된 연구 결과를 인용했다.[27]

이 사례는 화학 회사들이 앞으로 벌어질 수 있는 법적 소송에 대처하는 전형적인 방식에 해당한다. 먼저 그들은 풍부한 비용을 지불하며 전문가 증인으로 나설 학문적인 과학자를 물색하고, 그런 다음 연구 과학자로 자금을 지원한다. 일단 과학자가 전문가 증인을 맡겠다는 계약에 서명하면, 과학자는 그 회사의 이해관계를 자신의 것으로 내화시키기 시작했다. 그리고 회사측은 그 과학자가 증언을 뒷받침할 연구를 하게 될 것이라고 믿는다. 일단 기업의 지원으로 이루어진 연구가 끝났을 때, 기업측 전문가 증인이 독성 물질이 사람의 건강에 미치는 위험에 대한 회사측의 견해를 뒤집는 경우는 극히 드물다.

그러나 독성 물질에 대한 연구 아젠다에 영향력을 행사하고자 하는 기업들이 정부의 자금원에서 지원받은 연구에 영향을 줄 수 있을까? 이 문제는 훨씬 복잡하다. 왜냐하면 정부 지원 연구는 과학적 동료평가 체계를 통해 운영되며, 이 체계를 통해 정부의 과학자 및 관리자들이 연구비를 배분하기 때문이다. 그런데 역설적이게도 정부와 산업계 사이에 새로운 종류의 협력 관계가 형성되면서 어떤 정부 지원 연구에 자금을 댈 것인지 결정하는 데 산업계가 얼마간 영향력을 행사할 수 있는 여지가 생겼다. 전통적으로 이 결정은 전적으로 정부의 몫이었다.

2001년 7월, 보건과 환경에 대한 독성 물질의 영향을 연구하는 미국에서 가장 중요한 연방기관인 국립환경보건과학 연구소National Institute of Environmental Health Sciences, NIEHS는 화학 기업들의 연합체인 미국화학협회American Chemistry Council, ACC와 협의 각서에 서명했다. 협의의 목적은 사람의 발생이나 생식에 영향을 주는 모든 화학물질에 대한 검사 과정을 향상시키는 데 함께 노력한다는 것이었다. 협의 각서에 따르면, "유전체학과 유전학 동물 모형을 포함해서 첨단 도구를 활용해서 발생에 미치는 잠재적 독성 물질들의 활동 메커니즘"[28]에 대한 연구에 들어갈 400만 달러의 기금 중에서 ACC와 NIEHS가 각기 100만 달러와 300만 달러를 출연하기로 했다. 그리고 동료평가 심사 이전에 연구비 신청서를 검토할 패널에 ACC측 대표가 NIEHS 과학자들과 함께 참여하기로 되어 있었다. 따라서 화학 산업은 ACC를 통해서 독립적인 과학자들의 연구비 신청서에 들어 있는 데이터와 연구계획서를 볼 수 있는 특권을 얻게 된 셈이다. 이 과정에서 과학자들은 자신들의 데이터를 기업체 대표들과 공유하는 데 동의한다는 진술서를 제출해야 했다.

과학자들이 연구비 지원 기관에 제출하는 연구계획서에 예비적인 발견을 포함시키는 것은 흔한 일이다. 이 경우, 새로운 발견에 대한 정보가 출간도 되기 전에 기업측 변호사나 독성학자들에게 흘러들어갈 수 있다. 기업측에서 이런 정보를 얻게 되는 것은 연구에서 이루어진 발견에 경쟁적으로 접근하는 개발 경주에서 유리한 고지를 얻게 된다는 뜻이다. 나아가 자신들의 연구가 미국 화학 산업 대표들의 검토를 받는 데 불쾌감을 느끼는 과학자들은 공적인 연구비를 지원하는 풀에 아예 신청서를 내지 않을 수도 있다.

그렇다면 정부 연구 프로그램에 대한 산업계 지원이, 그 결과로 수행되는 연구 유형에 영향을 미치지 않을 수 있는 방법은 무엇인가? 지금까지 환경보건에 대한 공적인 연구는 대체로 사적 부문으로부터 절연되어왔다. NIEHS가 화학 산업과 협력을 맺은 이 선례는 보건 연구를 영리화시키는 첫 단추가 될 수 있다. 물론 산업은 가치 있는 전문 지식과 재정적 자원을 가지고 있다. 그러나 이러한 전문 지식이 환경에 독성 화학물질이 사용되지 못하도록 막는 데 사용된 적이 한번이라도 있었는가? NIEHS는 내분비계 교란 물질endocrine-disruptor, 즉 환경 호르몬 연구 분야에서 주도적인 역할을 해온 연방기관이다. 반면 산업계는 일부 화학물질이 적은 양으로도 사람과 야생생물의 내분비계를 교란시킬 수 있다는 가능성을 완강히 부인했다. 이 연구 의제가 수용된다면 프탈산염이나 비스페놀-A와 같은 환경 호르몬 의심 화학물질을 사람에 노출되지 않도록 제거해야 할지 여부를 결정할 수 있다.

『독성 사기*Toxic Deception*』[68]라는 책에서 저자인 페이진과 라블레는 건강에 해로울 수 있는 4가지 화학 물질—알라클로르, 아트라진, 포름알데히드, 퍼클로로에틸렌[69]—에 대한 연구를 분석했다. 그들은 1989년에서 1995년 사이에 이들 화학물질이 건강에 미치는 영향에 대해 발간된 논문들—기업이나 산업계의 후원을 받은 기관의 연구비를 받은 논문들—을 찾기 위해 국립 의학 라이브러리의 MEDLINE 데이터베이스를 검색했다. 그들이 찾아낸 43편의 연구 중에서 6편이 건강에 나쁜 영향을 준다

68 —— *Toxic Deception: How the Chemical Industry Manipulates Science, Bends the Law and Endangers Your Health* by Dan Fagin and Marianne Lavelle.

69 —— 무색 액체로 불연성 세정제. 지방과 유지방 용제로 사용된다.

고 판단했고(14퍼센트), 5편은 긍정과 부정이 혼재하거나 모호한 입장이었고, 32편은 문제의 화학물질들이 해롭지 않다는 주장을 제기했다.[29]

그런 다음 두 사람은 같은 기간에 기업의 지원을 받지 않고 출간된 논문들을 조사했다. 그들이 찾은 118편 중에서 2편을 제외하고 모두 연구결과에 식별 가능한 이해관계(이번에는 섬유 연맹 보험 기금)가 있다는 사실이 드러났다. 이 경우, 연구의 약 60퍼센트(71편)는 화학물질들이 사람에 유해하다는 결과였고, 나머지는 무해하다는 견해(27편)와 모호하거나 어느 쪽인지 분간하기 힘들다는 결과(20편)로 나누어졌다. 이처럼 누가 연구를 후원하는가에 따른 패턴은 분야—산업 화학물질, 담배, 또는 임상 약품 등—와 무관하게 항상 일정한 것으로 보인다. 연구비가 어디에서 나오는가에 따라 대규모 연구표본에서 나타나는 결과가 달라지는 셈이다.

규약의 개조

흔히 '피리 부는 사람piper'은 플루트나 백파이프와 같은 관악기 연주자를 가리키는 말이다. 그러나 문맥에 따라, "피리 부는 사람에게 돈을 준다"[70]는 관용어는 우리가 듣는 음악이 음악가를 지원하는 후원자에 의해 결정된다는 뜻이 되기도 한다. 이 말은 종종 과학에 대한 후원에도 적용되곤 했다. 그렇다면 과연 연구 결과가 연구비 출처에 따라 달

70 —— pay the piper, 이 말은 '비용을 부담하다'는 뜻으로 속담인 "He who pays the piper calls the tune."(피리 부는 사람에게 돈을 준 자에게는 곡을 청할 권리가 있다, 비용을 부담하는 자에게 결정권이 있다)에서 유래했다.

라지는가? 가장 신뢰할 수 있는 체계라는 고정관념을 가지고 있는 과학이 어떻게 "피리 부는 사람에게 돈을 준다"는 속담에나 나오는 원리에 좌지우지될 수 있는가? 그 답은 과학의 연구 설계라는 미묘한 영역에 있다.

선천성 기형을 가지고 태어난 아들의 부모가 아이를 대신해서 제약회사를 고소했다. 그들은 아들의 선천적 불구가 모친이 임신 중에 복용했던 약 때문이라고 주장했다. 이런 이야기를 접하기는 그리 힘들지 않다. 오랫동안 제약회사를 상대로 비슷한 주장과 소송들이 이어졌다. 문제의 발단은 '벤덱틴Bendectin' 이라는 약이었다. 벤덱틴은 입덧 치료를 위해 처방되었다. 다른 사건에서처럼 원고는 과학과 의학 전문가들을 고용했다. 그들은 변호사를 도와서 벤덱틴이 선천성 결손증의 원인이라는 주장에 대한 자신들의 견해를 피력했다. 예심 법정의 배심원은 제약회사들이 부정한 행위를 했고, 적절한 경고를 주는 데 태만했다는 사실을 밝혀냈고, 고소인에게 1,920만 달러를 배상하라는 판결을 내렸다.

결국 이 소송은 펜실베이니아 주 대법원까지 올라갔다. 대법원이 내린 대부분의 결정은 전문가 증언을 어디까지 허용할 수 있는가라는 난해한 주제들에 대한 것이었다. 대법원 판사의 다수는, 예심 법정의 판결을 뒤엎고, 책임 소재를 다루는 소송에서 과학적 증거에 대한 현재의 기준에서 산모의 약물 복용과 선천적 기형 사이에 인과적 연관성이 있다고 원고에게 유리한 주장을 했던 전문가 증언에 결함이 있어서 신뢰할 수 없기 때문에 승인할 수 없다고 판결했다.

그런데 이 소송에서 내 관심을 끈 것은 한 대법원 판사의 소수 견해였다. 이 판사는 태아에 미치는 벤덱틴의 영향에 대해 현재 수용되는 방법론이 주로 제약회사들이 지지하는 것임을 지적했다. 그는 제약회사들이

"자신들의 소송에 얽힌 이해관계에 반하는 다른 관점들을 위축시킬 수 있는 '일반적으로 승인된 정설' 을 만들어내며", 따라서 "벤덱틴이 선천적 결손증을 일으키지 않는다고 결론짓는 대부분의 연구를 매수하거나 그런 연구에 영향을 주었다"고 썼다.[30] 불법 행위tort[71]에 대한 연방의 현행 증거 규칙에 따르면 정설에서 벗어나는 견해를 가진 전문가 증언을 배제할 수 있다. 이의를 제기했던 판사는 자신의 견해를 다음과 같이 정리했다. "실체(본질)에 대해 상당히 공격적이고, 소송에 의해 만들어진 편향된 과학적 정설을 만들어내는 무언가가 있다. 그런 다음, 그 정설은 이른바 '정설이 아니다unorthodoxy' 라는 명목하에 견해가 다른 전문가들에게 침묵을 강요한다."[31] 펜실베이니아 대법원 판사의 이러한 주장은 과연 어느 정도까지 기업이 대학 과학을 지원해서 자신의 이해관계를 관철시키는 방식에 대한 단서를 제공해 줄 수 있을까?

기업이 학문적 과학을 후원하는 영역은 크게 두 분야이다. 안전과 독성 연구가 그것이다. 후자의 경우, 기업들은 특정 결과에 명백한 이해관계를 가진다—즉, 기업들은 자사 제품에 불리한 배심원 평결로 인해 발생하는 비용으로부터 자신을 보호하기 위해 노력한다. 이러한 사례에서 일부 기업들은 특정 의제를 염두에 두고 학계에 자금을 투자한다. 다시 말해서, 자사 제품과 소비자들이 주장하는 피해(예를 들어, 질병, 기형 발생, 위험한 기능부전 등) 사이에 아무 인과 관계가 없다는 귀무 가설null hypothesis을 입증하는 것이다.

기업들이 대학 과학자들의 보건과 안전 연구에 연구비를 후원할 때, 중요한 것은 자신들이 해당 과학자들과 함께 연구 설계 과정에 참여할

71 —— 피해자에게 배상 청구권이 생기는 행위를 뜻한다.

수 있는지 여부이다. 연구가 진행되는 중간에 기업들이 연구 설계('프로토콜' 이라 불리는)를 변경하는가? 그들이 발견한 연구 결과의 출간 여부를 통제하려고 시도하는가?

이 물음에 대한 답은 이러한 모든 기업 행동 사례들이 역사적 기록에서 발견될 수 있다는 것이다. 기업이 대학 연구자들과 맺은 계약은 대개 비밀에 부쳐지기 때문에 이런 식의 행동이 얼마나 만연한지는 알려지지 않고 있다. 소송이 제기될 때(즉, 법정 밖에서 해결되지 않을 때), 공판에서 사실 심리가 진행되면서 회사의 파일들이 공개되는 과정에서 흔히 연구 후원자가 연구 설계를 담당한다는 사실이 밝혀지곤 한다.

실리콘 유방 보형물 사례는 일부 기업들이 소비자들에게 피해를 줄 수 있는 제품을 방어하기 위해서 연구 자금을 후원하면서 어떻게 학문적 과학자들과 관계를 맺는지 잘 보여준다.[32] 이 사례에서 제조업자들은 대규모 법정 소송에 대응하는 소송 전략을 개발했다. 소송에 제출된 서류에 따르면, 한 기업은 실리콘 보형물이 질병을 유발한다는 사실이 '밝혀지지' 않을 가능성을 극대화시키기 위해 설계된 연구를 후원했다. 문제의 업체는 후원금을 주기 전에 4가지 조건을 달았다. 원고측 변호사의 관점에 따르면 그것은 원고의 주장에 불리하도록 연구 결과를 편향시키는 조건들이었다.

그 조건들은 다음과 같다. 첫째, 연구는 문헌에서 의사들이 보고한 비전형적인 증후가 아니라 통상적인 결합조직 질환[72]을 다루어야 한다.

72 —— connective tissue disease. 몸과 기관의 형태를 유지하며 결합시키고 지지하는 조직을 결합조직이라고 하며, 류마티스 관절염, 홍반성 루푸스 등이 가장 일반적이다. 실리콘 유방 삽입물이 이러한 질환의 원인이라는 견해가 가장 많이 제기되었다.

둘째, 연구에는 실리콘 보형물뿐 아니라 염수 보형물도 포함시켜야 한다. 식염수 보형물이 문제가 없다고 가정한다면, 이러한 연구는 우려를 완화시킬 수 있으며 실리콘이 질병을 유발했다는 발견이 통계적으로 유의미해질 가능성을 줄일 수 있다. 셋째, 설령 실리콘 보형물이 여성의 건강을 향상시킨다는 가설이 없더라도, 연구는 실리콘 유방 보형물의 긍정적 영향과 부정적 영향을 모두 고려하는 양측 검정two-tailed test[73]을 사용해야 한다. 넷째, 1991년 이후에 증상을 나타낸 모든 여성들은 연구에서 제외되어야 한다. 이 여성들을 배제시킴으로써 연구는 '보형물 착용' 평균 기간을 7년에서 9년 사이로 유지시킨다. 그러나 일부 전문가들은 증상이 나타나는 데 걸리는 기간이 10년 혹은 그 이상일 수 있다고 믿는다.

실리콘 보형물 암 소송에 제출된 서류들을 검토한 결과 다우 코닝 사Dow Corning Corporation 소속 과학자들이 존스 홉킨스 대학의 의학 연구자들을 설득해서 후원 대상으로 고려 중인 환자 대조군 연구[74] 프로토콜을 개정했다는 사실이 드러났다.[33] "그 서류에서는 연구비를 후원한 기업이 자신의 이익에 유리하도록 프로토콜을 바꾸었는지 확인할 방법이 없습니다. 그러나 연구자와 후원자 사이에서 프로토콜을 둘러싸고 벌어지는 이런 식의 협상이 제품의 안전과 건강에 미치는 영향 평가에서 일상

73 —— 정규 모집단의 모평균에 대한 검정으로 가장 널리 사용되는 방법으로 통계량 분포 곡선의 양 끝 부분을 모두 사용하는 통계 가설.

74 —— case-controlled study. 특정 질환이나 문제를 가진 집단(환자군)과 그런 질환이나 문제를 갖지 않은 집단(정상군 또는 대조군)을 비교해서 질병이나 문제와 관련된 특정 위험 요소를 밝히는 연구방법.

사가 되고 있다면, 장기적으로 볼 때 후원자에게 유리한 편향이 일어날 수 있다는 추론이 가능하게 되지요. 법률 고문은 소송에 어떤 영향을 미치게 될지 판단하기 위해 다우 코닝 사가 지원한 외부 연구를 일일이 검토합니다."[34]

소송에 제출된 서류에는 실리콘 보형 수술을 받은 1,000명에 가까운 환자들을 접촉했던 메이요 클리닉Mayo Clinic의 한 연구자에게 다우 코닝 사가 접근했던 사실을 알려준 것도 있었다. 다우 코닝 사는 회사측이 "출간을 할 것인지, 한다면 무엇을 출간할 것인지"[35]에 대한 결정권을 가진다는 조건으로 연구를 후원하겠다고 제안했다.

기업들이 대규모 소송의 위험에 처할 경우, 일부는 자기 입장을 고수하면서 책임을 면해 주는 과학적 합의를 구축하기 위한 캠페인을 벌인다. 스타우버와 램프턴은 다우 코닝 사가 실리콘 유방 보형물을 삽입한 10만 명의 여성들로부터 기소당할 위험에 직면했을 때, 광고회사들이 다우 코닝 사에 이런 권고를 했다고 썼다. "우리는 당장 실리콘 사용 전반에 걸쳐 호의적인 과학과 과학자들을 찾아내는 일을 시작해야 한다. 그리고 그들을 훈련시키고 지원해서 우리의 메시지를 전파해야 한다. …… 그들을 이용해서 사전에 무역과 일반 그리고 사업 관련 매체들에 핵심적인 내용을 설명하고 …… 그들을 비판론자들의 주장을 반박하는 '진실 부대truth squad' 75로 활용해야 한다."[36]

연구 프로토콜 변경protocol tweaking에 대한 편향은 명시적으로는 과학 윤

75 —— 언론 등을 통해서 일반 대중들에게 전파되는 소식의 사실 여부를 판단하고 그에 대응하기 위해 구성되는 전문가 집단을 뜻한다. 선거전에서 상대 후보의 주장을 검증하거나 반박하기 위해 구성되기도 한다.

리를 크게 위배하지 않는다. 과학자들이 자신들의 방법을 명백하게 밝힌다면, 그들이 연구 규약을 충실하게 수행한다면. 그리고 데이터를 면밀하게 수집하고 해석한다면 그들은 전문가로서의 책무를 다하고 있는 것이다. 그러나 어떤 과학자가 사적인 후원자의 요청에 의해 자진해서 연구 프로토콜을 바꾸고 그 결과 변경된 연구 설계가 귀무 가설에 유리해진다면, 공익적 관점에서 이른바 자유롭고 독립적인 학문적 과학자가 누구의 이익에 봉사하는가라는 심각한 문제가 제기된다. 그것은 피리 부는 사람만이 알 것이다.

MIT 교수 니콜라스 애시포드는《아메리칸 저널 오브 인더스트리얼 메디신*American Journal of Industrial Medicine*》에 실린 편지글에서 과학 연구에 주입되는 편향이 얼마나 교묘한지를 개괄했다. 그의 분석은 연구비 지원에 대한 완전한 공개가 (일부 경우에는 이해상충의 완전한 배제가) 과학에 대한 공중의 신뢰에 얼마나 중요한지를 어떤 연구보다도 훌륭하게 입증해 주었다. 애시포드는 이렇게 쓰고 있다.

> 공공 정책을 둘러싼 논쟁에서 과학의 온전한 지위를 회복하려면, 이해상충이 '나타나지 않도록' 막는 것이 이해상충 자체만큼이나 중요하다. 과학에서 다루어지는 문제들의 선택, 거기에 의존하고 그것을 기반으로 해석하는 데이터, 발견과 분석에 채택되는 방법론, 결과의 보고와 표현 방식 그리고 상반되는 견해나 데이터의 인정 등에 가치가 영향을 주지 않는다는 주장은 환상일 뿐이다. 과학 논문을 편향시키기 위해서 굳이 부정행위에 해당하는 모순된 방법을 쓰거나 데이터를 조작할 필요는 없다. 상반되는 데이터나 연구 결과를 인용하지 않고 누락시키기만 해도 동료 심사 과정에서 그것을 밝혀내기란 무척 힘들다. 데이터를 조사하고, 해석하고 표

> 현하고 그리고 다른 연구를 인용하는 '수용 가능한' 선택에는 상당한 여지가 있다. …… 일반적으로 인정되는 범위 내에서 방법론, 데이터 그리고 해석 양식의 선택에 개입되는 의도적 편향을 찾아내거나 입증하기란 거의 불가능하다.[37]

《뉴잉글랜드 저널 오브 메디신》의 전 편집인이었던 마르시아 에인절은 "재정적 이해상충이 있는 저자들이 제출한 논문들이 설계와 해석의 양면에서 편향될 가능성이 더 높다는"[38] 인상을 받았다고 말했다.

에인절이 받았던 인상을 확인해 준 것은 "생의학 연구에서 나타나는 재정적 이해상충의 정도, 영향력 그리고 관리"를 주제로 출간된 논문들을 대상으로 한 체계적인 연구를 토대로 《미국 의학협회 저널》에 실린 논문이었다.[39] 저자들은 1,664편의 연구논문을 조사해서 분석에 적합하다고 생각되는 후보 144편을 가려냈고, 최종적으로 기준을 만족시키는 37편의 논문을 대상으로 삼았다. 저자들의 연구 문제 중 하나는 생의학 연구에 연구비 지원 효과가 있는지 여부였다. 그들이 조사했던 11편의 논문들은 기업이 후원한 연구가 기업에 유리한 결과를 낳는다는 사실을 보여주었다. 저자들은 이렇게 결론지었다.

> 37편의 논문만이 우리가 정한 기준에 부합했음에도 불구하고, 여기에서 입증된 사실은 기업, 연구자. 그리고 학문기관들을 얽어매는 재정적 연결이 연구 과정에 영향을 줄 수 있음을 시사했다. 기업의 지원을 받는 연구에서 기업에 유리한 결론이 도출되는 경향이 있다는 강하고 일관된 증거가 있다. 1,140편의 연구를 검토한 연구에서 나온 데이터와 결합하면, 우리는 기업 후원 연구가 비기업 연구보다 후원자에게 유리한 결론에 도달

할 가능성이 훨씬 더 높다는 사실을 발견했다.[40]

미묘한 영향에서 명백한 조작에 이르기까지 모든 형태의 편향이 밝혀진 상황에서 과학 저널들은 어떻게 기업의 연구 후원 문제를 처리할 것인가? 다음 장에서 살펴보겠지만, 의학 저널 편집자들로 이루어진 한 집단은 연구자들이 독자적으로 데이터를 검토하고 연구 결과 출간 여부를 결정하는 자율적 권리를 부인하는 기업과 학문적 과학자들 사이의 계약적 합의에 반대한다. 누가 규약에 영향을 미치고, 사기업의 지원을 받는 연구가 그 사실을 제대로 밝혔는지의 문제는 과학과 의학 윤리에서 계속 논쟁의 대상이 되는 주제일 것이다.

10

과학 학술지

과학에서 이루어진 성취의 기록은 과학 출간물에 실린 누적된 저작들에서 찾아볼 수 있다. 특히, 각 학문 분야에서 나오는 학술지들은 해당 분야에서 어떤 것이 보증할 만한 지식인지 걸러주는 문지기gatekeeping 기능을 제공한다.

100년 전만 해도 전 세계에서 약 1,000종의 학술지가 발간되었다. 오늘날 모든 언어로 발간되며 실제 활동 중인 과학 저널의 숫자는 약 3만 5,000종에 달한다.[1] 그중에서 대략 7,000종이 미국에서 나오고 있다.

의학을 포함해서 과학의 모든 분야에서 저널들 사이에 위계서열이 있다. 일부 학술지는 미국화학회American Chemical Society나 미국의학회American Medical Association와 같은 전문 학회의 후원으로 발간되어 상당한 특권을 누린다. 대부분의 전문 학회들에는 전문 학회나 분과를 대표하는 기수旗手로의 명성을 획득한 '공식 학술지'가 있다. 그 밖의 학술지들은 저명한 편집인이나 편집위원회로 신망을 얻는다. 이들 학술지의 지위는 그 분야의 지도자들의 서열에 따라 결정된다. 학술지가 얼마나 오랫동안 지속되는지 그리고 그 분야의 역사적 발전 과정에서 어떤 역할을 수행했는지도 그 명성에 한몫을 한다.

과학 학술지의 순위

과학은 중앙집중된 체계가 아니기 때문에 저널마다 게재 기준이 다를뿐더러 저자들에게 적용하는 윤리 기준도 천차만별이다. 가장 중요한 기준은 그 학술지가 동료평가 체계를 채택하는지 여부이다. 이 과정에서 제출된 모든 논문은 연구방법, 발견, 해석 그리고 그 의미에 대한 비판적 평가를 위해 해당 주제의 이미 공인된 전문가들에게 보내진다. 동료평가 저널의 게재율은 그 학술지의 권위에 따라 달라진다. 그러나 동료평가를 거치지 않는 학술지와 비교할 때, 일반적으로 동료평가 저널은 논문 게재가 힘들고, 과학자들 사이에서 상대적으로 높은 신뢰를 얻으며, 연구에 포함된 오류가 밝혀질 가능성이 더 높다. 대학에 교수직이나 정년 보장, 또는 승진을 얻으려는 (정부나 기업의 연구직도 마찬가지이지만) 과학자들은 일차적으로 동료평가를 거친 논문으로 평가된다.

과학 학술지의 지위를 평가하는 또다른 기준은 '인용 지수citation index'라 불리는 정량적 측정이다. 과학자 사회에서는 다른 저널보다 더 빈번하게 인용되는 학술지일수록 명망 있는 저널로 간주된다. 이 과정은 꼬리를 물고 돌고 도는 면이 있다. 과학자들은 자신들이 가장 저명한 저널이라고 생각하는 학술지의 논문을 읽고 그것을 인용한다. 따라서 이름난 학술지들의 인용 빈도가 높다. 그리고 다시 가장 인용이 잦은 학술지들이 저명도의 척도가 되는 것이다. 과학은 사회적 제도이기 때문에 발표된 정보의 선택된 원천들에 제각기 신뢰 수준을 매긴다. 대중문화에서도 신문과 잡지들이 이와 비슷한 판정을 받는다.

과학정보연구소Institute of Scientific Information, ISI에서 발간하는 학술지 《인용보고*Journal Citation Reports, JCR*》라는 연간물은 미리 선정한 5천여 개의 과학과 의학 저널의 목록을 만들고 인용도를 표로 만들어서 발표한다. JCR은 사회과학과 인문학 저널에 대해서도 인용도를 기록한다. 인용도를 측정하는 방식은 다음과 같다. 학술지에 실리는 모든 논문들은 뒤쪽에 참조문헌을 달게 되어 있다. 이 문헌들을 모아서 어떤 논문이 얼마나 자주 인용되고 특정 저널이 참고문헌에서 몇 차례 인용되었는지 횟수를 기록하는 마스터 목록을 만든다. JCR은 각각의 출간물에 대해 여러 개의 지표를 만든다. 특히 관심이 쏠리는 두 가지 지표는 '학술지 영향력 지수journal impact factor'와 '인용 횟수 지수times cited factor'이다. 영향력 지수란 특정 해에 특정 저널에 발표된 논문들이 JCR 데이터베이스에서 인용된 평균 횟수를 가리킨다. 영향력 지수가 높다는 것은 그 저널에 게재된 논문들이, 평균적으로, 영향력 지수가 낮은 다른 저널에 실린 논문에 비해 다른 출판물에 더 자주 인용된다는 뜻이다. 따라서 매년 표로 작성되는 영향력 지수는 그 학술지에 출간된 논문들이 과학자 사회에서 인용되는 빈도의 측면에서 상대적인 지위를 가늠할 수 있는 척도를 제공한다.

JCR이 제공하는 또 하나의 지수는 '인용 횟수 지수'라 불린다. 이 지수는 특정 논문이 인용된 전체 횟수를 알려준다. 이 횟수는 매년 기록되어 누적 집계된다. 저널들은 출간한 논문들의 총 인용 횟수에 따라 지수화된다. 개별 논문이 자주 인용되지 않더라도 많은 논문을 발간한 저널의 총계 '인용 횟수 지수'는 상대적으로 높다. 마찬가지로 게재한 논문

수는 적지만 널리 인용되는 경우에도 상대적으로 높은 총계 '인용 횟수 지수'를 얻을 수 있다.

저널 순위에서 고려되는 또 하나의 요인은 제출된 논문의 탈락률이다. 탈락률이 높은 저널들은 동료평가 과정이 엄격한 저널로 간주된다. 경쟁이 심하기 때문에 편집자들은 제출된 논문들에 대한 게재 기준을 높일 수 있다. 과학적으로 확실한 논문이라도, 해당 분야에서 인식되는 중요성과 같은, 그 밖의 기준에 부합하지 못하면 탈락할 수 있다. 또한 제출에서 출간까지 시간이 오래 걸릴수록 논문들에 대한 질 관리가 엄격해질 수 있다. 출간까지의 기간이 길다는 것은 저자들이 심사자의 평가에 더욱 철저하게 대응하고 2차 심사를 위해 수정된 논문을 제출해야 함을 뜻한다.

마지막으로, 대중 매체에 대한 영향력을 기준으로 학술지에 비공식적 순위가 매겨지기도 한다. 《사이언스》, 《네이처》, 《저널 오브 아메리칸 메디컬 어소시에이션JAMA》 그리고 《뉴잉글랜드 저널 오브 메디신NEJM》과 같은 저널들은 과학 기자들 사이에서 인지도가 무척 높다. 이 저널들은 먼저 언론 매체에 보내지며, 때로는 새로운 발견에 대해 엠바고를 요청해서 그 내용을 보도하려는 과학 기자들의 기대감을 한껏 부풀리기도 한다. 매체에서 인지도가 높은 출간물은 영향력에서도 지수가 높다. 그러나 그 역은 성립하지 않는다. 과학자들 사이에서 많이 인용되는 일부 저널들이 반드시 언론 매체에 높은 영향력을 갖는 것은 아니다.

저명 과학 저널에 발표된 연구는 수많은 주요 정책, 규제, 공중보건 그리고 의학적 결정의 토대가 된다. 또한 학술지에 발간된 논문들은 증권 투자자나 벤처 자본가들에게도 중요한 영향을 준다. 특히 신약이나 의학 장비 관련 분야가 그에 해당한다. 따라서 학술지 편집자들은 동료 평가 과정의 신뢰를 손상시키는 과학 부정 행위나 윤리적 침해에 대한 주장을 매우 중요시한다.

저자들에서 나타나는 이해상충

20세기의 마지막 25년 동안 미국의 학문적 과학과 의학은 과거 그 어느 때보다도 상업적 이해관계에 철저히 예속되었다. 생물학자들은 새로 수립된 유전공학의 응용 분야들을 선점하려고 다투었다. 그들은 벤처 자본을 기반으로 신약과 새로운 치료법을 개발하려고 막 설립된 기업들의 과학 자문위원이 되기 위해 떼를 지어 몰려갔다. 베이돌 법안이 통과된 지 10년 후, 200개 이상의 대학에서 1천여 개의 산학 연구 센터university-industry research centers, UIRCs가 설립된 것으로 추정된다.[2] 불과 10년 동안 기업과 대학의 제휴 관계가 2배 이상으로 늘어난 셈이다. 경영대 졸업자들과 손잡은 많은 과학자들이 학문적 지위를 유지하면서 독자적으로 기업을 설립하기 시작했다. 수십 년 후에 과학사회학자 도로시 넬킨은 이렇게 말했다. "과학은 기업들에 의해 자금을 지원받고 시장 논리에 의해 움직이는 거대한 사업big business이다. 기업가적 가치, 경제적 이해관계 그리고 이익에 대한 기대가 과학의 에토스를 형성하고 있다."[3]

의학 저널 편집자들이 가장 먼저 이해상충의 급격한 발생이 의학 연구에 미치는 영향을 사회에 경고했다. 1984년 편집자 서문에서 학문적 의학에서 일고 있는 변화를 서술했던 당시 《뉴잉글랜드 저널 오브 메디신》의 편집장 아놀드 렐먼은 이렇게 썼다. "의학 연구자들이 자신들이 연구하는 산물을 생산하는 기업에 매수되거나 고용된 자문위원처럼 그 기업을 위해 행동할 가능성이 있을 뿐 아니라 때로는 이들 기업의 주식이나 지분을 가질 수도 있다."[4] 자신의 개인적인 관찰을 기반으로, 렐먼은 "오늘날 의학 분야에서 기업가주의가 만연하고 있다"[5]고 지적했다. 이 편집자 서문이 발간된 직후, NEJM은 의학 저널 중에서 처음으로 이해상충 정책을 도입했다. 이 저널은 독창적인 연구 논문 저자들에게 연구에 인용된 제품을 생산한 기업들과의 재정적 이해관계를 밝힐 것을 요구하는 최초의 주요 의학 저널이 되었다.[6]

1980년대에 이루어진 기업 과학의 규모에 대한 관찰은 대부분 일화적인 것이었다. 그러나 1980년대 말엽, 나는 순수와 응용유전학 분야의 학문적 과학자들이 어느 정도로 적극적으로 상업적 이익을 추구하고 이윤 추구 기업들과 공식적인 관계를 맺고 있는지에 대해 연구하기 시작했다. 사회연결망을 전공하는 사회학자인 제임스 에니스와 공동으로 연구를 진행하면서, 나는 학문적 과학 문화의 변화 속도에 관심을 갖게 되었다. 만약 이러한 변화가 느린 속도로 진행된다면, 대학들은 윤리 가이드라인과 이해상충에 대한 관리 절차를 마련할 기회를 가질 수 있을 것이다. 우리는 과학의 상업화에 연루된 생의학 교수들의 비율을 '상업화 지수penetration index'로 정의했다. 그리고 우리는 이러한 교수 집단을 '이중 소속 과학자dual-affiliated scientist'라고 불렀다. 이 상업화 지수는 미국에서 가장 저명한 일부 대학들에서 가장 높게 나타났다. 1985년에서 1988년 사이에 수집된 데이터에 따르면, MIT, 스탠퍼드 그리고 하버드 대학의 생의학 분야 전체 교수 중에서 이중 소속 과학자들의 비율은 각기 31, 20 그리고 19퍼센트였다.[7] 하버드의 경우, 69명의 생의학 교수들이 43개 기업에 소속되었고, MIT는 35명의 교수들이 27개 기업 그리고 스탠퍼드는 27명이 25개 기업에 소속되었다. 연구실에서 다른 과학자들과 교류하는 학문적 과학자들 사이에서 영업 비밀 보호는 일상사가 되었다.[8] 학문적 과학자들의 활동에서 대학들이 따라잡기 힘들 만큼 빠른 속도로 변화가 일어나고 있었다.

우리 연구 결과는 주요 연구대학들이 미국 전역의 표본을 제공해 준다는 사실을 보여주었다. 학문적 과학자들은 기초 연구 수행뿐 아니라 그 연구의 상업적 적용까지 요구받는다. 일부 관찰자들은 과학에서 나타나는 새로운 경향이 연구의 질이나 진정성에 영향을 미치지 않을지 의구심을 품는다. 상업적 연구와 순수 연구에 대한 이해 관심이 뒤섞이면서, 과학은 이해관계에 치우치지 않고 진리와 객관적 지식을 추구한다는 대중의 과학 이미지를 손상시키지 않겠는가? 나는 과학 출판물로 관심을 돌리기 시작했다. 사고 실험을 시작으로, 나는 저명한 과학 저널에서 임의적으로 논문 하나를 선택하고 이런 물음을 제기하는 것을 상상했다. "저자들 중 한 사람이 연구 주제에 재정적 이해관계가 있을 가능성은 어느 정도인가?" UCLA 동료인 로덴버그와의 공동 연구를 통해 나는 14개의 저명 학술지에 발표된 약 800편의 과학 논문을 대상으로 이 물음에 대한 답을 얻으려 시도했다. 그 결과 제1저자가 발표한 연구 주제에 재정적 이해관계가 나타날 가능성이 34퍼센트라는 사실을 발견했다(이 연구에 대한 자세한 내용은 7장 참조).

우리 연구 이외의 다른 지표들도 과학 분야에서 과거보다 많은 연구자들이 자문위원으로 자신들의 전문성에 대한 보수를 받고, 생의학 기업들의 주식을 소유하고, 특허를 보유한다는 사실을 보여주었다. 상당히 오랫동안 과학과 의학 저널들은 출간물에 대한 이해상충 문제를 다루어야 할 책임을 회피해 온 셈이다.

일부 저널은 저자들에게 이해관계를 밝힐 것을 요구하지 않으면서 뻔

뻔스러운 태도를 나타냈다. 예를 들어, 1997년 초에 《네이처》는 "재정적 '정확함' 을 피한다"라는 제목의 편집자 서문에서 학술지에 실린 논문의 학문적 저자들 사이에서 재정적 이해관계가 높은 빈도로 나타났다는 우리의 발견을 반박했다. 편집자는 이렇게 썼다. "매사추세츠처럼 부자 주에서 연구하는 생명공학 과학자 집단에서 약 3분의 1이 …… 1992년에 학문 저널에 발표한 연구에 재정적 이해관계가 있다는 사실이 밝혀진 것은 놀라운 일이 아니다."[9] 계속해서 이 글은 《네이처》가 한번도 저자들의 이해관계 공개를 요구하지 않았으며, 다른 이해관계(연구비를 받는 데 성공하는)보다 특정 이해관계(개인적 재정적)가 더 중시될 아무런 근거도 없다는 점을 지적했다. 편집자는 다음과 같이 결론을 내렸다. "그 연구(크림스키의 연구)는 …… 이해관계를 밝히지 않으면 과학 사기, 속임수, 또는 표현의 편향 등으로 이어진다는 어떤 근거도 제시하지 못한다. 그리고 이러한 과학 부정 행위가 일어날 심대한 위험이 있다는 증거가 없는 한, 우리 저널은 우리가 게재하는 연구가 사업이 아니라 진정한 연구라는 확고한 신념을 계속 밀고나갈 것이다."[10]

5년 후, 《네이처》는 같은 편집인이 쓴 "재정적 이해관계 공표"라는 서문에서 편집 방침의 변화를 선언했다.[11] 편집자는 "저자의 상업적 이해관계가 생의학 연구의 출간 관행에 영향을 미쳤음을 시사하는 증거가 있다."[12]라고 썼다. 새로운 정책은 저자들에게 논문 게재가 인정되기 전에 서로 경합하는 모든 재정적 이해관계를 밝히는 양식을 작성할 것을 요구했다. 지금까지 자신의 이해관계를 밝히기 거부했던 사람들이 이제는 문서를 통해 공개하도록 요구받고 있는 것이다.

전문 학술지들의 이해상충 정책

1980년대 말엽부터, 전문 학회들은 과학 저자들이 저널에 게재하는 논문에서 이해관계를 밝히는 것의 중요성을 인식하기 시작했다. 1988년에 국제의학저널편집자위원회[1]는 회원 저널들을 대상으로 논문을 투고하는 저자들에게 "이해상충을 일으킬 수 있는"[13] 모든 재정적 이해관계를 밝힐 것을 권고했지만, 그 사항을 요구할 수는 없었다. 2년 후, 미국 임상 연구 연합American Federation for Clinical Research, AFCR은 연구자들이 공개적으로 자신이 받은 모든 연구 지원금을 밝힐 것을 권장하는 권고문을 발간했다. 또한 AFCR은 연구자들에게 자신이 연구하는 산물의 제조사 주식을 보유하지 말 것을 권장하기도 했다.[14]

ICMJE는 의학 논문 출간의 윤리 기준을 수립하는 과정에서 계속 지도적인 역할을 수행했다. 1993년에 이 위원회는 원고 심사자들의 이해상충 발표가 중요하다는 사실을 인정했다. "편집자들은 심사 결과를 해석하고 심사자의 자격을 박탈할지 여부를 결정하기 위해 반드시 심사자들의 이해상충 여부를 알아야 한다."[15] 그로부터 5년 후, ICMJE는 동일한 공개 의무를 모든 의학 문헌에 대해 확대 적용했다. "논문이든 서한이든, 저자들은 자신의 연구에 편향을 줄 수 있는 재정적 이해관계를 포함해서 그 밖의 모든 이해관계를 밝히고 인식할 의무가 있다."[16] ICMJE가 임상 연구에 대한 제약회사들의 날로 증대하는 영향력으로(특히 데이터와 그 발표에 대한 통제의 측면에서) 간주한 것에 대한 대응으로, 이 기구는 2001년 9월에 저널 편집자 21인 패널이 서명한 보도자료를 발표했다. 보도자료는 회원 저널들이 저자들에게 임상 연구에서 자신과 연구비 지원자가 수행한 역할의 세부사항을 정기적으로 밝힐 것을 요구하는 방침을 수용할 것이라고 밝혔다. 계속해서 보도자료에는 다음과 같은 내용이 실렸다. "(일부 회원 저널이) 책임 있는 저자에게 본인이 실험의 실시에 대해 전적으로 책임지고, 그 결과의 출판 여부를 스스로 결정할 것을 주장하는 선언에 서명하도록 요구할 것이다. …… 우리는 연구비를 지원한 기업들이 데이터를 통제하고 출간을 보류시키도록 허용하는 조건하에서 이루어진 연구 논문을 발간하거나 심사하지 않을 것이다."[17]

ICMJE는 의학 저널에서 비교적 작은 집단을 대표한다. 따라서 출간되는 과학과 의학 저널의 전체 숫자를 대표하기는 거의 힘들다. 게다가 의과대학들은 ICMJE의 권고안을 사실상 받아들이지 않았다. 미국의 의과대학들이 ICMJE의 연구 가이드라인을 얼마나 잘 지키는지 조사한 《뉴잉글랜드 저널 오브 메디신》에 발표된 한 연구에서, 연구자들은 "학문기관들이 ICMJE의 책무, 데이터 접근 그리고 출간 통제 기준을 준수하지 않는 의학 실험을 정기적으로 시행하고 있으며, 연구자들이 실험 설계에 충분히 참여하고, 실험 데이터에 방해받지 않고 접근하고, 발견된 결과를 출간할 권리를 보장하는 경우는 극히 드물다"는 사실을 발견했다.[18]

1990년대 말엽에 나와 한 명의 동료는 저자들에 대한 이해상충 정책이 마련된 과학과 의학 저널들의 숫자가 얼마나 될지 의문을 품기 시작했다. 이러한 정책을 갖춘 저널들에서는 정확히 무엇이 밝혀졌는가? 구체적으로 편집자들은 가능성이 있는 저자들 사이에서 이루어지는 의사소통에서 발생하는 이해상충을 어떻게 처리하고 있는가?

나는 저널의 논문 발표와 이해상충 정책에서 드러난 문제점들을 조사하기 위해 다시 UCLA의 로덴버그와 팀을 이루었다. 우리는 1998년에 연구를 시작했고, 분석을 위한 기준년으로 1997년을 선택했다. 매년 수만 권의 과학과 의학 저널들이 발간되기 때문에, 우리는 그중에서 표본을 추출하는 방법이 필요했다. 임의추출법을 사용할 수도 있었지만, 우리는 다른 기준을 채택했다. 우리는 영어로 발간되고 과학 인용 보고Science Citation Reports에 등재되어 있는 가장 영향력 있는 과학과 의학 저널들의 (논문의 인용도에 의해 결정되는) 부분 집합을 취하기로 결정했다. 우리는 두 가지 척도를 기준으로—즉, '영향력 지수'와 '인용 횟수 지수'—상위 1,000개 저널을 대상으로 삼았다. 다시 말해서, 누적 인용도뿐 아니라 작년부터 게재된 논문들이, 평균적으로, 가장 빈번하게 인용된 과학과 의학 저널들을 포함시켰다는 뜻이다. 많은 저널들이 두 순위에 모두 들기 때문에, 우리는 최종적으로 1,396개의 영향력 높은 과학과 의학 분야 저널들을 선택했다.

우리가 제기했던 첫 번째 물음은 다음과 같다. 이 중에서 이해상충 방침을 채택한 저널은 몇 개인가? 조사 결과 1997년에 이들 저널의 거의 16퍼센트에 이해상충 방침이 마련되어 있다는 것이 밝혀졌다. 권위있는 의학 저널과 기초과학 저널일수록 저자에 대한 이해상충 정책을 마련할 가능성이 높다는 사실도 확인했다. 이러한 결론은 최고의 즉시성 색인immediacy index 순위(특정 해에 특정 저널에 실린 논문이 같은 해에 인용된 평균 횟수에 따른 순위)에 의거해서 25개의 기초과학 저널과 25개의 임상 저널에 대해 (1997년에) 이해상충 정책의 채택 여부를 검토했던 다른 연구에 의해 확인되었다.[19]

양쪽 목록에 모두 등장하는 2개의 저널을 제외하자, 48개의 의학과 과학 저널들 중에서 43퍼센트가 출간된 내용과 관련된 재정적 이해관계를 밝힐 것을 요구한다는 사실이 밝혀졌다.[20] 우리가 했던 연구로 돌아가서 살펴보면, 우리가 독자적으로 선별한 거의 1,400개의 저널들 중에서 200개 이상이 이해상충 정책을 채택하고 있다는 사실을 발견했다. 이 사실을 기초로, 우리는 동료평가를 거치는 모든 저널들의 부분 집합을 선별했고, 그 숫자는 181개였다. 따라서 우리는 이 저널들에 실린 연구 논문들이 저자의 재정적 이해관계를 밝혔는지 검토했다. 이 작업에는 1997년에 학술지에 발표된 총 61,134개의 논문이 포함되었다. 놀랍게도 우리는 6만 편 이상의 논문 중에서 0.5퍼센트(총 327편)만이 연구 주제와 연관된 저자의 재정적 이해관계 목록을 싣고 있다는 사실을 밝혀냈다. 그런데 더욱 경악스러운 사실은 (모두 이해상충 정책을 가지고 있는) 저널의 거의 66퍼센트가 그 해에 이해상충을 밝힌 사례가 없다는 것이었다.[21]

어떻게 그럴 수 있을까? 과학 상업화가 이미 고도로 진전되었고, 다른 연구들이 우리에게 이미 알려준 많은 사실들에도 불구하고, 기대를 모았던 저널들이 이해관계를 밝히지 않은 이유는 무엇인가? 과학자들이 저널의 가이드라인을 지키지 않은 것인가? 아니면 저자들이 저널의 이해관계 발표 방침을 이해하지 못했기 때문인가? 저널 편집자들이 저자들에게 제각기 다른 신호를 주었고, 이해상충을 백안시한 것인가? 우리는 저널 연구와 함께 저널 편집자들에 대한 설문 조사를 병행했다. 그것은 이런 정보가 이해관계 공개가 이루어지지 않는 이유를 설명하는 데 도움이 되지 않을까 하는 바람 때문이었다.

어쩌면 편집자들이 정보를 받고서도 내보내지 않았을지도 모른다. 그러나 편집자들에게 설문 조사를 한 결과, 우리는 74퍼센트가 '거의 항상' 또는 '항상' 저자들이 밝힌 이해관계 내용을 저널에 실었고, 따라서 이런 가정이 낮은 공개율을 설명하지 못한다는 것을 알아냈다. 물론 우리는 과학자들이 '정당한' 이해관계만 공개하며, 그 공개율이 낮다고 해서 저자들의 재정적 이해관계가 낮다는 것을 의미하지 않는다는 점도 고려해야 했다. 그러나 이러한 설명은 우리의 예비 조사와 생의학에서 점증하는 상업화 경향에 대한 연구를 정면으로 반박한다. 예를 들어, 설문에 응답해 온 미국의 210개 생명과학 연구 기업들 중에서 90퍼센트가 1994년에 학문기관과 관계를 맺고 있었다. 이것은 10년 전과 비교할 때 엄청난 증가세였다.[22] 설문 조사를 통해 우리는 편집자들이 이해상충을 매우 심각하게 받아들인다고 믿을 만한 충분한 근거를 확보했다. 응답한 편집자의 38퍼센트가 이해상충 때문에 (그것이 일차적인 원인이거나 다른 원인들과 결합해서) 투고된 원고를 탈락시킨 적이 있느냐는 질문에 대해 '그렇다'고 답했다. 결국 우리는 학술지의 이해상충 규칙이 잘 지켜지지 않기 때문에 이해상충 정책을 채택한 대부분의 저널들에서 이해관계 공개율이 낮다는 것이 가장 적절한 설명이라고 결론지었다.

이해상충 가이드라인을 채택한 저널들에서도, 저자들이 특별히 이해상충 가이드라인에 잘 따르지 않는 데에는 나름의 이유가 있다. 그것은 해당 학술지들이 논문 투고자의 가이드라인 준수 여부를 추적하거나 평가하지 않기 때문이다. 상당수의 저널 편집인들은 저자들에게 이해관계를 밝히라고 요구하는 것으로 자신들이 책임을 다했다고 생각한다. 그 나머지는, 그들 생각으로, 무감독 제도인 셈이다. 공개 방침을 채택하는 소수의 과학과 임상 저널들의 경우, 문제가 될 수 있는 저자들에게 다양한 방식으로 자신들의 정책을 고지한다. 《사이언스》처럼 최소한의 의무만 이행하려는 저널은 논문 기고자들에게 "발표에 편향을 준다고 인식될 수 있는 저자의 전문적, 재정적 사항들에 대한 정보"를 요구한다. 마찬가지로, 《하트*Heart*》도 "이해상충으로 이어질 수 있는 모든 연구비, 기업 이해관계, 또는 자문 여부"를 밝힐 것을 요구하고 있다. 그런

데 이런 문장들은 개인적인 해석의 여지가 크다. 저자들이 다른 사람이 논문에서 관련 편향*affiliation-bias*을 어떻게 인식할지 여부를 상상해야 하기 때문이다. 타인이 그런 관계를 어떻게 생각할지에 대한 판단은 사람마다 천차만별이다.

다른 저널들은 저자들에게 좀 더 분명하고 상세한 지시 사항을 준다. 《캔서*Cancer*》의 경우, 편집자들은 저자가 타인이 "연구 결과에 편향을 준다"고 생각하는지 여부와 무관하게 모든 종류의 관련을 밝힐 것을 요구한다. 그들은 저자에게 다음과 같은 투명성 진술서disclosure affidavit에 서명하게 한다. "이 문서에 서명함으로써, 아래에 명기된 (예, 고용, 자문, 주식 소유, 보수, 전문가 증언 등) 주제나 물질에 대해 직접적인 재정적 이해관계를 가지는 모든 조직이나 법인에 어떤 형태로든 (호의적이든 경쟁적이든) 개입하거나 관여하지 않고 있음을 맹세합니다. 여기에 서명한 것은 본인이 이러한 재정적 이해관계가 전혀 없음을 뜻합니다."

마지막으로, 저널의 세 번째 그룹은 모든 저자에게 표준화된 양식을 주고 해당 난에 표시하도록 하는 보기판 시스템[76]을 사용한다. 따라서 모든 저자들의 이해관계 관련 기록을 확보하는 셈이다. 보기판 방식을 채택하는 저널로는 《저널 오브 본 앤 조인트 서저리*Journal of Bone and joint Surgery*》가 있다. 이 저널은 (게재 확정 이후) 저자에게 다섯 가지 서술문 중 하나를 선택하게 한다. "논문 주제와 관련해서 영리 집단으로부터 얻을 수 있는 이익에 대해서 다음 중 하나를 택하시오. (1) 개인적이거나 학술적 이용으로 국한, (2) 개인적 · 학술적 사용과 연구비, 재단이나 교육기관을 위한 이용, (3) 연구비, 재단, 교육기관으로 국한, (4)

76 —— template system. 문항과 보기를 주고 해당 번호에 체크하는 시스템을 뜻한다.

어떤 이득도 얻지 않았고, 앞으로도 그러함, (5) 저자가 응답을 거부함."

그러나 이런 양식을 채택하는 경우, 저자가 응답을 거부할 수 있는 면제 조항이 있고 다섯 가지 선택지 중 하나를 선택하면 그만이기 때문에 구체적인 이해상충에 대해 아무런 정보도 얻을 수 없다. 또한 독자나 심사자들에게 저자가 어떤 형태의 잠재적 편향에 연루되었는지 판단하는 데 실질적인 도움을 주지 못한다.

반면 소수 저널들은—특히 《뉴잉글랜드 저널 오브 메디신NEJM》—학술지에 발표되는 논문의 진정성을 보호하는 데 이런 정도의 조치로 만족하지 않는다. 이미 오래전부터, NEJM는 저자가 이해관계 상충이 있는 경우, 특정 논문의 출간을 금했다. 저자들에게 주지시키는 안내문에 NEJM는 다음과 같이 명기했다. "심사와 편집자 서문의 핵심은 해당 문헌에 대한 선택과 해석이기 때문에 이 저널은 저자들이 자신의 논문에서 다루어진 산물을 제조한 기업(또는 그 경쟁사)에 어떤 종류의 재정적 이해관계도 없기를 기대한다." 그러나 2002년 6월 13일자에서 NEJM는 이해상충 정책이 바뀌었음을 밝혔다. 심사와 논설에 실렸던 원래 문장에 '중대한significant' 이라는 단어 하나가 추가된 것이다.[23] 그뿐 아니라 이 학술지는 1년 이상 보수를 받았거나 어느 기업이든 1만 달러 상당의 주식을 소유한 저자의 심사와 논설을 허용했다. 이런 저자들은 '중대한 재정적 이해관계' 라는 운영상의 의미에 저촉되지 않는다는 것이다.

NEJM의 편집인들이 이해상충 기준을 완화한 까닭은 과거의 엄격한 기준에 따를 경우 그에 부합하게 논문을 쓸 과학자들이 많지 않기 때문이었다. 편집인들은 자신들의 정책을 그대로 적용하면 논문을 투고할 가능성이 있는 논설 저자나 심사위원 집단이 거의 없다고 한탄했다. 그들은 이렇게 썼다. "지난 2년 동안 새로운 방침을 적용한 결과, 우리는 약품 요법에 대해 단 한 편의 논문을 실을 수 있었다. 그것도 간청한 결과였다."[24] 이어서 그들은 만약 NEJM와 같은 저널이 이해상충 정책을 고집해서 평론이나 논설을 게재하지 않으면, 제약회사들이 신약 요법에 대한 정보의 주요 원천이 될 것이라고 말했다. 다시 말해서, 그들의 절충안은 그동안 우려된 두 가지 재앙 중에서 그나마 덜한 쪽이라는 것이다.

다른 저널들은 NEJM가 정한 기준을 따르지 않았다. 사실상 그들에게 그런 정책은 요원한 꿈일 뿐이었다. 설령 재정적 이해관계가 있더라도 학문적 교수들이 저널의 평론을 쓰거나 심사를 맡을 기회는 충분히 있었다. 의학 분야에서 평론이나 심사의 대필 저자 기재ghost authorship가 아직 용인되던 시기에, NEJM는 (출판 윤리 기준 채택에서 선구적인 역할을 수행했던) 자신들이 윤리 '황금률'을 선택할 경우 전문가 시장에서 경쟁할 수 없을 것이라고 믿었다. 그러나 여기에 포함된 더 본질적인 문제는 동기 부여 체계에 일련의 변화를 요구했다. 그것은 학문적 의학의 도덕적 하부구조를 뜯어고칠 필요가 있다는 것이다. 그래야만 저널들이 자신들이 연구하는 산물이나 요법과 재정적 이해관계를 갖지 않는 독립적인 전문가들을 많이 확보할 수 있을 것이다.

보이지 않는 도서 출간 후원자들

호르몬 대체 요법에 대한 장기 연구 결과(위험이 이익보다 크다는 것을 함축한다)가 2002년 7월 17일 JAMA에 발표되기 전에 흘러나왔을 때, 어떻게 폐경 후 에스트로겐 요법이 장기적인 연구도 이루어지지 않은 상태에서 미국 여성들 사이에 그토록 널리 확산될 수 있었는가에 대한 의문이 제기되었다. 약 2,000만 명의 미국 여성들이 뼈를 튼튼하게 하고, 일과성 열감熱感과 야간 발한發汗을 감소시키기 위해 에스트로겐 제제를 복용하는 것으로 추정된다. 이 요법이 승인된 이유를 추적하는 과정에서, 《뉴욕 타임스》 기자 피터슨과 콜라타는 호르몬 대체 치료제 생산업체인 웨스Wyeth 사가 1966년에 발간된 베스트셀러인 『영원한 여성*Feminine Forever*』의 출간을 후원했다는 사실을 밝혀냈다. 이 책의 저자인 의학박사는 여성을 대상으로 한 에스트로겐 처치를 장려했던 경력의 소유자였다. 이 사례에서 우리는 이런 물음을 품게 된다. 약의 효능에 대해 의학적 조언을 해주는 베스트셀러 서적이 그 약을 만드는 제약회사의 홍보 전략의 일환이 아니라고 어떻게 알 수 있는가?

역사적으로 책과 연관된 이해상충에 대한 우려는 대개 과학 저널에 실린 서평에 집중되었다. 서평 저자들 중에서 그 책에 대한 이해관계를 밝히는 경우는 거의 드물다. 심지어는 NEJM도 1997년에 감시를 소홀히 하는 바람에 서평자가 다국적 화학 기업의 의학과 독성학 책임자라는 사실을 밝히지 않은 채 암의 환경 원인에 대한 비판적인 서평을 쓰도록 허용했다.[25] (엄격하게 말하자면, 이 저널의 정책은 과학적 리뷰 논문에 집중했고 서평에는 초점을 맞추지 않았다.)

이해상충과 서평을 둘러싼 논쟁은 《어딕션*Addiction*》에 실린 편집자 서문이 문제시되면서 새로운 국면으로 접어들었다.[26] 편집자들은 서평에 저자의 이해상충을 밝혀야 한다는 저널의 정책을 승인했다. 그러나 저자들이 책에 실은 감사의 말 부분에 이해상충 여부를 명시한 경우는 거의 없었다. 많은 과학 저서들은 이해 집단들로부터 전액이나 부분 지원을 받는다. 저자가 감사의 글에서 지원해 준 사기업에게 감사의 뜻을 표현할 때, 무심코 이해상충을 드러내게 된다. 그 외에 출판사는 많은 저널들이 채택하는 재정적 이해관계 명시에 대한 윤리적 기준을 충족시킬 아무런 책임도 없다.

《어딕션》의 편집자들은 문제가 있는 두 서평이 자신들의 심사 제도에서 걸러지지 않고 게재되었다는 사실을 인정했다. 이 저널에 평이 실린 한 권의 책은 알코올과 건강을 주제로 한 것이었고, 주류 생산업체에서 지원을 받았다. 그런데 이런 관계는 서평자나 독자들에게 알려지지 않았다. 두 번째 책은 '담배의 중독성 가설'을 비판하는 내용이었고, 저자는 담배 산업과 연관되어 있다는 사실을 밝히지 않은 채 서평을 실었다. 편집자와 저자들 중 한 사람 사이에서 숨김없는 토론이 벌어졌고, 그 내용이 저널에 실렸다. 저자들은 담배회사로부터 담배의 중독성에 대한 주제를 평가하기 위한 전문가로 고용되었다. 그들은 자신들이 담배산업의 자문역을 맡으면서 동시에 책을 집필했다는 사실을 이해상충으로 보지 않았다. "우리는 투자한 시간에 대해 보수를 받은 것이지 우리 견해에 대해 돈을 받지 않았다."[27]

《어딕션》의 편집자들은 저널뿐 아니라 책에도 이해관계를 투명하게 밝혀줄 윤리 가이드라인이 있어야 한다고 믿었다. "과학 저서는 과학 진리의 왜곡되지 않은 거울이 되어야 합니다. 그렇지 않으면 아무런 가치도 없지요."[28] 편집자들은 저널 독자들에게 이런 수사적 물음을 던졌다. "《어딕션》은 학문적 출판 윤리에 따라 실질적인 이해상충이나 그 가능성을 밝힐 절대적이고 양도할 수 없는 책임이 저자와 출판사에 있다고 믿습니다. 그렇지 않습니까?"[29] 그들은, 표준적인 관행으로, 과학 교재 출판사들이 저자와 편집자들에게 이해상충 진술을 요구해서 그들이 발행하는 책에 그 사실을 밝혀야 한다고 주장했다. 《어딕션》 편집자들은, 아직 이런 관행이 정착하지 않았기 때문에, 저널에 서평이 실릴 예정인 모든 책의 저자와 편집인들에게 서평이 진행되기 이전에 이해상충 진술란에 서명하도록 요구해야 한다고 주장했다.

지금까지 《어딕션》 편집자들이 채택해 온 이해상충 공개 정책은 날로 격화되는 기업들의 의도가 과학에 얼마나 큰 영향을 줄 수 있는지 보여주는 척도로 일반 대중들에 의해 평가받아야 한다. 저널 편집자들은 '확증된 지식'을 지키는 수호자들이다. 오늘날 날로 의구심이 높아지듯이, 저널 편집자들 사이에서 사적 이해관계가 학문적 과학에 그림자를 드리우고 있다는 우려가 높아진다면, 그것은 우리 사회의 모든 사람들에게 주의를 촉구하는 경고가 되어야 할 것이다. 한 저널 편집자는 이렇게 썼다. "생의학 출판에서 학문적, 전문적, 제도적 그리고 재정적 이해관계가 우리의 판단을 편향시킬 수 있고, 그러한 편향이 과학 정보의 보급에 개입할 수 있다."[30]

과학과 임상 저널뿐 아니라 출판사들도 저자, 심사위원, 편집자들의 이해상충을 투명하게 밝히고 자신들이 발간하는 저널에 어처구니없는 이해상충이 나타나지 못하도록 막는 데 기여할 수 있다. 예를 들어, 하나의 사례를 들어보자. 한 연구팀이 저널에 실리는 임상 행위에 대한 가이드라인에 대해 이해관계를 가지고 있었다. 연구자들은 1979년부터 1999년 사이에 예방적, 의료적 개입에 대해 마련된 191개의 가이드라인을 견본으로 삼았고, 연구 결과 그중에서 겨우 7개 가이드라인만이 이해상충을 언급했다는 것을 발견했다. 이 연구의 저자들은 이렇게 썼다. "최근 얼마간 향상이 있지만, 영향력 있는 저널들에 실린 임상 가이드라인에서 이해상충에 대한 보고는 대체로 간과되고 있다."[31] 이러한 사실이 발표되고, 이해관계 공개의 허점이 보완된다 해도 한 가지 중요한 사실은 변하지 않을 것이다. 그것은 학문적 과학이 그 순수성을 잃고 있다는 점이다. 한때 공익 과학의 자연스러운 양육장이었던 곳이 이제는 시장에 의해 추동되는 과학의 보육기가 되었다. 다음 장에서는 우리의 가장 중요한 사회적 자원인 공익 정신의 과학public-spirited science의 상실을 다룰 것이다. 이런 과학은 이해관계의 투명성만으로는 회복될 수 없다.

11

공익 과학의 죽음

흔히 범하는 실수 중 하나가 오늘날 연구대학의 '사명'을 들먹이는 것이다. 대학은 다양한 학과와 전문 학부들을 거느리는 만큼 여러 가지 사명을 띤다. 근대 대학에 부과된 사명들은 대부분 대학의 복합적인 성격에서 기인했다. 이 장에서 나는 오늘날 대학의 상징이 된 4가지 성격을 다룰 것이다. 각각의 성격에 따라 대학은 지식과 독특한 관계를 맺으며, 그 사명을 실현하도록 특별하게 설계된 구조나 형태를 가진다.

첫 번째 성격은 대학의 고전적 형태로 아리스토텔레스의 "지식은 덕성이다Knowedge is virtue"는 말에서 가장 잘 나타난다. 이러한 고전적 전통에서 가장 강조된 것은 교육, 기초 연구 그리고 문명의 문화적 전통에 대한 비판적 검토였다. 여기에서 지식은 그 본질적 가치를 위해 추구된다. 과학은 자유롭고 공개적인 정보 교환에서 자양분을 얻는다. 연구가 이루어지는 경로는 연구비 후원자의 강요가 아니라 연구자에 의해 결정된다. 연구의 전유나 비밀은 금지된다. 고전적 대학은 누구에게도 은혜를 입지 않고, 특정한 사회적 또는 정치적 목적에 봉사하도록 설계되지 않는다. 과학은 주인에게 봉사하지 않으며, 오로지 보편적인 협동과 합리적 탐구 방법이라는 규범에만 종속된다.

두 번째 성격은 17세기 영국의 철학자이자 과학자 프랜시스 베이컨의 저술과 연관된다. 베이컨이 생각했던 대학의 이상은 "지식은 생산성이다"라는 표현에서 가장 잘 이해된다. 이것은 베이컨이 했던 "지식은 힘이다Knowledge is power"라는 유명한 아포리즘에서 파생된 말이다. 이러한 이상에서 대학의 일차적인 초점은 경제와 산업 발전을 위한 인재, 지식 그리고 기술을 생산하는 것이다. 지식 추구는 산업 경제에 기여할 때에만 충분히 실현된다. '기술 이전', '지적 재산권' 그리고 '산학 협동'과 같은 말들은 학문적 과학의 결실과 산업 성장 사이의 새로운 관계를 표현해 주는 어휘사전의 일부이다. 과학자의 책무는 발견에서 시작해서 상업적 적용으로 끝난다. 대학의 주된 존립 이유는 산업 역군이 될 노동력을 양성하고, 기업들이 지식을 기술로, 기술을 생산성으로 그리고 생산성을 이윤으로 전환하도록 돕는 것이다.

대학의 국방 모델은 주로 전시에 대학이 수행했던 역할에서 비롯된다. "지식은 안보Knowledge is security"라는 말은 학계가 국가 안보를 위해 어떤 노력을 기울여야 하는지 규정한다. 정부가 지원하는 연구소와 그곳을 운영하는 과학자들은 국가 안보를 위한 자원으로 간주된다. 의회는 학문 연구를 군사력 증강에 직결시키기 위해 국방성 산하에 국방고등연구프로젝트국Defense Advanced Research Projects Agency, DARPA[77]을 설치했다. 2차 세계대전 기간 동안, 레이더, 소나 그리고 원자폭탄은 안보 프로그램에서 가장 높은 우선순위를 차지했다. 베트남전 기간에는 대학들이 개발도상국들의 야만적인 독재자들에 맞서 일어나는 대중 반란을 제어하기 위한 연구, 정글 환경에서 사용할 살생물제biocide에 대한 연구 그리고 스텔스 무기[78]에 대한 연구 등을 제공했다. 보다 최근에 진행되는 국내 안보 연구 주제들에는 미사일 방어 시스템, 생물학 무기와 화학 무기에 대한 보호, 테러리즘에 대한 대응 등이 포함된다. 비밀 연구를 금지하고, 무기 개발을 위한 연구 계약을 금하는 대학들은 예비역 장교 훈련단ROTC을 거부하거나, CIA 연구비를 받지 않고, 안보 모델을 거절했으며, 자신들의 그 밖의 세 가지 성격을 강조했다. 2002년의 국토안전법Homeland Security Act[79] 통과로 국가 안보와 테러리즘에 대한 대학 연구를 지원하는 새로운 연구비 원천이 생겨나면서 베트남 전쟁이 벌어지던 기간 동안 학계에서 움츠러들었던 국방 모형이 다시금 고개를 들 수 있는 계기가 마련되었다.

나는 마지막에 해당하는 네 번째 성격을 '공익 모델public-interest model' 이라고 부르겠다. 이 모델은 "지식은 인류 복지이다Knowledge is human welfare" 라는 말로 가장 잘 설명된다. 이 모델에서 대학의 일차적인 기능 중 하나는 두려운 질병, 환경 오염 그리고 빈곤처럼 사회가 안고 있는 보건과 인간 복지의 중요한 문제들을 해결하는 것이다. 자신들뿐 아니라 다른 사람들도 교수라는 직업을 복잡한 의학적, 사회적, 경제적 그리고 기술적 문제들을 해결하기 위해 필요한 공적 자원으로 간주한다. 공익 과학의 이념을 받아들이는 대학은 불평등을 연구하고, 질병의 원인을

77 —— 1970년대에 인터넷의 모체가 된 아르파넷(ARPANET)을 구축하기 위한 자금을 투자한 것으로 잘 알려진 기관으로 처음에는 ARPA였다가 나중에 defence를 뜻하는 D가 추가되어 DARPA가 되었다.

78 —— 레이더, 적외선 등 적의 탐지를 막는 기술.

79 —— 9 · 11 사태 이후 테러 방지를 위한 입법으로 통과된 법률.

조사하고, 신기술이 미칠 영향을 예측함으로써 공중의 복지를 증진시킬 수 있도록 교수들을 양성하는 데 앞장서는 것으로 자신들의 역할을 삼을 수도 있다. "암과의 전쟁"과 같은 프로그램들은 연구비가 일차적으로 공익을 위해 봉사하는 (즉, 일련의 질병들을 치료하는) 대학들에 집중되어야 한다는 가정을 기반으로 한 것이었다. 대학 연구자들은 연방 정부 그리고 그보다는 훨씬 정도가 덜 하지만, 사기업이 제공하는 다양한 경비로 공익 과학 서비스에 참여한다.

이 장에서 내가 하려는 주장은, 대학의 상업화로 인해, 공적으로 지원되는 과학의 상대적인 쇠퇴가 공익 과학의 쇠퇴를 가져왔다는 것이다. 그 의미는 기업 과학자들이 더 이상 스스로를 공익적 문제 그 자체를 연구하는 데 관심을 가지는 연구자와 동일시하지 않는다는 뜻이다. 연구 문제의 선택은 사회적 우선순위가 아니라 상업적 이유에서 명령된다. 다시 말해서, 대학에 대한 베이컨식 이상이 지배적인 성격이 된 것이다.

생물학자이자 노벨상 수상자인 필립 샤프는 이렇게 말했다. "대학이 상업적인 부와 스스로를 동일시하게 되면서, 사회에서 맡아왔던 독특한 역할을 상실하고 있다. 사람들은 더 이상 대학을 지적 추구와 정직한 사고의 상아탑으로 간주하지 않으며, 가능한 더 많은 돈과 영향력을 거머쥐려는 동기에 의해 움직이는 개인들에 의해 운영되는 사업으로 인식한다."[1] 포웰과 오웬 스미스는 그들의 저서 『이익을 얻을 것인가, 얻지 못할 것인가*To Profit or Not to Profit*』에서 비영리 조직들이 영리라는 목표를 좇으며 변모해 가는 모습을 추적했다. "현재 대학에서 벌어지고 있는 변화는 여러 가지 다중적인 힘들의 결과이다. 즉, 정책입안자들과 핵심 인사들에 의해서 지식의 성격이 변모하고 대학의 사명이 새롭게 정의되고 있다. 이러한 경향은 너무도 강력해서 그 흐름을 되돌려놓을 가능성은 거의 없다—더구나 굳이 그렇게 해야 할 근거도 없다."[2] 대학 상업화를 주제로 열린 에머리 대학 학술회의에서 강연한 하버드 대학 명예총장 데렉 복은 "영리 추구를 합법화함으로써 (대학의) 상업화는 교수들이 강의를 준비하는 데 더 많은 시간을 할애하고, 학생들과 함께 연구하고, 교수 회의에 참석하게 하는 일련의 가치들인 자발적이고 공유적인 정신voluntary communal spirit을 위태롭게 만들고 있다. 이제 교수들은 기업들의 자문을 해주거나 직접 회사를 차리는 데 더 많은 시간을 보낼 것이다."[3]

대학 기업주의academic entrepreneurship를 둘러싼 주된 논의는 기업 비밀, 지적 재산권 그리고 이해상충과 같은 주제에 초점을 맞추고 있다. 이들 주제 중에서 과학적 직업 정신의 상실은 정책 반응에 대한 논쟁에서 핵심에 해당한다. 또한 대학과 기업에 동시에 소속되는 다중 소속 과학multivested science에 대한 공중의 신뢰 상실도 계속 되풀이되는 쟁점이다. 그러나, 그동안 잊혀졌지만, 그중에서 가장 심각한 상실은 점차 사라지는 공익 과학자들이다.

대학 자본주의

오늘날 끊임없이 변화하는 학문적 대학은 과거처럼 공익 과학에 양분을 제공해 주는 환경이 아니다. 이미 대학들은 자금을 대주는 경영자들과 대학 기업가들에 의해 상당 부분 접수되었다. 그들은 재정적으로 수지가 맞는 연구를 도모한다. 이 시나리오는 대개 지적 재산권을 낳을 수 있는 연구로 번역된다. 반면, 우리의 자연자원을 훼손시키는 것으로 밝혀진 연구, 기업들의 엉터리 주장을 폭로하는 연구, 또는 질병의 환경적 원인을 조사하는 연구는 흔히 대학에 아무런 경제적 도움도 주지 않는다. 이러한 연구는 대부분 대학에 거의 또는 전혀 간접비를 주지 않으면서 진행된다. 대학들은 점차 연구자들이 대학에 떼어주는 간접비에 대한 기대를 높여왔다.

1988년에 여러 학과 출신의 과학자들이 매사추세츠 주 우즈홀에 모여서 공익 과학협회Association for Science in Public Interest, ASIPI라 불리는 새로운 유형의 전문가 단체를 출범시켰다. 이 단체가 천명한 원칙 중에는 "(그들의 훈련과 전문성이 공공에 의해 이루어진) 과학자들은 자신들의 재능과 전문성을 공공에 기여하도록 사용해야 하는 윤리적, 전문적 의무가 있다"[4]는 조항이 있다. 따라서 공익 과학은 "일차적으로 공공선의 진전을 위해 수행되는 연구"로 정의된다.

벤처 기업을 육성하는 데 자신의 연구 시간을 바치는 대학 교수들은 공익 연구에 공헌하려는 마음도, 그에 할애할 시간도 없을 가능성이 높다. 그들은 특허출원서를 작성하고, 사업 계획을 준비하고, 가능성 있는 투자자들에게 공을 들이고, 경영 관리팀과 함께 작업을 하고, 주식 발행하는 법을 배우고, 자신의 사적 사업이 속한 규제 매트릭스의 수요에 부응하느라 눈코 뜰새없이 바쁘기 때문이다. 많은 대학들은 대학이 사업 지역enterprise zone이 되지 않으면 설 자리를 잃게 될 것이라고 스스로를 설득하기 시작했다. 고전적 모형을 지키고 있었던 마지막 보루 중 하나로 거론되던 프린스턴 대학도 최근에 대학이 소속 교수들의 창업에 대해서 소수 지분minority ownership 소유를 허용하는 정책을 승인했다.[5]

그들의 저서 『아카데믹 캐피털리즘』에서 슬로터와 레슬리는 4개국의 과학자-기업가들을 인터뷰했다. 이 과정에서 그들은 학문적 과학자들이 시장 활동을 포용할 때 가치 구조에 변화가 나타날 것이라는 자신들의 생각을 확인했다. 그들은 이렇게 썼다. "우리는 대학 자본주의에 전문가로 참여하는 교수들이 이타주의나 공익 연구와 같은 가치들로부터 멀어지고 시장적 가치에 접근하게 될 것이라고 예상합니다."[6] 그들이 인터뷰한 대학 교수들은 그들의 예상대로 움직였다. 그러나 거기에서 그치지 않았다. 그들은 '공익 과학'의 역할을 재규정해서 기업 활동과 모순을 빚지 않게 만들었다. "오히려 그들은 이타주의와 그것이 주는 이득을 무시하고, 그 대신 이윤 추구를 자신들이 담당한 역할을 수행하고 과학을 연구하고, 공공선에 기여하는 수단으로 간주했다."[7]

기업주의의 사고방식은 공익적 목적을 정면으로 거스른다. 전자는 사회 다원주의의 가치와 그에 수반되는 생존 경쟁의 특성을 받아들인다. 기업은 다른 회사가 먼저 차지하기 전에 반드시 특허를 취득해야만 한다. 기업 비밀의 보호는 경쟁적 상황에서 살아남기 위해 필수적이다. 규제는 성공을 가로막는 장애물로 간주된다. 규제는 진보를 더디게 만들고 상품을 시장에 내놓는 데 불편함과 비능률성을 초래할 뿐이다.

반면 후자의 경향은 전체론적 감수성에 좀 더 기반한다. 이러한 사고방식에서는 우리 모두가 하나이다. 거기에는 공유주의적 가치가 내재한다. 대학에는 사회의 긴급한 요구를 검토해야 하는 특별한 역할이 있다. 그 역할은 시장 체계와는 거리가 있으며, 특히 자신들의 목소리를 낼 수 없는 가장 취약한 집단들에게 매우 중요하다. 과학이 어떻게 이러한 집단들을 도울 수 있겠는가?

이런 물음은 대학을 기반으로 회사를 창업한 과학자가 제기할 수 없는 종류이다. 공익 과학은 시장의 해결책으로는 감당할 수 없는 문제들을 포괄한다. 직업병에 대한 연구에 투자하면서 이익을 기대할 수는 없는 노릇이다. 비근한 사례로 집단소송 변호사[80]를 들 수 있다. 이런 변호사들은 우발적으로 직업병과 같은 사건을 맡을 수 있다. 그 경우, 그들은 배심원들의 긍정적인 평결로 이윤을 얻는 기대를 품는다. 그러나 법률회사는 과학적 연구에 투자하지 않는다. 직업병 연구는 대체로 공공의 지원을 받는다. 기업의 직업병 연구 지원의 배후에 깔린 목적은 상품의 안전성을 방어하는 것이다. 직업 보건 과학은 일차적으로 공익적 지향성을 갖는다. 연구되는 문제들이 질병 예방과 연관되기 때문이다. 즉, 그 문제들은 상업적 이해관계가 걸려 있는 치료를 목적으로 삼지 않는다.

공익 과학은 지식이 어떻게 사회적 · 기술적 또는 환경적 문제를 개선하는 데 기여할 수 있는지 묻는다. 반면 사익 과학은 사회적 이익이 있는지, 또는 해당 상품이 공정하고 평등하게 분배되는지 여부와 무관하게 어떻게 지식이 수익성 높은 상품을 생산할 수 있는지, 기업 고객을 보호할 수 있는지를 묻는다. 납세자들이 장기 연구비를 지원하는 경우에도, 과학자들은 이러한 연구를 토대로 이루어진 발견을 수익성 있는 약품으로 전환시킬 수 있다. 그렇게 되면, 자신이 낸 세금으로 그 연구가 이루어졌고 그 약품이 절실하게 필요한 많은 사람들이 정작 그 약을 살 여력이 없게 된다.[8]

이러한 역설은 피할 수 없다. 자본주의는 사적인 모험이 사적인 손실이나 사적인 부富를 낳는다는 원칙 위에서 작동하는 것으로 가정된다.

80 —— tort lawyers, 공해나 직업병 등의 문제로 대기업을 상대로 소송을 벌이는 변호사를 뜻한다. 여기에서 tort는 'mass tort litigation'을 가리킨다.

자선은 사적인 부를 사회적 자원으로 전환시킨다. 그러나 공적인 모험(즉, 공적으로 지원된 연구)이 사적인 부로 전환되어야 한다는 생각은 자본가 윤리가 낳은 곡해이다. 이러한 구도하에서 정부가 연구를 지원한다. 그리고 발견이 이루어지면, 그 발견은 과학자, 대학 그리고 기업 파트너를 위한 부가 된다. 대학은 공적 자금을 사적인 부로 전환시키는 핵심적인 역할을 맡는다. 이 시나리오는 만약 이런 동기가 없다면 발견과 그것이 사회에 주는 이득이 발생하지 않을 것이라는 주장으로 정당화된다. 그러나 이러한 근거가 타당한지 여부는 논쟁의 여지가 있다. 이러한 조건에서 모든 발견이 공공선으로 전환되지는 않는다.

대학 경영에는 상당한 변화가 있었다. 중앙 행정부는 소속 교수들의 발견을 개발할 권리를 판매하고 기술을 이전하는 데 많은 비용을 투자했다. 게다가 대학에서의 기술 이전이라는 이데올로기는 공익 과학을 재정의하는 데 이용되어 왔다. 로드스와 슬로터는 이렇게 썼다. "일반적으로 행정가들은 지역 (사적인) 경제 발전에서 드러났듯이, 대학 공익의 관점에서 기술 이전에 관여하고 있다고 주장하는 조직 이데올로기를 만들어냈다."[9] 이 이데올로기는 학문적 과학자들이 기업가처럼 행동하고 자신들의 개인적 부를 극대화하는 것이 공익을 위해 기여하는 일이라고 주장한다. 이런 관점에 따르면, 정확히 시장의 힘이 대학에 도입될 때 공익이 달성된다는 것이다. 이 입장에서는 대학의 특허가 늘어나고 상품이 생산되는 것이 공익을 위한 기여이다. 새로운 기술 이전 정책이 어떻게 작동하는지에 대한 경제 지표 중 하나는 대학에서 새로 취득한 특허의 숫자이다. 그러나 아무도 어떤 종류의 상품이 생산되었는지, 그로 인해 누가 혜택을 보았는지, 이익이 어떻게 분배되었는지 검토하지 않는다. 그뿐 아니라 상업화가 어떻게 학문적 연구 의제를 변화시키고 있는지 조사하는 사람도 없다. 앞에서 나는 사회의 가장 심각한 문제의 연구에 투자하는 것이 대학의 입장에서 수지가 맞지 않고, 장기적으로 사회에 이로운 것이 단기적으로는 기업 체계에 많은 비용을 초래할 수 있다는 점을 강조했다. 그것은 그동안 학문적 연구자들이 연구하고 헌신했던 문제들이었다. 그러나 학계에 팽배하는 새로운 기업 풍토로 인해 그런 연구자들은 점차 사라져 가고 있다.

나는 기업 과학의 새로운 흐름이 흔히 '다룰 수 있는 문제'로 이해되어 온 일련의 과제들을 대학에 제공했다고 주장했다. 《사이언스》 편집자 서문에서 도널드 케네디는 "이제 대학들이 해결해야 할 문제는 특허 분쟁, 공적 사업과 사적 사업 사이의 적대적 대결, 기업과 관련된 교수들의 고민 등이 되었다."[10] 이해상충과 관련해서, 대학, 저널 그리고 정부기관들이 수행하는 일은 공개 요건을 부과하는 것이다. 그리고 비밀 유지에 대한 대응으로, 대학들은 과학적 연구 결과를 출간하기 전에 일시 보류시킬 수 있는 시간 한계를 (가령 9일, 6개월 등으로) 설정했다. 그러나 과학 내에서 상실되는 공익적 에토스의 예는 이루 헤아릴 수 없으며, 점차 개선하기 힘든 상황으로 치닫고 있다.

공적 문제의 분석과 해결에 자신들의 지식을 쏟는 학문적 과학자들은 정부나 기업 과학자들이 할 수 없는 많은 역할을 한다. 지금부터 공익 과학에 헌신했던 3명의 과학자들의 삶과 공적을 설명하기로 하겠다. 그들이 걸어온 경력이 기업적 대학이라는 새로운 경향과 조화를 이루지 않을 수도 있지만, 그들이 했던 연구는 자유롭고 독립적인 탐구의 가치가 어떤 것인지 잘 보여준다. 그것은 사적 이익을 위해 연구하는 사람들이 결코 수행할 수 없으며 그들에 의해 왜곡되는 무엇이다.

배리 카머너

배리 카머너는 19세기의 가장 영향력 있는 환경과학자 중 한 명으로 널리 꼽히는 사람이다. 그는 60년의 과학 경력 중 대부분의 기간을 수많은 사회 문제를 연구하는 데 보냈다. 그가 다룬 주제들 중에는 방사성 낙진, 원자력의 안전성, 오염 원인, 석유 기반 경제가 주는 충격, 쓰레기 소각장에서 방출되는 다이옥신의 위험성 그리고 생태학과 경제학의 관계 등이 포함된다.

카머너는 1917년 뉴욕 브루클린에서 이민자 부모의 아들로 태어났다. 어린 시절, 과학에 대한 관심을 처음 불러일으킨 사람은 그의 삼촌이었다. 삼촌은 러시아에서 태어난 지식인으로 당시 뉴욕 도서관에서 일했고, 그에게 작은 현미경과 약간의 교육적 지도를 해주었다. 카머너는 제임스 매디슨 고등학교에서 좋은 성적을 거두었다. 고교 시절에 그는 생물학 실험실에서 많은 시간을 보냈다. 선생님들은 그에게 대학에 진학해서 생물학을 공부하라고 조언해 주었다. 당시 생물학은 이민자 가정의 아이에게 적합한 진로로 생각되지 않았다. 삼촌은 유대인이 학계에서 자리를 잡기 힘들다는 것을 이해했기 때문에 조카에게 학문적인 경력을 쌓으려 한다면, 당시 이민자 아이들이 흔히 지원하던 시립 대학이 아니라 엘리트 대학에 진학할 것을 권고했다. 카머너는 컬럼비아 대학에 입학원서를 냈다, 그러나 우수한 성적에도 불구하고 그는 입학을 거부당했다. 입학 사무처는 그에게 컬럼비아 대학이 입학 거부한 민족적 소수자들을(유대인, 이탈리아인 그리고 흑인) 받기 위해 설립했던 세스 로 주니어 칼리지Seth Low Junior College[81]에 지원하도록 유도했다.

그러나 카머너는 대학 당국의 조치를 거부했다. 유명한 시인이었던 숙모는 컬럼비아 대학에 있던 저명한 교수를 통해 대학측의 입학 거부 조치에 항의했다. 그 교수는 행정 당국이 취한 조치의 부당성을 강력히 주장했다. 그 결과 카머너의 입학 거부 조치는 철회되었다. 마침내 그는 대공황이 절정이었던 1933년에 컬럼비아 대학에 들어갈 수 있었다. 대학에 입학했을 때, 그는 고등교육에서 불평등의 조건들이 어떤 것인지 온몸으로 실감했다. 그는 그 문제가 보다 폭넓은 사회 부정을 반영하는 것으로 이해했다. 그는 "대학에 들어가면서 사회 문제를 뼈저리게 실감했고, 그것이 어떤 것인지 머릿속 깊이 간직하게 되었다"라고 회상했다.[11] 컬럼비아 대학에서 과학 연구를 계속했지만, 카머너는 스코츠버러 사건[82](남부의 젊은 흑인 남성들이 잘못된 고소로 사형선고를 받은 사건)이나 할렘 지역의 빈곤 문제와 같은 1930년대의 사회 문제에도 열성적인 관심을 가졌다. 당시 그는 과학을 결함 있는 사회 속에서 작동하는 독립적이고 순수한 하위 문화로 생각했다. "나는 과학이 자율적이고 객관적인 실체로서 그 자체의 독립적인 역사, 고유한 이상, 독자적인 목적, 그 자체의 목표를 가지는 무엇이라고 믿게끔 교육받았습니다!"[12]

컬럼비아를 졸업한 카머너는 하버드 대학에서 생물학 석사 과정을 시작했다. 그는 국제 정치 문제를 주제로 삼았던 과학 노동자 연합Association

81 —— 세스 로는 미국의 도시 개혁가이며, 컬럼비아 대학교 학장 재직 당시 작은 단과대학을 종합대학으로 바꾼 인물이다. 그는 여성 교육과 흑인 교육을 위해 노력했다.

82 —— Scottsboro case, 앨러배마 주 스코츠버러에서 2명의 백인 여성을 강간한 혐의로 9명의 흑인 청년이 기소된 사건을 둘러싸고 벌어졌던 1930년대 미국 시민권 논쟁. 린치를 당해 거의 죽을 지경에 체포된 흑인 청년들은 12살 소년을 제외하고 모두 강간 혐의로 사형선고를 받았다. 당시 의사는 백인 여성들이 강간당하지 않았다고 증언했지만 무시되었다. 1932년 연방 대법원은 피고들이 적절한 법의 지원을 받지 못했다고 판단하고 유죄 판결을 번복했다.

of Scientific Workers에서 적극적인 활동을 벌였다. 그는 1940년에 하버드에서 박사학위를 받았고, 퀸즈 대학에 자리를 잡았다. 그는 그곳에서 1년 6개월을 머물렀다. 2차 세계대전이 발발하자 카머너는 해군에 자원했고, 워싱턴 시 외곽에 있던 파투센트 해군 비행장에 있는 해군 실험 비행대대에 배속되었다. 그가 맡은 임무 중 하나는 항공기를 이용한 살포 체계를 고안하는 것이었다. 이 장치의 목적은 미국의 지상군이 진드기로 인한 질병에 걸리지 않도록 태평양에 있는 적진에 DDT를 뿌릴 수 있게 하는 것이었다.

그가 정치에 발을 들여놓게 된 것은 해군이 그를 상원 군사 소위원회에 임시로 배치하면서부터였다. 당시 위원장은 할리 킬고어였다. 해군은 국립과학재단 설립에 관한 의회 승인을 계류시키는 데 관심을 가졌다. 이 기간에 카머너는 국립과학재단과 원자력 에너지의 미래에 대한 주도권을 놓고 논쟁하던 과학과 정치의 작용과 반작용을 목격했다. 그는 원자력 과학자들이 원자 무기의 위험성에 대해 발언했던 최초의 의회 청문회를 조직하는 데 일조했다.

전쟁이 끝난 후, 1947년에 카머너는 세인트루이스에 있는 워싱턴 대학의 교수직을 수락했다. 그곳에서 이루어진 그의 초기 연구는 단일 세포의 분광 스펙트럼 분석에 초점을 맞추었다. 록펠러 재단의 워렌 위버의 영향으로 카머너는 미국과학진흥협회American Association for the Advancement of Science, AAAS에서 활동했다. 그것은 이 기구가 과학과 사회적 문제를 연결 짓는 데 관심을 갖게 하기 위함이었다. 그는 AAAS의 과학과 인간복지 진흥 위원회Committee on Science and the Promotion of Human Welfare 위원장으로 활동했다. 그는 과학자들이 대중에게 공공정책의 중요한 주제들에 대해 알릴 책임이 있다는 생각을 실현시키기 위한 방법을 모색했다. 카머너는 라이너스 폴링과 에드워드 콘돈과 같은 저명 과학자들과 함께 협력해서, 과학자들이 대기 중 핵실험에 반대하고 대중에게 방사능 낙진의 위험성을 경고하도록 독려하는 청원 캠페인을 벌였다. 그는 과학자의 역할이 시민들에게 정보를 전달하는 데 있다고 믿었다. 그래야만 시민들이 독자적인 결정을 내릴 수 있기 때문이다. 그의 관점에서 과학자의 역할은 기술 지식을 독점하면서 엘리트 의사결정자 노릇을 하는 것이 아니었다.[13]

카머너는 1958년에 세인트루이스 핵 정보 위원회St. Louis Committee for Nuclear Information, CNI를 조직하는 데 조력했고, 《핵 정보*Nuclear Information*》라는 소식지 발간에 참여하면서 시민들에게 과학을 소통하고 알린다는 자신의 이념을 계속 실천해 나갔다. 《핵 정보》는 그후 《과학자와 시민Scientist and Citizen》이라는 잡지로 발전했다(1969년에 다시 《환경*Environment*》으로 바뀌었다). CNI는 대중에게 1950년대에 이루어진 대기 중 핵실험으로 인한 방사능 낙진의 생물학적 위험성을 교육시킬 방법을 찾기 위해 많은 노력을 기울였다.

CNI는 캠페인을 벌여서 어린아이를 둔 부모들에게 아이들의 치아를 모아서 위원회에 전달해 줄 것을 요청했다. CNI는 수집된 치아를 실험실로 보내서 스트론튬 90의 수준을 검사했다. 스트론튬 90은 대기 중 핵실험으로 발생하는 낙진의 방사성 부산물로 가장 흔한 물질 중 하나이다. 워싱턴 치과대학은 CNI와 협력해서 어린아이들의 치아에 흡수된 스트론튬 90을 측정하기 위한 분석 실험실을 설립했다. 카머너는 이렇게 썼다. "시민들은 오늘날 과학자들이 낙진에 대해 알고 있는 지식에 많은 기여를 했습니다. 세인트루이스 아동 치아 조사를 통해서, 이 도시 어린이들은 낙진에 대한 과학적 지식을 위해, 지금 현재, 15만 개나

되는 치아를 모아주었습니다."[14] 1966년까지 아동 치아 조사는 20만 개 이상의 치아를 수집했다.[15] 이 조사와 전 세계에서 이루어진 과학자들의 탄원은 1963년 핵실험금지조약의 배후에서 케네디 대통령의 지지를 공고히 하는 데 일조했다. 카머너는 이렇게 지적했다. "핵실험 금지 조약을 성공적으로 이끌어낸 것은 과학과 사회적 행동이 합쳐졌을 때 어떤 힘을 발휘하는지 보여준 선례였습니다. CNI가 환경정보위원회Committee for Environmental Information로 변모해서 그 사명을 환경 위기 전반으로 확장하도록 이끈 것이 바로 이 결론이었습니다."[16]

카머너의 저서 『원은 닫혀야 한다』[83]에 소개된 두 번째 사례는[17] 환경 정책에서 서로 충돌하는 주제들을 해결하는 데 창조적이고 과학적 사고가 어떤 역할을 하는지 잘 보여주었다. 1960년대 중반에 일리노이 주 데카투어Decatur의 공중보건소장이 이 도시의 수돗물에서 발견된 고질산 농도를 문의했다. 데카투어 시의 인구는 약 10만 명이었고, 세인트루이스에서 120마일 거리였다. 이 도시는 식수를 상가몬 강Sangamon River에서 끌어왔다. 이 강은 옥수수와 콩 농장들이 많이 있는 지역을 거쳐갔다. 소장은 카머너에게 이 강의 질소 농도가 매년 봄에 연방 기준을 넘어선다고 알려주었다. 그는 그 원인이 비료(농업 지역에서 과도하게 사용되어 온) 때문인지, 아니면 토양 때문인지 알고 싶어했다. 후자는 농업 공동체가 선호하는 설명이었다. 그는 카머너에게 과학 지식을 활용해서 공중 보건 문제를 해결해 달라고 주문했다. 이 요청에 따라 그가 1966년에 설립했던 자연계 생물학 센터Center for the Biology of Natural Systems는 데카투

83 ——— 『원은 닫혀야 한다: 자연과 인간과 기술*The Closing Circle: Nature, Man, and Technology*』, B. 카머너 지음, 송상용 옮김(전파과학사, 1980).

어 시의 질산 오염 연구에 착수했다.

카머너는 스스로에게 물었다. '질소 오염원을 어떻게 찾아낼 수 있을까?' 질소 동위원소에 대한 실험 연구를 기억해 낸 그는 토양 속에 들어 있는 동위원소 ^{14}N과 ^{15}N의 비율과 질소 비료에 포함된 동위원소 비율이 다를 것이라고 추론했다. 그는 토양 질소에 비해서 암모니아 비료에 들어 있는 질소에 ^{15}N 동위원소가 더 풍부하다는 사실을 알았다. 토양 질소는 부식토나 그 밖의 유기물질이 분해되면서 생겨난다.

카머너팀은 질량 분광계로 질소 동위원소 비율을 결정했고, 비료를 뿌린 들에서 배수되어 상가몬 강으로 흘러드는 물을 수집했다. 그들은 표본 속에 들어 있는 두 가지 동위원소의 상대적인 양을 측정하고, 토양과 합성 비료 속에서 발견한 비율과 비교했다. 분석 결과, 그들은 이 도시의 식수에 들어 있는 질소의 약 절반이 인공 질소 비료에서 나온 것이라는 사실을 알아냈다. 이 결과는 주변 농장에서 이용되는 질소 비료를 둘러싼 격렬하고 지속적인 논쟁을 불러왔으며, 결국 주변 농장을 대상으로 한 농업용 비료 사용 규제 조치를 이끌어냈다.[18]

카머너 센터에서 이루어진 공익 과학의 세 번째 사례는 이 센터가 세인트루이스에 있는 워싱턴 대학에서 뉴욕 시의 퀸즈 대학으로 옮긴 후 1990년대 중반에 진행된 다이옥신 분산에 대한 연구였다. 이 연구는 북아메리카의 고립된 비산업지구에서 나타나는 다이옥신 오염과 연관된 일련의 문제에 의해 비롯되었다. 북극권에 사는 이누이트 집단이 다이옥신에 그토록 많이 노출된 이유는 무엇인가? 왜 북극권 누나부트 준주[84]

84 —— Nunavut Territory. 캐나다 원주민 이누이트의 자치 지역으로, 1999년에 캐나다의 준주로 지정되었다.

의 여성들의 젖에 들어 있는 다이옥신 수준이 미국이나 캐나다 남부의 여성들의 젖에 포함된 다이옥신의 두 배나 되는가? 이 다이옥신은 어디에서 온 것인가?

카머너와 그의 동료 과학자들은 1996년에서 1997년까지 북아메리카 지역 44,091개의 다이옥신 배출원에 대한 방출 데이터를 수집했다. 그들은 기상 패턴에 대한 데이터도 얻어서 컴퓨터 모델에 적용했다. 그 모델은 원래 원자력발전소에서 유출되는 방사능을 추적하는 데 사용되던 것이었는데, 다이옥신 배출원에서 방출된 대기 중 다이옥신의 움직임을 예측하는 데 이용하기 위해 수정한 것이었다. 카머너 그룹은 생태적으로 취약한 누나부트 지역에 떨어진 모든 다이옥신이 실질적으로 외부 오염원에서 기인한 것이며 그 대부분은 (70~80퍼센트) 미국에서 날아왔다는 사실을 알아냈다. 누나부트에 떨어진 대부분의 다이옥신과 직접 관련된 오염원의 숫자는 상대적으로 적었다. 44,091개의 오염원 중에서 1, 2퍼센트가 전체 다이옥신의 75퍼센트를 차지했다.[19] 다이옥신 오염에 대한 미국 최고의 과학자 중 한 사람인 카머너는 뉴욕 시에서 도시 쓰레기를 처리하기 위해 8기의 소각장을 건설하려는 정부의 계획에 반대하는 풀뿌리 캠페인을 주도했다.

• • •

우리는 흔히 과학의 경쟁적 성격, 특히 발견의 추구나 보다 최근 상업적으로 가치 있는 지적 재산권을 둘러싸고 벌어지는 경쟁에 대한 이야기를 듣곤 한다. 공익 과학은 거의 경쟁이 없는 문제나 가설을 그 대상으로 삼는다. 그런 주제를 연구해도 금전적 보상이 전혀 없기 때문이다.

반면 공익 과학자들은 SLAPP[85](대중 참여를 막기 위한 전략적 소송 사태)에 시달리고, 과학을 대중의 장으로 격하시킨다는 동료들의 비판 그리고 공중보건을 보호하는 자신들의 능력을 불신하는 증거들에 맞서 스스로를 방어하려는 정부기관들의 비방에 시달린다.

다음에는 환경오염으로 인해 위협받는 공중보건 문제를 연구하는 데 자신의 경력을 바친 과학자의 이야기이다.

허버트 니들먼

의학과 공중보건 분야를 연구한 35년 경력의 허버트 니들먼은 지난 세기에 질병 예방을 위한 가장 성공적인 캠페인을 가능하게 한 선구적 과학자이며 그 자신이 이 운동의 주역이기도 했다. 그것은 환경에서 납을 제거하기 위한 노력이었다. 니들먼의 경력은 세 대학에 걸쳐 있다. 그의 의학 경력은 주로 납이 어린이의 건강에 미치는 영향을 이해하기 위한 연구에 바쳐졌다. 그리고 그의 공익 과학 연구는 세 곳의 대학에서 납 오염원을 제거하는 데 집중했다.

그의 인물 소개를 준비하기 위해서 나는 볼티모어 남부 지역의 공공주택 개발을 위한 행사의 일환으로 열린 납 중독 회의에서 그가 했던 강연에 참석했다. 이 행사는 볼티모어 시 사회복지부가 후원했다. 대부분 아프리카계 미국인 아이들과 가족 봉사 제공자들인 청중들을 대상으로 니들먼은 지난 2천 년 동안 납 중독 위험성이 우려되었지만, 최초의 체계적인 연구가 보고된 것은 불과 60년 전이라고 설명했다. 그는 청중들

85 —— Strategic Lawsuit Against Public Participation.

에게 아프리카계 미국인 아이들이 특히 납 중독의 위험에 많이 노출되어 있다고 말했다. 그것은 학습 능력과 행동에 심각하게 해로운 영향을 주는 환경오염이다.

허버트 니들먼은 대공황이 일어나기 몇 해 전 펜실베이니아 주 필라델피아의 중산층 가정에서 태어났다. 그의 부친은 가구 상인이었고, 여러 도시에서 사업 기회를 노렸다. 니들먼이 의사가 되겠다는 관심을 갖게 된 것은 그가 10살 때였다. 그가 대학 진학 준비를 하고 있었을 때, 부모들은 사업을 위해서 펜실베이니아 주 앨런톤으로 이주했다. 니들먼은 통학생으로 뮬렌버그 대학에 입학했고, 일반 과학을 전공했다. 뮬렌버그 대학을 나온 후, 그는 펜실베이니아 의대에 입학했고, 그곳에서 소아과를 전문 분야로 택했다. 가장 큰 이유는 그가 여러 과를 돌아가며 순회 인턴 생활을 하는 동안 만났던 내과의사들에게 감복했기 때문이었다.

학비를 벌기 위해서 니들먼은 여름에 뉴저지 주 딥워터에 있는 듀퐁 화학공장에서 노동자로 일했다. 뉴저지 주는 몇 해 전에 4에틸납이 합성되었던 곳이었다. 노동자들은 공장 내에서는 금연이었고 성냥 소지도 허용되지 않았다. 하루에 두 차례(오전 10시와 오후 2시) 흡연 시간을 알리는 경적이 울면, 수백 명의 노동자들이 공장에서 나와 열린 공간에 나무를 둘러쳐서 만든 흡연 오두막으로 담배를 피우러 달려갔다. 그는 공장에 근무하는 다른 사람들로부터 많은 노동자들이 오랫동안 납 중독으로 고통받았다는 말을 들었다. 니들먼은 1955년부터 1957년까지 군에 징집되었다. 그는 메릴랜드 주 포트 미드Fort Meade에 근무했는데, 그곳에서 소아과장을 맡아 '조산아' 치료를 지휘했다. 당시 경험을 통해 그는 소아과 의사가 되겠다는 생각을 굳혔다. 제대 후, 그는 소아과 전문의 실습 기간을 끝내고, 짧은 기간 동안 중산층 가정들을 대상으로 진료했다. 그러나 그는 좀 더 위험이 큰 집단에 관심을 갖게 되었다. 그는 젊은 의학박사로서 자신이 겪었던 두 차례의 중요한 경험에 대해 이야기해 주었다.

아직 소아과 실습 기간이었던 1957년, 그의 노련한 동료가 3살짜리 히스패닉계 여자아이를 검진했고 급성 납 중독으로 진단했다. 니들먼은 그 소녀가 납 성분이 들어 있는 주택 도료가 떨어지면서 발생하는 부스러기와 먼지 때문에 납에 중독되었다는 사실을 알게 되었다. 그런 다음, 그는 이런 상황에서 하도록 배웠던 조치, 즉 킬레이트 요법을 실시했다. 거의 혼수상태였던 여자아이는 점차 회복되었고, 혈액에서 납이 제거되었다. 니들먼은 아이의 어머니에게 이사를 해야 한다고 말했다. 그렇지 않으면 그녀의 딸은 다시 납에 노출되어 심각한 병에 걸리게 될 것이기 때문이었다. 그러자 그 여성은 어디로 옮겨도 마찬가지라고 대답했다. 납을 피할 길이 없다는 것이다. 그때 니들먼은 진단을 하고 약물을 처방하는 것만으로는 충분치 않다는 사실을 깨달았다. 환경을 바꾸기 위해 무언가를 해야만 했다.

두 번째 사례로, 그는 필라델피아의 흑인 교회에서 한 소년과 나누었던 대화를 회상했다. 소년이 그에게 다가와 이야기를 나누기 시작했고, 자신의 야망에 대해 토론을 벌였다. 그 소년이 뇌 손상을 입었다는 사실을 깨닫는 데에는 그리 오래 걸리지 않았다. 이 사건은 그에게 전문의 수련 과정에 있을 때 납 중독에 걸렸던 아이를 치료했던 경험을 상기시켜 주었고, 자신이 납의 독성을 예방하기 위해 거의 아무런 일도 하지 못했다는 사실을 한층 더 심각하게 일깨워주었다. 그는 병원으로 출근하기 위해 전차를 타고 가는 동안 거리에 있는 집의 창문을 통해 많은 흑인 아이들을 들여다볼 수 있었다. 그는 그들 중 얼마나 많은 아이들이 납 중독으로 학교에 가지 못하고 있을지 의문이 들었다. 그런데 역설적이게도 정신병동이 학교에서 납 중독 검사를 시작하게 된 것은 가난한 아이들의 낮은 입학률 때문이었다.

국립정신병원이 이 젊은 의학박사에게 정신병학을 연구할 수 있는 장학금을 주었을 때, 니들먼은 이 분야에서 전문의 과정을 밟기로 결정했다. 그는 어린이 정신병학을 공부할 계획이었다. 그 시점부터, 그의 연구는 아동의 정신적, 육체적 상태에 미치는 환경 독소의 영향에 초점을 맞추었다. 그가 공익 의학에 입문하게 되는 것은 1960년대였다. 그 무렵 니들먼은 복지 향상을 위한 어머니회와 함께 활동하던 지역 법률 지원 변호사에게 납이 들어간 페인트에 대한 연방 규제 법안을 통과시키기 위해 뉴욕 주 하원의원과 협조하라는 조언을 해주었다.

니들먼은 필라델피아에 있는 템플 대학 의학센터에서 정신병학 조교수로 재직하던 1970년에 어린이 납 중독 문제를 연구하기 시작했다. 그는 하버드 대학의 소아 신경학자인 랜돌프 바이어스가 1943년에 쓴 논문을 읽고 영향을 받았다. 그 논문은 "취학 아동에서 나타나는 인지 장애의 일부가 납의 독성에서 기인했을 수 있다"고 주장했다.[20] 바이어스는 공격적 행동 때문에 그에게 진료를 의뢰해 온 아이들이 과거에 납 중독 징후가 있었던 환자였다는 사실을 알아냈다. 그 후, 니들먼은 환경 속에서의 납 노출이 어린이들의 건강을 위협한다고 주장했던 바이어스가 납 산업 연합Lead Industries Association으로부터 수백만 달러의 소송 위협을 받았다는 사실을 알았다.

납 중독을 알려주는 안정된 생물학적 지표를 찾는 과정에서, 니들먼은 혈액과 소변을 후보에서 탈락시켰다. 그는 수집이 쉬운 머리카락을 잠재적인 지표로 고려했다. 그러나 그는 머리카락이 환경에 쉽게 오염될 수 있어서 납을 흡입했다는 신뢰할 만한 지표가 아님을 깨달았다. 자료에 나와 있는 참고문헌을 통해서 그는 납에 대한 노출을 평가하는 데 아기의 치아를 사용할 수 있겠다는 착상을 얻었다. 그는 템플 대학과 필라델피아 대학 치과병원과 교외 지역의 개업 치과의사들을 통해서 교외와 도심 지역 아이들의 치아를 얻을 수 있었다. 그런 다음 그는 이 그룹의 부표본subsample을 검사했다. 후속 연구를 통해서 니들먼은 그 지역 주민들 사이에서 '납 벨트lead belt' 라고 알려져 있는 지역에 있는 필라델피아 학교들을 통해서 어린이의 치아를 계속 수집했다. 니들먼은 치아의 납 수치가 높게 나타나는 아이들이 지능, 화법 그리고 언어 기능에서 낮은 점수를 기록했다는 상관관계를 발견했다. 이 결과는 1972년에 700단어의 논문으로《네이처》[21]에 실렸고, 1974년에《뉴잉글랜드 저널 오브 메디신》에도 게재되었다.[22]

그의 논문이《네이처》와《뉴잉글랜드 저널 오브 메디신》에 실린 사건을 계기로, 니들먼은 공공정책과 공익 과학 연구를 본격적으로 시작했다. 1972년 논문 덕분에 그는 EPA로부터 암스텔담에서 열린 국제 과학회의에서 강연을 해달라는 초청을 받았다. 이 경험이 그에게 납을 둘러싼 정치학이 얼마나 격렬한지 깨닫는 계기가 되었다. 니들먼은 그 사건을 이렇게 회상했다.

> 나는 그곳에서 맞닥뜨린 사태에 전혀 준비가 되어 있지 않았다. 과거에 소아과 학술회의에 참석했던 경험은 도움이 되지 않았다. 그것은 납의 독성학과 역학에 대한 학술적 논쟁이 아니었다. 그것은 전쟁이었다. …… 서로 적대적인 위치에 마주앉은 진영의 한쪽에는 소수의 방어적인 환경주의

> 집단과 보건과학자들이 있었고, 맞은편에는 석유회사 대표들이 있었다. 거기에는 듀퐁, 옥텔, 더치 셀 그리고 아메리카 에틸 기업과 같은 막강한 회사들이 포진하고 있었다. 적은 용량으로도 납이 독성을 띨 수 있다는 함의를 가진 논문은 즉각 잘 준비된 전문가 부대로부터 집중 포화를 받았다.[23]

그의 논문도 예외가 아니었다.

니들먼은 납의 독성을 다루는 연구의 상당 부분이 "대중들에게 허용되는 정보를 철저하게 방해했던" 기업들로부터 자금을 받고 통제된다는 사실을 깨달았다.[24] 그는 납으로 이윤을 챙기는 기업에서 아무런 영향도 받지 않고 독자적인 관점에서 이 주제를 연구해야 한다고 생각했다.

1971년에서 1981년까지 하버드 의대에서 연구를 계속하고, 최고 수준의 면역학자인 앨런 레비턴과 공동으로 연구를 진행하면서, 니들먼은 좀 더 정교한 통계와 대조군을 적용해서 자신의 연구를 개선했다. 그는 1단계와 2단계로 보스턴 교외 지역에서 수집된 2,500개의 치아를 분석했다. 그는 학생들의 학업 성적에 따라 정보를 취합했고, 높은 납 수준과 낮은 학업 성취도 사이에 상관 관계가 있는지 조사했다. 1979년에 《뉴잉글랜드 저널 오브 메디신》에 실린 연구 결과는 납 노출의 장기적이고 만성적인 영향과 정신 지체 사이에 직접적인 연관성이 있다는 것을 밝혀냈다. 이 논문은 언론의 주목을 받으면서 파란을 일으켰다. 납 산업은 그의 원 자료를 요청했지만, 그는 거부했다. 그 이후 니들먼은 납 산업계의 역공의 일차적인 표적이 되었다.

한편, 1970년대 말엽에 EPA는 납의 대기 중 허용 기준을 마련하고 있었다. 니들먼은 대기 중 납 함유량의 기준치를 준비 중이었다. 니들먼은 대기 중 납 규제 기준에 대한 평가 작업에 관여했다. 이 작업은 처음에 천연자원보호위원회[86]의 요청으로 진행되었고, 나중에는 EPA와 연구계약을 맺고 추진되었다. 그의 발견은 치아에서 나타나는 납 수준이 IQ 저하와 연관된다는 것을 보여주었다. 이 정보가 공공 정책에 영향을 미치기 시작하자 산업계는 그의 연구의 타당성에 대해 공격하기 시작했다. 법무부의 한 검사가 니들먼에게 슈퍼펀드법[87]에 의거해서 유타 주의 3대 납 오염 기업들을 고소하려는 획기적인 소송에 참여할 것을 요구하면서 그에 대한 공격은 1990년대에 한층 거세졌다.

납 산업이 고용한 두 명의 과학자들이 니들먼에게 원 자료를 요청했고, 그는 검토를 승인해 주었다. 그들은 실험실에서 노트를 가져가서 이틀 동안 조사했다. 연방 소송은 재판에 가기 전에 해결되었다. 정부는 채굴광을 정화하는 비용으로 6300만 달러의 배상을 받았다. 니들먼의 기록에 대한 고용 과학자들의 분석을 기반으로, 납 산업은 NIH의 과학진실성위원회Office of Scientific Integrity에 니들먼의 과학 부정행위를 정식으로 고발했다. NIH는 니들먼이 1981년 이래 소아과와 정신병학과 교수로 재직했던 피츠버그 대학에 그의 연구를 조사할 것을 요구했다. 1991년 10월에 시작된 조사 기간 동안, 그의 연구 파일들은 대학 당국의 지시로 봉인되었다. 그는 대학측 과학진실성위원의 입회하에서만 자신의 데이터를 볼 수 있었다. 납 산업계의 고발 내용을 조사한 대학 진실성 패널은 그가 날조, 조작 또는 표절을 했다는 아무런 근거도 찾지 못했다.

86 —— Natural Resources Defense Council. 미국에서 가장 강력한 민간 환경보호 단체. '법률과 과학과 사람의 힘'을 한데 모아 환경오염 행위에 법적 대응을 하는 데 중점을 두고 있다.

87 —— Superfund Act. 화학 폐기물에 의한 환경 공해를 방지하기 위한 특별 기금법.

그런데 기이하게도, 패널이 1991년 12월에 조사결과를 발표했을 때, 패널 위원들이 "잘못된 설명misrepresentation이라는 측면에서 부정행위"의 가능성을 배제할 수 없다는 발언을 해서 일말의 의구심을 남겼다. 위원들은 니들먼이 분석에 사용한 모델이 납의 영향을 극대화시키기 위해 선별되었다는 고발인들의 주장에 부응한 것이다. 그러나 패널 위원들은 그들의 의구심을 뒷받침할 아무런 증거도 제공하지 않았다. 패널의 이해할 수 없는 발표를 받아들일 수 없었던 니들먼은 대학 당국에 주장하여 그의 사건에 대한 공개 청문회를 열고, 세계 수준의 전문가들이 참석하도록 해달라고 요청했다. 교수회의는 만장일치로 니들먼의 주장을 받아들이기로 결의했고, 니들먼은 연방 법원에서 청문회를 열기 위해 항고했다. 결국 대학측이 항복하면서 공개 청문회가 열렸다. 1979년의 데이터를 재분석한 독립적인 과학자들은 거의 동일한 결론에 도달했다. 1992년에 피츠버그 대학에서 열린 청문회는 만장일치 의견으로 과학적 부정행위에 대한 아무런 증거도 없다고 결론지었다.

니들먼은 연구 공적을 인정받아 "아동 납 중독 예방과 이해에 지대한 공헌을 한 공로로" 두 번째 하인츠 재단 환경상Heinz Foundation Environmental Award을 수상했다. 하인츠 재단은 수상 이유를 다음과 같이 밝혔다. "그는 헌신적으로 연구에 임했고, 많은 개인적 희생을 치르면서 정부와 기업이 그의 발견이 갖는 함축을 받아들이게 만들었다. 그로 인해, 그는 빈번하게 공격의 표적이 되었지만 불굴의 의지로 용기 있게 그리고 위엄을 지키면서 그의 비판자들에 맞서 싸웠다."

의학과 공중보건 연구에서 허버트 니들먼의 학문적 경력은 대부분 납이 어린이에게 미치는 영향을 연구하고 그 결과를 정책입안자들에게 전달하려는 노력에 바쳐졌다. 니들먼은 최근에 공익 과학 연구의 일환으로 『유독한 세상에서 건강한 아이 기르기*Raising Healthy Children in a Toxic World*』라는 책을 공저로 발간했다. 또한 그는 여러 공익 단체에 자문위원으로 활동했다. 그가 기여한 단체에는 '보다 나은 환경을 위한 시민', '과학과 공익 센터', '농약 규제를 위한 어머니회', 그리고 '아동 보건과 환경을 위한 시나이산 센터' 등이 포함된다.

니들먼은 기업들의 위협과 정치적인 압력이 횡행하는 현실에서 자신이 지금까지 헌신했던 유형의 공중보건 연구가 이루어질 수 있는 유일한 장소는 대학 환경뿐이라고 털어놓았다. 니들먼이 속해 있는 대학은 외부의 영향이 그의 과학 연구와 공익 연구를 간섭하지 못하도록 충분히 보호해 주었고, 그의 학문적 자유를 지켜주었다.

이 시리즈의 세 번째 인물은 신경과학에 대한 자신의 열정을 권리 사각지대인 도시 지역의 환경보건 향상 노력과 결합시키려 했던 한 젊은 과학자이다.

루즈 클라우디오

대부분의 과학자들에게 그들이 하고 있는 공익 과학 연구에 대해 묻는다면, 그들은 대가를 받지 않고 봉사하거나 참여하는 자문위원회 명단을 열거할 것이다. 이러한 기여도 칭찬할 만하지만, 1960년대의 시민과학 운동, 1970년대의 과학 옹호 기구 그리고 1990년대의 환경 정의 운동에 그 뿌리를 둔 다른 의미의 공익 과학이 있다. 이러한 전통에서 탄생한 공익 과학의 개념은 '민중에 의한, 민중을 위한 과학'이다. 여기에서 '민중'이란 위험에 처하거나 충분히 대표되지 못하는 집단들을 가리키는 완곡어법이다. 이 개념을 충분히 이해하려면, 과학자들은 공동체와 협력 관계를 맺어야 한다. 그것은 기업적인 학문 과학이 사적 영역과 협력 관계를 맺고 있는 것과 마찬가지이다. 이 비유를 조금 더 밀고 나가자면, 기업 지원 연구와 마찬가지로, 공동체 기반 연구는 지역과 연관된 연구를 계획하고 실행한다.

루즈 클라우디오는 내가 만났던 어떤 과학자보다도 이러한 공익 과학을 실천하는 데 근접했다. 마운트 시나이 의대의 공동체와 예방의학과 사무실에서 함께 나눈 대화에서, 나는 클라우디오의 과학 경력에 대해 많은 것을 알게 되었다. 푸에르토리코의 작은 산골 마을에서 태어난 그녀는 이제 미국의 환경과 직업 의학 분야에서 이름난 센터에서 일하고 있다. 의학 센터는 맨해튼 101번가에 위치했다. 그곳은 세계에서 가장 부유한 주택지구 중 하나인 어퍼 이스트 사이드와 뉴욕에서 가장 가난한 지역 가운데 하나인 스페인 할렘의 경계에 해당한다.

클라우디오는 그녀가 자연에 처음 관심을 갖게 해준 사람이 할머니였다고 말했다. 그녀는 할머니를 마을의 '큐란데라Curandera' 라고 묘사했다. 큐란데라는 스페인어로 치료사라는 뜻이다. 할머니는 열성적인 야생 식물 수집가였고, 식물들을 분류하고 그 의학적 특성을 연구했다. 어린 시절에 클라오디오는 할머니의 학생이었고, 시간이 날 때면 의학적 처치와 자연 미용을 위한 '자원봉사자' 로 활동했다. 할머니는 클라우디오가 일찍부터 자연을 관찰하는 데 관심을 가지도록 영감을 불어넣어 주었다. 그때까지 그녀에게 과학은 아직도 멀고 분명치 않은 목표였다.

중학교 시절에 클라우디오는 성적이 뛰어났고 과학 과목들이 주는 지적 도전을 즐기는 편이었다.("주기율표는 내가 지금까지 보았던 것 중에서 가장 놀라운 것이었습니다.") 또한 그녀는 수학에서 타고난 재능을 나타냈다. 중학교를 우등으로 졸업했지만, 클라우디오의 교사들은 그녀에게 직업 고등학교 진학을 유도했다. 그래야만 비서 훈련을 마쳐서 졸업과 동시에 직장을 얻을 수 있기 때문이었다. 그러나 타자 실력이 형편없었기 때문에 그녀는 부모를 설득해서 그 지역에 있던 다른 고등학교로 전학했다. 그곳에서 그녀는 일반 교육을 받았고 대학에 갈 수 있는 길이 열렸다.

고교 시절에 클라우디오는 비뇨기과에서 시간제로 일했다. 그러다가 그녀는 결국 실험실 근무 경력자lab technician가 되었다. 이 일을 계기로 그녀는 의학과 생물학 분야를 더 공부하고 싶다는 자극을 받게 되었다. 고등학교를 졸업한 후에 그녀는 푸에르토리코 대학의 카예이 분교[88]에 입학했다. 학교 캠퍼스는 작은 열대우림 근처에 위치해 있었고, 클라우디오는 생태학과 자연계에 비중을 두면서 생물학을 전공했다. 대학을 졸업하고 하와이의 참새우 양식장에서 인턴십을 마친 후, 그녀는 알베르트 아인슈타인 의대에 박사과정을 신청해서 입학을 허락받았다. 클라우디오는 1990년에 면역 세포가 혈액뇌장벽[89]을 투과하는 방법에 대한 신경병리학 연구로 박사학위를 마쳤다. 이 주제는 다발성 경화증[90]의 핵심

88 —— 카예이는 푸에르토리코 시에라데카예이 주의 중부에 있는 시와 행정구이며, 푸에르토리코대학교의 분교인 카예이 유니버시티 칼리지가 1967년에 설립되었다.

89 —— blood-brain barrier: 혈액뇌장벽. 신경조직에는 특정한 물질들이 혈관으로부터 들어가는 것을 막는 일종의 선택적 투과성을 지닌 장벽(barrier)이 존재한다. 혈액으로부터 뇌로는 지질용해성이 높은 약물밖에 이행되지 않는다. 수용성의 약물을 뇌로 이행되지 않게 하는 것이 혈액뇌장벽이며 뇌의 모세혈관 내피세포, 모세혈관 주위의 세포가 장벽 역할을 한다.

90 —— multiple sclerosis, 만성적이고 느리게 진행하는 중추신경계의 질환으로서 그 원인은 확실히 밝혀지지 않았다.

과정이다.

박사학위를 받은 후, 클라우디오는 미국과학진흥협회AAAS의 특별연구원이 되었다. 그곳에서 그녀는 화학물질의 독성 검사에 사용할 수 있는 시험관 내 검사법에 대한 논문을 끝냈다(논문은 그 후 출간되었다).[25] 이것은 화학물질이 발생 중인 태아에 미치는 영향에 대한 규제 관심에서 촉발된 연구 분야이다. 당시의 경험은 푸에르토리코의 오염된 마을에 대한 그녀의 생생한 기억과 합쳐졌고, 결국 클라우디오는 향후 연구 주제를 환경 문제에 집중하기로 결정했다. 1991년에 그녀는 필 랜드리건에게 발탁되어 마운트 시나이 의대에 자리를 잡았다. 랜드리건은 마운트 시나이 의대의 환경과 직업 의학과Division of Environmental and Occupational Medicine 학과장이었고, 환경의학과 신경생리학을 연결시키기 위해 그녀를 선택했다. 마운트 시나이 대학의 이 프로그램을 시작한 사람은 전설적인 직업병 학자인 어빙 셀리코프였다. 그는 광부와 조선소 노동자들의 석면 오염을 밝혀낸 인물이었다.

마운트 시나이 의대에서 4년을 지낸 후, 클라우디오는 지역사회 원조 계획과 교육 프로그램의 책임자가 되었다. 이 변화는 그녀가 속한 소수 집단의 환경보건 문제를 다루는 데 몰입했음을 보여주는 것이었다. 이러한 프로그램이 설립될 수 있었던 계기는 빌 클린턴의 1993년 환경정의에 관한 대통령령[91]이 발효된 이후였다. 이 대통령령은 연방 기관들에

91 —— Environmental Justice Executive Order. 1980년대 미국에서는 대규모 위해 폐기물이 아프리카계 미국인이 주로 거주하는 지역에 매립되었으며, 인종이 매립지를 선택하는 데 매우 중요한 변수라는 사실이 밝혀졌다. 이로 인해 소위 '환경 인종차별주의(environmental racism)'가 부각되었다. 이에 따라 클린턴 대통령은 1994년 대통령령(executive order)을 통해 모든 정부 기관이 소수

게 규제 결정을 내릴 때 지역에 불균등하게 미치는 위험의 영향을 고려할 것을 요구했다. 또한 이 프로그램은 케네스 올덴의 지도하에 이루어진 국립 환경보건과학연구소National Institute of Environmental Health Sciences가 새로운 지역공동체를 지향하여 활동하는 데에 대한 대응으로 이루어졌다. 새로운 지위 덕분에 클라우디오는 엘리트주의나 온정주의가 아닌 공익과학의 새로운 모델을 개발할 수 있는 기회를 얻었다.

환경보호기금에서 지역 지도자들에게 환경의학을 교육할 수 있는 기금을 받았을 때, 클라우디오는 브루클린, 브롱크스 그리고 이스트 할렘 등지에서 활동가들을 초청해서 그들의 이웃에서 나타나는 환경보건에 대한 우려를 청취했다. 내심 그녀는 납 페인트에 대한 이야기를 듣게 될 것이라고 생각했지만, 놀랍게도 한결같은 반응은 자신들이 사는 지역에서 점증하는 천식 발병률에 대한 것이었다. 지역 지도자들은 도시의 천식 발병을 조사할 수 있는 방법론을 개발하고, 발병률이 지역에 따라 다르게 나타나는지 확인하기 위해 클라우디오의 연구에 참여했다. 그녀는 뉴욕 시에서 천식과 관련된 입원 비율이 어느 정도인지 알기 위해서 도시 전체의 입원률을 기반으로 한 데이터를 이용했다. 천식 입원 비율은 우편번호에 따라 지도로 표기했고, 가구원의 소득 수준에 따라 다섯 등급으로 나누어졌다. 연구 결과 병원 입원률이 가장 높은 지역은 브롱크스였다. 그리고 이 지역은 뉴욕에서 가장 가난한 동네였다. 또한 그들

인종과 저소득 계층의 건강과 환경권을 보장하는 환경 정의(environmental justice) 달성을 위해 노력해야 한다고 지시하였다. 여기서 환경 정의란 환경 관련 법, 규제, 정책에 있어서 인종과 소득, 국적에 관계없이 모든 사람을 공평하게 대우하고 참여시켜야 한다는 것을 의미한다.(출전: 홍종호, "녹색 세상에 빈부격차는 없다")

은 소수민족이 가장 넓은 지역을 차지하는 우편번호에서 천식 입원률이 제일 높게 나타난다는 사실도 알아냈다. 이 연구에 대해 《뉴욕 타임스》에 실린 기사의 첫 문장은 이렇게 시작되었다. "이것은 미국의 도시 지역에서 발생하는 천식 유행병에 대해서는 처음 이루어진 연구이다. 연구자들은 뉴욕 시의 도시 빈민층과 소수민족들이 많이 거주하는 지역의 어린이들 사이에서 이 질병으로 병원에 입원하는 비율이 전문가들의 예상을 훨씬 웃돈다는 사실을 밝혀냈다."[26]

이 연구는 지역 보건 활동가들에게 정부를 상대로 공기 질 기준을 강화하고, 소외받는 집단들을 위한 예방과 치료 조치를 향상시키고, 이미 높은 천식 발병률이라는 부담을 지고 있는 지역에 새로운 공기 오염원이 들어서지 못하도록 방지해 줄 것을 청원할 수 있는 과학적 근거를 마련해 주었다.

클라우디오의 천식 유행 연구는 환경보건 영향 분석을 위한 자극제가 되었고, 이후 비슷한 지역 기반 과학 모형이 등장했다. 1990년대 후반에 뉴욕의 콘솔리데이티드(콘) 에디슨[92] 사는 상업 지역과 주택 지역 중간 지구에 전력을 공급하는 전력 회사가 있는 부지를 팔았다. 매각 이유는 높은 가치를 가진 부지를 개발하기 위해서였다. 발전소가 없어지면서 발생하는 전력 손실을 벌충하기 위해서, 콘 에디슨은 14번가에 있는 로우어 이스트 사이드lower East Side 발전소의 발전률을 높일 계획이었다. 그렇게 되면 로우어 이스트 사이드 발전소는 더 많은 연료를 연소하고 더 많은 가스를 배출하게 될 것이었다. 지역 환경단체인 이스트 리버 환경연합East River Environmental Coalition은 환경정의를 근거로 새로운 공장 운용

92 —— Consolidated(Con) Edison, 뉴욕 시에 전력과 가스를 공급하는 공익 회사.

허용을 반대했다. 그들은 전력 생산 증가로 이미 대기오염의 위험에 처해 있는 이 지역에 더 많은 위험이 부과될 것이라고 주장했다. 처음에는 이러한 우려가 단지 의구심에 불과했고, 그것을 뒷받침해 줄 과학은 없었다.

클라우디오는 로우어 이스트 사이드 지역 지도자들과 함께 발전소 인근에 거주하는 주민들의 대기오염 감수성을 알아보기 위한 연구를 계획했다. 연구팀은 발전소에서 가까운 4곳의 건물에 사는 400명의 주민들을 대상으로 조사를 실시했고, 천식 유병률有病率[93]이 전국 수준의 2배에 달하는 약 23퍼센트라는 사실을 (천식 발병률은 13퍼센트) 발견했다. 또한 그들은 이 지역에서 나타나는 만성기관지염 발병률이 전국 평균의 2.5배라는 것도 알아냈다. 이 연구는 지역 지도자들에게 일부 주민들이 전력 생산 증대로 인한 배출가스 증가에 의해 불평등한 영향을 받을 것이라는 증거를 마련해 주었다. 클라우디오의 지역 기반 과학 모형에는 마운트 시나이 대학 과학자와 이 연구에 참여한 지역운동 지도자들과의 공동 저자 표기로 논문을 출간하는 새로운 관행도 포함되었다. 이 조사에서 밝혀진 사실들은 로우어 이스트 사이드 지역 운동 조직자들이 독성 배기가스 감소, 대기질 감시, 지역 주민들의 콘 에디슨 자문위원회 지속적 참여 등을 협상하는 근거로 활용되었다.

클라우디오와 그 밖의 과학자들에 의해 개념화되고 실천에 옮겨진 것과 같은 지역 기반 공익 과학은 뉴욕 시 인근 지역 거주자들이 발전소, 디젤 엔진 배출가스, 쓰레기 소각장, 고속도로 확장 그리고 그 밖에 저소

93 —— prevalence rate. 특정 지역에서 어떤 시점에 조사한 이환자(罹患者) 수를 그 지역 인구수에 대하여 나타내는 비율을 뜻한다.

득 소수자 공동체에게 위험을 가중시키는 숱한 도시개발로 쏟아져나온 폐기물에서 발생하는 건강 위협에 맞서 대응할 수 있도록 도와주었다.

• • •

지역 활동가들을 기꺼이 연구에 참여시킨 헌신적인 공익 과학자들이 없었다면, 모든 기술적 과학적 전문성은 이해당사자의 한쪽 집단에 독점되었을 것이다. 그리고 주민들에게는 건강 위험에 대한 주장만 있을 뿐 실질적 조사가 이루어지지 않은 직관적 지식만 남게 되었을 것이다. 대학 자본주의의 에토스를 내화시킨 대학들은 오로지 상업적 협력 관계에 할당된 공간으로부터 대학을 위해 더 많은 경제적 가치를 끌어낼 수 있다는 이유로, 이 장에서 소개한 세 사람의 공익 과학자들이 실증해 주었던 공적 삶에 기여할 수 있는 소중한 기회들에 스스로 빗장을 걸고 말 것이다.

12

학계의 새로운 도덕적 감수성에 대한 전망

나뿐 아니라 많은 사람들은 미국 대학들의 행태가 도를 넘고 있다고 생각한다. 오늘날 대학은 대학 자체와 소속 교수들이 이해상충에 휘둘리게끔 허용하고 있으며 기술 이전에 대한 공격적인 지원과 기업과의 계약 체결에 대한 자유방임적인 용인을 통해 과학 탐구와 소통의 진정성을 위태롭게 만들고 있다. 의학과 생물과학 분야들이 이러한 논쟁의 진원지가 되어왔으며, 다른 분과에서도 비슷한 목소리가 들려온다. 이들 분야에서 나타나는 상업적 경향성을 평가하면서, 두 명의 지리학자는 이렇게 썼다. "우리는 미국의 대학들이 현상에 의문을 제기하면서 동시에 보다 나은 미래를 상상하는 터전으로 기여해 왔다는 사실을 잊어서는 안 된다. 그것은 오늘날 교육의 시장화, 지식의 상품화 그리고 생산에 대한 쉼없는 압력으로 점차 사그라들고 있는 비판적인 성찰과 저항이 살아 숨쉴 수 있는, 상대적으로 자율적인 공간으로서의 역할이다."[1]

미시간 대학의 두버스타트와 같은 일부 대학 총장들은 교수와 행정가들이 "대학의 이익과 지적 재산권 개발과 기술 이전에 대한 자신들의 이해관계와 대립되는 교수와 연구에 대한 자신들의 책무 사이에서 적절한 균형을 유지할 것"이라고 믿고 있다.[2] 학계의 공격적인 상업화에 대한 그 밖의 변명들과 마찬가지로, 두버스타트는 "이해상충을 피할 수 있는 핵심은 이해관계의 공개public disclosure"[3]라고 생각한다. 그런데 실상은 그렇지 않다. 대학이 이해상충에 계속 노출되는 한, 이해상충의 공개는 더 심각한 이해상충을 계속 일으키는 데 대한 합리화를 제공할 뿐이다.

텍사스 대학의 M. D. 앤더슨 암센터의 종양학 교수 존 멘델손의 사례를 보자. 1980년대 초, 멘델손은 분자적 신호 경로를 차단해서 종양의 성장을 막는 것으로 보이는 항체C225를 발견했다. 임클론ImClone이라는 회사는 그 항체를 이용해서 '어비툭스Erbitux'[94]라는 항암제를 개발했다. 어비툭스에 대한 기대가 높아지자, 임클론 사는 이 항암제의 마케팅을 위해 브리스톨 마이어스 스퀴브사와 20억 달러의 계약을 체결했다.

멘델손은 임클론 사의 과학 자문위원으로 합류했고, 단번에 3,000만 달러에 달하는 회사 주식을 모았다. M. D. 앤더슨 센터는 어비툭스의 임상 실험을 위한 실습장이 되었다.

그런데 임상 실험 결과, FDA는 임클론 사에 어비툭스의 승인을 내주지 않았다. 그리고 논쟁이 이어졌다. 임클론 사는 FDA의 부정적인 결론이 내려지기 수주일 전에 이미 회사 내부자들이 수백만 달러의 주식을 거래한 혐의로 고발되었다. 더구나 일설에 의하면 FDA가 연구 프로

94 —— 최초의 대장암 치료제로 알려져 있다.

토콜의 잘못된 버전을 기반으로 어비톡스에 대해 우선심사 지위를 승인했다고 한다. 그리고 임클론 사의 설립자이자 CEO가 내부자 거래와 거짓 진술 혐의로 형사 고발 당할 처지에 직면했다.

하원의 에너지 상업 소위원회에 출석한 멘델손은 그가 임클론 사와 이해상충이 있었는지 그리고 윤리 기준을 어긴 적이 있었는지에 대한 질문을 받았다. 멘델손은 이렇게 답변했다. "나는 C225어비톡스로 환자를 치료한 적이 없습니다. …… 내가 과학적 발언을 하거나 논문을 쓰거나 공식 회의에 참석할 때마다, 나는 항상 회사에 주식을 가지고 있고 과학 자문위원회에 속해 있다는 사실을 밝혔습니다."[4] 또한 멘델손은 자신과 회사의 관계를 M. D. 앤더슨 암센터의 동의 양식에 맞추어 분명히 기재했다는 점을 지적했다. 그렇다면 그 공개 양식이 멘델손이 기술한 이해상충을 다루는 데 적절한 것이었는가? 그는 어비톡스의 실험에 그가 행사할 수 있는 모든 영향력을 충분히 배제하고 객관적인 입장을 유지했는가? 임클론 사와의 관계를 고려할 때, 그 약품이 그가 속한 기관에서 검사되는 것이 옳았는가?

상업화를 향해 너무 급격한 변화가 일어나서 공개만으로는 이해상충에 대한 해독제로 불충분하며, 일부 제한조치가 고려중이라는 징후가 많이 나타나고 있다. 그동안 연구와 출판 진실성의 도덕적 경계가 시험되었고, 이제 도덕적 척도를 보다 높은 수준으로 재조정하려는 움직임이 일고 있다. 과학과 의학에서 나타나는 이해상충에 대한 대중의 부정적 태도에 반응을 보이기 시작한 다섯 집단의 이해당사자들이 있다. 그들은 학술지, 전문 학회, 정부 기관, 대학 그리고 비영리 연구소들이다. 먼저 저자들의 이해상충을 다룬 학술지의 경향부터 살펴보기로 하자.

과학 출판

지난 10년 동안, 과학 저널들은 기고자와 편집진의 이해상충 문제에 대해 훨씬 민감해졌다. 1990년대에 많은 저널들이 이해상충 정책을 채택했다. 그중 상당수는 저자에게 재정적 이해관계를 밝힐 것을 요구하고 있다. 일부 저널들은 훨씬 더 엄격한 입장을 견지했고, 저자들이 해당 주제에 대해 직접적인 이해상충이 있을 경우 편집자 서문이나 평론을 게재하지 못하게 하도록 노력하고 있다. 의학 저널들은 순수 과학 저널보다 저자의 이해상충 가이드라인 마련에 훨씬 앞서가고 있다. 대필, 명망을 얻으려는 저자 기재,[95] 자신이 출간하는 논문의 데이터를 충분히 통제하지 않은 저자 등의 문제가 일부 저널에서 골칫거리가 되고 있다. 의학 저널 편집인 국제위원회The International Committee of Medical Journal Editors는 한 걸음 더 나아가 회원 저널들에게 저자 단독으로 데이터 출간을 결정하고, 저자로 기재된 개인들이 논문에 실질적으로 기여했다는 문서에 서명을 받도록 권고하는 대담한 조치를 취했다.

학문적 저널들이 이해상충 정책에 따를 것인지는 전적으로 명예 제도[96]에 의존한다. 즉, 대부분의 저널들은 이러한 정책을 얼마나 준수하는지 평가할 인원이나 시간을 따로 배정하지 않는다. 나와 동료들이 이해상충 정책을 채택한 181개의 동료평가 저널들에서 저자들의 이해관계를 공개하는 비율을 조사한 연구를 발간했을 때, 많은 편집자들이 자신들

95 —— prestige authorship. 논문의 영향력이나 가시성을 높이기 위한 목적으로 실제 논문에 기여하지 않았거나 그 정도가 미미한 유명 과학자의 이름을 저자에 포함시키는 행위를 뜻한다.

96 —— honor system. 스스로 규칙을 준수하고 외부로부터 간섭을 받지 않는 제도.

의 저널이 조사 기간 동안 개인의 재정적 이해관계를 단 한 건도 공개하지 않았다는 사실을 알고 놀라움을 표시했다. 오늘날 팽배한 학문 상업주의 풍토에서 저자들에게 공개할 내용이 전혀 없기란 거의 힘들다. 이런 어처구니없는 결과는 위반자에 대한 제재 조치가 없을 때 그 정책에 누가 따를 것인가의 문제를 제기한다.

재정 문제를 잘 해결해서 국제적으로 인정받은 소수의 저널들을 제외하면, 많은 저널들은 간신히 적자를 면하는 수준에서 운영하고 있다. 전자 저널은 인쇄본 구독을 감소시키고 그 결과 일부 저널들은 이전보다 심각한 경제 문제에 봉착하고 있다. 편집자들이 저자의 이해상충을 지나치게 강조하면 개인 소득 공개를 요구하지 않는 저널로 저자들을 빼앗길 우려가 있다.

학술지들도 나름대로 높아지는 과학적 이해상충에 대응하려고 시도하지만, 그들만으로는 이 문제에 대처하기 힘들다. 특정 저자들에게 편집자 서문이나 평론을 쓰지 못하도록 금지시키는 일부 저널들을 제외하면, 대부분은 자발적인 공개를 제안할 수밖에 없다. 저자들의 이해상충에 대한 대응은 체계적이 되어야 한다. 그리고 연구 공동체의 모든 구성원을 그 범위에 포함시켜야 한다.

전문 학회

과학과 의학의 여러 전문 학회들이 이해상충에 대한 정책을 개발하기 시작했다. 미국의학회는 1990년 이래 이해상충 문제를 다루는 데 주도적인 역할을 해왔다. 미국 의사들의 가장 큰 학회인 AMA는 여러 차례 원칙을 천명하고, 윤리 규약을 제정해야 한다는 견해를 밝혀왔다. 1980

년에 개정된 AMA의 의학 윤리 원칙은 그것을 기초로 모든 규칙과 권고를 정할 수 있는 일차적인 가이드라인을 대표하는 것이었다. 그러나 7가지 원칙들 중에는 이해상충에 대한 언급이 전혀 없었다. 1990년에 AMA는 "환자-의사 관계의 근본 요소들Fundamental Elements of the Patient-Physician Relationship"이라는 제목으로 6가지 원칙을 채택했다. 그중 하나는 다음과 같다. "환자에게는 …… 자신을 치료하는 의사의 이해상충에 대한 정보를 받고, 독립적인 전문 견해를 제공받을 권리가 있다."[5] AMA 의료 윤리 강령AMA's Code of Medical Ethics, CME은 의학 윤리 원칙의 해석에 기반한 의견들과 그 원칙들을 구체적 사례에 적용시킨 보고에서 나온 견해들을 모아서 편집한 것이다. 의학 연구를 다룬 항목에서 강령은 다음과 같이 정하고 있다. "의학계가 객관성을 확보하고 개인과 제도의 진정성을 유지하려면 임상 연구에서 실제적이거나 인지된 이해상충의 회피는 불가피하다."[6] 또한 강령은 기업으로부터 연구비를 받는 의학 연구자들이 "연구가 끝나기 이전에 그 회사의 주식을 사고 파는 행위는 윤리에 어긋나며" 의학 연구자들이, 서한을 포함해서, 출간된 모든 결과에서 자신의 재정적 이해상충을 밝힐 의무가 있다고 규정했다.[7] 그러나 이런 규정들은 모두 가이드라인에 불과하기 때문에 AMA 회원들이 실제로 이 원칙을 어느 정도 지키는지 확인할 방법이 없다.

다른 전문 학회, 특히 사람을 연구 대상으로 삼는 학회들도 이해상충에 대한 정책 성명을 발표했다. 2000년 4월 5일 "임상 연구에서의 재정적 이해상충"이라는 제목의 정책을 채택한 미국 유전자치료학회The American Society of Gene Therapy는 연방 가이드라인보다 높은 기준을 설정했다. "환자 선택, 고지된 동의 절차 그리고/또는 실험에서의 임상관리에 대해 직접적인 책임이 있는 모든 연구자와 연구팀의 구성원들은 그 실험을 후원하는 회사의 주식, 스톡 옵션(주식 매입 선택권) 그리고 그에 상응하는 관계를 가져서는 안 된다."[8]

1995년에 마련된 연방 가이드라인은 기업에 5퍼센트 이상의 주식을 소유하고 있거나 매년 기업에서 받는 보수 총액이 1만 달러를 초과하는 연구자는 반드시 그 사실을 공개해야 한다는 기준을 정했다. 그러나 이 가이드라인은 어떤 활동이나 연구 관계도 금하지 않았으며, '중대한 이해상충COI' 을 관리할 책임을 개별 기관에게 맡겨두었다.

미국 의과대학협회Association of American Medical Colleges, AAMC는 미국에서 인가받은 125개 의대를 대표하는 전문 단체이며, 400개의 부속병원과 약 9만 명의 의대 교수들을 포괄한다. AAMC는 1990년에 발간한 교수의 이해관여와 이해상충에 대한 연구 가이드라인Guidelines for Dealing with Faculty Conflicts of Commitment and Conflicts of Interest in Research에서 이해상충에 대한 견해를 밝혔다. 동종 대학 협회와 마찬가지로, AAMC도 기업과 학계 사이의 관계를 뒷받침하는 기본 원칙들을 "의학 발전을 유지하고 계속 시민들의 건강을 증진시키기 위해서 필수적"인 것으로 지지했다.[9] 그러나 AAMC는 "재정적 이해관계와 전문가적 책무 사이에서 갈등이 나타난다는 것만으로 연구자의 객관성에 대한 공중의 신뢰를 약화시킬 수 있다"고 주장했다. 그렇다면 그들은 이러한 관계가 필수적이라는 사실과 이 관계가 공중의 신뢰를 약화시키는 현상을 어떻게 화해시킬 것인가?

사람을 대상으로 삼는 연구가 특히 높은 도덕적 진정성의 기준을 요구한다고 주장하면서, AAMC는 입증 책임을 정하는 데 "반증 가능한 가정rebuttable presumption"[97]이라는 규제 개념을 적용했다. "기관의 정책은 사람을 대상으로 한 연구에서 중요한 재정적 이해관계가 있는 개인이 그러한 연구를 수행해서는 안 된다는 반증 가능한 가정을 적용해야 한다."[10] 나아가 AAMC는 이 원칙—즉, 사람을 대상으로 한 연구에서 나타나는 재정적 이해관계에 대한 반증 가능한 가정—이 지원처가 공적이든 사적이든 모두 적용되어야 한다고 주장한다.

이해상충에 대한 AAMC의 윤리 규범에 의하면, 그 기관은 중대한 이해관계가 있어도 연구자에게 해당 연구를 허용할 수밖에 없는 근거를 제출할 수 있다. 그리고, 이 원칙이 자발적인 것이기 때문에, 증거를 제출하는 대상은 자신일 것이다.[11] 이러한 입장은 자문위원회에 대한 연방 윤리 가이드라인에 부합한다. 연방 가이드라인의 첫 번째 원칙은 이해상충이 있는 과학자들이 연구에 참여하지 못하게 막는 것이고, 두 번째 원칙은 '불가피한 정황'이 있을 경우 이해상충이 있는 과학자에게 규칙 적용을 면제하는 것이다. AAMC가 채택한 방식은 높은 기준을 정해 놓지만 정작 적용에서는 예외의 범위를 넓게 허용해 주는 것이다. 연방기관들과 마찬가지로, AAMC는 이렇게 말한다. "이해관계가 있는 개인이 전문성이나 경험에서 특별하다고 평가되거나 당사자가 없으면 해당 연구가 안전하고 효과적으로 수행될 수 없다고 판단되는 경우, 그 또는 그녀가 이러한 점을 소속 기관의 이해상충COI 위원회에게 입증하고 재정적 이해관계에 따른 가정을 반박할 수 있는 기회가 허용된다."[12]

그렇다면 기관 이해상충위원회는 어떻게 대규모 연구비 지원과 계약 그리고 화려한 경력의 연구자들에게 효과적으로 대처할 수 있겠는가? 실제로 막강한 권력을 가진 교수들을 대상으로 하는 감독 기관들이 충분한 힘을 가지는지 의문을 제기하는 몇 가지 사례들이 있다. (이 장 후

97 —— rebuttable presumption. 단정적인 가정이 아니라, 차후에 입증 자료에 의해 반증될 수 있는 가정을 뜻한다.

반부에 나오는 프레드 허친슨 암 센터의 사례〔334~336쪽〕를 보라.) 그러나 AAMC에서 잘 나타나듯이 이해상충 문제를 해결하려는 노력에서 상당한 진전이 이루어지고 있다. AAMC는 대학이나 병원이 이해상충 정보를, 연방이 설치를 지시한 기관인, 대학 기관윤리위원회Institutional Review Board, IRB에 보고하도록 권고하고 있다. 기관윤리위원회는 사람을 대상으로 한 연구 프로토콜을 승인할 책무가 있으며, 일부 IRB들은 이미 이해상충에 대한 판단을 내리는 부수적인 책임까지 맡고 있다.

그런데 이해상충 관리와 실험 대상이 되는 사람의 보호가 별개로 이루어져야 한다는 주장이 지속적으로 제기되고 있다. 제시 젤싱어의 죽음(8장 참조) 이후에 이해상충을 고지된 동의에 포함시키는 문제에 대해 더 많은 논의가 이루어졌다. 임상 실험 과정에서 사망한 희생자들을 대변해서 이루어진 소송에서 이해상충이 사전에 밝혀져서 미연에 방지되었어야 하지만 이를 밝히거나 막지 못함으로써 환자들에게 위험이 부가되었다는 주장이 제기되었다.

미국대학연합은 개인과 기관의 재정적 이해상충에 대한 보고서와 권고안을 마련하기 위해서 연구 책무research accountability에 대한 특별 대책위원회를 꾸렸다. 이 대책위원회의 공동의장은 서던 캘리포니아 대학 총장인 스티븐 샘플과 링컨에 있는 네브라스카 대학 총장 데니스 스미스이다. 그 밖에 이 대책위원회에는 아이오와 대학, 프린스턴 대학 그리고 컬럼비아 대학의 총장들도 포함되었다. 미국대학연합은 2001년 10월에 특별대책위원회 조사 결과를 발간했다.[13] 입수할 수 있는 모든 정보를 검토한 후, 위원회는 "이해상충이 만연해 있다는 결정적인 증거는 없지만, 산학 연계는 의심의 여지 없이 증가하고 있고, 그에 따라 연구의 진정성을 손상시킬 수 있는 이해상충의 위험이 지속적으로 높아지고 있다"고 결론지었다.[14] 대학 교수진들 사이에서 나타나는 이해상충에 대해서 일반적으로 제도적, 개별적 접근을 선호하지만, 위원회는 사람을 대상으로 하는 연구와 관련된 상황에 대해 특별한 경고를 했고, 다음과 같은 무관용zero-tolerance 권고를 했다. "사람과 연관된 연구가 사람을 대상으로 하지 않는 연구는 포함하지 않는 위험을 야기하기 때문에, 연구와 연관된 모든 재정적 이해관계는 원칙적으로 허용될 수 없다."[15]

그러나 AAMC와 마찬가지로, 대책위원회 역시 예외 가능성을 열어둠으로써 무관용 권고를 스스로 약화시켰다. "만약 피치 못할 상황 때문에 이러한 일반 규칙에 예외가 허용된다면, 그 연구는 보다 엄격한 관리를 받아야 한다."[16] AAU와 AAMC의 입장은 대학들에게, 가능하다면 어디서든, 사람을 대상으로 한 실험에서 재정적 이해관계를 회피하고, 불가피한 경우에는 그것을 방어하고, 연구비 출처와 무관하게 윤리 규칙에 따를 것을 권고했다. 덧붙여서, 두 기관은 기관윤리위원회가 이해상충을 검토하고 조사하는 데 관여해야 한다고 믿고 있다. AAU는 기관윤리위원회가 특정한 재정적 이해관계가 관리 대상이 되는지 그리고 또는 사람을 대상으로 한 연구에 대해서 이해관계를 밝혀야 할지 여부에 대한 관할권을 가진다고 대담하게 주장했다. 그러나 이 관할권은 법률이나 기관윤리위원회의 헌장에 규정되지 않았기 때문에 확실한 근거를 갖지 못한다. 또한 많은 기관윤리위원회들이 이런 문제들을 다룰 준비를 갖추고 있지 못하다. AAU 특별대책위원회는 사람을 대상으로 한 실험에서 발생하는 이해상충에 대해서 이중 보호 장치를 갖출 것을 권고했다. 평가의 첫 번째 단계는 기관 내 이해상충위원회가 맡아야 한다. 그런 다음 이 위원회의 권고 사항은 IRB로 전달되어야 하고, IRB는 독자적인 결정을 내린다. AAU 대책위원회는 이렇게 정했다. "이런 체계하에서 기관윤리위원회든 이해상충위원회든 어느 한쪽에서 제기되는 관리 요구를, 만약 그 결과가 관리 요구의 절박함을 완화시키는 것이라면, 무시할 수 없을 것이다. 재정적 갈등이 제거되거나 완화되지 않는 경우, 두 기관 중 어느 한 곳이 연구 진행을 금지할 수 있다."[17]

AAU 대책위원회 보고서는 지금까지 어떤 평가위원회의 제안보다 사람을 대상으로 하는 이해상충 관리에 대해 강력한 보호수단을 제공했다. 그러나 이 권고 사항은 정부 역할을 최소한으로 유지하고, 더 이상의 연방 규제를 피하고, 자기 규제 원칙을 장려하고, 기관 내에서 유연성을 유지하고, 최소한의 연방 규제를 넘어서는 윤리 원칙을 수립하기 위해서 설계되었다. 예를 들어, 정부는 기관의 재정적 이해상충에 대해 어떠한 제한도 하지 않지만, AAU 대책위원회는 이런 이해상충이 "기관의 진정성의 핵심 그리고 그 진정성에 대한 대중의 신뢰를 손상시킨다"[18]고 보고했다. 기관의 재정적 이해상충의 주요 범주는 이중적이다. 첫 번째 범주는 대학의 주식 보유와 특허권 협정 그리고 그들이 연구 프로그램과 교수들이 세운 기업에 개인적으로 재정적 이해관계를 가지는 대학 관계자들을 포함하는 프로그램 모두에 대해 미치는 영향이다. 두 번째 범주에는 대학에 상품이나 용역을 제공할 수 있는 기업의 이사들을 포함한다. 그렇다면 무엇이 문제인가?

대책위원회의 말을 들어보자. "대학의 이해상충은 공중의 이익을 위해 객관적인 지식의 중재자가 되어야 할 대학의 역할을 위축시킬 수 있다."[19] AAU는 대학들에게 여러 가지 경고사항과 일반 가이드라인을 발표했다. 그러나 명백한 금지 조항은 없었다. 기관 이해상충에 대해서 AAU는 세 가지 원칙을 천명했다. 항상 공개하라. 대부분의 경우 갈등을 관리하라. 공익이나 대학의 이익을 보호하기 위해서 필요할 경우 그와 연관된 행동을 금지하라. 그러나 대학이 손 큰 기부자들에 대한 실리주의의 유혹을 이겨내고 공익이라는 좀 더 높은 도덕적 입장을 채택할 것이라는 기대가 과연 얼마나 합리적일까? 지난 10년 동안 여러 큰 학회들이 개인과 기관들의 이해상충으로 인한 학문적 진정성의 심각한 훼손을 다루기 시작했다. 이 문제는 대학 문화에서 고질병이 되어왔다. 그러나 전문화된 의학 집단들은 이러한 움직임에 동참하지 않았다. 미국 보건복지부 감사국Office of the Inspector General of DHHS은 2001년에 발표한 21개의 의학 협회의 가이드라인에 대한 연구에서 고작 2개의 학회만이(미국응급의학회와 미국정신병학회) 환자나 피실험자들에게 의사의 재정적 이해상충을 공개할 것을 명시적으로 요구하는 윤리 규칙을 가지고 있다는 사실을 밝혀냈다.[20] 연방 정부의 대응 역시 느리고 조심스러웠지만, 더 큰 책무에 대한 요구에 대응하면서 점진적인 변화를 가져왔다.

연방 기구의 이해상충 정책에서 나타나는 변화

1990년대 말엽에 일어났던 몇 차례의 유명한 스캔들과 그에 대한 내부 조사의 여파를 겪은 후, 연방 기관들은 이해상충 정책을 강화하기 시작했다. 이러한 경향은 투명성을 높이고, 연구비 지원과 규제 기관과의 재정적 관계를 더 포괄적으로 공개하고 그리고 피지원 기관들의 이해상충에 대한 자체 관리를 지원하기 위한 것이었다. 정부의 관심은 양면적이다. 정부는 정책 결정에 공정성과 객관성의 이미지를 투영하기 원한다. 그러나 다른 한편 연구, 특히 임상 연구에 들어가는 비용이 그들의 연구 대상에 대해 재정적 이해관계를 가지거나 그럴 것으로 생각되는 과학자들의 편향으로 물들지 않았다는 것을 일반 대중들에게 확신시키고자 한다.

정부 조사기관인 미국 회계감사원은 2001년 6월 보고서에서 EPA 패널로 외부 자문위원들이 선발된 과정을 감사했다. GAO는 이해상충이 적절한 방식으로 밝혀져서 그 영향이 완화되지 않았으며, 영향력 있는 전문가 패널이 어떤 관점을 대변하는지에 대해 적절한 정보를 제공받지 못했다는 사실을 알아냈다. 2002년 6월, EPA는 이해상충 처리 방침을 바꾼 새로운 가이드라인을 입안했다.

EPA의 과학 자문국Scientific Advisory Board, SAB은 한 명의 관리자와 다양한 과학 분야에 걸친 약 100명의 전문가들로 구성된다. 정책을 수립할 과학 분야를 평가할 전문가 패널들이 선발되면, 그 패널은 SAB의 구성원들로 이루어진다. 그리고 특정 임무를 띠지 않는 추가 전문가들이 선발된다. 1978년의 정부공직자윤리법Ethics in Government Act 조항들에 따르면, SAB 관계자들은 이해상충이 있거나 공평성에 문제가 있을 만한 패널 후보자들을 걸러내야 했다.

새로운 정책은 몇 가지 변화를 포함하며, 그것이 실행되면 이해상충 문제를 좀 더 배려하고 전문가 개인들이 전문가 패널로 추천되는 과정에 대한 대중 참여가 늘게 될 것이다. 새로운 정책과 절차에 따르면, "패널 후보의 사적인 재정적 이해관계와 활동 그리고 패널 구성원으로서의 공적 책임 사이에서 갈등이 발생할 경우, 또는 연방 윤리 규정에 정해진 편향이 나타나는 경우에도 SAB 실무자들은, 규칙에 따라, 다른 전문가를 찾게 될 것이다."[21] 과거에는 패널 구성원 후보들이 매년 이해상충 양식을 작성했다. 현재 기준에서, 그들은 SAB 패널로 추천될 때마다 이해상충 양식을 쓰게 된다. 패널 구성원들이 작성해야 하는 양식도 더 상세해졌다. 이 양식은 후보 위원 개인에게 자신들이 이해상충으로 간주될 수 있는 모든 관계를 서술 형식으로 작성할 것을 요구했다. 이해상충이 발견되면, 실무자는 SAB 집행위원장의 판단을 구해야 한다. 나아가 대중은 편향을 근거로 패널 후보자에게 이의를 제기할 수 있는 권리를 갖게 되었다. EPA는 패널 구성원 후보에게 이해상충 정책 적용을 면제시킬 수 있는 법적 권한을 가진다. 그러나 그 과정을 좀 더 투명하게 공개하게 되면서, EPA는 적용 면제권 행사를 좀 더 신중하게 고려할 것이다. 새로운 정책으로 이제는 그 내용을 문서로 남겨야 하기 때문이다.

공중보건국Public Health Service, PHS[98]과 국립과학재단은 1995년에 소속 기관의 모든 연구비 수혜자들을 대상으로 이해상충 규제 방침을 발표했다. 이것은 연방 연구비를 받는 각 기관 내에 이해상충 문제를 다루는 책임 부서를 설치하고 그것을 보고하는 체계를 구축하기 위한 중요한 단계이다.

'내부 연구 프로그램 연구 활동 가이드라인Guidelines for the Conduct of Research in the Intramural Research Program'에 의거해서, 1997년에 국립보건원은 소속 과학자들을 대상으로 완전 공개 정책을 채택했다. 거기에는 그 과학자의 직계 가족의 이해상충까지 포함된다. 이 정책에 의하면 해당 과학자는 동료평가에 참여하기 전에, 연구 결과를 발간하기 전에, 모든 학술회의 조직자가 되기 전에, 그리고 최종적으로 말이든 글이든 모든 출간물을 내거나 의사소통을 하기 전에 모든 연구비 지원 기관에 대해 자신의 재

98 —— 1798년에 설립된 연방 기구로 지금은 미 보건복지부 내에 설치되어 있으며, 국민들의 보건 및 건강보호를 유지 증진시키는 것을 목적으로 하는 기구이다.

정적 이해상충을 밝혀야 한다. 그런데 내부 지원 과학자들이 모든 개인적 재정 이해관계를 저널 편집인에게 밝혀야 한다는 요구 조건은 외부 지원extramural 연구(즉, 국립보건원 밖에서 지원을 받는 연구)에 대해서는 적용되지 않는다.[22] 또한 정부 지원금은 피지원자가 이해상충 정책을 가진 저널에 연구 결과를 발표해야 한다는 조건을 부과하지 않는다. 만약 이러한 요건을 채택한다면, 많은 저널들에게 이러한 정책을 채택할 유인 동기를 주게 될 것이 분명하다.

임상 실험에 대한 대중의 민감한 반응과 사람을 대상으로 하는 실험의 진정성을 보호하는 것에 대한 국가의 우선순위 때문에, FDA는 상업적 관련이 있는 임상 연구자들에 대한 비판을 막아주는 피뢰침이 되었다. 이 기관은 1998년 2월에 상품 승인을 청원한 연구 후원자에 의해 FDA에 제출한 데이터의 신뢰성(효력과 안전에 대한)에 영향을 줄 수 있는 임상 연구자들의 재정적 이해관계를 밝힐 것을 요구하는 규칙을 제정했다(이 규칙은 이듬해에 발효되었다). FDA 규칙은 모든 약품, 생물학적 상품, 또는 장치의 시장 출하 허가marketing application를 신청하는 모든 사람들에게 안전 입증에 참여한 모든 임상 연구자의 재정적 이해관계에 대한 정보 제출을 요구한다. 이러한 정보를 제출하지 않으면 FDA가 출원을 거부하거나 추가 검사를 요구할 수 있다.

FDA는 출원자에게 해당 연구가 보상에 영향을 미치는 주제에서 임상 연구자와 아무 재정적 관계가 없다는 증명을 요구하고 있다. 다시 말해서, 기업들은 '효력이 있는' 약품에 대해 스톡 옵션이나 특별한 보상을 주어서는 안 된다는 것이다. 연구자들은 검사된 상품에 대해 어떤 독점적 이해관계도 있어서는 안 되며, 연구를 지원한 후원 기업의 '많은 지분'을 소유해서도 안 된다. FDA는 가장 현저한 이해상충을 금하는 소수의 금지 조항을 채택했다. 다른 경우에는 재정 공개를 요구하고 있어서, 기관은 데이터의 신뢰성 평가에 이해상충이 있는지 여부를 판단할 수 있다. 2000년 5월, DHHS 장관 도너 샬랄라는 이해상충 규제를 분명히 하기 위해서 추가 지침을 하달하는 의도가 무엇인지 개괄했다. 그녀가 제시한 목표 중에는 "NIH와 FDA가 보다 폭넓은 생의학 연구 공동체를 위해 새로운 정책을 개발하기 위해" 공동으로 연구하는 것도 포함되어 있었다. "그러기 위해서는, 예를 들어, 임상 실험에 대한 모든 연구자들의 재정적 이해관계가 잠재적 참여자에게 공개되어야 한다."[23] 샬랄라가 처음 발의한 정책 중 하나는 기관윤리위원회가 연구자와 연구 기관들의 이해상충 문제를 담당하도록 하는 것이었다. 샬랄라는 DHHS가 "연구 대상의 안전이나 연구의 객관성 자체를 위협할 수 있는 재정적 이해상충을 관리하기 위한 새롭거나 개선된 수단이 무엇인지 밝혀내기 위해서 포괄적인 공공 자문public consultation을 수행할 것이다"[24]라고 썼다.

샬랄라의 의도는 FDA가 이해상충 공개를 위반할 경우 민사상 처벌을 할 수 있는 새로운 법률 제정을 모색하는 것이었다. 샬랄라는 이해상충, 실험 대상자의 보호 그리고 기관윤리위원회 사이에서 맴도는 순환고리를 끝내기를 원했다. 이해상충을 공개하지 않는 것은 잠재적인 자원자에 대한 위험이나 인지된 위험이 증가한 것으로 간주되었다. DHHS는 2001년 1월에 '임시 지침 초안Draft Interim Guidance'을 발표했다.[25] (엄밀하게 말하자면, 이 문헌은 규제가 아니었다. 그러나 평자들은 그것을 연구 센터와 대학에 대한 또 다른 연방 통제라고 보았다.) 이 초안은 다음과 같이 명백한 입장을 밝혔다. "DHHS는 기관, 임상 연구자 그리고 실제적이거나 잠재적인 이해상충을 다루는 기관윤리위원회들을 지원하고, 적절한 동의서 양식을 통한 이해상충 공개를 돕기 위해서 이 지침을 제공하고 있다."[26] 초안은 기관윤리위원회가 개인과 기관의 이해상충을 모두 찾아내서 관리해야 하며, 임상 실험에 대한 동의서 양식에 임상 연구비 지원처를 포함시킬 것을 제안했다. 많은 평자들은 '기관의 이해상충'이라는 분명치 않은 개념을 비판했고, 기관윤리위원회들이 이 개념을 근거로 결정을 내릴 수 있을지 의문을 제기했다. 과연 실험 자원자들이 임상 연구자나 그 기관이 실험 결과에 재정적 이해관계를 가진다는 사실을 알게 되었을 때 다르게 행동할 것인가? 그렇게 되면 이러한 연구를 위한 자원자를 모집하기가 더 어려워지는가? 이미 너무 많은 부하에 시달리는 기관윤리위원회가 더 많은 책임을 떠안을 때 소임을 다할 수 있을 것인가? AAMC[99]나 AAU[100]와 같은 대학 협회들은 DHHS의 임시 지침 초안에 대해 약간의 우려를 나타냈다. 2003년 5월 31일 연방 관보에 게재된 두 번째 초안에는 1차 초안에 들어 있던 기본 권고의 상당 부분이 그대로 유지되었다.[27] 두 번째 초안은 연방에서 지원을 받는 인간 대상 연구를 수행하는 기관들은 재정적 결정과 연구 결정에 대한 책임을 분리시키고, 이해상충위원회conflict of interest committees, COICs를 설립하고, 독립적인 기구를 통해 기관의 재정적 이해관계를 판정하고 관리할 것을 제안했다.

공중보건국과 식품의약품국이 이해상충 문제를 다루기 위해 주도했

99 —— American Association of Medical Colleges. 미국의과대학협회. 미국과 캐나다에서 박사 학위를 수여하는 모든 의과대학을 대표하는 기구.

100 —— Association of American Universities. 미국대학협회. 1900년에 설립되었으며, 미국과 캐나다의 60개 공립과 사립 대학들이 회원으로 있다.

음에도 불구하고, 임상 연구 안전국OHRP[101]은 "현재 사람을 대상으로 한 연구에서 잠재적인 재정적 이해상충을 다루기 위한 단일하고 포괄적인 접근방식이 없다"[28]라고 지적했다.

이미 2003년 초부터 한 명 이상의 소속 교수들이 설립한 기업에 투자하는 대학들이 늘어나고 있었음에도 불구하고, 미국 정부는 기관과 연구자들의 이해상충을 다루기 위해 새로운 공식적인 발의를 전혀 하지 않았다. 미국공과대학협회가 회원 대학들을 대상으로 한 조사에서 68퍼센트가 자기 대학에 연구비를 지원한 기업들의 주식을 보유하고 있는 것으로 밝혀졌다.[29] 캘리포니아 지역의 5개 대학에서만 교수들이 300개에 달하는 생명공학 기업을 설립했다.[30] FDA와 NIH의 대응은 사태를 바로잡을 것을 요구하는 정치적 기류에 대처하기 위한 일종의 생색내기에 불과했다. 그처럼 미지근한 대응으로는 미국 대학의 점증하는 상업화 추세라는 문제의 본질에 접근할 수 없었다.

대학과 대학연구소

소속 교수들의 이해상충에 관한 한 미국 대학들은 아직도 학습중이다. 그리고 기관 이해상충의 측면에서, 연방이 아무런 명령이나 전국적 가이드라인을 주지 않고 있기 때문에 대학들은 혼자 힘으로 대처해 나갈 수밖에 없다. 대부분의 변화는 NSF나 NIH의 연구비를 받고 있는 연구 대학들에게 이해상충 관리 계획 수립을 요구하는 연방 지시에 대응하는

101 —— Office of Human Research Protection. 보건복지부 산하에 있는 기구.

정도로 국한되었다. 그 지시 이외에는, 일부 대학들이 박사과정 학생이나 임상 연구자들을 위해 마련된 과학 진실성 훈련 프로그램에 이해상충이라는 주제를 도입시키는 정도이다.

따라서 대학의 이해상충 정책에 대한 연구는 구체성을 결여하고 있으며, 전후 맥락이나 정책의 적용에서 편차가 무척 크다. 가령 1998년에 NIH로부터 가장 많은 연구비를 받은 상위 100개 대학을 조사했던 연구를 예로 들어보자.[31] 이 연구는 1998년 8월에서 2000년 2월 사이의 이해상충 정책들을 조사했다. 이 연구에 따르면 대학의 이해상충 정책들 중에서 55퍼센트가 교수 전원에게 공개를 요구한 반면, 45퍼센트는 연구 책임자에게만 이해관계를 밝히도록 요구했다. 정책들 중에서 상대적으로 적은 숫자가 (19퍼센트) 기업의 후원을 받는 연구에서 교수들의 재정적 이해관계에 명확한 한도를 설정했으며, 12퍼센트에만 어떤 종류의 출간 지연이 허용될 수 있는지에 대한 조항을 갖추고 있었고, 고작 4퍼센트만이 교수가 개인적으로 재정적 이해관계를 가지는 기업이 후원하는 연구의 학생 참여를 금했다. 이 연구는 학계 전반에 걸친 단일 가이드라인의 필요성을 언급했다. "기관들이 시행하는 이해상충 관리에서 나타나는 넓은 편차는 잠재적인 기업 파트너들 사이에서 불필요한 혼란을 일으키거나 기업의 후원을 둘러싸고 대학들 사이에서 경쟁을 유발할 수 있으며, 이러한 경쟁으로 학문적 기준이 침식될 수 있다."[32]

대학들이 이해상충 사례를 관리할 때, 연구자들에게 이해관계의 포기를 요구하는 경우는 거의 드물다. 탐사 기자인 데이비드 위커트는 워싱턴 대학에서 수천 건의 재정 공개 양식들을 검토했는데, 대학이 심사한 사례들 중에서 연구자들에게 모든 재정적 이익을 포기할 것을 요구한 사례는 겨우 8건에 불과하다는 것을 발견했다.[33]

최근 들어 의대의 주된 관심은 임상 실험과 이해상충에 집중되고 있다. DHHS는 실패한 유전자 치료 실험 대상이었던 제시 젤싱어의 죽음 이후에 이 주제에 대해 청문회를 열었다.(자세한 내용은 8장 참조.) NIH로부터 막대한 연구비를 받은 미국의 10대 의과대학의 이해상충 관리 정책을 분석한 연구(2000년에 발간)에서 나타난 반가운 징후는 5개 대학이 재정적 이해관계 공개를 요구하는 연방 가이드라인보다 강력한 공개 정책을 채택했다는 사실이다. 덧붙여서, 6개 의과대학들이 이해상충 정책에 대해 지정된 관리자뿐 아니라 IRB에 대해서도 공개를 요구했다. 4개 대학은 임상 실험을 하고 있던 연구자들에게 연방정부보다 엄격한 요구 조건을 부과했다.[34]

의과대학과 연구소들로부터 250명의 응답을 받은 또 다른 조사에 따르면, 그중에서 9퍼센트가 연방 가이드라인보다 강력한 정책을 채택했다.[35] 이러한 사실은 대학의 도덕적 나침반이 대학의 가치와 진실성을 보호하기 위해서 좀 더 엄격한 (연방정부의 최소한의 기준 이상의) 이해상충 정책을 선호하는 방향을 가리킨다는 것을 보여주고 있다.

기업과 맺는 계약에 관해, 대학들은 종속적인 계약으로 사적 부문에 데이터와 그 출간에 대한 결정권을 넘겨주었던 UCSF와 토론토 대학의 사례로부터 학습하고 있다. 많은 대학들에서 학문적 연구자들이 자신의 연구 방법이나 연구 결과 출간을 자율적으로 결정할 권리를 제약하는 조항이 포함될 경우 계약을 거부하는 추세이다.[36] 예일 대학의 지아매티는 이렇게 썼다. "산학 협동 연구를 위한 계약에서 절대적으로 요구되는 조건으로 …… 대학(예일)은 교수의 자유로운 연구나 자신의 연구 결과를 구두로 소통할 수 있는 자격에 대한 모든 형태의 제약, 금지, 또는 침해를 받아들이지 않을 것이다. …… 대학은 후원자가 특허나 인허를 출원하기 위해 필요한 최소한의 지연을 제외하고, 문서로 작성된 출간물에 대한 어떠한 제약도 받아들이지 않을 것이다."[37]

소속 교수가 연구자이면서 동시에 회사의 사장일 경우, 출간을 지연시키는 결정은 대학에 대한 외부적인 통제가 아니라 과학 연구 결과를 소통시키기 전에 경제적 가치를 극대화하려는 대학 규범의 일부이다. 따라서 영업 비밀이라는 규범은 대학의 바깥에서뿐 아니라 대학 안으로부터도 발생하고 있는 셈이다. 출간 지연이나 다른 연구자에 대한 데이터 제공 거부는 치료에 이용될 수 있는 기회를 지연시키거나, 개발을 가로막고, 특정 기술이나 상품이 특허를 받거나 상품화될 경우 발생할 수 있는 위험을 밝힐 수 있는 지식의 확산을 저해해서 사회에 해로운 영향을 미칠 수 있다.

2001년에《미국 의학협회 저널》에 실린 논평은 좀 더 발전적인 몇 가지 제안을 논했다. 그것은 학계의 기관이나 개인의 이해상충을 단순히 공개하는 차원을 넘어서는 것이었다. 두 명의 의학박사—보스턴 컨설팅 그룹[102]의 해밀턴 모제스 3세와 하버드 의대 학장인 조지프 마틴—가 대학이나 소속 교수들이 그 기관의 기초나 응용 연구에 연구비를 지원하는 기업들의 주식을 가지고 있는 경우, 그 대학으로부터 독립된 법인을 설립할 것을 주장했다. 이 계획은 정부 피임명자가 자신의 주식 보유분을 백지위임 신탁하는 경우와 흡사하다. 이 제안을 한 저자들은 오늘날 대학이 자신의 이해상충을 관리하는 방식에 대해 정당하게 불편함을 토로했다. 그들은 이렇게 썼다

102 —— Boston Consulting Group. 1963년 미국 보스톤에서 설립되었고, 현재 세계 33개국 47개 도시에 지사를 두고 활동하고 있는 국제적인 경영 컨설팅 기업이다.

그 산물이 임상 실험이나 중요한 실험실 발견에 대한 접근 여하에 달려 있는 상장기업이나 사기업의 주식을 적은 양이라도 소유하고 있는 경우, 그 소유권을 관리하기 힘들다는 사실은 이미 입증되었다. 어떤 감시로도, 설령 좋은 의도를 가진 사람들조차, 의식적이든 무의식적이든 개인의 판단을 편할시킬 수 있는 불가피한, 실제적이든 잠재적이든 이해상충을 충분히 막을 수 없다는 주장은 논의의 여지가 있다.[38]

모제스-마틴 제안은, 효과적으로 실행될 경우, 개인이나 기관의 투자 결정이 과학적 판단과 연결될 수 있는 가능성까지 차단할 수 있다. 뿐만 아니라, 연구와 주식 보유 사이에 방화벽을 설치함으로써 '내부자 거래'에 대한 모든 논란을 일소하게 될 것이다. 그러나 이 제안은 컨설팅이나 선물과 같은 연구자와 관련된 그 밖의 이해상충은 다루지 않는다.

독립적인 연구 기관

유명 연구소들 중 상당수가 정부 지원의 대부분을 가져간다. 또한 대부분의 연구소들은 연구자들이 소속한 대학과도 관련을 맺고 있다. 정부 기관과 심층 취재 기자들로부터 지속적인 조사의 표적이 되어온 기관들 중 하나는 시애틀에 기반을 둔 프레드 허친슨 연구 센터이다. 이 센터는 조세 지원을 받는 비영리 기관으로 워싱턴 대학과 관계를 맺고 있다. 그 지역 사람들이 '허치'라 부르는 이 센터의 과학자들은 그들의 연구를 지원하는 기업들과 재정적으로 연루되었다. 1970년대에 설립된 이래, '허치'에서 일하던 20명가량의 과학자들이 센터를 나와서 180억 달러가 넘는 주식 가치를 가진 회사를 설립했다. 《타임스》는 "고지되지 않은 동의Uninformed Consent"라는 제목으로 일반 독자들에게 이 과학자들의 이해상충에 대한 관심을 촉구했다. 오랫동안, '허치'의 의사들은 환자들에게 자신들이 의약품에 재정적 이해관계가 있는지 밝히도록 요구받지 않았다. 임상 연구자들은 임상 실험 결과에 대해 재정적 이해관계를 가지는 회사에 많은 주식을 가지고 있어도 임상 실험을 지휘할 수 있었다.[39] 《시애틀 타임스*The Seattle Times*》의 보도는 두 가지 실험에 초점을 맞추었다. 하나는 1991년에서 1993년 사이에 이루어진 골수 이식 규약에 관련된 것이었고, 다른 하나는 1991년에서 1998년 사이에 있었던 유방암에 대한 일련의 실험적 처치에 대한 것이었다. 보도에 의하면, 이 실험적 처치에서 비정상적으로 많은 사망자가 발생했다.

'허치'의 기관 윤리위원으로 활동하는 한 의사가 연방 기관에 자신이 소속한 연구센터의 엄청난 이해상충을 고발했다. 이 내부 고발자whistleblower가 한 말이 《시애틀 타임스》에 인용되었다. "그 본질에서, 재정적 이해상충은 매우 비윤리적인 인간 실험으로 귀결했습니다. 그 결과, 최소 20여 명의 환자들이 죽었습니다. 감시 위원회는 공포와 협박의 분위기에서 제대로 된 정보를 받지 못하고, 거짓 보고를 받았고, 잘못된 판단을 내렸습니다."[40] 심층 취재 기자들이 받은 기록에 따르면, 임상 연구자들 이외에 '허치' 자체가 이 실험들에 재정적 이해관계가 있었다고 한다.

역설적이게도, '허치'의 이사회는 1983년에 피고용자들이 자신이나 가족이 어떤 유형이든 경제적 이해관계를 가지는 연구에 참여하지 못하도록 금하는 이해상충 정책을 채택했다. 그러나 이 정책은 보도된 사건에는 적용되지 않았다. 심지어 일부 과학자들은 그런 정책이 있는지조차 알지 못했다.

연방 차원의 조사와 언론의 주목이 있자, '허치'는 2002년 5월에 새로운 이해상충 정책을 도입했다. 새 정책은 금액이나 그 성격을 불문하고 영리 단체에 소유권을 가지는 이해관계를 포함해서, 연구자들이 (또는 본인의 가족들이) 금지된 재정적 이해관계를 가지는 영리 단체의 상품이나 용역을 검사하도록 설계되었거나 그 영리 단체에 의해 후원받는 경우, 임상 연구자가 사람을 대상으로 한 연구에 참여하지 못하도록 명시적으로 금했다. '허치'가 새로 채택한 조금 복잡한 정책은 미국의 많은 저명 연구소와 의학 센터들이 채택하는 이해상충 정책에서 개혁이 시작되었음을 알리는 신호탄이다. 그러나 이들 연구소와 센터의 이해상충은 해당 기관 내부에만 공개되기 때문에 대부분 정보공개법Freedom of Information Act의 적용 대상이 아니다. 대중적 공개가 없으면, 법정 소송이 벌어지지 않는 한, 이해상충 절차를 따르지 않았는지 여부가 쉽게 밝혀지지 않는다. 다음 장에서는 공개를 넘어서 대학과 공공 연구 기관들의 이해상충을 방지하고 관리하기 위한 해결책을 모색한다.

13

결론 : 공익 과학에 대한 재투자

이 책에서 나는 대학이라는 고등 학문 기관에서 횡행하는 고삐 풀린 상업화로 우리가 직면하는 가장 큰 위험이 그 속에서 공익 과학과 공적 지성이 번성할 수 있는 보호구가 상실되는 것이라고 주장해 왔다. 내가 말하는 공익 과학이란 대학 교수들이 소외 집단들을 무료로 돕는 행위 이외에, 정부 기관과 비영리 기구에 전문성을 제공하는 헌신들을 날실로 삼아 짜여진 풍성한 직물을 뜻한다. 공익 과학에는 자신의 전문성과 관련된 주제로 대중적 논쟁이 벌어지고 있는 쟁점에 대해 비판적 분석의 독립적인 목소리를 내는 학문적 과학자들의 역할도 포함된다. 과학에서 공익이라는 에토스가 침식되는 것이 그 밖의 자주 언급되는 문제점들—자유롭고 공개적인 정보 교류, 지식 공유 그리고 이해 무관심의 규범 등—중에서도 가장 심각한 손실임에도 불구하고, 대학이 사회 개선을 위해 기여해 온 매우 중요한 역할이 차츰 사라지는 현상을 막기 위한 조치는 거의 이루어지지 못했다. 전문가 단체와 정부 기구들은 대학의 기업화라는 문제가 학문적 가치를 가장 크게 위협한다는 사실을 인식하기 시작했다. 우선적으로 이 단체들이 해야 하는 것은, 이해상충에 대한 일반적인 해독제로 추정되는, 이해상충의 공개이다. 그러나 공개만으로는 내가 지금까지 개괄했던 문제들을 해결하기에 턱없이 부족하다. 또한 공개로 그친다면 대학이 공익 과학이 태어날 수 있는 산란장이자 독립적이고 이해관계에 물들지 않은 전문성의 저장고라는 전통적인 역할을 어쩔 수 없이 포기하게 될 것이다.

대학과 기업의 연결을 장식하는 숱한 미사여구들은 학문 기관들의 핵심 가치를 보호하는 데 초점을 맞추어 왔다—거기에는 틀림없이 그만한 이유가 있다. 학자들이 소속 대학이나 그 밖의 외부 기관에 의해 구속받지 않으면서 창조하고 발견할 수 있는 공간을 제공해 주는 고등 교육 체계를 주장할 수 없다면, 그 사회는 세계의 가장 위대한 문명들에 속해 있다고 가장할 수 없다. 기업 부문에서는 정보에 대한 사적 통제가 일정한 기능을 한다. 반면 지식의 생산과 확산에 참여하는 모든 사람들이 그 지식을 쌓아놓는 것이 아니라 공유하는 학계에서는 그런 행동이 역효과를 일으키게 된다.

대학의 핵심 가치에 대한 쓸모없는 논의는 무수히 많았지만, 이러한 가치에 대한 합의가 있는지에 대한 유용한 연구는 거의 없다. 오래전에 공익 과학의 이념을 내버린 고등 학문 기관에서 학문적 자유를 보전하는 것은 분명 가능하다. 대학이 비영리 기관이라는 지위를 가진다는 사실만으로 그러한 운명에서 벗어날 수 있는 것은 아니다. 대학의 핵심 가치를 보호하는 것이, 그 자체로 그리고 저절로, 사회에서 과학의 공익적 역할을 (산업에 초점을 맞추는 역할에 반대해서) 보전하는 것은 아니다.

그리고 그것은 공공 지성의 원천으로서 (단순히 또 하나의 이익 집단이 되는 것에 반대해서) 대학의 지위를 보전하지도 않을 것이다.

대학의 독특한 지위

대학을 다른 모든 기업 조직과 분간할 수 없는 지경에 이르지 않도록 대학을 보호해야 한다는 주장은 새로운 것이 아니다. 이미 1919년에 『유한계급론*Theory of the Leisure Class*』이라는 고전적 연구의 저자였던 미국의 유명한 사회학자 토스타인 베블렌은 기업인의 대학 지배 현상에 대해서 책 한 권 분량의 긴 논평을 썼다.[1] 베블렌은 20세기 전환기에 새롭게 등장한 효율성, 품질 관리, 노동 생산성 그리고 테일러리즘일관 생산 라인 등 근대적인 기업 실천을 모델로 삼아 고등교육을 재편하려는 경향에 주목했다. "만약 이러한 기업 원리가, 비기업적 성격의 요인들에 의해 아무런 방해도 받지 않고, 자유롭게 그 논리적 결과를 낳는다면, 그 결과는 지식 추구가 대학과 무관해지고, 객관적인 지식을 지금까지의 어떤 언어로도 이름붙일 수 없는 무엇으로 대체시키는 결과를 가져올 것이다."[2]

기업 관리는 대체로 위계적이다. 베블렌은 만약 대학이 기업인에 의해 독단적으로 상명하달이라는 명령 통제 방식으로 운영된다면, 학자들은 "그 논리적 귀결에 따라 어떤 연구도 계속할 수 없도록" 강제될 것이라는 사실을 이해했다.[3] 그는 그 이유를 어떤 결론은 그 기관의 관리자나 수탁자와 갈등을 빚을 것이기 때문이라고 설명했다.

물론 대학에도 어느 정도의 위계 체계가 있다. 그러나 그것은 주로 행정 체계에 국한된 위계 체계이다. 대학의 그 밖의 구조는 고도로 분권화되어 있다. 예일 대학의 총장을 지냈던 바블렛 지아매티는 이렇게 썼다.

"대학 구조에서 나타나는 위계 체계는 다른 조직의 그것과 다르다. 대학의 위계 구조는 군대나 기업과는 다르다. 또한 최초의 대학 교수들을 길렀던 교회와도 차이가 있다."[4] 예를 들어, 대학의 총장이든 이사든 간에 교수가 강의실에서 무엇을 가르칠지, 어떤 정치 또는 지적 견해를 지지할지, 어떤 연구비를 신청할지 지시할 수 없다. 베블렌의 글이 나온 지 60년이 지나고, 전후 미국 대학들이 겪은 변화를 목격한 후, 지아매티는 사기업(영리를 추구하는 기업)과 사교육(비영리적인) 사이의 "상호 대립의 무용극"이 "확실한 협동"에 자리를 내주었다고 말했다.[5]

20세기 초 베블렌이 그렸던 미국 대학의 상은 피신탁인으로서의 책임을 다하면서 교육, 학문 탐구 그리고 연구 기능을 계속할 수 있는 방안을 모색하는 기관이었다. 그는 그러한 상태를 불안정한 것으로 기술했다. 대중들이 베푸는 기부금과 수업료가 과연 사립 대학의 파산을 막을 수 있을 만큼 충분한가? 사립 대학들은 운영 경비, 빚, 대부금 그리고 지불해야 할 급료에 시달리고 있었다. 대학에 사업 계획이 필요한가? 그리고 그 성공 여부는 이러한 계획에 따라 마치 기업과도 같은 목표를 추구함에 달려 있는가? 그는 이렇게 썼다. "그렇다면, 기업 원리의 시장 침투가 학문 추구를 약화시키고 저지하게 되고, 그에 따라 대학이 그것을 위해 유지되었던 목표를 좌절시키는 것처럼 보인다."[6]

21세기 초에 설립된 대학들은 기업 관리로부터 여러 가지 원칙들을 채택했다. 그러나 그 기능과 활동의 일부는, 비록 짧은 기간이나마, 기업 규범의 책무로의 환원에 저항하는 듯보였다. 약 100년 전 베블렌은 자신의 관찰을 기초로 학자의 이상과 기업 원리 사이의 타협 속에서 "학문 정신의 이상이 기업과 흡사한 절박함의 압력 앞에서, 불확실하고 다양한 정도로, 굴복하는"[7] 현상을 보았다.

하버드 대학의 명예 총장인 데렉 복은 1981년에 그의 관리자들에게 보낸 연례 보고서에서 근대의 연구대학들이 재정적인 목표를 향해 진화하고 있는 경향에 대한 그의 불안감을 이렇게 기술했다. "우려의 원인은 …… 대학이 수행하는 역할의 가장 핵심적인 영역에 새롭고 강력한 동기—즉, 유용성과 상업적 이익의 추구—가 도입됨으로써, 기술적 발전이 지식 추구와 학문에 대한 대학의 핵심적 헌신을 혼란시킬 수 있다는 우려로 인한 불편한 감정에서 비롯된다."[8]

미국의 대학을 독특한 기관으로 만든 것은 무엇인가? 만약 그런 것이 있다면, 결코 손을 대서는 안 되는 가치는 무엇인가? 다시 말해서, 수천 년에 걸친 지역 대학 문화를 통해서 어떤 특성이 보존되고, 타협에 저항하는가? 공익 과학은 그중 어디에 부합하는가? 대학의 핵심적인 가치를 위협하는 것은 무엇인가? 이러한 가치들 중에서, 젊은이들을 교육시키고 연구에 기여하는 것 이상으로, 미국 사회에서 대학이 수행하는 독특한 역할은 무엇인가? 지아매티는 이렇게 썼다.

> 헌장과 전통으로 사적 부문인 기업의 일부와 정부의 공적 영역 사이에서 독립적인 위치를 차지하면서, 사립 대학은 또다른 역할을 수행하고 있다. 그것은 다원주의적이고 자유로운 사회에서 필수적인 역할이다. 그리고 그것은 독립적인 비판자, 대학이 속해 있는 사적 부문의 비판자, 대학이 존중하는 정부에 대한 비판자, 기관으로서 그리고 이 과정의 감시인으로서 자신에 대한 비판자의 역할이다.[9]

그렇다면 대학을 특별하게 해주는 고유한 요소와 특징은 무엇인가? 대학이 기업의 우산 아래로 포섭될 때 사회에 대한 어떤 공헌이 상실되는가? 연구대학에서 교수진은 세 가지 역할을 한다. 즉, 학생을 가르치고 지도하고, 학문을 탐구하고 과학을 연구하고, 각종 위원회에 참여하는 등의 행정적인 업무를 담당한다. 대학의 학문 영역은 대체로 스스로 방향을 결정한다. 학과들은 자신들의 선택에 따라서 강좌를 정하고 가르친다. 그들이 따르는 가이드라인은 학과에서 스스로 마련한다. 그들은 학과의 규준에서 지나치게 벗어나는 경우에만 책임을 진다. 특히 그들이 각각의 승인 기관에 의해 인가를 받고 있을 때에는 그러하다.

대학의 행정 책임자들은 종신 재직권을 받은 교수진의 독립성에 불만을 나타낼 수 있다. 터프츠 대학의 사무처장은 교수회의를 소집하려면 마치 고양이 떼를 모으는 것과 비슷하다는 한탄을 듣곤 한다. 미시건 대학의 명예총장인 제임스 두더스태트는 많은 대학들이 "학과장과 같은 지위의 교수들이 학과를 통솔하기는커녕 관리할 권위조차 갖지 못하는, 창조적인 무정부 상태라고 지칭할 수 있는" 구조를 가지며, "대학들이 상당 부분 자발적인 기획과 상향식 조직을 유지한다"고 썼다.[10] 하버드 대학의 학장이었던 헨리 로소프스키는 이렇게 말했다. "교수진은 거의 규칙이 없는 집단이 되었거나 규칙을 다른 식으로 적용해서, 종신 재직권을 받은 교수들은 종종 개인적으로 자신의 규칙을 만든다."[11]

교수에게는 강의를 할 의무가 있다. 강의 시간은 주요 연구대학의 경우 일주일에 3시간에서 9시간이며, 강의는 1년에 총 28주 동안 이루어진다. 실험실 지도를 하는 자연과학 교수들은 평균적으로 인문학이나 사회과학 교수들보다 적은 시간을 가르친다.

교수들에게 대학 생활에서 가장 특징적인 면 중 하나는 대부분의 시간을 자유롭게 쓸 수 있다는 것이다. 수업에서 이 재량권은 교수진이 자신이 가르치는 강좌와 그 내용을 독자적으로 선택한다는 것을 뜻한다.

물론, 많은 대학들은 일반 교육의 핵심적인 커리큘럼의 일부를 강좌에 요구하며, 학과는 당연히 전공 강좌 개설을 요구한다. 예를 들어, 심리학 전공을 위해 대부분의 대학들은 통계학을 요구한다. 초급 통계 강좌에는 거의 빠짐없이 포함되는 몇 가지 기본 개념과 방법이 있다. 비슷한 방식으로 해당 분야의 핵심 지식을 제공하는 물리학과 미분 강좌도 마찬가지이다. 기본 과목들 이외에도, 특정 학과에서 반드시 가르쳐야 하는 필수 강좌들이 있다. 경제학의 미시경제학과 같은 과목이 그런 예에 해당한다. 그러나 한 학과의 핵심 강좌들을 제외하면, 교수들은 대학 내에서 새로운 강좌를 통한 실험에 상당한 융통성을 가진다. 거기에는 분야를 넘나드는 연구 주제나 분석 방법까지도 포괄된다.

종신 재직권을 얻은 후에도, 교수들에게는 자신에게 주어진 영구적인 직업 활동의 일부로 연구와 출간을 계속할 의무가 있다. 그러나 대학은 교수들이 자신의 선택에 따라 자유롭게 생각하고, 쓰고, 연구하고, 조사한다는 이념을 기반으로 삼는다. 예를 들어, 어떤 사람이 브라질에서 신종 식물을 연구하는 식물학자로 학문적 경력을 시작할 수 있다. 그러나 그가 원한다면 아프리카의 희귀한 균류菌類 연구로 관심을 돌릴 수 있다. 계속 논문을 쓴다면, 그는 봉급 인상과 승진으로 보상을 받게 될 것이다. 그러나 과학자-학자로서 더 이상 결과를 내지 못하면, 그는 더 많은 강의와 행정 업무를 맡으라는 요구를 받게 될 것이다.

미국의 유명 대학 교수들은 대체로 연구나 강의 그리고 행정 업무 이외에 공익 활동에 할애할 수 있는 상당한 시간적 여유를 가진다. 대개 교수들은 일주일에 하루씩 대학 활동과 무관할 수 있는 자문이나 개인적으로 보수를 받는 활동을 한다.

미국 대학의 교수들은 다양한 종류의 대의에 자신의 이름을 걸고, 공의 위원회와 전문 기구에서 활동한다. 예를 들어, 나는 책임 있는 유전학을 위한 회의Council for Responsible Genetics[103]의 창립 위원회 구성원이고, 지금도 이 기구에 무료로 봉사하고 있다.

대학은 교수들이 자신의 전문 분야와 관련된 주제에 대해 견해, 전문 지식 등을 발표할 때 소속 대학이나 학과의 직함을 사용하지 못하도록 금할 수 없다. 미국 대학의 구조는 공적인 지식인으로서의 역할을 지원하도록 되어 있다. 많은 분야의 전문가들이 대중 잡지에 게재되는 기사, 논평, 특집 기명 기사 그리고 언론 매체의 인터뷰 등을 통해서 직접적으로 시민들에게 발언함으로써 자신의 학문 연구를 넘어서는 더 큰 공적 기능을 수행한다. 그렇지만 모든 교수들이 이러한 종류의 관심을 달가워하는 것은 아니다. 일부는 공공의 눈길을 피한다. 그러나 시민들과의 대화에 참여하는 대부분의 연구자들은 자신들이 독립적인 발언자로 인식되고 있다는 사실을 충분히 알면서 그러한 활동을 수행한다. 그들은 소속 대학의 통제나 제지를 받지 않는다.

하바드 대학 총장 로렌스 서머스가 흑인 연구자이자 종교학자인 코넬 웨스트가 흑인 도시 문화에 대한 CD를 만드는 작업에 참여하지 못하도록 견책하자, 학계 전체에서 순식간에 서머스에 대한 지극히 비판적인 여론이 확산되었다. 그것은 서머스 총장이 웨스트 교수가 무슨 주제를 연구하든, 누구와 함께 연구하든 그리고 누구에게 자신의 이름을 빌려

103 —— 보스턴에 본부를 둔 비영리 단체로 유전공학과 유전자 조작 식품 관련 주제에 대한 우려로 과학자와 시민들을 중심으로 1983년에 설립되었다. 이후 생명공학과 연관된 사회적 논쟁이 벌어질 때마다 비판적인 담론을 생산해 내는 역할을 수행했다. 몇 해 전 세상을 떠난 스티븐 제이 굴드 그리고 유전자 결정론을 비판하는 대표적인 생물학자인 리처드 르원틴도 자문위원으로 활동했다. 《유전자 감시*Gene Watch*》라는 정기간행물을 발간하고 있다.

주든 자신의 창조적인 에너지를 투여할 학문적 자유에 간섭했기 때문이다. 그는 넘지 말아야 할 선을 넘은 것이었다.

물론 모든 시민들에게 표현과 결사의 자유가 있다. 그러나 현실은 그렇지 않다. 정부 규제 위원이나 산업계에서 일하는 과학자들처럼, 대중의 목소리가 특별히 중요성을 가지는 분야에서 활동하는 대부분의 사람들은 자신들의 조직에 영향을 미치는 주제에 대한 공개 발언을 금하는 명시적인 규범이나 암묵적인 금기에 직면하게 된다. 해당 주제에 대해 강력한 발언을 하는 것이 직업의 일부인 비영리 기구에서는 예외를 찾아볼 수 있다. 그러나 이런 그룹을 위해 일하는 사람들은 조직의 정치적인 관점에 충성할 것이다. 그렇지 않으면, 그들은 직장을 잃게 될 것이다. 가령, 지구온난화의 위험을 시민들에게 경고할 목적으로 설립된 단체라면 석탄을 연료로 사용하자는 새로운 주장에 공개적으로 지지 발언을 하는 직원을 내버려두지 않을 것이다. 반면 대학에서는 어떤 주제든 대학 전체가 일치하는 견해가 없다. 학문적 자유라는 개념은 교수진들이 양심이나 자신들이 연구한 내용을 기반으로 한 공약을 밝히는 것을 함축한다. 이런 이유로 정부와 언론 매체 그리고 법조계는 특정 주제에 대해 전문적인 분석을 제공하기 위해서 학계 전반의 전문가들에게 의존한다. 일부 교수들은 자신들이 속하지 않거나 공식적인 교육을 받지 않은 분야에서까지 전문가 행세를 하고 있다. 일단 그들이 사회에 자신의 가치를 입증하면, 그들 역시 독립적인 관점을 추구한다.

제도로서의 대학, 또는 대학의 일부 학과가 이해상충을 가진다고 믿을 만한 근거가 밝혀질 때, 소속 교수들에 대한 신뢰는 빠른 속도로 상실된다. 예를 들어, 버클리에 있는 캘리포니아 대학의 과학자들이 멕시코 남부의 재래식 옥수수 품종들이 유전자 조작된 옥수수 품종에 의해 오염되었다는 사실을 발표했을 때(3장 참조), 다른 학과의 동료들은 그 연구 결과를 비난했다. 그러나 일부 언론 매체는 비판자들의 소속 학과들이 미국에서 가장 큰 생명공학 기업들 중 한 기업과의 계약에 일괄 서명했다는 사실을 토대로 그들의 비판에 의구심을 제기했다. 지아매티는 이렇게 말했다. "대학은 우리 사회에서 독립적인 제도이다. 그렇지만 대학이 독립성을 지상의 과제로 삼지 않는 한, 사회적 책무를 수행할 수 없다."[12]

학문적 자유의 사회적 가치

유럽과 미국 사회에서 대학을 다른 공공 기관이나 사적 단체와 구별짓는 특징 중 하나는 '학문의 자유'이다. 그것은 학문 생활에 없어서는 안 될 필수 조건이다. 『미국의 대학*The American University*』이라는 책에서 파슨스와 플랫은 학문 자유가 "사전에 부과되는 제약을 최소화시키고 인지적 탐구를 하고 의사소통할 수 있는 권리"이며, 거기에는 "극단적인 견해를 발표하고 옹호할 권리"가 포함된다고 규정했다.[13] 학문 자유의 법적 개념은 1850년경 독일에서 그 뿌리를 찾을 수 있다. 당시 프러시아 헌법은 과학 연구의 자유Freiheit der Wissenschaft를 선언했다.[14]

교수가 외부로부터 '보호받는 직업protected employment'이라는 개념은 중세시대로 거슬러 올라간다. 당시 중세 고전학자들은 "외부의 영향으로 타락하지 않도록 지식과 진리를 보호하기 위해서 자치와 자율을 추구"했다.[15] 1650년에 하버드 대학이 설립 인가를 받았고, 1722년에 이 대학은 에드워드 위글스워스를 최초의 교수(신학부)로 시간 제한 없이 임명해서 북미 지역에 종신 계약제가 도입될 것을 예고했다. 그로부터

200년 후인 1925년, 당시 갓 태어난 미국대학교수협회American Association of University Professors, AAUP는 1회 전국회의에서 종신 재직권 주제를 학문 자유와 연관해서 다루었다. 그러나 오늘날 고등교육에서 채택되는 종신 재직권에 대한 관점은 1940년에 있었던 AAUP의 학문 자유와 종신 재직권 선언Statement on Principles of Academic Freedom and Tenure에서 그 뿌리를 찾을 수 있다. 1950년대 말엽까지 성공적인 실험 기간을 거친 후, 미국 대학에서 대학교수들의 평생 임용은 고등교육에서 거의 보편적으로 수용되었다. 지금까지, 미국대학협회Association of Colleges and Universities 그리고 미국법과대학협회Association of American Law Schools를 포함해서, 170개 이상의 전문학회들이 종신 재직권에 대한 AAUP의 입장에 찬성했다. 처음에는 정치적, 경제적 동기에서 비롯되었던 고등교육의 종신 재직권은 오늘날 학문 자유와 뗄 수 없이 밀접한 관계를 가지게 되었다.[16] 아로노비츠는 『지식 공장*The Knowledge Factory*』이라는 책에서 이렇게 말했다. "우리는 종신 재직권이라는 제도를 공중, 대학 행정 당국 그리고 배신자를 벌하는 경향이 있는 동료들이 부과하는 제재로부터 교수들을 보호해야 하는 요구와 결부시켰다."[17]

어떤 이유로든 대학 교수라는 직업을 잃을 수 없다고 (학생들을 가르쳐야 한다는 임무를 실행하지 않거나, 도덕적으로 심각한 위반 행위를 하지 않는 한) 생각하는 사람들은, 최소한 이론상, 모든 주제에 대해서 독립적으로 발언할 수 있는 보장 수단을 가질 것이다. 종신 재직권을 가진 교수를 해고하기 위한 입증 책임은 매우 까다롭고, 또한 그러해야 할 것이다. 일반적인 생각과 반대로, 종신 재직권은 평생 고용을 보장하는 절대적인 개념이 아니다. 대부분의 경우, 대학과 법원은 종신 재직권을 뒷받침하는 원칙을 지지해 왔다. 자크 바전은 이렇게 썼다. "대학 교수에게 종신 재직권을 주는 관행은 연방 법원에서 판사에게 종신 재직권을 주는 것과 같은 근거로 정당화된다. 즉, 교수들을 사상 통제로부터 자유롭게 하기 위한 것이다."[18]

일반적으로 대학 총장은 '임의 고용인'으로 이사회에서 임명된다. 그 말은 이사회가 이유를 설명하거나 정해진 절차에 따르지 않고, 내키는 대로 총장을 해임할 수 있다는 뜻이다. 대학 총장은 행정적으로 종신 재직권이 없으며, 많은 경우, 구체적으로 정해진 임기 보장도 없다. 오직 교수만이 종신 재직권을 가진다. 그러나 소속 대학의 총장직에 임명된 교수는 총장직을 물러나도 다시 소속 학과로 돌아가 종신 재직권을 유지할 수 있다. 종신 재직권을 얻은 교수가 다른 대학의 고위 보직에 임명되어도 자동적으로 종신 재직권이 유지되지 않는다(그들이 특정 학과에서 다시 종신 재직권을 얻는 경우를 제외한다면). 일반적으로, 교수로 정년을 보장받지 못한 대학 총장들은 과거에 비해 점점 더 공적인 문제에 대해 자유롭게 발언하기가 힘들어진다는 사실을 발견하게 된다. 현재 대중적으로 논쟁이 벌어지고 있는 주제에 대해 강한 도덕적 입장을 견지할 경우 논쟁에 휘말릴 수 있으며, 그 결과 재단, 동창회, 주 의회, 또는 일반적으로 기업 부문에 속하는 고액 기부자 등의 연구비 지원 기관들에 불리한 영향을 줄 수 있기 때문이다.[19] 이처럼 발언에 나서기 꺼리는 현상은 과거의 총장들에 비해 최근 대학 총장들이 공적인 지식인의 위치로 부상한 경우가 거의 없다는 사실을 잘 설명해 줄 수 있을 것이다.

대학에서 학문 자유가 사라질 수 있는 두 가지 조건이 있다. 첫 번째 조건은 우리가 알고 있는 종신 재직권이 근절되는 사태이다. 교수들이 가르치고, 글 쓰고, 자신이 선택한 주제를 연구할 수 있는 권리를 보호하는 데 종신 재직권 이상으로 좋은 제도는 없을 것이다. 반면 종신 재직권을 얻지 못한 젊은 교수들은 공적인 선언, 정치적인 가맹 그리고 캠퍼스와 국가 차원의 정치에 관여하는 데 훨씬 더 조심스러울 수밖에 없다.

교수들에게 부여된 연구와 표현의 자유는 이상이나 원칙이 아닌 실제적인 자유가 되어야 한다. 그들은 자신의 신념과 어긋나는 편향이 자신을 고용하거나 해고하는 행정 책임자의 결정에 잘못된 영향을 미칠 수 있는 아주 희박한 가능성으로부터도 구체적으로 보호받아야 한다. 종신 재직권이 아니더라도 교사나 학자들이 부당하게 해고되지 못하도록 보호하는 법적 대책이 있을 수도 있다. 그러나 이런 경우 입증 책임이 교수에게 돌아갈 것이고, 교수들은 경제력이 월등한 상대에 맞서 법률 소송을 벌여야 할 것이다. 종신 재직권이란 대학에서 인기 없는 특정 사상을 제거하려는 주장들에 맞서 시니어 교수들이 해고되지 않도록 보호하기 위해 높은 입증 부담 책임을 지우는 것에 다름아니다. 비극적으로 들리지만, 대학교수는 일단 종신 재직권을 받으면 고집불통이 될 가능성이 있으며 그래도 여전히 직장을 보장받는다. 흔하지 않은 희귀한 사례에서조차 학문의 자유를 보호받는 것이야말로 궁극적으로 대학을 독특한 사회적 제도로 만들어준다.

학문 자유를 침식할 수 있는 두 번째 조건은 훨씬 교묘하다. 대학이 학문 자유에 직접적, 명시적으로 개입하지 않을 가능성이 있다. 그러나 대학의 형식, 연구비 지원에 대한 의존성 그리고 윤리적 규범이 변화할 경우, 교수들이 학문 자유가 부여해 준 기회를 실현하기 어렵거나 비생산적이라는 사실을 발견하게 될 것이다. 그렇게 되면 학문 자유는 시민들이 엇비슷한 후보들 중 한 명에게 투표하거나 높은 인두세[104]가 있는 사회에서 투표하는 행위와 마찬가지로 추상적인 권리로 전락하게 될 것이다. 교수들이 두 문화 사이에 놓여 있고, 그중 하나가 공공 비판자로 활동하는 것이 금기로 간주되는 문화라면 학문적 자유를 가지는 것이 어떤 가치가 있겠는가? 학문 자유의 사회적 가치는 그 건강한 사용에 있다. 대학과 기업의 중첩하는 문화는 학문 자유의 역할을 시대착오적인 것으로 돌려놓을 수 있다.

자신의 특허와 발명을 토대로 설립한 회사에 참여하는 교수는 벤처 자본, 광고, 마케팅, 증권, 대부, 규제 그리고 기업가주의의 모든 부속물들로 이루어진 하위 문화에 휩쓸려 들어간다. 이 하위 문화의 특정 행동 규범들은 대학에서 일반적으로 통용되는 규범과 사뭇 다르다. '대담함'이란 공공 정책에 대한 비판을 뜻하는 것이 아니라 기업가적 위험을 감수하는 것을 뜻한다. '모험적'이란 질병의 원인에 대한 새로운 이론을 발표하는 것이 아니라 특이한 상품을 출시하는 것을 뜻한다. 교수 기업가academic entrepreneur들은 공공 지식인과 다른 방식으로 행동한다. 전자는 상품을 팔지만, 후자는 이념을 생산한다. 기업 세계에서는 한 회사의 CEO가 위험한 상품이나 직업상의 위해에 대해서 공개적으로 발언하는 경우가 드물다. 기업의 대표는 점차 바람직한 기업 관행과 미심쩍은 윤리적 행위가 서로 다투고 있는 영역 안에서 활동하도록 요구받는다. 거기에는 어떤 명확한 경계도 없다. 있다면 흐려진 경계가 있을 뿐

104 —— 인두세는 부자든 빈민이든 성인 머리 숫자대로 일률적으로 같은 금액의 세금을 물리는 대표적인 역진세(逆進稅)이다. 중세 후반에는 노예를 대상으로 군사비 조달 등의 이유로 부과되어 반란의 원인이 되기도 했다. 20세기에는 식민지 지배에 이용되거나, 투표권과 같은 정치적 권리에 연계해서 부과되었다.

이다.

학계에서 비판은 지식 성장을 위해 필수적이며, 공개 비판은 진리를 발견하기 위한 핵심요소이다. 다른 사람의 사상을 비판하는 것은 정당할 뿐아니라 의무적이다. 반면 지식 추구와 기업 행위를 병행하는 학자는 공개 비판을 회피하기 때문에 그 결과로 새로운 하위 문화 규범을 내면화시킬 것이다. 교수 기업가들은 기업가주의의 기본 규칙들 중 일부를 수용하도록 요구받게 된다. 유전자 특허를 가진 누군가가 '생명 특허'에 반대하는 발언을 하게 될 가능성이 얼마나 있겠는가? 심지어 그 사람은 그런 생각조차 품지 않을 것이다.

학문적 과학 분야가 거의 기업에 의해 포획되고 있는 상황은 잡초학 weed science에서 찾아볼 수 있다. 페이진과 라블레는 그들의 저서 『해로운 사기*Toxic Deception*』라는 책에서 이렇게 말했다. "잡초 과학자들은—산업, 대학 그리고 정부에서 긴밀하게 밀착한 동업자 관계를 이루고 있는 연구자들—스스로를 '분사구nozzlehead' 나 '뿌리고 기도하는 사람들spray and pray guys' 이라고 칭한다."[20] 연방 지원금은 턱없이 부족하고, 대학의 잡초 학자들이 거의 전적으로 기업체의 지원에 의존하게 되었기 때문이다. 그 결과, 그들의 연구는 윤작輪作이나 생물 방제biocontrol 메커니즘과 같은 대안적인 잡초 관리 형태가 아니라 일차적으로 화학적 제초제에 초점을 맞추게 되었다. 저자들은 USDA의 농업과학자와 미국잡초학회Weed Science Society of America 전 회장의 말을 인용했다. "만약 농화학 업체들로부터 오는 연구 이외에 다른 연구가 없다면, 당신은 어쩔 수 없이 농화학을 연구해야 한다. 그것이 냉혹한 현실이다."[21] 1996년에 동료와 나는 농생명공학에 대한 연구 결과를 발표했다. 그 연구에서 우리는 《잡초학*Weed Science*》이라는 학술지에 발표된 논문들 중에서 서로 다른 연구 계통이 어떻게 반영되는지 밝혀내기 위해 1983년부터 1992년까지 발표된 논문들을 조사했다. 그 결과 약 70퍼센트의 연구가 화학 제초제에 초점을 맞추었고, 20퍼센트가 잡초생물학과 생태학, 그리고 통합적 잡초방제와 비화학적 접근 방식은 채 10퍼센트도 되지 않는다는 사실을 발견했다.[22] 만약 어떤 과학 분야가 연구비를 거의 기업에 의존하게 된다면, 과학자들이 연구하는 곳이 기업이든 대학이든 별반 차이가 없게 될 것이다. 문제의 틀, 수집되는 데이터 유형 그리고 측정되는 결과 등이 대체로 기업 후원자의 영향을 받게 된다. 이러한 상황이라면 사적 부문에서 도움을 받는 과학자들이 잡초 방제 전략을 문제삼아 공익 과학에 관여하는 것이 적절하거나 현명하다고 판단되지 않을 것이다.

캠벨과 슬로터는 산학 연계에 참여한 과학자들의 가치와 규범적 행동을 연구했다. 그들은 정부 지원금으로 이루어지는 정당한 연구에서도 대학 과학자들이 기업 파트너들의 규범에 순응하기 시작하고 있다는 사실을 발견했다. 그 결과, 그들은 "부적절한 행동이 증가할 가능성이 있다"고 보고했다. 나아가 그들은 이러한 새로운 관계가 "과학 부정행위misconduct의 가능성을 높이는 풍토를 조성한다"고까지 말했다.[23] 이들의 연구가 나오기까지, 산학 연계에 대한 어떤 분석도 기업의 협력관계와 과학의 부정 행위 사이의 관련성을 용감하게 제기하지 못했다.

한때 학자-연구자를 위한 천직이었던 과학 교수직은 이제 교수라는 지위가 주는 위세와 권위 그리고 개인적인 부를 추구할 자유를 원하는 이기적인 기업가들을 위한 발판이 되었다. 미시건 대학 총장 제임스 두더스태트는 "점차 심화되는 교수의 전문화, 그들의 능력에 대한 시장의 압력 그리고 대학이 단순히 교수들의 경력을 쌓기 위한 중간역이 되고 있는 상황에서 대학이라는 제도의 존엄성이 훼손되고, 많은 숫자의 교

수들 사이에서 '대학이 내게 어떤 도움이 되는가' 라는 식의 태도가 조장되었다" 고 말했다.[24]

공익 과학은 독성 물질의 위험, 정치적 부정의, 증오를 조장하는 유독한 이데올로기, 잘못된 우상, 지속 가능하지 않은 경제 발전의 경로, 제조물 책임,[105] 그리고 질병의 환경적 원인 등에 대해 솔직하고 비판적으로 발언할 수 있는 사람들을 필요로 한다. 우리 사회에서 사립 대학이 갖는 가치에 대해 언급하면서, 지아매티는 사립 대학들이 "독립적 비판자, 자신이 속해 있는 사적 부문에 대한 비판자, 자신이 존중하는 정부에 대한 비판자 그리고 하나의 제도이자 과정의 수호자로서 스스로에 대한 비판자" 로 다원주의 사회 속에서 필수적인 역할을 수행한다고 썼다.[25] 물론, 비판자로서의 대학이란 사회 전체의 이익을 위해 학문 자유를 행사하는 교수들의 총체적 합이다. 대학이 사회에 기여한다는 개념은 미국 대학 이사회 연합Association of Governing Boards of Universities and Colleges이 발표한 성명에서 잘 드러난다. "공적이고 독립적이고 비영리적인 대학들은 그들에게 요구되는 사명이 교수와 연구 그리고 기여를 통해 사회 전체의 이익을 위해 봉사하는 것이라는 점에서 다른 사회 제도들 중에서 독특한 위치를 가진다. …… (대학은) 동시에 과거, 현재 그리고 미래를 위해 기여하는 전문성과 문화적 기억의 소중한 저장고이다."[26] 그렇다면 이 역할을 어떻게 보호할 것인가?

대학 총장들과 이사회는 정기적으로 매년 모여 되풀이되는 주제를 놓

105 —— Product Liability(PL). 미국에서 발전한 결함이 있는 제조물에 관한 법적 책임을 뜻한다. 제조물 책임은 안전성이 결여된 결함 있는 제조물로 인해 소비자가 피해를 입었을 때 그 피해를 구제해 주는 사후 구제에 관한 법적 책임이다.

고 토론을 벌인다. 그것은 어떻게 대학의 소중한 가치가 침식, 타협 그리고 위배되지 않도록 보호할 것인가라는 주제이다. 산학 협동의 새로운 시대가 여명을 맞이하던 1982년 봄에 캘리포니아 주 파자로 듄스라는 곳에서 이런 회의가 열렸다. 스탠퍼드, 하버드, MIT, 캘리포니아 공과대학칼 테크 그리고 캘리포니아 대학 총장들이 대학과 기업에서 온 30여 명의 참석자들을 초청해서 산학 연계의 미래와 대학과 소속 교수들의 진정성을 어떻게 지켜나갈 것인가를 둘러싸고 토론을 벌였다. 이 회의에서 '학문 자유', '지식의 자유롭고 공개적인 교환', 또는 '신뢰할 수 있고 불편부당한 원천으로서의 대학' 등 고상한 이념에 대한 표현이 자주 언급되는 것을 쉽게 들을 수 있었다. 그러나 다른 한편, 대학-산업의 협력 관계, 기술 이전, 기업가 정신 그리고 교수-기반 기업 등이 오늘날 대학의 현실적 모습이라는 주장도 들려왔다. 파자로 듄스 보고서는 대학들이 자유로운 탐구를 보호하는 전통을 계속 유지하면서, 동시에 기업 협력 관계를 이끌어낼 새로운 관계 설정을 지지할 것을 권고했다.[27]

전통주의자들은 과도한 상업화에 저항하기 위해 방어선을 지켜내기를 원한다. 그러나 근대화론자들은 미국 제도의 경계가 바뀌고 있기 때문에 대학이 이러한 변화에 적응해야 한다고 주장한다. 유전자 치료 실험의 실패로 빚어진 제시 젤싱어의 비극적인 죽음은 임상 실험에서 나타나는 이해상충의 심각성을 잘 드러냈고, 연방 정부로부터 강력한 대응을 이끌어냈다. DHHS는 국립과학아카데미 산하 의학연구소Institute of Medicine, IOM에 피실험자 보호 대책에 대한 포괄 평가를 수행하도록 위임했다. 2002년에 의학연구소가 소집한 패널이 조사 결과를 발표했다. 밝혀진 사실 중에는 연구 위험의 보호를 위한 국가적 체계에서 나타나고 있는 심대한 변화들 중 일부도 포함되었다. 패널은 임상 실험 프로토콜 평가에서 이해상충에 대한 조사의 중요성을 한층 강조하는 강력한 권고안을 발표했다. 보고서에서, 패널은 피실험자 프로토콜에 대해서 각기 다른 개인과 위원회에 의해 세 가지 서로 다른 평가를 수행할 것을 제안했다. 그것은 과학 평가, 재정적 이해상충 평가 그리고 수용 가능한 위험이나 고지된 동의처럼 연구와 관련된 그 밖의 윤리적 이슈에 대한 평가이다. IOM의 제안에 따라, 새로운 연구윤리위원회가 1970년대 이래 연방 규제를 위임받은 기관 중 하나인 종전의 기관윤리위원회를 대체하게 되었다. 일단 과학과 재정적 이해상충에 대한 평가가 끝나면, 제안에 따라, 연구윤리위원회는 프로토콜의 윤리적 수용 가능성에 대한 최종 판단을 내리게 된다.

이것은 국립과학아카데미와 그 부속 기관인 의학연구회가 이해상충을 피실험자 보호를 위한 연방 체계 중에서 가장 중요한 요소로 확립시키기 위해 시도한 첫 번째 중요한 노력이다. 패널 보고서는 다음과 같이 지적했다. "연구 ERB 위원이나 위원회는 그 조직과 연관된 이해상충 감시 메커니즘에 의해 평가받고, 이해상충 사실은 연구 ERB에 전달되어야 한다. …… 이해상충 감독 기관은 재정적 이해관계를 밝혀야 할지, 관리되어야 할지, 또는 이해관계가 너무 커서 제안된 연구의 안전성이나 진정성을 위태롭게 할지 여부를 판단해야 한다."[28]

IOM의 권고에 따라 개혁이 이루어진다면, 이해상충을 좀 더 투명하게 공개함으로써 피실험자 보호가 향상될 것이다. 그러나 공적으로 연구비를 지원받는 대학이나 비영리 연구소에서 일어나는 재정적 이해상충을 줄이거나 최소화하기 위해 제안된 것은 아직 아무것도 없다.

전통적인 역할과 경계 재설정

우리는 전통적인 영역간의 경계가 사라지고 있는 시대에 살고 있다. 은행은 거간꾼의 일을 하고, 거간꾼이 은행 업무를 수행한다. 여가 산업이 뉴스 방송사를 소유하고, 뉴스 방송사가 오락 프로그램을 편성한다. 농장이 농약을 생산하는 데 이용되고, 기업 발효농이 식량 생산에 이용된다. 동물이 약제를 만드는 데 이용되고 있고, 마약은 향락을 위해 이용된다. 정부 연구자들이 기업과 협력 관계를 맺도록 허용되고, 기업은 독성 화학물질에 대한 연방 연구에 돈을 댄다. 공기업에 대해 연방에서 위임받은 회계 자료를 만들 책임이 있는 독립적인 회계 업체는 그들이 회계 감사한 회사에 다른 상담을 제공한다. 종양 관련 제약회사는 암 치료 센터의 관리를 떠맡는다. 세상이 뒤죽박죽이 되고 있는 셈이다. 어쩌면 앞으로는 대학과 같은 비영리 기관들이 공격적인 이윤 추구 벤처 기업에 참여하고 있다는 사실을 알고도 놀라지 말아야 할 것이다. 그것은 제도의 난마처럼 뒤얽힌 경계의 또 하나의 예에 불과하다.

모든 것이 기업화되고, 영리와 비영리의 경계가 흐려지고 있고, 더구나 그러한 사실이 많은 지지를 받고 있는 시대에 학문적 과학과 의학의 진정성을 회복하기 위해 무엇을 할 수 있을까? 필경 우리는 대학이 그 토대를 두고 있는 원칙들을 재검토하는 작업에서 시작해야 할 것이다. 그럼 다음, 더 많은 예산을 축적하고, 선택된 교수들을 위해 더 많은 잠재적 소득을 제공하기 위해서 이러한 원칙들이 침식되고 위태롭게 되지 않도록 보호하는 일이 얼마나 중요한지 재검토해야 할 것이다. 우리의 접근방식을 이끌어갈 세 가지 원칙은 다음과 같다.

◆ 대학에서 지식을 생산하는 사람들과 그 지식에 대해 재정적 이해관계를 가지는 이해당사자들의 역할은 분리되고 구분되어야 한다.

◆ 환자를 연구 대상으로 모집하고, 동시에 돌볼 피신탁인으로서의 임무가 있는 사람들의 역할과 특정한 약품, 치료법, 산물, 임상 실험, 또는 환자 관리에 기여하는 시설 등에 재정적 이해관계를 가지는 사람들의 역할은 구분되고 분리되어야 한다.

◆ 치료법, 약품, 독성 물질, 또는 소비자 상품을 평가하는 사람들의 역할과 이러한 산물의 성공이나 실패에 재정적 이해관계가 걸려 있는 사람들의 역할은 구분되고 분리되어야 한다.

학문적 과학과 의학의 진정성에 대한 공중의 신뢰는 이러한 역할들이 뒤섞일 때 무너져 내릴 것이다. 이러한 목표를 달성하기 위해 거쳐야 할 첫 번째 실험은 재정적 이해관계를 공개하는 것이다. 과학자들에게 연구와 관련된 재정적 이해관계의 공개는 일반 원칙을 만족시키는 첫 단계이다. 왜냐하면 이러한 공개가 일반 원칙이 위배될 가능성이 있는지 분명히 알게 해주기 때문이다. 대학 과학자들의 재정적 이해관계 공개는 학술지, 학술대회 조직위원회, 연구비 지원 기관 그리고 연방 자문위원회 패널 등에서 보편적인 요구 사항이 되어야 한다. 이해상충 공개는, 그것이 연구 결과 확산의 일부이기 때문에, 연구비 신청 절차의 일부가 되어야 한다. 연방 연구비 지원 기관들은 지원 신청자들에게 연방 기금으로 이루어진 연구 결과를 발표하기 위해 논문을 제출할 때 모든 재정적 이해상충을 밝히도록 요구함으로써 학술지들이 이해상충 정책을 채택하도록 유인 동기를 제공할 수 있다.

그렇지만 이해상충 공개만으로는 특정한 관계를 금지하려는 노력이 이루어지지 않는 한 앞에서 열거한 원칙들을 만족시키지 않는다. 특정 기업체의 사장이나 임원, 또는 상당량의 주식을 소유하고 있는 교수들은 그 기업이 지원하는 연구에 참여하지 못하도록 금해야 한다. 특정 지식의 일차적인 이해당사자들과 연구자들 사이에 방화벽을 쌓는 것만큼 확실한 조치는 없을 것이다.

비영리 대학의 투자 포트폴리오에서 통상적인 수준을 넘는 기업의 대주주인 (즉, 경영상의 결정에 영향을 미칠 수 있는 정도로 많은 주식을 소유하고 있는) 학문 기관들은 그 회사로부터 지원을 받는 어떤 계약이나 연구비도 회피해야 한다. 만약 그들이 이러한 연구를 수행하기를 원한다면, 당사자들은 연구 결과로 영향을 받을 수 있는 주식을 백지신탁blind trust 해야 한다.[29] 이런 조건(또는 그에 상응하는 조건)에서만, 연구와 투자에 대한 결정이 적절하게 분리될 수 있다.

보건 과학에도 이와 유사한 조건들이 적용된다. 임상 실험을 감독하는 의사는 실험 결과에 이해득실이 걸려 있는 회사의 주식을 소유해서는 안 된다. 임상 연구자가 위임받은 책무[106]는 과학의 진정성과 피실험자의 복지가 되어야 한다. 이 두 가지 목표는 때로 충돌할 수 있지만, 따로 떼어낼 수 없다. 그러나 임상 실험자가 위임받은 임무에서 발생할 수 있는 이해상충을 완화하기 위해서, 임상 실험과 아무런 관계가 없는 의사들이 환자들을 위한 변호자가 될 수 있어야 한다. 따라서 임상 실험자들은 임상 실험과 무관하게 다음과 같은 물음에 대해 또 하나의 의학적 견해를 갖게 될 것이다. 환자가 실험에 계속 참여하도록 허용해야 하는가? 환자에게 계속 위약僞藥을 투여하는 행위는 허용 가능한가?

106 —— fiduciary responsibility. 과학자들이 사회로부터 위임받은 책무를 뜻한다.

이해당사자 집단의 부당한 영향을 받지 않도록 자문 패널들을 보호하는 것은 건전한 공공 의사결정을 위해 필수적이다. 과학의 전문성은 정치적인 리트머스 실험에 의해 결정되어서는 안 된다.[30] 정부 기구들은 수많은 과학 기반 자문위원회들에서 이해상충을 제거해야 한다는 연방 법규를 자구대로 충실하게 해석해야 한다. 패널에서 다루는 주제에 대해 심대한 재정적 이해관계가 있는 자문위원회 후보자에 대해 이해상충 정책 적용을 면제시키는 경우에는 그에 대해 엄격한 입증 책임을 부과해야 하다. 그리고, 드물겠지만, 이러한 입증 책임을 충족시킬 경우라도, 그 개인은 자문위원회에서 표결에 참여할 수 없는 임시 위원으로 그 활동을 제한시켜야 한다. 그리고 그들의 이해상충은 공식 기록의 대상이 되어야 한다.

우리는 주요 패널로 임명되거나 기업으로부터 계약이나 연구비를 받았음에도 기업 활동으로부터 독립성을 유지하는 학문적 과학자들이 그에 상응하는 보상을 받도록 연방 차원에서 강력한 동기를 부여해 줄 것을 요구한다. 그렇지 않으면, 정직한 과학 기반 정책 체계를 수립하는 과정은 오염의 순환 고리에 빠지고 말 것이다. 정부 기구들은 해당 분야의 최고 전문가들 중에서 이해상충이 없는 사람을 찾을 수 없다고 하소연한다.[107] 이런 문제 있는 전문가들이 권위 있는 패널에 임명되고, 따라서 많은 연구비를 지원받게 된다. 이러한 연구비는 과학자 사회 내에서 해당 전문가들의 위상을 높인다. 그리고 높아진 위상 덕택에 그들은 더 많은 전문가 패널에 임명된다. 이 과정은 결국 더 많은 이해상충 적용

107 —— 이런 주장이 미국의 정부기구들이 이해상충 정책 적용 면제(waiver)를 남발하는 근거로 활용된다.

면제로 이어지고, 정부 패널에서 이해당사자들의 이해관계를 정상적인 것으로 만든다. 이러한 악순환의 고리는 연구비, 계약 그리고 패널 임명에 대한 동기 부여 구조가 기업 과학자의 다중 소속 이해관계를 보상하지 않을 때 그리고 이러한 이해관계에 대한 이해상충 정책 적용 면제를 상규가 아닌 예외로 만들 때에만 끊을 수 있을 것이다.

이해상충 중에서 가장 심각하고 중대한 문제는 약품, 독성 화학물질 그리고 그 밖의 소비 상품에 대해 학문적 과학자들이 평가를 맡는 경우에 발생한다. 예를 들어, 약품 실험 과정에서 기업들은 해당 연구를 외부에 맡기는 것이 통례이다. 외주 계약 대상은 대부분 의학, 독성학, 약물학과 같은 해당 분야의 대학 소속 연구자들이다. 흔히 연구비를 지원하는 기업은 데이터와 결과 발표에 대해 통제권을 가진다. 그들은 프로토콜 설계에도 도움을 준다. 그리고 그 결과를 FDA와 같은 관련 기관에 제출한다. 이와 비슷한 관행이 화학 약품 검사에서도 발견된다. 이 경우, 데이터가 제출되는 곳은 EPA나 OSHA직업안전보건관리국, Occupational Safety and Health Administration이다.

상품 평가에 대한 연구비 후원자와 학문적 연구자 사이의 밀접한 관계는 경악스러운 수준이다. 일부 기관과 연구자들은 더 많은 연구비를 얻어내기 위해 기꺼이 연구의 엄격성, 진실성 그리고 독립성을 절충한다. 이론상으로는, 이러한 악몽이 현실화되지 않게 막을 수 있는 조치는 아무것도 없다. 최선의 방책은 특정 연구 결과에서 이익을 얻을 수 있는 당사자와 평가자 사이에 방화벽을 설치하는 것이다. 그러나 이러한 검사를 떠맡을 만큼 거대한 정부 관료 체계를 상상하는 것은 비현실적이다.

이해당사자가 돈을 대거나 (어느 정도까지) 통제하는 결과 평가에 대한 연구의 진정성을 보호하려면 상당한 정도의 상상력이 요구된다. 가령 약품 검사의 경우, 한 가지 접근방식은 약품 검사를 위한 독립적인 전국 단위 기관national institute for drug testing, NIDT을 설립하는 방안이다. 그렇게 되면, FDA에 약품 허가를 출원하기 위해 데이터를 생성하려는 모든 기업들은 그 약품을 NIDT에 제출해야 할 것이다. 그러면 NIDT는 연구센터들에게 이 사실을 통지하고, 제안요청서request for proposal, RFP를 제출하라고 공고한다. 자격을 갖춘 약품 평가 센터는 제안서를 낼 것이고, NIDT는 검사 그룹을 선발하게 된다. 프로토콜, 데이터 활용 그리고 결과 발표는 이 기관과 피계약자 사이에서 협상을 통해 결정된다. NIDT는 균등하게 적용될 품질관리 요구를 하게 될 것이다. 이 과정에서 개인이나 회사가 소유한 정보는 보호된다. 검사가 끝나면, 그 결과가 회사에 통보된다. 이 결과는 확증된 데이터로 연관기관에 제출될 수 있을 것이다.

이 시나리오에서 회사는 예비 단계에서 모든 종류의 예비 검사를 외부 회사에 의뢰할 수 있도록 허용된다. 그러나 NIDT에서 온 데이터만이 약품 승인에 이용될 수 있다. NIDT는 기관에서 이루어진 모든 연구에 대한 문서를 수집하게 될 것이다. 거기에는 검사된 약품에 대한 긍정적 결과와 부정적 결과가 모두 나타날 것이다. 이러한 틀은 정부기관에 이해당사자들과 약품 검사자 사이에 완충 지역을 설치해서 당사자들 사이에서 이해상충이 빚어지지 않도록 보호하라는 요구를 제기할 것이다. 그렇게 되면 편향이 나타날 가능성은 크게 줄어들 것이다. NIDT에 의해 적용될 이해상충 규칙들은 대학이든 사기업이든 소속과 상관없이 모든 검사 집단들에게 적용될 것이다. 검사를 수행하는 개인이나 기관은 검사 결과에 따라 이익을 보는 회사의 주식을 소유할 수 없다.

지금까지 나는 대학의 과도한 상업화로 인한 위험이 대학이나 전문적인 과학 협회들의 범주를 넘어서는 것이라는 주장을 제기해 왔다. 미국에서 공인된 대학들은 '지식 생산' 이라는 대규모 사업의 수호자라는 독특한 사회적 역할을 수행하고 있다. 어떤 개별 대학도 이 책임을 떠맡을 수 없다. 그 책임을 지는 것은 미국의 연구대학 전체이다. 연구대학이라는 지적 원천은 이 나라의 대부분의 학술지 편집자들이 배출되는 곳이다. 그곳에서 국립과학아카데미 회원의 후보자 대부분이 배출된다. 그리고 그곳은 대부분의 독창적인 연구가 나오는 거대한 수원지이다.

만약 우리가 다른 이해관계들, 특히 기업의 의제들로 이 지식의 원천을 오염시킨다면, 우리는 공평무사하고 독립적인 비판적 분석을 위한 순수한 저장소를 상실하게 될 것이다. 그리고 개별 대학들은, 이들 기관이 가지는 이해상충 때문에, 또 하나의 이해당사자—냉소적인 정치적 투기장 속에 위치한 또 하나의 이기적인 집단이 될 것이다. 그때 진리는, 너무도 자주, 엄격한 학문적 연구를 통해 나오는 객관적인 결과가 아니라 사회적 구성물로 간주될 것이다.

특정 기관들은 전통, 법, 또는 규제를 통해서 상충하는 역할들로부터 보호되어야 한다. 법정은 교도소를 운영하는 회사와 같은 제도가 아니다. 의사들은 개인이 알약을 하나 삼킬 때마다, 또는 임상 실험에 참여할 때마다 수입을 얻어서는 안 된다. 의원과 판사들은 기업의 자문위원직을 맡아서는 안 된다. 대학 과학자들은 기업의 CEO나 미국의 이윤추구 기업들을 위한 시녀가 되어서는 안 된다. 대학의 이해상충이 금지되거나 예방되기보다 교묘하게 관리되어야 한다는 전제를 받아들이게 되면, 미국의 대학이 수행하는 공익적 기능은 위기에 처하게 될 것이다.

2장 부정한 동맹 이야기

1. 이 사례를 내게 알려준 사람은 잉거 팜런드(Ingar Palmlund)였다. 그는 스웨덴 신문 《*Dagens Nyheter*("Foretag styr allt fler professorer")》 2002년 8월 1일자에 실린 기사를 번역해 주었다.
2. Andrzej Górski, "Conflicts of Interest and Its Significance in Science and Medicine," *Science and Engineering Ethics* 7(2001): 307–312.
3. Giovanni A. Fava, "Conflict of Interest and Special Interest Groups. The Making of a Counter Culture," *Psychotherapy and Psychosomatics* 70(2001):1–5.
4. Arnold S. Relman, "The New Medical-Industrial Complex," *New England Journal of Medicine* 303(October 23, 1980): 967.
5. Anonymous(editorial), "Medicine's Rude Awakening to the Commercial World," *The Lancet* 355(March 11, 2000): 857.
6. Peter Gosselin, "Flawed Study Helps Doctors Profit on Drug," *Boston Globe*, October 19, 1988, A1.
7. Gosselin, "Flawed Study Helps Doctors," A4.
8. National Science Foundation, *Science and Engineering Indicators 2002*: Academic Research and Development, ch. 5, table 5.2. Support for Academic R&D, by Sector: 1953–2000.
9. *Drug Intelligence and Clinical Pharmacy* 20(1986): 77–78.
10. Drummond Rennie, "Thyroid Storm," *Journal of the American Medical Association 277*(April 16, 1997): 1238–1243, at www.ama-assn.org/sci-pubs/journals/archive/jama/vol_277/no_15/ed7011x.htm.
11. Rennie, "Thyroid Storm."
12. Karen Kerr, "Drug Company Relents, Dong's Findings in *JAMA*," *Synapse*(May, 1997): 1, at www.ucsf.edu/~synapse/archives.
13. Kerr, "Drug Company Relents," 1.
14. Kerr, "Drug Company Relents," 1.

15. *State of Tennessee v. Knoll Pharmaceutical Co.*
16. G. H. Mayor, T. Orlando, and N. M. Kurtz, "Limitations of Levothyroxine Bioequivalence Evaluation: An Analysis of an Attempted Study," *American Journal of Therapeutics* 2(1995): 417-432.
17. Ralph T. King, Jr., "Judge Blocks Proposed Synthroid Pact, Criticizing the Level of Attorney's Fees," *Wall Street Journal*, September 2, 1998, B2.
18. David Willman, "Waxman Queries NIH on Researcher's Ties," *Los Angeles Times*, December 9, 1998.
19. David Willman, "2nd NIH Researcher Becomes a Focus of Conflict Probe," *Los Angeles Times*, September 4, 1999.
20. David Willman, "Scientists Who Judged Pill Safety Received Fees," *Los Angeles Times*, October 29, 1999.
21. David Willman, "The Rise and Fall of the Killer Drug Rezulin," *Los Angeles Times*, June 4, 2000.

3장 산학 협력

1. Roger L. Geiger, *Research and Relevant Knowledge*(Oxford: Oxford University Press, 1993).
2. Francis X. Sutton, "The Distinction and Durability of American Research Universities," in *The Research Universities in a Time of Discontent*, ed. J. R. Cole, E. G. Barber, and S. R. Graubard(Baltimore: The Johns Hopkins University Press, 1994).
3. Geiger, *Research and Relevant Knowledge*, 299-300.
4. James Ridgeway, *The Closed Corporation*(New York: Random House, 1968), 84.
5. Robert M. Rosenzweig, *The Research Universities and Their Patrons*(Berkeley: University of California Press, 1992), 42.
6. Rosenzweig, *The Research Universities*, 59.
7. Rosenzweig, *The Research Universities*, 43.
8. G. A. Keyworth II, "Federal R&D and Industrial Policy," *Science* 210(June 10, 1993):1122-1125.
9. Wesley Cohen, Richard Florida, and W. Richard Goe, *University-Industry Research Centers*. A report of the Center for Economic Development, H. John Heinz III School of Public Policy and Management, Carnegie Mellon University, July 1994.
10. U.S. Congress, Office of Technology Assessment(OTA), *New Developments in*

Biotechnology: 4. U.S. Investment in Biotechnology(Washington, D.C.: USGPO, July 1988), 115.

11. OTA, *New Developments*, 114.
12. OTA, *New Developments*, 113.
13. National Research Council, Introduction to *Intellectual Property Rights and Research Tools in Molecular Biology*, a summary of a workshop held at the National Academy of Sciences, February 15–16, 1996(Washington, D.C.: National Academy Press, 1997), 1.
14. Sheila Slaughter and Larry L. Leslie, *Academic Capitalism*(Baltimore: The Johns Hopkins University Press, 1997), 223.
15. U.S. Congress, House Subcommittee on Investigations and Oversight; House Subcommittee on Science, Research and Technology; Committee on Science and Technology, *University/Industry Cooperation in Biotechnology*, 97th Cong., June 16–17, 1982(Washington D.C.: USGPO, 1982), 2.
16. U.S. Congress, *University/Industry Cooperation*, 6.
17. U.S. Congress, House Committee on Government Operations, Subcommittee on Human Resources and Intergovernmental Relations, *Are Scientific Misconduct and Conflicts of Interest Hazardous to Our Health?*(Washington, D.C.: USGPO, September 10, 1990), 68.
18. Maura Lerner and Joe Rigert, "Audits say 'U' Knew of ALG Problems," *Star Tribune*, August 23, 1992, 1B, 3B.
19. Maura Lerner and Joe Rigert, "'U' is Forced to Halt Sales of Drug ALG," *Star Tribune*, August 23, 1992, A1, 6–7.
20. Joe Rigert and Maura Lerner, "Najarian Admits Mistakes were Made in ALG Drug Program," *Star Tribune*, August 26, 1992, B1, B2.
21. Goldie Blumenstyk, "Berkeley Pact with a Swiss Company Takes Technology Transfer to a New Level," *Chronicle of Higher Education*, December 11, 1998, A56.
22. Will Evans, "UC–Berkeley Alliance with Novartis Blasted by State Senators," *Daily California*, May 16, 2000.
23. J. Walsh, "Universities: Industry Links Raise Conflict of Interest Issue," *Science* 164 (April 25,1969): 412.
24. Miguel Altieri (talk to the Environmental Grantmakers Association, New Palz, N.Y., September 13, 2000).
25. Ignacio Chapela and David Quist, "Transgenic DNA Introgressed into Traditional Maize Landraces in Oaxaca, Mexico," *Nature* 414(November 29, 2001): 541–543.

26. Nick Kaplinsky, David Braun, Damon Lisch et al., "Maize Transgene Results in Mexico Are Artifacts," *Nature* 415(April 4, 2002): 2.
27. Paul Elias, "Corn Study Spurs Debate on Links of Firms, Colleges," *Boston Globe*, April 22, 2002, D6.
28. Kelsey Demmon and Amanda Paul, "Mexican Investigation Validates Corn Study," *The Daily Californian*, August 20, 2002.
29. Public Citizen, *Safeguards at Risk: John Graham and Corporate America's Back Door to the Bush White House*(Washington, D.C.: Public Citizen, March 2001).
30. Sheldon Krimsky, *Hormonal Chaos: The Scientific and Social Origins of the Environmental Endocrine Hypothesis*(Baltimore: The Johns Hopkins University Press, 2000).
31. Douglas Jehl, "Regulations Czar Prefers New Path" *New York Times*, March 25, 2001, A1, A22.
32. Dick Durbin, "Graham Flunks the Cost-Benefit Test," *Washington Post*, July 16, 2001, A15.
33. Durbin, "Graham Flunks," A15.
34. Julie Smyth, "Psychiatrist Denied Job Sues U of T: Linked Prozac to Suicide," *National Post*, September 25, 2001.
35. Nicholas Keung, "MD Settles Lawsuit with U of T over Job," *Toronto Star*, May 1, 2002, A23.
36. Donald J. Marsh, "A Letter from Dean Marsh Regarding Issue of Academic Freedom," *George Street Journal*(Brown University publication) 21, no. 30(May 23-29, 1997), B 13.
37. Miriam Schuchman, "Secrecy in Science: The Flock Worker's Lung Investigation," *Annals of Internal Medicine* 129(August 15, 1998): 341-344.
38. Wade Roush, "Secrecy Dispute Pits Brown Researcher against Company," *Science* 276 (April 25, 1977): 523-524.
39. Marsh, "A Letter from Dean Marsh," p. 4.
40. Schuchman, "Secrecy in Science."
41. Richard A. Knox, "Brown Public Health Researcher Fired," *Boston Sunday Globe*, July 6,1997, B1, B5.
42. Bernard Simon, "Private Sector: The Good, the Bad and the Generic," *New York Times*, October 28, 2001, sec. 3, p. 2.
43. David G. Nathan and David J. Weatherall, "Academic Freedom in Clinical Research. Sounding Board," *New England Journal of Medicine* 347(October 24, 2002): 1368-

1369.
44. Editorial, "Keeping Research Pure," *Toronto Star*, October 29, 2001, A20.
45. Patricia Baird, Jocelyn Downie, and Jon Thompson, "Clinical Trials and Industry," *Science* 297(September 27, 2002): 2211.
46. S. van McCrary, Cheryl B. Anderson, Jolen Khan Jakovljevic et al., "A National Survey of Policies on Disclosure of Conflicts of Interest in Biomedcal Research," *New England Journal of Medicine* 343(November 30, 2000): 1621-1626.
47. S. van McCrary, "A National Survey of Policies," 1622.
48. U.S. General Accounting Office, *Biomedical Research: HHS Direction Needed to Address Financial Conflicts of Interest*. Report to the ranking minority member, Subcommittee on Public Health, Committee on Health, Education, Labor, and Pensions(Washington, D.C.: GAO, November 2001) GAO-02-89.
49. David B. Resnik and Adil E. Shamoo, "Conflict of Interest and the University," *Accountability in Research* 9(January-March 2002): 45-64.
50. Department of Health and Human Services, Public Health Service, "Objectivity in Research," *Federal Register* 60(July 11, 1995): 35810-35819.
51. Resnik and Shamoo, "Conflict of Interest and the University," 56.
52. David Blumenthal, "Growing Pains for New Academic/Industry Relationships," *Health Affairs* 13(Summer, 1994): 176-193.
53. Walter W. Powell and Jason Owen-Smith, "Universities as Creators and Retailers of Intellectual Property: Life-Sciences Research and Commercial Development," in *To Profit or Not to Profit*, ed. Burton A. Weisbrod(Cambridge, U.K.: Cambridge University Press, 1998), 190.
54. Dan Ferber, "Is Corporate Funding Steering Research Institutions Off Track?" *The Scientist*, February 5, 2002.
55. Committee of Experts on Tobacco Industry Documents, World Health Organization, *Tobacco Company Strategies to Undermine Tobacco Control Activities at the World Health Organization*, July 2000, at filestore.who.int/-who/home/tobacco/tobacco.pdf(accessed March 1, 2002).
56. Raymond L. Orbach, "Universities Should Be 'Honest Brokers' between Business and the Public Sector," *Chronicle of Higher Education*, April 6, 2001, 13.
57. Jeff Gottlieb, "UCI Case Raises Issue of Schools' Ties to Business," *Los Angeles Times*, December 27, 1998, A28.
58. Editorial, "Conflict of Interest Revisited," *Nature* 355(February 27, 1992): 751.

4장 재산으로서의 지식

1. Eliot Marshall, "Patent on HIV Receptor Provokes an Outcry," *Science* 287(February 25, 2000): 1375.

2. Paul Jacobs and Peter G. Gosselin, "Experts Fret over the Effect of Gene Patents on Research," *Los Angeles Times*, February 28, 2000.

3. James Madison, letter from Madison to Jefferson(October 17, 1788), in "Federalist No. 43," in *The Federalist Papers*, ed. Clinton Rossiter(New York: Mentor, 1961), 271-272.

4. Madison, "Federalist No. 43," 271-272.

5. Louis M. Guenin, "Norms for Patents Concerning Human and Other Life Forms," *Theoretical Medicine* 17(1996): 279-314.

6. U.S. Congress, Office of Technology Assessment, *New Developments in Biotechnology: 5. Patenting Life*(Washington, D.C.: USGPO, April, 1989) OTA-BA-370, 51.

7. Norman H. Carey, "Why Genes Can Be Patented," *Nature* 379(February 8, 1996): 484.

8. Carey, "Why Genes Can Be Patented," 484.

9. Daniel J. Kevles and Leroy Hood, *The Code of Codes*(Cambridge, Mass.: Harvard University Press, 1992), 313.

10. *Diamond v. Chakrabarty*, 477 U.S. 303(1980).

11. Office of Technology Assessment, *New Developments*, 53.

12. U.S. Congress, Senate, *Revision of Title 35, United States Code*, 82nd Cong., 2nd sess., June 27,1952, report 1979.

13. *Diamond v. Chakrabarty*, 477 U.S. 303(1980).

14. Office of Technology Assessment, *New Developments*, 53.

15. Andrew Pollack, "Debate on Human Cloning Turns to Patents" *New York Times*, May 15, 2002. 다음 문헌도 참조하라. United States Patent, 6,211,429, Machaty and Prather, April 3, 2001. Complete oocyte activation using an oocyte-modifying agent and a reducing agent.

16. Warren A. Kaplan and Sheldon Krimsky, "Patentability of Biotechnology Inventions under the PTO Utility Guidelines: Still Uncertain after All These Years," *Journal of BioLaw & Business*, special supplement: "Intellectual Property"(2001): 24-48.

17. See www faseb.org/genetics/acmg/pol-34.htm.

18. *Funk Brothers Seed Co. v. Kalo Inoculant Co.*, 333 U.S. 127(1948).

19. R. Eisenberg, "Patents and the Progress of Science: Exclusive Rights and

Experimental Use," *University of Chicago Law Review* 56(1989): 1017-1086.
20. Rex Dalton, "Scientists Jailed for Alleged Theft from Harvard Laboratory," *Nature* 417(June 27, 2002): 886.
21. Peter G. Gosselin and Paul Jacobs, "Patent Office Now at Heart of Gene Debate," *Los Angeles Times*, February 7, 2000, Al.
22. Eliot Marshall, "NIH Gets a Share of BRCA 1 Patent," *Science* 267(February 26, 1995):1086.
23. Jon F. Merz, Antigone G. Kriss, Debra G. B. Leonard, and Mildred K. Cho, "Diagnostic Testing Fails the Test," *Nature* 415(February 7, 2002): 577-578.
24. Michael A. Heller and Rebecca S. Eisenberg, "Can Patents Deter Innovation? The Anticommons on Biomedical Research;' *Science* 280(May 1, 1998): 698-701.
25. Office of Technology Assessment, *New Developments*, 59.
26. Editorial, "Gene Discoveries Must Be Shared for the Sake of Society," *Los Angeles Times*, May 14, 2000.
27. Rex Dalton and San Diego, "Superweed Study Falters As Some Firms Deny Access to Transgene," *Nature* 419(October 17, 2002): 655.
28. Gosselin and Jacobs, "Patent Office Now at Heart", A1.
29. 다음 문헌이 출전임. Michael S. Watson, *American College of Medical Genetics*. 다음 문헌에서 인용 Gosselin and Jacobs, "Patent Office Now at Heart," A1.
30. 이 인용문은 National Tay Sachs and Allied Disease Association의 Judith Tsipis의 것임. 그의 아들은 뇌질환과 연관된 유전병인 카나반병으로 죽었다.
31. Fran Visco, president of the National Breast Cancer Coalition.
32. Jonathan King, 다음 문헌에서 인용 Andrew Pollack, "Is Everything for Sale?" *New York Times*, June 28, 2000, C1, C12.

5장 학문적 과학의 변화하는 에토스

1. Robert K. Merton, personal communication, October 7, 2002.
2. Robert K. Merton, "Science and the Social Order," *Philosophy of Science* 5(1938): 321-337.
3. Robert K. Merton, *Social Theory and Social Structure*(New York: The Free Press, 1968), 604.
4. Robert K. Merton, "Priorities in Scientific Discovery: A Chapter in the Sociology of Science," *American Sociological Review* 21(December, 1957): 635-659.

5. Merton, "Priorities in Scientific Discovery," 605.

6. Merton, "Priorities in Scientific Discovery," 606.

7. John Ziman, *Real Science*(Cambridge, U.K.: Cambridge University Press, 2000).

8. Ziman, *Real Science*, 31.

9. Merton, *Social Theory and Social Structure*, 608.

10. Ziman, *Real Science*, 36.

11. Merton, *Social Theory and Social Structure*, 610.

12. Ziman, *Real Science*, 33.

13. "비밀유지는 그 실행을 위한 충분하고 공개적인 의사소통이라는 기준의 안티테제이다(Secrecy is the antithesis of this norm; full and open communication its enactment)." Merton, *Social Theory and Social Structure*, 611.

14. Seth Shulman, *Owning the Future*(Boston: Houghton Mifflen Co., 1999), 54.

15. Merton, *Social Theory and Social Structure*, 610.

16. Merton, *Social Theory and Social Structure*, 610.

17. Ziman, *Real Science*, 180.

18. Ziman, *Real Science*, 174.

19. Robert K. Merton, personal communication, October 7, 2002.

20. 저널 *Weed Science* 1983-1993에 실린 논문들을 분류하는 과정에서, 우리는 제초제에 대한 연구논문이 비화학적인 잡초 통제에 대한 논문들보다 월등하게 많다는 사실을 발견했다. Sheldon Krimsky and Roger Wrubel, *Agricultural Biotechnology and the Environment*(Urbana: University of Illinois Press, 1996), 52-53.

21. 일리노이 대학에서 식업의학과 환경의학을 연구하는 새무얼 앱스타인은 1998년에 미국암학회가 "학회의 전체 예산 중에서 백분의 1퍼센트 이하의 연구비를 환경에 의한 발암에" 할당했다고 주장했다. www.nutrition4health.org/NOHAnews/NNSO1_EpsteinCancer.htm(accessed May 23, 2002).

22. Merton, *Social Theory and Social Structure*, 614.

23. Merton, *Social Theory and Social Structure*, 601.

24. 마틴 케니는 "산학 복합체(university-industrial complex)"라는 신조어를 그의 저서의 제목으로 사용했다. *Biotechnology: The University-Industrial Complex*(New Haven: Yale University Press, 1986).

25. Barbara J. Culliton, "The Academic-Industrial Complex," *Science* 216(May 28, 1982): 960.

26. National Science Foundation, Directorate for Social, Behavioral and Economic Science, "How Has the Field Mix of Academic R&D Changed?"(December 2, 1999), 99-309. 다음 표들을 보라. B-32, "Total R&D Expenditures at Universities and

Colleges: Fiscal Years 1992-1999"; Table B-38, "Industry-Sponsored R&D Expenditures at Universities and Colleges: Fiscal Years 1992-1999." Accessed at www.nsf.gov/search97cgi/vtopic.

27. National Science Foundation, *Science and Engineering Indicators*, 2002(Washington, D.C.: NSF, 2002), appendix table 5-2, "Support for Academic R&D, by Sector: 1953-2000."
28. David Concor, "Corporate Science versus the Right to Know," *New Scientist* 173 (March 16, 2002): 14.
29. The Association of University Technology Managers, *AUTM Licensing Survey: FY2000* (2002), 115-119, at www.uutm.net/survey/2000/summary.noe.pdf(accessed on September 15, 2002).
30. David Dickson, *The New Politics of Science*(New York: Pantheon, 1984), 105-106.
31. David Blumenthal, Michael Gluck, Karen S. Louis, Michael A. Soto, and David Wise, "University-Industry Research Relationships in Biotechnology: Implications for the University," *Science* 232(June 13, 1986): 1361-1366.
32. Blumenthal et al., "University-Industry Research Relationships," 1365.
33. David Blumenthal, Michael Gluck, Karen S. Louis, and David Wise, "Industrial Support of University Research in Biotechnology," *Science* 231(January 17, 1986): 242-246.
34. Blumenthal et al., "Industrial Support of University Research," 246.
35. David Blumenthal, Nancyanne Causine, Eric Campbell et al., "Relationships between Academic Institutions and Industry in the Life Science: An Industry Survey," *New England Journal of Medicine* 334(February 8,1996): 368-373.
36. Richard Florida, "The Role of the University: Leveraging Talent, Not Technology," *Issues in Science and Technology* 15(Summer 1999): 67-73.
37. David Blumenthal, Eric G. Campbell, Melissa S. Anderson, Nancyanne Causino, "Withholding Research Results in Academic Life Science: Evidence from a National Survey of Faculty," *Journal of the American Medical Association* 277(April 16, 1997):1224-1228.
38. Blumenthal et al., "Withholding Research Results," 1224-1228.
39. Eric G. Campbell, Brian R. Clarridge, Manjusha Gokhale et al., "Data Withholding in Academic Genetics," *Journal of the American Medical Association* 287(January 23/30, 2002): 473-480.
40. Robert K. Merton, "A Note on Science and Democracy," *Journal of Legal and Political Sociology* 1(1942): 115-126.

41. U.S. Patent and Trademark Office, Department of Commerce, "Utility Examination Guidelines," *Federal Register* 66(January 5, 2001): 1092-1099.
42. M. Patricia Thayer and Richard A. DeLiberty, "The Research Exemption to Patent Infringement: The Time Has Come for Legislation," *The Journal of Biolaw and Business* 4, no. 1(2000): 15-22.
43. 사람의 유전자 숫자에 대한 추정치는 처음의 10만 개에서 3만 개로 줄어들었다.
44. Peter G. Gosselin, "Deal on Publishing Genome Data Criticized," *Los Angeles Times*, December 8, 2000, A7.
45. Simson Garfunkle, "A Prime Argument in Patent Debate," *Boston Globe*, April 6, 1995, A69-70.
46. Ziman, *Real Science*, 78.
47. Ziman, *Real Science*, 79.
48. Ziman, *Real Science*, 116.

6장 연방자문위원회의 문제점

1. Susan Wright, *Molecular Politics*(Chicago: University of Chicago Press, 1994) 529, n. 44.
2. U.S. General Services Administration, "Twenty-Seventh Annual Report on Federal Advisory Committees: Fiscal Year 1998"(March 1, 1999), 1, at policyworks.gov/mc/mc-pdf/fac98rpt.pdf(accessed February 20, 2001).
3. U.S. General Services Administration, "Twenty-Seventh Annual Report," 7.
4. U.S.C. App. 2 Sec. 5(b)(3).
5. 다음을 참조하라. 18 U.S.C. 208(a), sec. 18 U.S.C., sec. 208(a), purpose.
6. President William J. Clinton, Executive Order No. 12838, "Termination and Limitation of Federal Advisory Committees," December 31, 1993.
7. Office of Government Ethics, "Interpretations, Exemptions and Waiver Guidance Concerning 18 U.S.C.(Act Affects a Personal Financial Interest)" *Federal Register* 61 (December 18, 1996): 66829.
8. 5 C.F.R 2640.103(a).
9. Anonymous, "How the Study Was Done," *USA Today*, September 25, 2000.
10. Dennis Cauchon, "Number of Experts Available Is Limited," *USA Today*, September 25, 2000, 10A.
11. Dennis Cauchon, "FDA Advisers Tied to Industry," *USA Today*, September 25, 2000.

12. Cauchon, "FDA Advisers Tied to Industry."
13. Cauchon, "FDA Advisers Tied to Industry."
14. Committee on Government Reform, U.S. House of Representatives, *Conflicts of Interest in Vaccine Policy Making*, majority staff report, August 21, 2000, at house.gov/reform/staff_report 1.doc(accessed May 28, 2002).
15. Committee on Government Reform, *Conflicts of Interest*, 1.
16. Dan Burton, Chair, Committee on Government Reform, U.S. House of Representatives, letter to Secretary of Health and Human Services, Donna E. Shalala, August 10, 2000.
17. Committee on Government Reform, *Conflicts of Interest*, 19.
18. Committee on Government Reform, *Conflicts of Interest*, 27.
19. FDA의 백신 및 연관 생물학 제제 자문위원회(VRBPAC)는 로타바이러스 백신인 '로타실드'에 대한 표결을 위해 1997년 12월 12일에 회의를 열었다.
20. Committee on Government Reform, *Conflicts of Interest*, 37.
21. Rose Gutfeld, "Panel Urges FDA to Act on Adviser Bias," *Wall Street Journal*, December 9, 1992, B6.
22. *Physicians Committee for Responsible Medicine v. Dan Glickman, Secretary, USDA*. Civil Action No. 99-3107. Decided September 30, 2000.
23. Marion Nestle, *Food Politics*(Berkeley: University of California Press, 2002), 111.
24. Marion Nestle, "Food Company Sponsorship of Nutrition Research and Professional Activities: A Conflict of Interest?" *Public Health Nutrition* 4(2001):1015-1022.
25. U.S. General Accounting Office, EPA's Science Advisory Board Panels(Washington, D. C.: GAO-0 1-536, June 2001).
26. U.S. General Accounting Office, EPA's Science Advisory Board Panels, 5.
27. U.S. General Accounting Office, EPA's Science Advisory Board Panels, 13.
28. 양자역학에서 하이젠베르크의 불확정성 원리에 따르면, 원자보다 작은 입자의 위치와 속도를 동시에 무한한 정확도로 측정하는 것은 불가능하다. 위치와 속도의 특정 정확도는 역의 상관 관계를 가진다.

7장 교수들, 기업에 합병되다

1. Sheila Slaughter and Larry L. Leslie, *Academic Capitalism*(Baltimore: The Johns Hopkins University Press, 1997), 7.
2. 《네이처》는 생물학의 상업화에서 학계의 역할을 둘러싼 데이비드 볼티모어와 나 사이의 논

쟁을 다음 기사에서 다루고 있다. "The Ties That Bind or Benefit," *Nature* 283(January 10, 1980): 130-131.

3. Eliot Marshall, "When Commerce and Academe Collide," *Science* 248(April 13,1990): 152.
4. 다음 문헌에서 인용, David Dickson, *The New Politics of Science*(New York: Pantheon, 1984), 78.
5. David Blumenthal, "Academic-Industry Relationships in the Life Sciences," *Journal of the American Medical Association* 268(December 16, 1992): 3344-3349.
6. Elizabeth A. Boyd and Lisa A. Bero, "Assessment of Faculty Financial Relationships with Industry: A Case Study," *Journal of the American Medical Association* 284 (November 1, 2000): 2209-2214.
7. Editorial, "Is the University-Industrial Complex Out of Control?" *Nature* 409(January 11, 2001): 119.
8. Howard Markel, "Weighing Medical Ethics for Many Years to Come," *New York Times* July 2, 2002, D6.
9. Catherine D. DeAngelis, "Conflict of Interest and the Public Trust," editorial, *Journal of the American Medical Association* 284(November 1, 2000): 2193-2202.
10. Sheldon Krimsky, L. S. Rothenberg, P. Stott, and G. Kyle, "Financial Interests of Authors in Scientific Journals: A Pilot Study of 14 Publications," *Science and Engineering Ethics* 2(1996): 395-410.
11. Trish Wilson and Steve Riley, "High Stakes on Campus," *News & Observer*, April 3, 1994.
12. Steve Riley, "Professor Faulted for Role in Brochure," *News & Observer*, September 18, 1994.
13. Mathew Kaufman and Andrew Julian, "Medical Research: Can We Trust It?" *Hartford Courant*, April 9, 2000, A1,10.
14. Slaughter and Leslie, *Academic Capitalism*, 203.
15. Tufts University, Dean of Students Office, School of Arts, Sciences, and Engineering, *Academic Integrity @Tufts*, August 1999.
16. Mathew Kaufman and AndrewJulian, "Scientists Helped Industry to Push Diet Drug," *Hartford Courant*, April 10, 2000, A1, A8.
17. 다음 문헌을 보라. *Journal of the American Medical Association*, "Instructions for Authors" at ama-assn.org/public/journals/jama/instruct.htm.
18. Sheldon Rampton and John Stauber, *Trust Us, We're Experts*(New York: Tarcher/Putnam 2001), 201.

19. Sarah Bosely, "Scandal of Scientists Who Take Money for Papers Ghostwritten by Drug Companies," *The Guardian Weekly*, February 7, 2002.
20. Melody Peterson, "Suit Says Company Promoted Drug in Exam Rooms," *New York Times*, Business section, May 15, 2002, 5.
21. Annette Flanagin, Lisa A. Carey, Phil B. Fontanarosa, et al., "Prevalence of Articles with Honorary Authors and Ghost Authors in Peer-Reviewed Medical Journals," *Journal of the American Medical Association* 280(July 15, 1998): 222-224.
22. *Allegiance Healthcare Corporation v. London International Group, PLC., Regent Hospital Products, Ltd., LRC North America*. United States District Court for the Northern District of Georgia, Atlanta Division. Civil Action No. 1:98-CV-1796-CC, pp. 2-3.
23. *Allegiance v. Regent*. United States District Court for the Northern District of Georgia, Atlanta Division. Civil Action No. 1:98-CV 1796-CC.
24. *Daubert v. Merrell Dow Pharmaceuticals, Inc.*, 43F.3d 1311(9th Cir 1995).

8장 과학의 이해상충

1. 나는 2001년 8월 27일을 선택했다. 그것은 이 장을 쓰기 시작한 날이다.
2. 랜덤하우스 사전에 따르면 '이해상충'은 다음과 같이 정의된다. "공무원, 기업의 책임자, 또는 그에 준하는 사람들의 개인적 이해관계가 당사자의 공적 활동으로부터 이익을 얻거나 영향을 받을 수 있는 상황(the circumstance of a public officeholder, business executive, or the like, whose personal interests might benefit from his or her official actions or influence)."
3. Andrew Stark, *Conflict of Interest in American Public Life*(Cambridge, Mass.: Harvard University Press, 2000).
4. Stark, *Conflict of Interest*, 123.
5. James Dao, "Rumsfeld Says He Is Limiting Role Because of Stock Holdings," *New York Times*, August 24, 2001.
6. D. F. Thompson, "Understanding Financial Conflicts of Interest: Sounding Board," *New England Journal of Medicine* 329(1993): 573-576.
7. Association of American Medical Colleges, "Guidelines for Dealing with Faculty Conflicts of Commitment and Conflicts of Interest in Research," *Academic Medicine* 65 (1990): 488-496.
8. Department of Health and Human Services, National Institutes of Health, Conference

on Human Subject Protection and Financial Conflicts of Interest, Plenary Presentation (Baltimore, Maryland, August 15-16, 2000) at aspe.hhs.gov/sp/coi/8-16.htm, p. 35 (accessed October 31, 2002).

9. Moore v. Regents of the University of California, 793 P. 2d 479, 271. Cal Rptr.(1990).
10. Moore v. Regents of the University of California, 793 P. 2d 479, 271. Cal Rptr. (1990).
11. Moore v. Regents of the University of California, 51 Cal. 3d 120; P. 2d 479.
12. Sheryl Gay Stolberg, "University Restricts Institute after Gene Therapy Death," *New York Times*, May 25, 2000, A18.
13. Jennifer Washburn, "Informed Consent," *Washington Post Magazine*, December 20, 2001, 23.
14. Washburn, "Informed Consent," 23.
15. Deborah Nelson and Rick Weiss, "Penn Researchers Sued in Gene Therapy Death," *Washington Post*, September 19, 2000, A3.
16. Eliot Marshall, "Universities Puncture Modest Regulatory Trial Balloon," *Science* 291 (March 16, 2001): 2060.
17. Department of Health and Human Services, Office of Public Health and Science, Draft, "Financial Relationships and Interests in Research Involving Human Subjects: Guidance for Human Subject Protection." *Federal Register* 68(March 31, 2003): 15456-15460.
18. "Financial Relationships and Interests in Research Involving Human Subjects," March 31, 2003.
19. Deposition of Dr. Peter Tugwell, United States District Court, Northern District of Alabama, Southern Division, April 27, 1999. File #CV92-1000-S, p. 467.
20. Deposition of Dr. Peter Tugwell, File #CV92-1000-S, p. 447.
21. Deposition of Dr. Peter Tugwell, File #CV92-1000-S, p. 772.
22. Deposition of Dr. Peter Tugwell, File #CV92-1000-S, p. 462.
23. Deposition of Dr. Peter Tugwell, File #CV92-1000-S, p. 488.
24. Silicone Gel Breast Implant Products Liability Litigation(MDL 926). Deposition of Peter Tugwell, U.S. District Court, District of Alabama, Southern Division, April 5, 1999, p. 116.
25. Ralph Knowles(attorney), interview, November 29, 2001.
26. Barbara S. Hulka, Nancy L. Kerkvliet, and Peter Tugwell, "Experience of a Scientific Panel Formed to Advise the Federal Judiciary on Silicone Breast Implants," *New England Journal of Medicine* 342(March 16, 2000): 912-915.

27. Hulka, Kerkvliet, and Tugwell, "Experience of a Scientific Panel," 912.
28. Robert Steinbrook, deputy editor, New England Journal of Medicine, letter to Ralph I. Knowles Jr., attorney, July 21, 2000.

9장 편향에 대한 물음

1. 이 중에는 다음 저널도 포함된다. *Accountability in Research: Policies and Quality Assurance; Science and Engineering Ethics.*
2. Editorial, "Avoid Financial 'Correctness'", *Nature* 385(February 6,1997): 469.
3. 이 사례에 대한 서술은 다음 연구를 참조했다. Gilbert Geiss, Alan Mobley, and David Schichor, "Private Prisons, Criminological Research, and Conflict of Interest: A Case Study," *Crime & Delinquency* 45(1999): 372-388.
4. Lonn Lanza-Kaduce, Karen E. Parker, and Charles W. Thomas, "A Comparative Recidivism Analysis of Releases from Private and Public Prisons," *Crime & Delinquency* 45(1999): 28-47.
5. Samuel J. Brakel, "Prison Management, Private Enterprise Style: The Inmates Evaluation," *New England Journal of Criminal and Civil Commitment* 14(1988): 174-214.
6. Geiss, Mobley, Schichor, "Private Prisons," 374.
7. U.S. General Accounting Office, *Private and Public Prisons: Studies Comparing Operational Costs and/or Quality of Service*, report to the Subcommittee on Crime, Committee on the judiciary, House of Representatives, August 1996, GAO/GGD-96-158.
8. Richard A. Davidson, "Source of Funding and Outcome of Clinical Trials," *Journal of General Internal Medicine* 1(May June 1986): 155-158.
9. Davidson, "Source of Funding," 156.
10. Lise L. Kjaergard and Bodil Als-Nielsen, "Association between Competing Interests and Authors' Conclusions: Epidemiological Study of Randomized Clinical Trials Published in BMJ," *British Medical Journal* 325(August 3, 2002): 249-252.
11. Kjaergard and Als-Nielsen, "Association between Competing Interests," 249.
12. K. Wahlbeck and C. Adams, "Beyond Conflict of Interest: Sponsored Drug Trials Show More Favourable Outcomes," *British Medical Journal* 318(1999): 465.
13. Benjamin Djulbegovic, Mensura Lacevic, Alan Cantor et al., "The Uncertainty Principle and Industry-Sponsored Research," *The Lancet* 356(August 19, 2000): 635-

638.
14. H. T. Stelfox, G. Chua, G. K. O'Rourke, A. S. Detsky, "Conflict of Interest in the Debate over Calcium-Channel Antagonists," *New England Journal of Medicine* 338 (January 8, 1998): 101-106.
15. Stelfox et al., "Conflict of Interest," 101-106.
16. Kurt Eichenwald and Gina Kolata, "Hidden Interest: When Physicians Double As Entrepreneurs," *New York Times*, November 30, 1999, A1, C16.
17. Mark Friedberg, Bernard Saffron, Tammy J. Stinson et al., "Evaluation of Conflict of Interest in Economic Analyses of New Drugs Used in Oncology," *Journal of the American Medical Association* 282(October 20, 1999): 1453-1457.
18. Friedberg et al., "Evaluation of Conflict of Interest," 1455.
19. Friedberg et al., "Evaluation of Conflict of Interest," 1456.
20. Friedberg et al., "Evaluation of Conflict of Interest," 1456.
21. Sheldon Krimsky, "Conflict of Interest and Cost-Effectiveness Analysis," *Journal of the American Medical Association* 282(October 20, 1999): 1474-1475.
22. Paula A. Rochon, Jerry H. Gurwitz, C. Mark Cheung et al., "Evaluating the Quality of Articles Published in Journal Supplements Compared with the Quality of Those Published in the Parent Journal," *Journal of the American Medical Association* 272 (July 13,1994): 108-113.
23. Rochon et al., "Evaluating the Quality of Articles," 111.
24. Rochon et al., "Evaluating the Quality of Articles," 112.
25. P. A. Rochon, J. H. Gurwitz, R. W. Simms et al., "A Study of Manufacturer Supported Trials of Nonsteroidal Anti-inflammatory Drugs in the Treatment of Arthritis," *Archives of Internal Medicine* 154(1994): 157-163.
26. 이 사례는 다음 두 문헌을 참조했다. Katherine Uraneck, "Scientists Court New Ethics Distinctions: Questions about Litigation and Human Research Puzzle Ethicists," The Scientist 15(July 23, 2001): 32. James Bruggers, "Brain Damage Blamed on Solvent Use. Railworkers Suffer after Decades of Exposure; CSX Denies Link," *The Courier Journal*, May 13, 2001.
27. J. W. Albers, J. J. Wald, D. H. Garabrant et al., "Neurologic Evaluation of Workers Previously Diagnosed with Solvent-Induced Toxic Encephalopathy," *Journal of Occupational and Environmental Medicine* 42(April 2000): 410-423.
28. See ourstolenfuture.org/policy/2001-07niehs.acc.htm. Also, niehs.nih.gov.
29. Dan Fagin and Marianne Lavelle, *Toxic Deception*(Secaucus, NJ.- Carol Publishing Group, 1996),51.

30. *Blum v. Merrell Dow Pharmaceuticals, Inc.*, Supreme Court of Pennsylvania, 564Pa.3, 764A.2d.1, decided December 22, 2000. Dissent of Justice Ronald D. Castille.
31. *Blum v. Merrell Dow Pharmaceuticals*, p. 13.
32. United States District Court, Northern District of Alabama, Southern Division. In re: Silicone gel breast implants products liability litigation, (MDL 926), Case No. CV 92-P-10000-S.
33. M. C. Hochberg, Associate Professor of Medicine, Johns Hopkins University가 R. R. LeVier, Dow Corning Corp.,에게 1991년 2월 21일에 보낸 서한. "다우 코닝 사의 과학자들이 준 사려 깊은 지적으로 프로토콜이 변경되었습니다."
34. James R. Jenkins, Dow Corning Corporation, vice president, affidavit, July 10, 1995, record no. 0486.
35. Allan Fudim, attorney(Lester, Schwab, Katz & Dwyer)가 F. C. Woodside, Dinsmore & Shohl; G. G. Thiese, Dow Corning Corp.; R. Cook, Dow Corning Corporation에 1992년 7월 2일에 보낸 서한.
36. John C. Stauber and Sheldon Rampton, "Science under Pressure: Dow-Funded Studies Say 'No Problem,'" *PR Watch* Archives 1, no. 1(1996), at private.org/prwissues/1996Q1/siliconel l.html(accessed November 29, 2001).
37. Nicholas Ashford, "Disclosure of Interest: A Time for Clarity," *American Journal of Industrial Medicine* 28(1995): 611-612.
38. Department of Health and Human Services, National Institutes of Health, Conference on Human Subject Protection and Financial Conflicts of Interest, Bethesda, MD, August 15-16, 2000, plenary presentation, at aspe.hhs.gov/sp/coi/8-16.htm(p. 36; accessed October 31, 2002).
39. Justin E. Bekelman, Yan Li, and Cary P. Gross, "Scope and Impact of Financial Conflicts of Interest in Biomedical Research: A Systematic Review," *Journal of the American Medical Association* 289(January 22/29, 2003): 454-465, p. 454.
40. Bekelman, Li, and Gross, "Scope and Impact of Financial Conflicts," p. 463.

10장 과학 학술지

1. 1963년에 발행되던 과학 저널의 숫자는 약 3만 개였다. 다음 문헌을 참조하라. Derek J. de Solla Price, *Little Science, Big Science*(New York: Columbia University Press, 1963). 의학과 생물학 분야에 대한 울리히의 온라인 데이터베이스에는 전 세계 언어로 된 29,683

건의 출간물이 포함되어 있다. 다음 문헌을 보라. Sheldon Krimsky and L. S. Rothenberg, "Conflict of Interest Policies in Science and Medical Journals: Editorial Practices and Author Disclosures," *Science and Engineering Ethics* 7(2001): 205-218.
2. Sheila Slaughter, Teresa Campbell, Margaret Holleman, and Edward Morgan, "The 'Traffic' in Graduate Students: Graduate Students As Tokens of Exchange between Academic and Industry," *Science, Technology and Human Values* 27(Spring 2002): 283-312.
3. Dorothy Nelkin, "Publication and Promotion: The Performance of Science," *The Lancet* 352(September 12, 1998): 893.
4. Arnold Relman, "Dealing with Conflict of Interest," *New England Journal of Medicine* 310(May 31, 1984): 1182-1183.
5. Relman, "Dealing with Conflict of Interest," 1182.
6. Marcia Angel, "Is Academic Medicine for Sale?" *New England Journal of Medicine* 342 (May 18,2000): 1516-1518.
7. Eliot Marshall, "When Commerce and Academe Collide," *Science* 248(April 13, 1990): 152, 154-156.
8. Sheldon Krimsky, James Ennis, and Robert Weissman, "Academic Corporate Ties in Biotechnology: A Quantitative Study," *Science, Technology & Human Values* 16 (Summer 1991): 275-287.
9. Editorial, "Avoid Financial 'Correctness,'" *Nature* 385(February 6,1997): 469.
10. Editorial, "Avoid Financial 'Correctness,'" 469.
11. Editorial, "Declaration of Financial Interests," *Nature* 412(August 23, 2001): 751.
12. Editorial, "Declaration of Financial Interests," 751.
13. International Committee of Medical Journal Editors, "Uniform Requirements for Manuscripts Submitted to Biomedical Journals," *Annals of Internal Medicine* 108 (1988): 258-265.
14. American Federation for Clinical Research(AFCR), "Guidelines for Avoiding a Conflict of Interest," *Clinical Research* 38(1990): 239-240.
15. International Committee of Medical Journal Editors, "Conflicts of Interest," *The Lancet* 341(1993): 742-743.
16. International Committee of Medical Journal Editors, "Statement on Project Specific Industry Support for Research," *Canadian Medical Association Journal* 158(1998): 615-616.
17. International Committee of Medical Journal Editors, "Sponsorship, Authorship, and Accountability," *New England Journal of Medicine* 345(September 13, 2001): 825-

826.

18. Kevin A. Schulman, Damin M. Seils, Justin W. Timbie, et al., "A National Survey of Provisions in Clinical-Trial Agreements between Medical Schools and Industry Sponsors," *New England Journal of Medicine* 347(October 24,2002): 1335-1341.

19. 즉시성 지수는 한 저널에 실린 논문들이 얼마나 빨리 인용되는지에 대한 지수이다. 이 지수는 특정 해에 인용된 논문의 숫자를 그 해에 게재된 논문의 숫자로 나누어서 얻는다. 다음 사이트를 참조하라. www. isinet.com/isi/.

20. S. van McCrary, Cheryl B. Anderson, Jelena Jakovljevic, et al., "A National Survey of Policies on Disclosure of Conflicts of Interest in Biomedical Research," *New England Journal of Medicine* 343(November 30, 2000): 1621-1626.

21. Sheldon Krimsky and L. S. Rothenberg, "Conflict of Interest Policies in Science and Medical Journals: Editorial Practices and Author Disclosure," *Science and Engineering Ethics* 7(2001): 205-218.

22. D. Blumenthal, N. Causino, E. Campbell, K. S. Louis, "Relationships between Academic Institutions and Industry in the Life Sciences-An Industry Survey," *New England Journal of Medicine* 334(February 8,1996): 368-373.

23. Jeffrey M. Drazen and Gregory D. Curfman, "Financial Associations of Authors," New England Journal of Medicine 346(June 13,2002): 1901-1902.

24. Drazen and Curfman, "Financial Associations of Authors," 1901.

25. Jerry H. Berke, review of Living Downstream: An Ecologist Looks at Cancer and the Environment by Sandra Steingraber, *New England journal of Medicine* 337 (November 20, 1997): 1562.

26. G. Edwards, T. R. Babor, W Hall, and R. West, "Another Mirror Shattered? Tobacco Industry Involvement Suspected in a Book Which Claims That Nicotine Is Not Addictive," *Addiction* 97(January 2002): 1-5.

27. Edwards et al., "Another Mirror Shattered?" 2.

28. Edwards et al., "Another Mirror Shattered?" 1.

29. Edwards et al., "Another Mirror Shattered?" 4.

30. Annette Flanagin, "Conflict of Interest," in *Ethical Issues in Biomedical Publication*, ed. Anne Hudson Jones and Faith McLellan(Baltimore: The Johns Hopkins University Press, 2000), 137.

31. George N. Papanikolaou, Maria S. Baltogianni, Despina G. Contopoulos Ioannidis et al., "Reporting of Conflicts of Interest in Guidelines of Prevention and Therapeutic Interventions," BMC *Medical Research Methodology* 1(2001): 1-6. E -Journal: biomedcentral.com/1471-2288/1/3.

11장 공익 과학의 죽음

1. Philip A. Sharpe, "The Biomedical Sciences in Context," in *The Fragile Contract: University Science and the Federal Government*, ed. D. H. Guston and K. Keniston (Cambridge, Mass.: MIT Press, 1994), 148.
2. Walter W. Powell and Jason Owen-Smith, "Universities As Creators and Retailers of Intellectual Property: Life Sciences Research and Commercial Development," in *To Profit or Not to Profit*, ed. Burton A. Weibrod(Cambridge, U.K.: Cambridge University Press, 1991), 192.
3. Derek Bok, "Barbarians at the Gates: Who Are They, How Can We Protect Ourselves, and Why Does It Matter?" A talk given at Emory University, at the Sam Nunn Bank of America Policy Forum titled "Commercialization of the Academy," April 6, 2002.
4. Website of the Association for Science in the Public Interest: public-science.org (accessed August 31, 2002).
5. Jospeh B. Perone, "Phi Beta Capitalism," *The Star-Ledger*, February 25, 2001.
6. Sheila Slaughter and Larry L. Leslie, *Academic Capitalism*(Baltimore: The Johns Hopkins University Press, 1997), 179.
7. Slaughter and Leslie, *Academic Capitalism*, 179.
8. Jeff Gerth and Sheryl Gay Stolberg, "Drug Companies Profit from Research Supported by Taxpayers," *New York Times*, April 23, 2000.
9. Gary Rhodes and Sheila Slaughter, "The Public Interest and Professional Labor: Research Universities," *Culture and Ideology in Higher Education: Advancing a Critical Agenda*, ed. William G. Tierney(New York: Praeger, 1991).
10. Donald Kennedy, "Enclosing the Research Commons," *Science* 294(December 14, 2001): 2249.
11. Barry Commoner, interview by D. Scott Peterson, April 24, 1973.
12. Barry Commoner, interview by D. Scott Peterson, April 24, 1973.
13. B. Commoner, J. Townsend, and G. E. Pake, "Free Radicals in Biological Materials," *Nature* 174(October 9,1954): 689-691.
14. Barry Commoner, "Fallout and Water Pollution-Parallel Cases," *Scientist and Citizen* 7(December 1964): 2-7.
15. Barry Commoner, *Science and Survival*(New York: Viking Press, 1971), 120.
16. Barry Commoner, an interview with Alan Hall, *Scientific American* 276(June 23, 1997): 1-5, at sciam.com/search/search result.cfm(accessed November 29, 2002).
17. Barry Commoner, *The Closing Circle*(New York: Alfred A. Knopf, 1971).

18. D. H. Kohl, G. B. Shearer, and B. Commoner, "Fertilizer Nitrogen: Contribution to Nitrate in Surface Water in a Corn Belt Watershed," *Science* 174(December 24, 1971): 1331-1333.
19. Barry Commoner, P. Bartlett et al., "Long Range Transport of Dioxin from North American Sources to Ecologically Vulnerable Receptors in Nunavut, Arctic Canada," final report to Commission for Environmental Cooperation(October 2000).
20. R. K. Byers amd E. E. Lord, "Late Effects of Lead Poisoning on Mental Development," *American Journal of Diseases of Children* 66(1943): 471.
21. H. L. Needleman, O. Yuncay, and I. M. Shapiro, "Lead Levels in Deciduous Teeth of Urban and Suburban American Children," *Nature* 235(1972): 111-112.
22. H. L. Needleman, E. M. Sewell, and I. Davidson et al., "Lead Exposure in Philadelphia School Children: Identification by Dentine Lead Analysis," *New England Journal of Medicine* 290(1974): 245-248.
23. Herbert L. Needleman, "Salem Comes to the National Institutes of Health: Notes from Inside the Crucible of Scientific Integrity," *Pediatrics* 90(December 6, 1992): 977-981.
24. Needleman, "Salem Comes to the National Institutes of Health," 977.
25. Luz Claudio, "An Analysis of U.S. Environmental Protection Agency Testing Guidelines," *Regulatory Toxicology and Pharmacology* 16(1992): 202-212.
26. Holcomb B. Noble, "Far More Poor Children Are Being Hospitalized for Asthma, Study Shows" *New York Times*, July 27, 1999, B1.

12장 학계의 새로운 도덕적 감수성에 대한 전망

1. Noal Castree and Matthew Aprake, "Professional Geography and the Corporatization of the University: Experiences, Evaluations, and Engagements," *Antipode* 32(2000): 222-229.
2. James J. Duderstadt, *A University for the 21st Century*(Ann Arbor: University of Michigan Press, 2000), 144.
3. Duderstadt, *A University for the 21st Century*, 144.
4. U.S. House of Representatives, Committee on Energy and Commerce, Subcommittee on Oversight and Investigations, *House Hearing on the ImClone Controversy*, October 10, 2002.
5. Council on Ethical and Judicial Affairs, American Medical Association, *Code of Medical*

Ethics(Chicago: AMA, 2000-2001), xiii. Based on reports adopted through June 1999.
6. American Medical Association, *Code of Medical Ethics*, 69.
7. American Medical Association, *Code of Medical Ethics*, 69-70.
8. American Society of Gene Therapy, "Policy/Position Statement: Financial Conflict of Interest in Clinical Research," April 5, 2000, at www. asgt.org/policy/index.html.
9. The Association of American Medical Colleges, Task Force on Financial Conflicts of Interest in Clinical Research, *Protecting Subjects, Preserving Trust, Promoting Progress* (December 2001), 3.
10. Association of American Medical Colleges, *Protecting Subjects*, 7.
11. Association of American Medical Colleges, *Protecting Subjects*, 7.
12. Association of American Medical Colleges, *Protecting Subjects*, 7.
13. Task Force on Research Accountability, Association of American Universities, *Report on Individual and Institutional Financial Conflict of Interest*(October 2001).
14. Task Force on Research Accountability, *Report on Individual*, 2.
15. Task Force on Research Accountability, *Report on Individual*, 4.
16. Task Force on Research Accountability, *Report on Individual*, 4.
17. Task Force on Research Accountability, *Report on Individual*, 6.
18. Task Force on Research Accountability, *Report on Individual*, 10.
19. Task Force on Research Accountability, *Report on Individual*, 12.
20. June Gibbs Brown, Office of the Inspector General, Department of Health and Human Services, *Recruiting Human Subjects*(June 2000), OEI-01-97-00196, appendix A, 16-17.
21. Policies and Procedures Subcommittee, Executive Committee, Science Advisory Board, U.S. Environmental Protection Agency, *Overview of the Panel Formation Process at the EPA Science Advisory Board*(May 2002), A4.
22. National Institutes of Health, *Guidelines for the Conduct of Research in the Intramural Research Program at NIH*, adopted January 1997, 출처: nih.gov/news/imews/guidelines.htm(accessed July 5, 2002).
23. Department of Health and Human Services, news release, "Secretary Shalala Bolsters Protections for Human Research Subjects," *HHS NEWS*, May 23, 2000.
24. Department of Health and Human Services, Office of the Secretary, "Human Subject Protection and Financial Conflict of Interest: Conference," *Federal Register* 65(accessed July 3, 2000): 41073-41076, p. 41073.
25. At ohrp.osophs.dhhs.gov/humansubjects/finreltin/finguid.htm(accessed July 9, 2002).

26. At ohrp.osophs.dhhs.gov/humansubjects/finreltin/finguid.htm, p. 1.

27. Department of Health and Human Services, Office of Public Health and Science, Draft, "Financial Relationships and Interests in Research Involving Human Subjects: Guidance for Human Subject Protection." *Federal Register* 68(March 31, 2003): 15456-15460.

28. Department of Health and Human Services, "Financial Relationships in Clinical Research: Issues for Institutions, Clinical Investigators, and IRBs to Consider When Dealing with Issues of Financial Interests and Human Subject Protection" in *Draft Interim Guidance*(June 10, 2001), at http://ohrp.osophs.dhhs.gov/humansubjects/finreltin/finguid.htm.

29. Lori Pressman, ed., *AUTM Licensing Survey: FY 1999* (Northbrook, Ill.: Association of University Technology Managers, 2000), 2, at www. autm.net/surveys/99/survey/99A.pdf(accessed October 18, 2002).

30. Peter Shorett, Paul Rabinow, and Paul R. Billings, "The Changing Norms of the Life Sciences," *Nature Biotechnology* 21(2003): 123-125.

31. Mildred K. Cho, Ryo Shohara, Anna Schissel, and Drummond Rennie, "Policies on Faculty Conflicts of Interest at U.S. Universities," *Journal of the American Medical Association* 284(November 1, 2000): 2203-2208.

32. Cho et al., "Policies on Faculty Conflicts," 2208.

33. David Wickert, "UW Seldom Cuts Researcher, Corporate Ties," *The News Tribune*, October 14, 2002, 10.

34. Bernard Lo, Leslie E. Wolf, and Abiona Berkeley, "Conflicts-of-Interest Policies for Investigators in Clinical Trials," *New England Journal of Medicine* 343(November 30, 2000):1616-1620.

35. S. Van McCrary, Cheryl B. Anderson, Jelena Jakovljevic et al., "A National Survey of Policies on Disclosure of Conflicts of Interest in Biomedical Research," *New England Journal of Medicine* 343(November 30, 2000): 1621-1626.

36. A. Bartlett Giamatti, "The University, Industry, and Cooperative Research," *Science* 218(December 24, 1982): 1278-1280.

37. Giamatti, "The University, Industry, and Cooperative Research," 1280.

38. Hamilton Moses III and Joseph B. Martin, "Academic Relationships with Industry: A New Model for Biomedical Research," *Journal of the American Medical Association* 285(February 21, 2001): 933-935.

39. Duff Wilson and David Heath, "Uninformed Consent: They Call the Place 'Mother Hutch,'" *The Seattle Times*, March 14, 2001.

40. Duff Wilson and David Heath, "He Saw the Tests As a Violation of Trusting, Desparate Human Beings,"' *The Seattle Times*, March 12, 2001.

13장 결론: 공익 과학에 대한 재투자

1. Thorstein Veblen, *The Higher Learning in America*(New York: B. W Huebsch, 1919).
2. Veblen, *The Higher Learning in America*, 170-171.
3. Veblen, *The Higher Learning in America*, 186.
4. A. Bartlett Giamatti, *The University and the Public Interest*(New York: Athenium, 1981), 18.
5. Giamatti, *The University and the Public Interest*, 23.
6. Veblen, *The Higher Learning in America*, 224.
7. Veblen, *The Higher Learning in America*, 190.
8. Barbara L. Culliton, "The Academic-Industrial Complex," *Science* 216(May 28, 1982): 960-962.
9. Giamatti, *The University and the Public Interest*, 114.
10. James J. Duderstadt, *A University for the 21st Century*(Ann Arbor: University of Michigan Press, 2000), 163-164.
11. Cited in Duderstadt, *A University for the 21st Century*, 154.
12. Giamatti, *The University and the Public Interest*, 132.
13. Talcott Parsons and Gerald M. Platt, *The American University*(Cambridge, Mass.: Harvard University Press, 1975), 293.
14. Ronald B. Standler, *Academic Freedom in the USA*, at www. rbs2.com/afree.htm (accessed June 18, 2002).
15. 출처 www.uh.edu/fsTITF/history.html (accessed June 18, 2002).
16. Richard Hofstader and Walter P. Metzger, *The Development of Academic Freedom in the United States*(New York: Columbia, 1955).
17. Stanley Aronowitz, *The Knowledge Factory*(Boston: Beacon Press, 2000), 65.
18. Jacques Barzun, *The American University*(New York: Harper and Row, 1968), 59.
19. 이 사실을 내게 지적해준 사람은 존 디비아지오이다. 그는 코네티컷 대학, 미시건 대학 그리고 가장 최근에 터프츠 대학 등 3개 대학 총장을 지낸 인물이다.
20. Dan Fagin and Marianne Lavell, *Toxic Deception*(Secaucus, NJ.: Carol Publishing Group, 1996), 52.
21. Fagin and Lavell, *Toxic Deception*, 53.

22. Sheldon Krimsky, *Agricultural Biotechnology and the Environment*(Urbana: University of Illinois Press, 1996), 52-53.
23. Teresa Isabelle Daza Campbell and Sheila Slaughter, "Understanding the Potential for Misconduct in University-Industry Relationships: An Empirical View," in *Perspectives on Scholarly Misconduct in the Sciences*, ed. John M. Braxton(Columbus: Ohio State University Press, 1999), 259-282.
24. Duderstadt, *A University for the 21st Century*, 163.
25. Giamatti, *The University and the Public Interest*, 227.
26. Association of Governing Boards of Universities and Colleges, "AGB Statement on Institutional Governance and Governing in the Public Trust: External Influences on Colleges and Universities," Washington, D.C., 2001.
27. Ann S. Jennings and Suzanne E. Tomkies, "An Overlooked Site of Trade Secret and Other Intellectual Property Leaks: Academia," *Texas Intellectual Property Law Journal* 8(2000): 241-264.
28. Institute of Medicine, Committee on Assessing the System for Protecting Human Research Participants, *Responsible Research: A Systems Approach to Protecting Research Participants*(Washington, D.C.: The National Academies Press, 2003), 74.
29. Hamilton Moses III and Joseph B. Martin, "Academic Relationships with Industry: A New Model for Biomedical Research," *Journal of the American Medical Association* 285(February 21, 2001): 933-935.
30. David Michaels, Eula Bingham, Les Boden et al., "Advice without Dissent," editorial, *Science* 258(October 25, 2002): 703.

추천 도서

Bok, Derek. *Universities in the Marketplace: The Commercialization of Higher Education*. Princeton, NJ.: Princeton University Press, 2003.

Greenberg, Daniel S. Science, *Money and Politics: Political Triumph and Ethical Erosion*. Chicago: The University of Chicago Press, 2001.

Kenney, Martin. *Biotechnology: The University-Industrial Complex*. New Haven: Yale University Press, 1986.

Porter, Roger J., and Thomas E. Malone. *Biomedical Research: Collaboration and Conflict of Interest*. Baltimore: The Johns Hopkins University Press, 1992.

Rodwin, Marc A. *Medicine, Money & Morals: Physicians' Conflicts of Interest*. New

York: Oxford University Press, 1993.

Slaughter, Sheila, and Larry L. Leslie. *Academic Capitalism: Politics, Policies and the Entrepreneurial University*. Baltimore: The Johns Hopkins University Press, 1997.

Solely, Lawrence C. *Leasing the Ivory Tower: The Corporate Takeover of Academia*. Boston: South End Press, 1995.

Weisbrod, Burton A., *ed. To Profit or Not to Profit: The Commercial Transformation of the Non-Profit Sector*. Cambridge, U.K.: Cambridge University Press, 1998.

Yoxen, Edward. *The Gene Business*. New York: Harper & Row, 1983.

과학 상업화를 넘어 공익 과학을 향하여[1]

오늘날 우리의 과학은 그 어느 시대보다 자본에 긴밀하게 포박되어 있다. 오랫동안 과학은 공공재로 간주되어왔다. 즉 과학기술은 우리를 둘러싼 세계에 대한 지식을 향상시키고 인류의 발전을 위해 필요하며, 이러한 목적을 위해서라면 누구에게나 공유되는 무엇이라고 생각된 것이다. 그러나 과학기술을 둘러싼 상황은 2차 세계대전을 거치면서 빠른 속도로 바뀌었다. 과학은 날로 생활세계에 대한 규정력을 높여가면서, 예상하지 못했던 많은 문제점을 드러내기 시작했다.

가장 먼저 제기되었던 문제는 이른바 과학기술을 통한 '통제의 환상' 이다. 계몽시대 이래 '과학은 좋은 것' 이라는 인식이 보편적으로 확산되었다. 그것은 과학이 우리 주위의 자연을 제어하고, 우리 마음대로 통제해서 인류

1 —— 이 글은 2007년 11월 시민과학센터 10주년 기념 심포지엄 "한국의 과학기술 민주화 : 회고와 전망"에서 김동광이 발표한 「지향점으로서의 공익 과학과 그 맥락들」에 기반을 두고 있음을 밝혀둔다.

를 낙원으로 이끌어줄 핵심적인 동력으로 간주되었기 때문이다. 이러한 믿음이 워낙 강해서 유럽인은 과학지식과 기술적 능력만을 배타적 문명의 척도로 삼아 다른 민족들을 평가하기도 했다. 그러나 양차 대전을 거치면서, 특히 원자폭탄의 참상을 접하면서 많은 사람들이 이런 생각에 의구심을 품기 시작했고, 이후 레이첼 카슨의 『침묵의 봄』이 고발했듯이 과학이 환경 문제와 같은 예상치 못한 엄청난 결과를 가져올 수 있다는 인식이 확산되기 시작했다. 체르노빌 사태와 같은 기술 재난, 지구온난화, 광우병 그리고 조류 독감과 신종 플루 등을 통해 우리는 과학기술이 처음에 생각지 못한 예측 불가능한 문제를 낳을 수 있다는 생각을 차츰 받아들이게 되었다.

다른 한편, 그동안 우리가 과학에 대해 가졌던 또 하나의 소박한 가정이 더 이상 통용될 수 없게 되었다. 그것은 과학의 발전이 '모든' 사람들에게 혜택을 줄 것이라는 소박한 믿음이 점차 실현 불가능한 것으로 인식되었기 때문이다. '과학의 발전=인류의 발전'이라는 등식이 성립할 수 있었던 것은 과학이 발전하면 그 혜택이 저절로 모든 사람들에게 돌아갈 것이라는 생각 때문이었다. 그러나 이러한 생각은 과학기술이 사회와 무관한 활동이 아니라 사회적 활동social practice이라는 점을 인식하지 못한 소산이었다. 가령 정보기술은 한때 산업사회의 문제점을 해소시킬 것으로 기대되었지만 이른바 가진 자와 갖지 못한 자 사이의 정보 격차digital divide는 오히려 늘어가고 있다. 컴퓨터와 인터넷 기술을 활용해서 자신의 발전에 이용하는 능력은 성, 지역, 소득, 연령 등의 사회적 변인에 따라 큰 차이를 드러냈고, 많은 나라들이 이 문제를 해결하려고 노력했지만 큰 실효를 거두지 못했다. 생명공학의 진전 상황은 더욱 의구심을 높이고 있다. 배아줄기세포를 비롯한 최근의 시도는 그 산물이 소수에게 집중될 것이라는 우려를 불식시키지 못하고 있다. 따라서 과학기술의 발전이 불평등을 비롯한 사회 문제들을 오히려 증폭시킬 수 있다는 얄궂은 결과를 낳고 있다.

셋째, 과학 연구의 실행 자체가 게놈프로젝트 이후 급격하게 변화하고 있다. 한편으로는 과학 연구의 거대화로 인격적 주체인 과학기술자가 왜소해지고, 다른 한편으로는 과학기술자가 연구의 주도권을 상실하게 되었다. 연구 주제의 설정, 우선순위 결정, 진행 등의 모든 과정에서 자본이나 국가의 의지가 우선되면서 과학기술에 대한 거버넌스governance의 문제가 노골화되었다.

과학의 상업화와 공익 과학에 대한 논의는 이러한 복합적 문제 상황에서 비롯되었다. 과학의 상업화는 과학이 제도화되면서 꾸준히 진행되어왔다. 그러나 1980년대 이후의 상업화는 그 이전과는 비교할 수 없을 정도로 폭과 깊이로 가속화되면서 과학적 실행에 영향을 미쳤고, 과학 연구의 성격 속에 구조화되었다. 과학 상업화의 구조적 토대가 마련된 것은 미국에서 공교롭게도 같은 해인 1980년에 일어난 두 가지 사건을 통해서였다. 하나는 이후 생물특허의 길을 열어준 역사적 사건으로 꼽히는 다이아몬드 차크라바티 사건이었고, 다른 하나는 역시 1980년에 제정된 특허 및 상표에 관한 개정법안, 이른바 베이돌 법안이었다.

1980년대에 걸쳐 연방과 주 정부에서 수립된 일련의 정책들은 사기업들이 대학 연구에 좀더 많은 투자를 하도록 강력한 동기를 부여했다. 그 덕분에 대학들은 자신들의 소속 교수들이 이룬 발견으로부터 직접 이익을 얻을 수 있는 기회를 얻었다. 다이아몬드 차크라바티 판결은 유전자라는 공유지를 사유화해서 상품화할 수 있는 중요한 법적 토대를 제공했다. 당시 재판장 워런 버거는 "문제는 생물이냐 무생물이냐가 아니라 인간의 발명이냐 아니냐이다"라고 말해서 이후 동식물에 대한 특허의 길을 열어주었다. 대법원의 판결이 있은 7년 뒤인 1997년에 특허청은 동물을 포함한 모든 다세포 유기체에 특허가 부여될 수 있다는 결정을 공포했다. 특허청장 도널드 퀵은 인간 전체는 특허의 대상이 아니지만 모든 분리된 부분들에 대해서는 특허를 받을 수 있는 가능성을 열어놓음으로써 인간 유전자, 세포주, 조직, 기관을 비롯해서 배아와 태아도 특허 대상의 범주에 들어가게 되었다.

대법원은 유전자 조작된 박테리아가 그것이 사용된 과정과 별도로 '그 자체로' 특허의 대상이 될 수 있다고 판결했다. 이 판결 덕분에 세포주, DNA, 유전자, 동물 그리고 인간에 의해 조작되어 '제조된 상품'으로 분류되기에 적합한 그 밖의 모든 생물에 대한 특허 신청이 봇물을 이루었다. 연방대법원의 이 판결을 통해 미국 특허청은 지적 재산권의 범위를 아직까지 생물체 내에서 수행하는 역할이 밝혀지지 않은 DNA 단편들에 대해서까지 확장했다. 이 결정은 유전자의 염기서열을 해석한 대학 과학자들이 기업에 사용권을 주거나 스스로 자신의 회사를 설립할 수 있는 촉매제로 작용하는 지적 재산권을 가짐을 뜻했다.

다른 한편, 1980년에 대통령 및 의회에 조언을 제공하는 독립된 국가과학정책기구인 과학심의회National Science Board는 산학 협력을 연구의 초점으로 삼았다. 의회는 1980년에 특허 및 상표에 관한 개정법안, 흔히 베이돌 법안이라고 알려진 법안을 통해 특허법을 개정했다. 이 법안의 내용은 대학, 중소기업, 비영리 기구들에게 연방 연구기금으로 이루어진 발명에 대한 권리를 부여했다. 이 권리는 그 발명에 해당 기관의 자금이 지원되었는지 여부와 무관하게 주어졌다. 연방에서 지원한 연구를 통해 이루어진 발명에 대해 권리를 획득하는 자격은 1987년 4월 10일 행정명령(12591)에 의해 산업 전체로 확장되었다.

이러한 상업화의 양상은 우리나라에서도 1990년 말 IMF 위기를 전후해서 본격적으로 나타났다. 미국의 베이돌법과 비슷한 내용의 두 가지 법안이 마련되었다. 첫째는 2000년에 제정된 기술이전촉진법으로 공공연구기관이 개발한 기술을 민간부문에 이전하여 산업화하는 것을 적극 지원하는 것이고, 둘째는 산업교육진흥법 개정안이 2003년 통과되어 본격적으로 대학의 과학 연구가 상업화하는 계기를 맞게 되었다. 그로 말미암아 대학에 산학 협력 사업을 전담하는 별도 법인 형태로 산학 협력단이 설립되었다.

상업화, 무엇이 문제인가

그렇다면 상업화가 문제되는 지점은 어디인가? 여기에서 이야기하는 상업화의 문제는 사실 정도의 문제다. 얼마 전 한 토론회에서 필자가 상업화에 대한 발표를 했을 때, 청중에서 이런 질문이 나온 적이 있다. "상업화가 왜 나쁜가? 삼성이 우리를 먹여 살리고 있지 않은가?" 사실 이 질문은 한편으로 옳다. 과학의 역사에서 상업화가 고려되지 않은 적은 한 번도 없었을 것이다. 그러나 여기에서 문제로 삼는 것은 과도한 상업화다.

1972년에 설립되어 1995년에 폐지된 미의회 산하의 기술평가국은 산학 협력을 통해 대학과 기업의 이해관계를 적극적으로 통합시키려는 노력의 귀결로 제어하기 힘든 일부 난제들이 발생할 것이라고 예상했다. "산학 연계는 과학정보의 자유로운 교환을 저해하고, 학과 간 협력을 가로막고, 동료들 사이에서 갈등을 야기하고, 연구 결과의 발표를 지연시키거나 방해하기 때문에 대학의 학문적 환경에 나쁜 영향을 줄 수 있다. 나아가 특정 목적이 지시된 자금 지원directed funding은 간접적으로 대학에서 수행된 기초 연구의 유형에 영향을 미치고, 상업적 가능성이 전혀 없는 기초 연구에 대한 대학 과학자들의 관심이 줄어들게 할 가능성이 있다."(OTA, 1987) 이러한 기술평가국의 예견은 사실로 드러났다.

첫째, 이해상충의 증폭—공공성의 약화

이해상충은 모든 사회 구조에서 나타날 수 있다. 그 구조가 복잡할수록, 그리고 이해관계의 얽힘이 다양할수록 이해갈등이 나타날 가능성은 그만큼 높아진다고 할 수 있다. 최근 들어 과학에서 이해갈등 문제가 부각되는 까닭은 과학을 둘러싼 상황의 급격한 변화에서 찾을 수 있을 것이다. 특히 생명공학의 경우에서 드러나듯이 과거와는 다른 종류의 활동 영역이나 범주가 급격하게 과학 활동 속으로 편입되는 과정에서 과학자들이 전통적으로 지켜오던 가치와 규범이 무너지고, 새로운 상업주의적 에토스가 빠른 속도로 유입되는 과정에서 빚어지는 혼란이 이해갈등을 더욱 부각시키는 측면이 있다.

둘째, 과학정보의 자유로운 교환 저해

과학의 상업화가 야기하는 중요한 문제 중 하나는 과학 정보에 대한 독점, 자유로운 접근의 제약, 그리고 이해관계에 따라 정보의 일부를 고의적으로 은폐하는 문제다. 그 밖에도 상업화는 과학자들 사이에서 중요한 에토스로 간주되던 공유주의를 급속히 쇠퇴시키고 비밀주의를 강화하는 결과를 낳는다.

영국의 왕립학회는 과학기술과 연관해서 사회적으로 중요한 문제들을 미리 연구해서 일련의 권고를 제기하는 방식으로 사회적 공론화를 주도하는 오랜 전통을 가지고 있다. 왕립학회는 지난 2003년에 「Keeping Science Open; the Effects of Intellectual Property Policy on the Conduct of Science」라는 보고서를 제출했고, 이어 2006년에도 상업화로 인한 커뮤니케이션의 저해를 막기 위한 목적으로 「Science and the Public Interest, Communicating the Results of New Scientific Research to the Public」라

는 보고서를 발간했다.

2003년 보고서는 상업화의 진전으로 지적 재산권 보호 추세가 점차 강화되는 상황에서 지적 재산권이 과학 연구 활동에 미칠 수 있는 부작용을 경고했다. 연구는 특허와 지적 재산권은 한편으로 창조적 연구와 그에 대한 투자를 보호해줌으로써 혁신을 자극할 수 있지만, 다른 한편으로 그 결과가 독점된다는 사실은 사적 이윤과 공공선 사이에 긴장을 야기할 수 있고, 과학의 발전이 그것에 크게 기대는 사상과 정보의 자유로운 교환을 저해할 수 있다고 주장했다. 또한 특허와 지적 재산권이 강화되면서 그것을 목적으로 하는 연구들은 장기적 연구보다는 단기적 연구에 치중하는 위험이 있다고 경고했다. 이 연구는 "지적 재산권이 혁신과 투자를 자극하지만, 상업적인 세력들은 일부 영역에서 비합리적으로 그리고 불필요하게 정보에 접근하고 이용할 수 있는 권리, 그에 기반을 두어서 연구할 수 있는 권리를 제약한다. 특허와 저작권에 따른 이러한 공공재common에 대한 제약은 사회의 이익을 위한 것이 아니며, 과학을 위한 노력을 부당하게 방해하는 것이다"라고 결론지었다.

과학의 건전한 발전을 위해 새로운 과학 연구 결과를 공중과 투명하게 소통할 필요성을 강력하게 제기한 왕립학회의 2006년 보고서는 상업적 이해관계로 특정 연구 결과를 공개하지 않는 관행이 공익을 심각하게 훼손한다고 지적했다. 대학의 연구자나 학과와 계약을 맺은 기업들이 사전 협의 없이 연구 결과를 발표하지 못하는 사례는 비일비재하다. 그리고 그 상당수는 공중의 위험과 직결된다. 또한 상업적 이해관계에 대한 정보 소통의 제약은 과학자들의 과학에 대한 통제력을 극도로 약화한다. 이것은 상업화로 인해 점차 상업적 이윤이 과학에 대한 거버넌스를 장악하고 연구 과학자들의 자기결정권이 급격하게 줄어든다는 것을 뜻한다.

셋째, 과학자 사회 내에서 확산되는 비밀주의 에토스

1980년과 1990년대 이후 학문적 연구의 성격은 날로 변화하고 있다. 산학 협동의 강화, 기업의 연구비 지원 증가, 비밀주의 증대 등이 그 주요한 변화에 해당한다. 비밀주의는 기업의 연구비 지원이나 공식적 · 비공식적 협정에 의거한 직간접적인 강제에 따라 정보의 접근이나 발표가 억제되는 앞의 경우와는 달리 상업주의가 과학자들의 연구양식에 스며들어 내화되는 경향이 강하다. 다시 말해서 과학자, 또는 과학자 사회의 에토스가 상업화를 받아들이면서 스스로 변화하는 양상에 해당한다.

이 주제를 연구해온 과학사회학자 박희제 교수는 「과학의 상업화와 과학자 사회 규범구조의 변화」라는 논문에서 지적 재산권과 공유성을 주제로 심층 면접을 한 결과 70퍼센트에 해당하는 대다수의 응답자들이 지적 재산권 보장을 연구자의 노력에 대한 당연한 보상으로 간주하고, 중요한 경제적 이해관계가 걸려 있는 연구의 경우 지적 재산권이 논문보다 더 중요하게 여긴다는 사실을 발견했다. 특히 상업화가 가장 활발한 생명공학과 정보과학 분야에서는 연구 결과의 경제적 가치가 예상되면 특허를 먼저 신청한 후에 논문을 학술지에 제출하는 것을 당연하게 여겼다.

넷째, 상업화로 인한 연구 주제의 한정—불평등의 확대 재생산과 연구 다양성 파괴

상업화가 과학 연구에 미치는 여러 가지 영향 중에서 가장 근본적이고 그 결과가 오랜 기간에 걸쳐 지속되는 분야는 특정한 상업적 목적에 기여하는 주제로만 연구가 제한된다는 점일 것이다. 과학의 불평등이라는 주제를 다룬 《*Science, Technology & Human Value*》 2003년 특집호는 개발국과 저개발국 사이의 불평등이라는 주제를 집중적으로 다루었다. 이 특집호의 편집장을 맡은 피터 셍커는 편집자 서문에서 전세계에서 이루어지는 연구개발의 높은 비율이 초국적 기업을 비롯한 세계적 기업들에 의해 전지구적 시장 수요를 만족시키기 위해 이루어지고 있다고 말했다. 그 수요는 고소득 소비자들의 수요이며, 실질적으로 오늘날 대부분의 연구는 선진국의 대규모 시장 수요를 위해 진행된다는 것이다.

상업화로 인한 연구 주제의 제한이 사회에 미치는 영향은 크게 두 가지 방향으로 살펴볼 수 있다. 하나는 오늘날 전체 연구비의 상당 부분을 차지하는 초국적 기업들이 지원하는 연구비가 상대적으로 높은 수익을 얻을 수 있는 연구로 몰리면서, 이미 시장이 형성되고 고부가가치를 실현할 수 있는 상품을 개발하는 기술로 집중되어 결과적으로 불평등을 확대재생산하는 현상이다. 다른 하나는 상업화로 인해 과학 연구가 특정한 주제와 방향으로 쏠리면서, 이러한 편향이 연구의 다양성을 파괴하는 현상이다. 이것은 냉전 종식 이후 전세계가 경제력을 중심으로 하는 무한 경쟁체계로 돌입하면서 과학 연구가 이를 위한 성장동력으로 동원되는 경향과 긴밀하게 연관된다.

과학이 정치성을 가진다는 것은 과학사회학에서 오랫동안 연구된 주제다. 그것은 과학이 보편적이지 않고, 특정한 집단에게 더 많은 혜택을 줄 수 있다는 것을 뜻한다. 이러한 경향은 새로운 것이라기보다는 자본주의가 고도화되고, 그에 따라 과학기술이 자본의 운동에 날로 긴밀하게 포박되면서 그 정도가 심화되고 있다고 표현하는 편이 나을 것이다. 이른바 '부자를 위한 과학'으로 변모하는 것이다.

이러한 현상은 오늘날 우리 사회에 팽배한 첨단 과학 지상주의와도 무관치 않다. 과학은 우리에게 좋은 것이라는 과학주의scientism는 첨단 과학 또는 신기술은 곧 바람직한 것이라는 관념으로 발전했다. 이러한 현상을 설명하기 위해서는 많은 것들이 필요하겠지만, 이 글의 관심으로 국한시킨다면 첨단 과학에 대한 편향은 과학이 무엇을 위한 인간 활동이고, 첨단 과학이 누구에게 봉사하는가라는 성찰을 무디게 하는 이데올로기적 기능을 내재한다.

이러한 편향은 생명공학과 의료기술의 영역에서 두드러지게 나타난다. 우리 사회를 뒤흔들었던 황우석 사태의 경우 초점이 논문 조작으로 모였지만, 그 속에는 누구를 위한 연구인가라는 사회적 쟁점이 포함되어 있었다. 당시 한 시민단체에서는 황우석은 "가난한 이들의 대안이 아니다"라는 글에서 "암의 정복이나 배아줄기세포 연구의 성공이 국민 대다수를 이루는 노동자와 농민의 건강을 해결해주지 못한다"고 말했다.

날로 늘어나는 세계시장 규모는 과학 연구에 이윤창출과 경쟁력 확대라는 방향성을 부여해주고, 연구개발의 수요층은 점점 더 상품 구매 능력이 높은 고소득 집단을 그 대상으로 삼고 있다. 이러한 경향은 양극화를 강화하고, 불평등을 확대 재생산하는 결과를 낳는다. 양극화의 심화는 필연적으로 계급, 계층 간 갈등을 심화해서 과학 발전은 물론, 사회적으로 큰 손실이 될 수 있다.

또한 상업화가 연구 주제를 특정한 방향으로 한정시키는 현상에서 간과하지 말아야 하는 영역이 연구 다양성이다. 이것은 종 다양성, 생물 다양성, 유전자 다양성과 마찬가지로 상업화로 인해 급속하게 상실되고 있는 주제 중 하나다.

최근 지구온난화 문제가 전지구적 위기로 부상하면서 온난화를 둘러싼 논쟁은 마치 널뛰기를 하듯 갖가지 주장들이 난무하며 격화되고 있다. 물론 논의가 진전되지 못하는 이유는 이 주제 자체가 워낙 기업, 국가, 집단들의 이해관계가 첨예하게 걸린 정치경제적 사안이기 때문이기도 하지만,

다른 한편으로는 이러한 주제에 대한 충분한 연구와 조사가 이루어지지 못했기 때문이기도 하다.

종 다양성이나 유전자 다양성이 중요한 이유는 지구온난화나 기후 이변이 일상화되면서 급격한 상황 변화가 일어날 가능성이 높기 때문에 특정 조건에 특화된 종이나 유전자가 쉽게 그 효용성을 상실할 수 있기 때문이다. 마찬가지로 불확실성이 날로 증대되는 과학의 상황에서 특정 분야나 주제로 한정된 연구는 과학의 대응력과 문제 해결 능력을 지극히 좁은 범위로 제한시킬 수 있다. 상업화는 본질적으로 이윤 창출과 무관한 연구에 연구비가 지원되는 것을 방해하기 때문에 공익 연구는 쇠퇴할 수밖에 없다.

지향점으로서의 공익 과학

과학의 상업화에 대한 대응은 과학자들과 과학기술학 및 과학정책학자 등 여러 방향에서 이루어졌다. 이러한 움직임의 공통된 흐름은 과학의 공익성을 강조하면서 사익을 위해 이용되는 과학이 아닌 공익 과학의 개념을 수립하려고 시도했다는 점이다. 최근에는 국내에서도 공익연구개발, 과학의 성차별 등에 대한 연구가 시작되었다.

과학자들은 거대과학의 효시격인 맨해튼 프로젝트로 탄생한 원자폭탄이 투하된 직후인 1946년에 세계과학노동자연맹The World Federation of Scientific Workers, WFSW을 결성해서 과학이 전쟁에 동원되는 '과학의 오용'을 비판했다. 1981년에 회원수가 30만 명에 달했던 이 단체는 "불필요한 고통과 낭비를 초래할 뿐만 아니라 과학 그 자체의 진보를 저해하는 과학의 오용을 수동적으로 용인할 수 없다"면서 핵무기 축소와 핵실험 반대를 주장했고, 과학은 인류 복지에 이용될 수 있기 때문에, 과학자는 일반 시민보다 큰 책임을 진다는 입장을 천명했다. 또한 1957년에 시작된 퍼그워시 운동Pugwash Movement에는 마리 퀴리를 비롯한 수많은 노벨상 수상자들이 참여했다.

과학이 잘못 이용되는 시기마다 스스로 문제를 제기해온 과학자들의 전통은 과학이 상업화되고 불평등을 강화하는 상황에서도 다시 힘을 발휘했다. 1998년에 다양한 분야의 과학자들이 매사추세츠 주 우주홀에 모여서 공익 과학협회Association for Science in the Public Interest, ASIPI라는 전문가 그룹을 형성했다. 이 과학자들이 제시한 목표는 다음과 같다.

공공선에 봉사하는 과학science serving the public good

- 개인, 기업, 그리고 전문가 사회의 이익보다 공익을 위해 봉사하는 집단을 수립한다.
- 공익 과학이 어떻게 수행되는가라는 이념을 발표하고, 기초 연구의 정책과 응용 사례들을 논하고, 그 영역을 확장시키기 위한 논의의 장을 제공한다.
- 동료심사, 이해간등, 동료심사를 거친 과학 저널에 연구 결과를 발표하는 등의 주제들에 대한 정의를 내리고 그 개념들을 발전시킨다.
- 공익 연구 분야의 가능성을 만들어내고 그것을 지원하는 기반구조를 가진 문화를 창조한다.
- 공적 자금으로 공익 차원에서 공중을 위해 이루어지는 과학 연구의 질을 높이기 위해 연방 차원의 연구 실행에 영향력을 행사하고, 논쟁과 정책 토론에 참여한다.
- 과학자들, 특히 학생들을 모집하고 훈련시킨다.
- 과학자들에게 공익 연구를 수행할 수 있는 실질적 수단을 제공한다.

이 그룹은 공익 과학을 다음과 같이 정의했다. 공익 과학이란 일차적으로 공공선을 진전시키기 위해 수행되는 과학이다. 공익 과학이 다른 과학과 구분되는 특징은 첫째, 가장 우선되는 수혜자는 사회 전체, 미래 세대, 또는 스스로 자신을 위해 연구를 수행할 수 없는 구체적인 '대중'이다. 둘째, 연구 결과는 누구든 자유롭게 활용할 수 있어야 한다. 즉 특허나 전유, 또는 접근에 대한 독점이 있어서는 안 된다. 셋째, 연구 결과는 공중의 구성원들과의 협의를 거치거나 공동 연구로 개발되어야 한다. 넷째, 연구에 내포되는 가치나 가정, 또는 그 맥락은 숨김없이 밝혀져야 한다.

최근 우리 과학은 황우석 사태를 거치면서 벗어나야 할 많은 대상들을 확인했다. 비윤리성, 성과주의, 애국주의, 과학 부정행위 등이 그런 요소들에 포함된다. 실제로 이런 문제점을 극복하는 것도 벅찬 노릇이다. 과학뿐 아니라 우리 근대사 자체가 '벗어나기'로 일관해왔다. 봉건에서 벗어나기, 일제에서 벗어나기, 전쟁에서 벗어나기, 가난에서 벗어나기, 독재에서 벗어나기 등.

그러나 이러한 벗어나기가 가능해지려면 나아가야 할 지향점이 요구된다. 지향점과 결합되지 않은 벗어나기는 많은 위험성을 내재한다. 비어 있는 틈으로 수치화된 성장주의, 맹목적 국가주의, 성과를 무시하는 결과주의 등이 스며들어올 여지가 많기 때문이다. 특히 서구의 과학기술을 받아들이고 추격하느라 여념이 없던 상황에서 성장이나 혁신이 물화되어 마치 그 자체가 목표인양 인식되는 양상도 나타난다.

시민과학센터가 주창한 과학기술의 민주화도 그동안 과학기술의 신비주의의 해체, 과학기술을 전문가들의 영역으로 치부하는 엘리트주의와 권위주의로부터의 벗어남에 방점을 찍었다. 과학기술 민주화는 그 자체로 지향성을 갖지는 않는다. 이러한 측면에서 시민과학센터는 얼마간의 성과를 거두었다고 할 수 있다. 과학기술 자체를 시민운동의 영역으로 끌어내리고, 과학기술 민주화나 기술시민권과 같은 개념들을 확산하고, 합의회의와 같은 시민참여 제도를 어느 정도 정착시킨 것이 그러한 성과에 해당한다.

이러한 과학기술민주화의 기획은 공익 과학이라는 지향점을 분명히 할 때 새로운 단계로 올라설 수 있을 것이다. 우리 과학은 아직도 벗어나야 할 많은 것들을 안고 있지만, 이 벗어남의 과제는 지향해야 할 가치의 적극적 제기를 통해서만 비로소 이루어질 것이다.

공익 과학은 아직 우리에게 낯선 개념이다. 사실 우리 과학의 상황에서는 이러한 개념이 들어설 여지가 적은 형편이다. 따라서 외국처럼 회복해야 할 무엇이 아니라 우리는 없는 전통 속에서 새롭게 세워내야 할 개념이며, 그 자체가 사회운동이다. 이것이 운동인 까닭은 지향하는 목표와 체계적이고 지속적인 노력이 필요하기 때문이고, 사회운동이라 칭하는 것은 과학 분야만의 노력이 아니라 다른 영역의 시민운동과의 포괄적인 협조, 그리고 시민사회의 공유가 있어야 가능하기 때문이다. 순수하게 과학적인 것도 없고, 순수하게 사회적인 것도 없다.

2010년 5월

김동광

ㄱ

《가디언 위클리*Guardian Weekly*》 191
가소체可塑體 77
간접비overhead 60, 72, 154, 181, 284
갑상선 자극 호르몬thyroid-stimulating hormone 43
갑상선 호르몬제levothyroxine 43~44
거부반응 68
건강 관리 기구health maintenance organizations 42
게이저Geiger 57
게토레이 187
결과 행위outcome behavior, 3단계 204~205
결합조직 질환connective tissue disease 253
경구 임신중절약RU 486 52
경제 회복 조세법Economic Recovery Tax Act, PL 97-34 63
《고등교육 월보*The Chronicle of Higher Education*》 72
고슬린, 피터Peter Gosselin 32, 36
고어, 앨Al Gore 66
고용저작물work for hire 189
고전적인 성격Classical Personality 148
고지되지 않은 동의uninformed consent 335
고지된 동의informed consent 213~214, 216~217, 246, 318, 321, 355
공공 과학public science 6
공공 과학자public scientist 16
공공 자문public consultation 328
공공재 26
공공지public knowledge 130
공급측 중시 경제학 177
공립 대학public university 68, 74~75
공식 학술지 259
공유주의communism 26, 127, 129, 131, 133, 139, 144, 285
공익 과학public interest science 6, 20, 27, 278, 281~288, 294~296, 300, 303~305, 308, 337~338, 341, 352~353
공익 과학협회Association for Science in Public Interest 284
공익 모델public-interest model 281
공익 정신의 과학public-spirited science 278
공익-중심public-centered 과학 25
공중보건국Public Health Service 67, 326, 330
공직자 윤리국Office of Government Ethics 203
『공직 생활의 이해상충*Conflict of Interest in Public Life*』 203
과학 노동자 연합Association of Scientific Workers 290
과학 부정행위scientific misconduct 191, 302
과학 연구의 자유Freiheit der Wissenschaft 346
과학 인용 보고Science Citation Reports 269
과학 자문 패널Scientific Advisory Panels 168~

171
과학자문위원회 152~153, 184, 315
「과학과 사회 질서*Science and the Social Order*」 126
과학과 인간복지 진흥 위원회Committee on Science and the Promotion of Human Welfare 291
과학의 상업화 22~23, 264
과학 자문국Scientific Advisory Board 167, 170, 325
《과학자와 시민*Scientist and Citizen*》 292
과학적 진정성 193, 198~199
과학정보연구소Institute of Scientific Information 261
과학진실성위원회Office of Scientific Integrity 302
관련 편향affiliation-bias 272
관습법 104
교수 기업가academic entrepreneur 351
교수-기업가들professor-entrepreneurs 59
교정 유전자corrective gene 215
교차 면허cross-licensing 121
구글 187
구에닌, 루이스Louis Guenin 106
국가보건서비스National Health Service 119
국가보안 및 대테러 전쟁법Homeland Security Act 148
국립당뇨병, 소화기 및 신장 질환 연구소National Institute of Diabetes and Digestive and Kidney Diseases 48
국립직업안전 및 보건 연구소National Institute of Occupational Safety and Health 86
국립환경보건과학연구소National Institute of Environmental Health Sciences 308
국립공학아카데미National Academy of Engineering 64
국립과학아카데미 산하 의학연구소Institute of Medicine 354
국립과학재단National Science Foundation 62, 64, 93, 136, 153, 194~195, 291, 326
국립보건원National Institutes of Health 47~48, 93, 119, 151, 153, 326~327
국립환경보건과학 연구소National Institute of Environmental Health Sciences 119, 248
국방고등연구프로젝트국Defense Advanced Research Projects Agency 280
국제의학저널편집자위원회International Committee of Medical Journal Editors 192, 267
국토안전법Homeland Security Act 281
귀무 가설null hypothesis 230, 252, 256
규칙 적용 면제waiver 156~158
규칙적용 면제 법령U.S.C., sec. 208(b)(2) 157
그레엄, 존John Graham 77, 79~81
그리스월드, 휘트니Whitney Griswold 9
극소전자혁명 179
급성 납 중독 298
기관 이해상충institutional conflict of interest 95, 320, 323, 330
기관윤리위원회Institutional Review Board 34, 217, 246, 321~323, 328~329, 355
기술평가국Office of Technology Assessment 64, 114
기업 교수corporate professor 177
기업 섭외 기구Industrial Liaison Program 138
기업 의제industry agenda 66
기업가주의entrepreneurship 16, 264, 350~351
기업 과학corporate science 7, 18, 146~147, 264, 288
기업의 사회적 책임을 위한 국제 센터International Center for Corporate Social Responsibility 97
기업주의 에토스entrepreneurial ethos 225
기피recusal 207

ㄴ

나자리언, 존John Najarian 68
날조된 경력 증명credential 192
납 벨트lead belt 300
납 산업 연합Lead Industries Association 299
낮은 이해관계에 연루low involvement 163
내부 고발자whistleblower 335
내부 연구프로그램 연구 활동 가이드라인 Guidelines for the Conduct of Research in the Intramural Research Program 326
내분비계 교란 물질endocrine-disruptor 249
내-외과의사협회College of Physicians and Surgeons 91
네슬, 매리언Marion Nestle 166~167
넬킨, 도로시Dorothy Nelkin 263
노바티스 농업개발사Novartis Agricultural Discovery Institute 71
노바티스 사 71~75
노블, 데이비드David Noble 6
녹색 혁명 112
논문 대필 196
논문의 탈락률 262
농무성USDA 153, 165~166
누나부트 준주Nunavut Territory 294
뉴론틴Neurontin 191
《뉴 사이언티스트》 137
《뉴스 & 옵서버*News & Observer*》 186
니들먼, 허버트Herbert Needleman 296~304
니코틴 패치 187

ㄷ

다미노자이드daminozide 167~170
다발성 경화증multiple sclerosis 306
다우 코닝 사Dow Corning Corporation 254~255
다이아몬드 샤크라바티 사건Diamond v. Chakrabarty 62
다이옥신 289, 294~295
다중 소속multivested 360
다중 소속 과학multivested science 24, 283
대기 중 납 규제 기준 302
대사산물metabolite 168, 230
대필 산업 189
대필 저자 기재ghost authorship 192, 274
대필가ghostwriter 187~188
대학 기업주의academic entrepreneurship 283
대학 내 기업촉진지구academic enterprise zone 22
대학기술관리자협회 186
대학-기업 동맹 18
『대학의 이용*The Uses of the University*』 5
『대학의 전통*In the University Tradition*』 9
더글러스, 윌리엄William Douglas 115
더번, 딕Dick Durban 80
도버트 메렐 도우(Daubert v. Merrell Dow) 사건 198
도우 애그리사이언스 사Dow Agrisciences 121
도우 케미컬 코퍼레이션DOW Chemical Corporation 246
도작stealth 188
독성 불법 행위 245
『독성 사기*Toxic Deception*』 249
독점 조례Statute of Monopolies 103
동, 베티J.Betty J. Dong 38~39
동료평가peer review 20, 35~36, 42, 133, 153, 168, 170~171, 190, 229, 231, 243, 247~248, 260, 262~263, 270, 316, 326
두버스타트 314
듀퐁 71, 78, 99, 297, 301
디페록사민deferoxamine 89
디페리프론deferiprone 88
딕슨, 데이비드David Dickson 140

ㄹ

라이코스Lycos 139
랜드리건, 필Phil Landrigan 307
램프턴, 셸던Sheldon Rampton 190, 255
러너, 모라Maura Lerner 69
럼스펠드, 도널드Donald Rumsfeld 207
레복실Levoxyl 39
레비턴, 앨런Alan Leviton 301
레이건 대통령 62
레줄린Rezulin 46~52
레줄린 전국 홍보국Rezulin National Speaker's Bureau 49
렉서스-넥서스Lexus-Nexus 201
렐먼, 아놀드Arnold Relman 33, 263~264
로드스, 프랭크H. T.Frank H. T Rhodes 9, 287
로버트슨, 제임스James Robertson 166
로서, 고든Gordon Rausser 71
로소프스키, 헨리Henry Rosovsky 342
《로스앤젤레스 타임스LA Times》 49~51, 121
로스젠 사Rosgen 118~119
로젠버그L. S.L. S. Rothenberg 183
로젠츠바이크Rosenzweig 61~62
로타바이러스rotaviruses 54, 160~161, 163~164
로타블래더Rotablader 240
록펠러 재단 291
롱프랑 사Rhone-Poulenc 186
리거트, 조Joe Rigert 69
《리스크 인 퍼스펙티브Risk in Perspective》 77
리전트 호스피털 프로덕츠Regent Hospital Products 193
리지웨이, 제임스James Ridgeway 59

ㅁ

마음의 상태state of mind, 2단계 203~205
마이크로파이버Microfibres, 極細絲 86~88
마일스톤 사이언티픽Milestone Scientific 187
마치 오브 다임스' March of Dimes 131
마틴, 조지프Joseph Martin 333~334
매디슨, 제임스James Madison 104, 289
매사추세츠 주 의무국State Medical Board of Massachusetts 35
맬러메드, 스탠리Stanley Malamed 187
머크 사Merck & Co., Inc. 163
머튼, 로버트Robert Merton 24, 125~135
메르카토르Mercator 120
메이어, 진Jean Mayer 83~84, 92
메이요 클리닉Mayo Clinic 255
멕시코 국립 생태연구소 76
멕시코의 재래종 옥수수 75
멘델슨, 존John Mendelsohn 314~315
명예 규약code of honor 23
명예 저자 기재honorary authorship 192
명예 제도honor system 316
모리스 부시빈더Maurice Buchbinder 240
모메니, 에드워드Edward Maumenee 32, 36
모제스 3세, 해밀턴Hamilton Moses III 333
몬산토 70~71, 78, 84, 99
무관용zero-tolerance 322
무어, 존John Moore 211~213
무작위 임상 실험randomized clinical trial 236
무제한 면제권blanket waivers 162
문지기gatekeeping 259
미국 곡물보호협회 78
미국 교정회사Corrections Corporation of America 233
미국 국가과학위원회National Science Board 63
미국 농업협회American Farm Bureau Federation 79, 81
미국 대학 이사회 연합Association of Governing Boards of Universities and Colleges 353
미국 대학기술경영자협회Association of University Technology Managers 139

응용 유전체학applied genomics 116
이론 계층theory class 5~6
이스트 리버 환경연합East River Environmental Coalition 309
이스트먼, 리처드Richard C. Eastman 48~52
『이익을 얻을 것인가, 얻지 못할 것인가*To Profit or Not to Profit*』 282
이중 소속dual affiliation 24, 173, 179, 181
이중 소속 과학자dual-affiliated scientist 180, 264
이중맹검double-blind 41
이해 무관심disinterestedness 26, 128, 132~134, 148~149, 337
이해상충conflict of interest 8, 19~21, 24~26, 29~31, 33~35, 44, 46, 51~52, 55, 66~67, 88, 91, 93~96, 99, 155~185, 201~210, 213~217, 220~229, 232, 234, 263~271, 288, 314~336, 355~361
이해상충 가이드라인 93, 137, 271, 316, 319
이해상충 공개 양식disclosure form 182
이해상충법conflict-of-interest law 155~156, 205
이해상충위원회conflict of interest committees 320, 322~323, 329
익명 평가blind review 243
익서프스 메디카Excerpts Medica 189
인간 게놈 프로젝트 145
인과 관계 252
인슐린 46
《인용보고*Journal Citation Reports*》 261
인용 지수citation index 260
인용 횟수 지수times cited factor 261~262, 269
인터루킨 212
인터페론 212
일라이 릴리 사Eli Lilly 84
일탈aberration 185, 192
임상 실험 29, 32~35, 39, 48, 51, 90, 93, 96, 129, 214~220, 222, 235~237, 321, 327~329, 332, 345, 355, 358
임상 실험용 신약Investigative New Drug 68
임상 약리학clinical pharmacology 38
임상 연구 안전국Office for Human Research Protections 330
임시 지침 초안Draft Interim Guidance 328~329
임의 고용인at-will employee 348
임클론ImClone 314~315

ㅈ

자발적 위험voluntary risk 78
자발적이고 공유적인 정신voluntary communal spirit 283
자연계 생물학 센터Center for the Biology of Natural Systems 293
자유주의 의제 60
자이먼, 존John Ziman 128~130, 133~134, 146~148
잡초학weed science 351
재정적 이해상충 163, 217, 228, 257, 318, 321, 323~324, 326, 328, 330, 335, 355, 357
재조합 DNA 분자 자문위원회Recombinant DNA Molecule Advisory Committee 151
《저널 오브 제너럴 인터널 메디신*Journal of General Internal Medicine*》 235
적게 활용된 자원underutilized resource 60
전국 당뇨병 교육 센터National Diabetes Education Initiative 50
전국 영양 모니터링과 연구 법안National Nutrition Monitoring and Research Act, PL 101-445 165

콘솔리데이티드 콘 에디슨Consolidated Con Edison 309
퀴륨 106
퀴스트, 데이비드David Quist 75~76
큐란데라Curandera 305
크놀 제약Knoll Pharmaceuticals 40, 42~44
《크라임 앤드 딜링퀀시*Crime and Delinquency*》 232
클라우디오, 루즈Luz Claudio 304~310
클린턴 대통령 155
킬고어, 할리Harley M. Kilgore 291
킬레이트 요법 298
킴바라, 카요코Kimbara Kayoko 117

ㅌ

탈리도마이드Thalidomide 53, 187
탐사보도 기자investigative journalist 21, 29
터그웰, 피터Peter Tugwell 219~224
털세포 백혈병hairy cell leukemia 211
테일러리즘 339
토머스, 찰스Charles W. Thomas 232~234
톰프슨, 토미Tommy Thompson 207, 217
통신연수 교육distant learning 6
투명성 진술서disclosure affidavit 272
투자 포트폴리오 202, 209, 358
트리클로로에틸렌 246
특별공무원Special Government Employees 155~156, 170~171
특별위원회task force 154
특허 및 상표에 관한 개정 법안(베이돌 법 BayhDole Act(PL 96-517)) 63
특허권의 연구 사용 면제research exemption 120
특허법 101조 111~112
특허청 23, 63, 103, 105~106, 110~111, 114, 117, 122

ㅍ

파스퇴르, 루이Louis Pasteur 103, 109
파이어니어 하이 브레드 사Pioneer Hi-Bred 71, 121
파크 데이비스Parke-Davis 50
퍼블릭 도메인public domain 145
퍼블릭 시티즌Public Citizen 77~78, 169
퍼클로로에틸렌 246, 249
퍼트릴, 필립Philip Futreal 119
펑크 브라더스 종자회사 대 칼로 이노큘런트 사Funk Brothers Seed Co. v. Kalo Inoculant Co. 소송 115
페이, 마거릿Margaret Fay 194~198
펜턴 커뮤니케이션스Fenton Communications 168
편향bias 17, 25, 29~30, 41, 80~81, 91, 132, 134, 164, 167, 183, 185, 198, 209, 224~225, 228~236, 239~245, 255~258, 266~267, 324~326, 349, 361
『폐쇄된 기업*The Closed Corporation*』 59
포스트 학문 과학postacademic science 133, 146~148
포인터, 샘Sam Pointer 219, 223
폴링, 라이너스Linus Pauling 16, 209, 291
표절 187~188, 190, 302
표지marker 118
푸에르토리코 305~307
프랭클린, 벤저민 103
프로잭Prozac 84~85, 158
프록스마이어, 윌리엄William Proxmire 60
플라스미드 109~110
플로리다 교정 사설화 위원회Florida Correctional Privatization Commission 233
플로킹 노동자 폐질환flock worker's lung 86
플록flock 86
플린트 래보러터리스Flint Laboratories 38~40

부정한 동맹

1판 1쇄 찍음 2010년 5월 13일
1판 1쇄 펴냄 2010년 5월 20일

지은이 셸던 크림스키
옮긴이 김동광

주간 김현숙
편집 변효현, 김주희
디자인 이현정, 전미혜
영업 백국현, 도진호
관리 김옥연

펴낸곳 궁리출판
펴낸이 이갑수

등록 1999. 3. 29. 제300-2004-162호
주소 110-043 서울시 종로구 통인동 31-4 우남빌딩 2층
전화 02-734-6591~3
팩스 02-734-6554
E-mail kungree@kungree.com
홈페이지 www.kungree.com

ISBN 978-89-5820-186-1 93400

값 18,000원